市县防震减灾业务培训教材

防震减灾业务基础

FANGZHEN JIANZAI YEWU JICHU

中国地震局震害防御司 编

地震出版社

图书在版编目（CIP）数据

防震减灾业务基础 / 中国地震局震害防御司编 . —北京：
地震出版社，2017.4

市县防震减灾培训教材

ISBN 978-7-5028-4826-2

Ⅰ.①防…　Ⅱ.①中…　Ⅲ.①防震减灾—业务培训—
教材　Ⅳ.① P315.94

中国版本图书馆 CIP 数据核字（2017）第 064058 号

地震版　XM3990

防震减灾业务基础

中国地震局震害防御司　编

责任编辑：樊　钰

责任校对：孔景宽

出版发行：地震出版社

　　　　　北京市海淀区民族大学南路 9 号　　　邮编：100081

　　　　　发行部：68423031　68467993　　　传真：88421706

　　　　　门市部：68467991　　　　　　　　传真：68467991

　　　　　总编室：68462709　68423029　　　传真：68455221

　　　　　http://www.dzpress.com.cn

经销：全国各地新华书店

印刷：北京地大彩印有限公司

版（印）次：2017 年 4 月第一版　　2017 年 4 月第一次印刷

开本：787×1092　1/16

字数：468 千字

印张：22

书号：ISBN 978-7-5028-4826-2/P（5525）

定价：98.00 元

前　言

在我国防震减灾管理体系框架中，市县地震部门处于一个非常特殊的重要位置，是面向社会最直接、最有效的力量，是发挥政府职能、强化社会管理和公共服务的重要基础，是面向公众组织开展防抗救地震灾害各项活动的最前沿。目前，市县两级地震工作机构人员规模超过17000人，基层工作经验丰富，其中相当部分领导干部具有乡镇或者其他综合部门的工作经历，行政意识强。他们来到市县地震部门，迫切需要学习地震专业基础知识和了解地震业务，以更好地开展市县防震减灾工作。

本教材正是切合当前市县地震机构领导干部队伍的现状，为开展面向基层的防震减灾业务培训而专门编写的。中国地震局震害防御司组织了各领域的专家学者，梳理出基层防震减灾工作必备的基本专业知识，主要包括地震与地震灾害、地震监测预测、地震灾害预防、地震应急救援、地震烈度速报、地震预警以及防震减灾科普教育等内容，以期帮助读者快速、系统地掌握防震减灾工作业务基础知识。

在本教材编写过程中，编写组一定范围地征求了市县地震部门管理干部的意见，教材初稿还在防灾科技学院和深圳防震减灾科技交流培训中心举办的市县防震减灾管理干部培训班上试用，获得了很多具体的、中肯的修改建议。在评估试用效果的基础上，结合这些建议，编写组又进行了全面梳理、修改和统编。

本教材第1章由李孝波执笔；第2章第1节由何少林执笔，第2节由李琪、谭大诚、王兰炜执笔，第3节由吕品姬、韦进执笔，第4节由郭丽爽执笔，第5节由李莹甄执笔；第3章第1至5节由郭迅执笔，第6节由潘华执笔；第 4 章由陈虹执笔；第 5 章由陈会忠执笔；第 6 章由邹文卫执笔。全书框架和统编由孟晓春完成，由黎益仕统稿，由孙福梁审核。编写过程中得到薄景山研究员、刘春平教授、周洋博士、马干、司志森、卫爱霞、王娜、李会娟等的大力支持和帮助，在此表示感谢！

尽管教材编写组尽量努力认真地对待教材中涉及的每个问题、每段文字，但是其中仍然可能存在错误之处，请各位读者将书中的错误或者问题及时告知我们，再此表示衷心感谢！

编写组

2017 年 2 月

系列培训教材编委会

主 任 委 员：孙福梁

副主任委员：薄景山　黎益仕

成 员（按姓氏笔画排序）：

马　干　卫爱霞　车　时　司志森　李永林　李成日

刘春平　刘豫翔　米宏亮　陈　虹　孟晓春　郭　迅

侯建盛

本书编写组

组 长：孙福梁

副组长：黎益仕　孟晓春　刘豫翔

成 员（按姓氏笔画排序）：

马　干　王兰炜　韦　进　吕品姬　李　琪　李孝波

李莹甄　何少林　邹文卫　陈　虹　陈会忠　郭　迅

郭丽爽　谭大诚　潘　华

目　录

第1章　地震与地震灾害

1.1　地震

1.1.1　地震是什么

地震即大地震动，通常意义上是指天然地震中的构造地震。据不完全统计，全球平均每年发生大大小小约 500 万次地震，其中 99% 是仪器能够记录到而人感觉不到的微小地震，人能够感觉到且能造成一定破坏的强震不超过 1000 次，能造成巨大灾难的大地震仅约十来次。

地震要素如图 1.1.1 所示。其中，产生地震的源为震源；震源在地面上的投影为震中；震源到地面的垂直距离为震源深度；震源至某一指定点的距离为震源距；震中至某一指定点的地面距离为震中距；同一地震中地表面破坏程度接近的各点的连线为等震线；地震时从震源发出，在地球内部和沿地球表面传播的波为地震波。

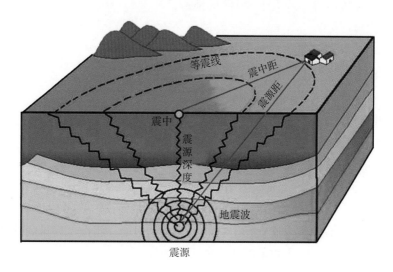

图 1.1.1　地震要素示意图

1.1.2　地震分类

根据应用目的不同，可从不同角度对地震进行分类，常见的分类方法有以下 5 种。

（1）形成原因

①构造地震：由构造活动所引发的地震。绝大多数（约90%）地震都属于构造地震，具有频度高、强度大、破坏重等特点。

②火山地震：由火山活动引发的地震，约占世界地震总数的7%左右。其震级小，影响范围有限，但危害严重，多群震。

③陷落地震：由地下岩层陷落（如溶洞、矿坑塌陷等）引起的地震，约占世界地震总数的3%左右。其震级小，影响范围有限，但因震源浅，震中烈度可能较高，破坏也可能较为严重。

④诱发地震：由人类活动引发的地震，主要包括矿山诱发地震和水库诱发地震。其中，矿山诱发地震是由矿山开采诱发的地震；水库诱发地震是由水库蓄水或水位变化弱化介质结构面的抗剪强度使原来处于稳定状态的结构面失稳而引发的地震。一般而言，诱发地震具有震级小、震源深度浅、破坏作用较强的特点。

（2）震级大小

①极微震：震级小于1.0级的地震。

②微震：震级等于或大于1.0级，小于3.0级的地震。

③小震：震级等于或大于3.0级，小于5.0级的地震。

④中震：震级等于或大于5.0级，小于7.0级的地震。

⑤大震：震级等于或大于7.0级的地震。

⑥特大地震：震级等于或大于8.0级的地震。

（3）震源深度

①浅源地震：震源深度小于60km的地震。

②中源地震：震源深度在60～300km范围内的地震。

③深源地震：震源深度大于300km的地震，

（4）震中距大小

①地方震：震中距在1°（≈111km）以内的地震。

②区域性地震：震中距在1°～13°范围内的地震。

③远震：震中距在30°～180°范围内的地震。

（5）地震序列

地震序列指某一时间段内连续发生在同一震源体内的一组按次序排列的地震。

①前震：地震序列中，主震前的所有地震的统称。

②主震：地震序列中最强（震级最大）的地震。如果序列中有两个最大地震，则称为双主震。一般主震和其他小震的震级差达0.8～2.4级，能量占序列能量的90%。

③余震：地震序列中，主震后的所有地震的统称。

1.1.3 地震震级

地震震级是地震大小的相对量度，主要通过测量地震波中某个震相的振幅来衡量。地震震级由里克特（Charles F. Richter）在20世纪30年代提出并发展，其主要目的是按照地震仪探测到的地震波振幅将地震分级。地震震级的测定不仅与观测点的位置、距离相关，还与读取地震波记录中的区段（震相）、对应的振动周期以及观测仪器特性等有关。

地震震级越大，地震所释放的能量越强。通常意义上，地震震级每提高1级，地震能量增大$10^{1.5}$倍，约为31.6倍；地震震级每提高2级，地震能量增大1000倍。例如，广岛原子弹埋在地下数千米爆炸，相当于一次5.5级地震，那么2008年汶川8.0级特大地震释放的能量则相当于5600个广岛原子弹在地下爆炸。

一次地震只有一个震级值。但由于地震的远近、深浅以及观测条件等的限制，科学家们给出了多种震级的测量方法，包括地方性震级、面波震级、体波震级、矩震级等。对于同一次地震，这些震级值是不相同的。因此，每次地震发生后均需将所测量的震级转换成标准震级M。根据强制性国家标准GB 17740《地震震级的规定》中的规定，地震震级M用地震面波质点运动最大值$(A/T)_{max}$来测定，其计算公式如下：

$$M = \lg\left(A/T\right)_{max} + \sigma\left(\varDelta\right) \qquad (1.1.1)$$

式中，A——地震面波最大地震动位移，取两水平分量的矢量和，以μm计；

$\varDelta$——震中距，以度计，取值范围如表1.1.1所示；

T——与最大地震动位移相对应的周期，以s计，其值不应与表1.1.1中的值相差太大；

$(A/T)_{max}$——A/T的最大值；

$\sigma(\varDelta)$——量规函数，亦称起算函数，其值随台站所在地区和观测仪器而异。

表1.1.1 不同震中距（$\varDelta$）选用的地震面波周期（T）值

$\varDelta/°$	T/s	$\varDelta/°$	T/s	$\varDelta/°$	T/s
2	3~6	20	9~14	70	14~22
4	4~7	25	9~16	80	16~22
6	5~8	30	10~16	90	16~22
8	6~9	40	12~18	100	16~25
10	7~10	50	12~20	110	17~25
15	8~12	60	14~20	130	18~25

测量最大地震动位移两水平分量时，需取同一时刻或周期相差在1/8周之内的振动。若两分量周期不一致，则取加权和，即：

$$T = \left(T_N A_N + T_E A_E\right)/\left(A_N + A_E\right) \qquad (1.1.2)$$

式中，A_N——南北分量地震动位移，以 μm 计；

　　A_E——东西分量地震动位移，以 μm 计；

　　T_N——与 A_N 相对应的周期，以 s 计；

　　T_E——与 A_E 相对应的周期，以 s 计。

量规函数 $\sigma(\Delta)$ 按式（1.1.3）求解：

$$\sigma(\Delta) = 1.66\lg\Delta + 3.5 \qquad (1.1.3)$$

一般而言，地震震级 M 应根据多个台站的平均值确定，并主要适用于地震信息提供、地震预报发布、地震震级认定、防震减灾以及地震新闻报道等社会应用。然而，值得注意的是，由于浅源地震容易记录到面波，深源地震不能激发显著的面波，故地震震级 M 不能用于深源地震。

1.1.4　地震烈度

地震烈度是地震引起的地面震动及其影响的强弱程度。它以人的感觉、房屋震害程度、其他震害现象以及水平向地震动参数等综合评定，反映的是一定地域范围内（如自然村或城镇部分区域）的平均水平。

地震烈度与震级、震中距、震源深度、地质构造、场地条件等多种因素有关。一次地震只有一个表征地震释放能量大小的震级值，但在不同地点却有各自的烈度值（图 1.1.2）。一般情况下，震中地区烈度最高，随震中距增大烈度逐渐降低。当震源深度一定时，震级越大，震中烈度越高；若震级相同，则震源越浅，震中烈度越高。

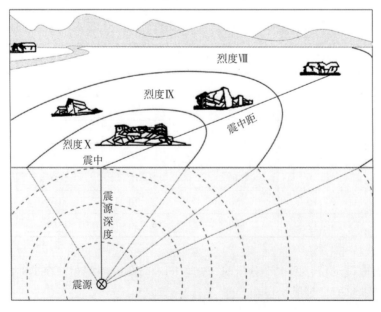

图 1.1.2　地震烈度分布示意图

（1）地震烈度表

早期，由于缺乏观测仪器，人们对地震的考察只能以宏观调查为主。1564 年，意大利地图绘制者伽斯塔尔第（J.Gastaldi）在地图上用不同颜色对滨海阿尔卑斯地震影响和破坏程度不同的地区进行标注，这是地震烈度概念和烈度分布图的雏形。后人借鉴并改进了他的做法，采用地震烈度表划分烈度的等级，规定了评定烈度的宏观破坏现象标志，逐步明确了衡量烈度大小的方法。历经约 300 年的研究和经验积累，1874 年意大利人罗西（M. S. de Rossi）编制了最早有实用价值的地震烈度表。在此基础上，世界各国共提出过多种不同形式的地震烈度表。其中，国外具有代表性的有 RF（罗西 – 费瑞尔）烈度表（1883）、MCS（麦卡利 – 坎卡尼 – 西伯格）烈度表（1923）、MM（修正的麦卡利）烈度表（1931）、MSK（麦德维杰夫 – 斯彭怀尔 – 卡尼克）烈度表（1964）、JMA（日本气象厅）烈度表（1996）和欧洲地震烈度表（EMS–92 与 EMS–98）。

中国地震烈度表的研究始于 20 世纪 50 年代，李善邦首先按照中国房屋类型修改了MCS（麦卡利 – 坎卡尼 – 西伯格）烈度表。1957 年谢毓寿根据中国的房屋类型和震害特点，参照麦德维杰夫烈度表，编制了《新的中国地震烈度表》并得到应用。1980 年刘恢先等总结历次地震的震害和烈度评定实际经验，修改提出了《中国地震烈度表》（1980），在此基础上制定了国家标准 GB/T 17742—1999《中国地震烈度表》。

GB/ T 17742—1999《中国地震烈度表》自发布实施以来，在地震烈度评定中发挥了重要作用。然而，随着国家经济社会的发展，城乡房屋结构发生了很大变化，抗震设防的建筑比例增加，同时旧式民房仍然存在，这些都需要在地震烈度评定中考虑。因此，中国地震局在充分利用大量已有震害资料和地震烈度评定经验的基础上，借鉴参考了国外地震烈度表，并结合汶川地震的部分震害资料，于 2008 年对 GB/T 17742—1999《中国地震烈度表》进行了修订。修订中保持了与原地震烈度表的一致性和继承性，增加了评定地震烈度的房屋类型，修改了在地震现场不便操作或不常出现的评定指标。修订后的 GB/T 17742—2008《中国地震烈度表》的核心技术内容见表 1.1.2。

表1.1.2　中国地震烈度表

地震烈度	人的感觉	房屋震害			其他震害现象	水平向地震动参数	
		类型	震害程度	平均震害指数		峰值加速度/（m/s²）	峰值速度/（m/s）
I	无感	—	—	—	—	—	—
II	室内个别静止中的人有感觉	—	—	—	—	—	—
III	室内少数静止中的人有感觉	—	门、窗轻微作响	—	悬挂物微动	—	—

续表

地震烈度	人的感觉	房屋震害			其他震害现象	水平向地震动参数	
		类型	震害程度	平均震害指数		峰值加速度/（m/s²）	峰值速度/（m/s）
IV	室内多数人、室外少数人有感觉，少数人梦中惊醒	—	门、窗作响	—	悬挂物明显摆动，器皿作响	—	—
V	室内绝大多数、室外多数人有感觉，多数人梦中惊醒		门窗、屋顶、屋架颤动作响，灰土掉落，个别房屋墙体抹灰出现细微裂缝，个别屋顶烟囱掉砖	—	悬挂物大幅度晃动，不稳定器物摇动或翻倒	0.31（0.22～0.44）	0.03（0.02～0.04）
VI	多数人站立不稳，少数人惊逃户外	A	少数中等破坏，多数轻微破坏和/或基本完好	0.00～0.11	家具和物品移动；河岸和松软土出现裂缝，饱和砂层出现喷砂冒水；个别独立砖烟囱轻度裂缝	0.63（0.45～0.89）	0.06（0.05～0.09）
		B	个别中等破坏，少数轻微破坏，多数基本完好				
		C	个别轻微破坏，大多数基本完好	0.00～0.08			
VII	大多数人惊逃户外，骑自行车的人有感觉，行驶中的汽车驾乘人员有感觉	A	少数严重破坏和/或毁坏，多数中等和/或轻微破坏	0.09～0.31	物体从架子上掉落；河岸出现塌方，饱和砂层常见喷砂冒水，松软土地上地裂缝较多；大多数独立砖烟囱中等破坏	1.25（0.90～1.77）	0.13（0.10～0.18）
		B	少数中等破坏，多数轻微破坏和/或基本完好				
		C	少数中等和/或轻微破坏，多数基本完好	0.07～0.22			
VIII	多数人摇晃颠簸，行走困难	A	少数毁坏，多数严重和/或中等破坏	0.29～0.51	干硬土上出现裂缝，饱和砂层绝大多数喷砂冒水；大多数独立砖烟囱严重破坏	2.50（1.78～3.53）	0.25（0.19～0.35）
		B	个别毁坏，少数严重破坏，多数中等和/或轻微破坏				
		C	少数严重和/或中等破坏，多数轻微破坏	0.20～0.40			

续表

地震烈度	人的感觉	房屋震害			其他震害现象	水平向地震动参数	
		类型	震害程度	平均震害指数		峰值加速度/（m/s²）	峰值速度/（m/s）
IX	行动的人摔倒	A	多数严重破坏或/和毁坏	0.49～0.71	干硬土上多处出现裂缝，可见基岩裂缝、错动，滑坡、塌方常见；独立砖烟囱多数倒塌	5.00（3.54～7.07）	0.50（0.36～0.71）
		B	少数毁坏，多数严重和/或中等破坏				
		C	少数毁坏和/或严重破坏，多数中等和/或轻微破坏	0.38～0.60			
X	骑自行车的人会摔倒，处不稳状态的人会摔离原地，有抛起感	A	绝大多数毁坏	0.69～0.91	山崩和地震断裂出现；基岩上拱桥破坏；大多数独立砖烟囱从根部破坏或倒毁	10.00（7.08～14.14）	1.00（0.72～1.41）
		B	大多数毁坏				
		C	多数毁坏和/或严重破坏	0.58～0.80			
XI	—	A	绝大多数毁坏	0.89～1.00	地震断裂延续很大；大量山崩滑坡	—	—
		B					
		C		0.78～1.00			
XII	—	A	几乎全部毁坏	1.00	地面剧烈变化，山河改观	—	—
		B					
		C					

注：表中给出的"峰值加速度"和"峰值速度"是参考值，括号内给出的是变动范围。

（2）地震烈度评定

地震烈度评定是以地震烈度表为依据，根据受地震影响地区的宏观和微观地震资料，确定该地区地震烈度的工作。地震烈度评定结果通常用等烈度（震）线图（烈度分布图）表示。地震烈度最高的地区为极震区，极震区的几何中心为宏观震中。

①烈度评定判据。

用以评定地震烈度的指标主要有人的感觉、房屋震害程度、其他震害现象以及水平向地震动参数等，其中各指标的详细描述与分级见表1.1.2。值得注意的是，评定地震烈度时，Ⅰ～Ⅴ度应以地面上以及底层房屋中人的感觉和其他震害现象为主；Ⅵ～Ⅹ度应以房屋震害为主，同时参照其他震害现象，当房屋震害程度与平均震害指数评定结果不同时，应以震害指数评定结果为主，并综合考虑不同类型房屋的平均震害指数；Ⅺ度和Ⅻ度应综合房屋震害和地表震害现象评定。

②烈度评定途径。

地震烈度主要通过实地考察或通信调查评定。实地考察是评定烈度的主要途径，首先确定震区用于评定烈度的房屋类型和相应破坏等级的破坏标志；然后拟定调查提纲或表格，从震中向外围调查，其中农村以自然村、城区以街区为调查单元，并获取破坏的影像资料。通信调查适用于低烈度区或交通困难、实地考察不便的地方，主要了解人的感觉和器物反映，常以制作地震烈度通信调查表的形式，通过电话、电子邮件等方式进行调查。

③烈度评定结果。

烈度评定结果往往用等震线图来表示。将各烈度评定点结果标示在适当比例尺的地图上，由震中向外，依次勾画相同烈度点的外包线（等震线），得到等震线图。需要注意的是，在同一烈度区内可能存在少数分散的高烈度或低烈度异常点，若异常点较多且相连（范围大于乡镇），则可考虑勾画烈度异常区。例如，1976年的唐山大地震，位于震中西北约50km处的玉田县，其中、北部地区的震害明显轻于周围地区，为典型的Ⅶ度内的Ⅵ度低烈度异常区（图1.1.3）。一般情况下，较强地震等震线图的低烈度线多止于Ⅵ度，即给出Ⅵ度区与Ⅴ度区之间的边界。

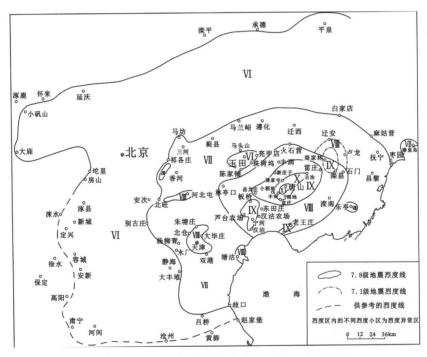

图1.1.3　1976年唐山大地震的地震烈度分布图

④烈度评定特点。

（a）平均性。烈度评定针对一定空间范围，如一个自然村或城镇数个街区（约1km²）进行，是指一定区域内的平均破坏程度，不能仅凭单栋或少数房屋确定。

（b）综合性。烈度评定不能仅凭某一种现象，要同时考虑四类评判指标进行综合评价。

（c）模糊性。烈度表中对地震影响和破坏现象标志的描述都是宏观的，对强弱程度的区分采用"少数人感觉"、"微细裂缝"、"严重破坏"等模糊词汇，这些非定量指标不易准确把握；当用房屋震害指数或地震动参数表示破坏程度时，同一个烈度也不对应单一的数值。

（d）主观性。评定者根据自己的理解和经验判断烈度，结果可能因人而异。

（3）地震烈度速报

地震烈度速报就是在破坏性地震发生时，能够快速给出不同地区的地震烈度分布情况或地震动影响场，并迅速向政府和公众通报，从而为人员伤亡估计、经济损失评估、应急救援决策以及工程抢险修复决策提供理论依据。地震烈度速报的结果可能比较粗略，但对震后应急救援工作的开展具有较强的指导作用。目前，我国大地震的烈度速报主要有两种，一种称为计算或推算烈度速报，另一种就是仪器烈度速报或者观测烈度速报。关于地震烈度速报的更多内容详见本书第5章。

（4）地震烈度的应用

虽然地震烈度是根据地震后果评定的，但也间接反映了地震作用的大小。因此，地震烈度具有原因和后果的双重性，在防震减灾和科学研究中有着广泛的应用。例如：①地震烈度可直观简明地表示出地震影响及破坏的程度和分布范围，便于迅速掌握灾情、指导应急救灾，是政府和社会公众在地震后急切关心的资料；②中国有数千年的地震历史记载，绝大多数是对震害的宏观描述，地震烈度恰好为这些资料的定量化提供了有效手段。通过评定历史地震的烈度及其分布，推测历史地震震中和震级，从而为了解各地地震活动性，进行地震危险性分析，探索地震预报等提供宝贵的基础资料；③在以经验法为主的结构震害预测中，大多要估计不同烈度下房屋和各类工程结构的破坏等级，此时就必须使用大量宏观调查的地震烈度评定资料。

（5）地震烈度与震级的关系

从概念上讲，地震烈度同地震震级有严格的区别，不可互相混淆。震级代表地震本身的大小强弱，它由震源发出地震波的能量决定，对于同一次地震只有一个数值。地震烈度衡量地震的破坏程度，与震级、震源深度、震中距、地质构造以及场地条件等多种因素相关，同一次地震在不同地方造成的破坏程度不同，地震烈度值就不同。震级用阿拉伯数字和"级"单位来表示，地震烈度则用罗马数字和"度"单位来表示。

震中烈度是震中附近宏观破坏最严重区域的地震烈度，一般为一次地震的最高烈度，通常用 I_0 表示。震中烈度与震级 M、震源深度 h 有关，其中若干关于震中烈度与震级的经验关系如下：

$$M = \frac{2}{3}I_0 + 1 \qquad （古登堡 - 里克特，1956） \qquad （1.1.4）$$

$$M = 0.58I_0 + 1.5 \qquad （李善邦，1960） \qquad （1.1.5）$$

$$M = 0.6I_0 + 1.45 \qquad （卢荣俭等，1981） \qquad （1.1.6）$$

上式中，式（1.1.5）源于中国历史地震的统计分析，历史地震震级与震中烈度的对照情况如表 1.1.3 所示。

表1.1.3　历史地震震级与震中烈度对照表（李善邦，1960）

震　级	$<4^3/_4$	$4^3/_4 \sim 5^1/_4$	$5^1/_2 \sim 5^3/_4$	$6 \sim 6^1/_4$	$6^3/_4 \sim 7$	$7^1/_4 \sim 7^3/_4$	$8 \sim 8^1/_2$	$>8^1/_2$
震中烈度	<VI	VI	VII	VIII	IX	X	XI	XII

1.1.5　地震分布

从有地震记载以来，人们就一直在探索地震的规律性。然而，现阶段科学上对地震的认知仍然存在巨大的困难，还没有掌握地震发生的规律。值得庆幸的是，科学家们一直没有放弃对地震规律的研究，通过对有地震记载资料的统计，得到了全球地震活动区带。与此同时，人们也对地震发生的时间进行统计，得到各个地区地震随时间的变化规律等。

1.1.5.1　全球地震活动带

从全球地震分布图（图 1.1.4）中可以看出，全球地震分布呈现明显的条带状，并主要集中分布在三个地震带中：

①环太平洋地震活动带。该带地震活动强烈，是地球上最主要的地震带。全世界约80% 的浅源地震、90% 的中源地震和几乎所有的深源地震都集中于此，所释放的地震能量约占全部能量的 80%。但其面积仅占世界地震区总面积的一半。

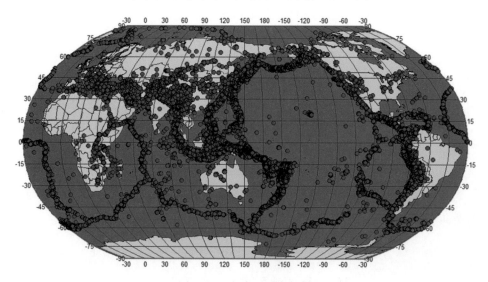

图 1.1.4　全球地震分布图

②地中海—喜马拉雅地震活动带。从地震活动性来看，该地震带仅次于环太平洋地震带，它大部分分布于大陆范围内，因此也称欧亚地震带。除环太平洋地震带以外，几乎所有的中源地震和大的浅源地震都发生在此地震带内，所释放能量占全部地震能量的15%。

③大洋海岭地震活动带。该带是沿大西洋、印度洋、太平洋东部及北冰洋的主要海底山脉（海岭）分布的。该带地震活动性弱，仅在大西洋和印度洋海岭地带记录到了一般的大震，特大的破坏性地震尚未发现。

1.1.5.2 中国主要地震区

中国位于环太平洋地震带和欧亚地震带之间，但又不全包括在内，而是分散在以帕米尔为顶点，夹于这两大地震带之间的一个三角形区域内。因此，中国地震活动独具特色，是世界上板内地震活动最为典型的地区之一，地震活动在空间上呈现出很强的不均匀性。在准噶尔、塔里木、四川盆地、黄海及南海盆地、大兴安岭至阴山等地的地震活动较弱，而帕米尔至天山、整个青藏高原（喜马拉雅山至阿尔金山、祁连山、六盘山和龙门山）、华北以及东南沿海和台湾地区的地震活动相对强烈而频繁。大致以105° E为界，东西两部分又各有特征，表现为西强东弱，其中西部地震活动强且频度高。总的来说，中国地震主要分布在五个地区的23条地震带上（图1.1.5）：

①青藏高原地震区。该区包括青藏高原南部（喜马拉雅、滇西南、藏中地震带）、中部（巴颜喀拉山、鲜水河—滇东地震带）、北部（龙门山、六盘山—祁连山、柴达木—阿尔金地震带）和帕米尔—西昆仑等地区，是地震活动最强烈、大地震频繁发生的区域。

②天山、阿尔泰山地震区。该地震区位于天山南北，向西延至哈萨克斯坦和吉尔吉斯斯坦的天山地区，东部包括阿尔泰山脉一带，向东延入蒙古国。主要包括南天山、中天山、北天山和阿尔泰山等四个地震带。

③华北地震区。该区包括长江下游—黄海、郯庐、华北平原、汾渭、银川—河套、鄂尔多斯以及朝鲜半岛等多个地震带。区内地震历史记载悠久，自11世纪以来共记录到8.0～8.5级地震5次、7.0～7.9级地震20次、6.0～6.9级地震111次。这里的地震强度高但频度相对较低，强震在这个地震区主要集中分布在五个地震带，自东向西为长江下游—黄海地震带、郯庐地震带、华北平原地震带、汾渭地震带、银川—河套地震带。

④华南地震区。该区主要分布在东南沿海和台湾海峡内。全区记载到7.0～7.5级地震5次、6.0～6.9级地震28次。本区又可划分为长江中游地震带和东南沿海地震带。

⑤台湾地震区。该区分为东部和西部两大地震带。区内共记录到8级地震2次、7.0～7.9级地震38次、6.0～6.9级地震261次。其中，这些地震绝大多数都分布在台湾东部地震带，少数分布在台湾西部地震带。

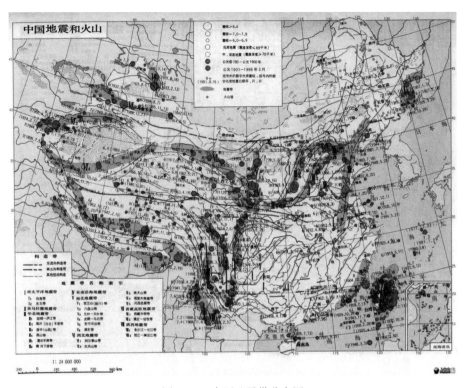

图 1.1.5　中国地震带分布图

1.2　地震灾害

地震灾害是指由地震造成的人员伤亡、财产损失、环境和社会功能的破坏，简称震灾或震害，主要包括地震原生灾害和地震次生灾害。其中，地震原生灾害是由地震作用直接造成的灾害，包括地震地质灾害、工程结构灾害以及由此而引发的人员伤亡和经济损失。地震次生灾害是由地震作用造成工程结构、设施和自然环境破坏而引发的灾害。例如，因房屋倒塌破坏，使火炉翻倒、燃气泄漏、电器短路等引起的火灾；因水坝垮塌、河道截断等引起的水灾；因仓库、储罐、容器倒塌破坏引起的有毒有害物质泄漏；因房屋设施破坏、环境恶劣、水源污染等造成的疫病流行；因地震破坏严重、震后救灾不力、供应中断或地震谣言等引起的社会骚乱……地震次生灾害可使地震灾情加重、损失增大，是地震灾害链中极其重要的组成部分。

1.2.1　原生灾害

1.2.1.1　工程结构灾害

工程结构泛指人类用天然或人造材料建造的各种具有不同使用功能的设施，包括量大面广的房屋，电力、供水、交通、通信、燃气、水利等生命线工程系统的构筑物，各种工业生产设施和设备等人工建造物体。以房屋为主的工程结构破坏是造成地震人员伤亡和经济损失的直接原因，并将引起火灾等次生灾害。

地震造成工程结构破坏的原因可分为地震动引起的结构振动和地面破坏两类，对应两类原因的结构破坏特点和抗御方法亦有所不同。根据对震害现象的总结与分析，得出工程结构在地震作用下破坏的基本规律如下：

①结构构件破坏导致工程结构破坏。在地震作用下，结构的内力增加、变形增大，当内力超过构件强度或变形过大时，构件将出现开裂，并造成砌体破碎或混凝土梁、柱等构件折断等。当工程结构的承重构件出现破坏时，就可能导致结构体系的一部分或整体倒塌；而当非承重构件出现破坏，也会影响结构体系的使用功能或危及人的生命安全等。

②结构构件连接破坏导致工程结构破坏。在地震作用下，常会出现因各结构构件连接节点强度不足、延性不够、锚固质量差等原因，使结构构件连接失效，导致结构丧失整体稳定性而垮塌的现象。例如，钢结构构件连接螺栓或焊缝断裂，钢筋混凝土框架结构梁柱节点的酥碎、钢筋屈曲等，都会导致工程结构的破坏。

③地基失效等导致工程结构破坏。地震动作用下，砂土液化、软土震陷等都会导致工程结构地基出现不均匀沉降或流滑现象，从而导致工程结构主体歪斜、倾倒以及破坏等。此外，地震地面破裂、滑坡、崩塌、地面塌陷等都有可能摧毁或掩埋工程结构。

关于工程结构灾害的更多内容详见本书第3章3.1～3.5。

1.2.1.2　地震地质灾害

地震地质灾害又称地震地面灾害，是在地震作用下由地质体变形或破坏引起的灾害。一般包括地面破裂、斜坡失稳、地基失效和地表塌陷等。

（1）地面破裂

地震断层错动造成的地表断裂和各种形态的地裂缝，依成因可分为构造性地面破裂和重力性地面破裂两类，后者亦称非构造性破裂。

①构造性地面破裂。绝大部分灾害性地震是由断层（带）内某一薄弱面突然发生剪切错动而造成的。当一些断层错动直达地表，引起地面错动或开裂时，则称为构造性地面破裂。构造性地面破裂一旦穿越房屋地基、各类工程结构以及地下管线时，将使其发生毁灭性的破坏。例如，在1999年的中国台湾集集地震中，断层不仅错断桥梁，还导致河床垂直错断达7m。因此，为防止工程结构被构造性地面破裂摧毁，在工程建设中应避开这一危险地带。

②重力性地面破裂。重力性地面破裂表现为较软弱覆盖土层或陡坡、山梁处的地裂缝，这类破裂与断层构造走向无关，主要受土质、岩性、地形地貌以及水文地质条件控制。例如，由地震滑坡、地震坍陷等引起的地裂缝就属于重力性地面破裂范畴。此外，

图 1.2.1　斜坡岩石崩塌（包头地震）

这种破裂的准静态特性也能造成地基变形或开裂，致使建筑物破坏，但因规模有限，一般危害不大。

（2）斜坡失稳

斜坡是指地壳表层一切具有侧向临空面的地质体，按成因可分为天然斜坡和人工边坡，按岩土性质则可分为岩质斜坡和土质斜坡。斜坡发生局部或整体运动的破坏现象称为斜坡失稳，主要有崩塌和滑坡两种形式。

①崩塌。崩塌是斜坡岩土体被陡倾的结构面切割，外缘部分突然脱离母体而快速翻滚、跳跃并坠落堆积于崖下的地质现象。崩塌按岩土性质可分为岩崩（图 1.2.1）和土崩。崩塌一般发生在硬脆性岩高陡斜坡的坡肩部位，岩土块体常以自由落体的形式快速运动，无统一的运动面，具有瞬间成灾的特点。中小规模的崩塌经常破坏公路、铁路等生命线工程，而大规模的崩塌则可导致毁灭性的灾难。

②滑坡。滑坡是斜坡岩土体沿贯通的剪切破坏面发生滑移的地质破坏现象。地震引起的强地面运动可能触发滑坡，滑坡体的规模可达数亿乃至数十亿 m³。滑坡通常是较深层的岩土破坏，滑移面深入到坡体内部，滑动时岩土质点的水平位移多大于垂直位移，滑坡速度往往较慢且具有整体性。在震害现场中，经常可见由地震滑坡堵塞或破坏公路、掩埋或毁坏房屋及其他工程结构的现象（图 1.2.2）。此外，在个别的地震中滑坡甚至是造成震灾的唯一因素。例如，2001 年萨尔瓦多地震中发生的大滑坡（图 1.2.3），掩埋了城镇并造成了巨大的人员伤亡和财产损失。

图 1.2.2　北川县城的王家岩滑坡（汶川地震）

图 1.2.3　萨尔瓦多地震滑坡

（3）地基失效

地基失效是指在地震作用下地基稳定性或承载能力降低乃至丧失的破坏现象。在强烈的地震动作用下，地基土的物理性质常会发生变化，从而容易导致地基土发生永久变形，或使地基强度降低甚至丧失承载能力。砂土液化和软土震陷是地基失效中最常见的两种形式。

①砂土液化。砂土液化是指地面以下一定深度处，饱和松散砂土在强地震动的反复作用下，内部孔隙水压急剧上升，致使土体有效应力降低、抗剪强度减小乃至丧失，地基丧失承载力或发生大范围流动或滑移的破坏现象。液化过程需要时间，喷砂冒水常见于地震发生数分钟或几十分钟后，喷发时间可达半个小时以上，最终形成液化坑（图1.2.4），这就是液化的宏观判别标志。

通常来说，地基承载力丧失常会导致房屋等工程结构发生倾斜或倾倒。例如，1964年的日本新潟地震中，四层的钢筋混凝土结构房屋在地基出现砂土液化的情况下，发生了歪斜或完全倾倒（图1.2.5）。此外，由砂土液化引起的大范围的流动或滑移现象一般会出现在斜面上，流动距离可达数米，常会导致路基等土工结构或跨越土体的结构严重破坏或毁坏。

图 1.2.4　地震中的喷砂冒水坑（伽师—巴楚地震）　图 1.2.5　地基液化导致的楼房倾倒（新潟地震）

②软土震陷。软土震陷是指在地震作用下软土中原处于平衡状态的水胶链受外力扰动而破坏，使土体粘聚力降低甚至丧失，导致承载力降低而产生显著沉降变形的破坏现象。软土震陷一般发生在沉积年代不久的淤泥质土等软土地基中。例如，在1976年的唐山地震中，天津新港等滨海地区就产生了较大震陷，震陷量 15～30cm，最大达 50cm。

工程上常以地基沉降量为指标估计震陷引起的上部结构宏观破坏等级；一般沉降在4cm 以内时对上部结构影响不大，沉降在 15cm 以上则对结构有显著影响。

（4）地表塌陷

地表塌陷是指地震时在地表形成陷坑或发生陷落的破坏现象。大多数条件下，陷坑都为圆形或椭圆形（图1.2.6），且一般由埋藏较浅、顶层岩石较薄的石灰岩溶洞塌陷造成，

图 1.2.6 地面陷坑（九江地震）

直径为几米到数十米不等。地表塌陷可能在震后十几个小时才发生，通常会危及到周边房屋结构的安全。少数地面塌陷由地震时矿井塌陷或原塌陷区扩大形成，此时塌陷区的形状受矿井巷道走向控制。与软土震陷相比，地面塌陷的成因不同，陷坑或陷落的形状也不相同，塌陷边缘是近似垂直的陡坎，且陷坑深度大。

1.2.2 次生灾害

1.2.2.1 火灾

地震火灾可由炉火、电线短路、可燃气体或液体泄漏、化学爆炸以及临时用火不当等引起。地震中火灾时有发生，加之地震造成的消防设施损坏、消防队伍伤亡、水源和供水管道受损、交通堵塞、社会秩序混乱等因素，地震火灾往往不能及时扑灭，发生蔓延而造成巨大损失。

图 1.2.7 神户市中的地震火灾
（阪神地震）

1923 年关东地震中，东京市 277 处起火，其中 133 起蔓延成灾，烧毁了 50% 的城区，木结构房屋全部付之一炬；横滨市大火烧毁了 80% 的房屋，两地火灾造成的损失超过建筑破坏的经济损失。1976 年唐山地震时，宁河县芦台镇一户居民因房屋倒塌打翻炉火引起火灾，三间房屋全部烧光，全家三人无一幸免；天津某合成化工厂因车间倒塌造成停电，合成塔突然升温升压爆炸起火，车间设备全毁；灾民临时居住的防震棚设备简陋、缺少防火设施，加之用火不慎，共发生 452 起火灾。1995 年阪神地震中因灾民和倒塌建筑堵塞道路，致使消防车辆不能靠近起火建筑，相当部分地震遇难者死于火灾；神户市出现多处大火（图 1.2.7），因地震破坏了供水系统，导致大火昼夜燃烧，损失惨重。

1.2.2.2 堰塞湖

堰塞湖是地震滑坡、崩塌和泥石流阻塞河道壅水而形成的湖泊。堰塞湖将改变壅水区上下游的自然环境，毁害淹没区的人工结构物。2008 年的汶川特大地震共造成 34 处堰塞湖危险地带。其中，位于涧河上游距北川县城约 6km 处的唐家山堰塞湖（图 1.2.8）

是面积最大、危险最大的一个堰塞湖，库容
1 亿 m³，顺河长约 803m，横河最大宽约 611m，
顶部面积约 30 万 m²。

图 1.2.8 唐家山堰塞湖（汶川地震）

堰塞湖坝体垮塌又将形成洪水，造成巨大灾
害。如 1786 年康定地震后，"泸水忽决，高数十
丈，一涌而下，沿河居民悉漂以去……叙、泸各处，
山村房料，拥蔽江面"。1927 年甘肃古浪地震后，
扎木河"水流闭塞数十日，寅夜冲破，水高丈余，
人登树梢、山顶、高楼、峻墙，间有生者，田地村庄扫地尽矣"。1933 年四川叠溪 7.5 级
地震造成三处山体大滑坡和崩塌，巨大的岩土体塌方落入岷江，堵塞成湖、回水达 50 余
里，45 天后涨水冲垮高达 160m 的堰塞坝造成水灾，致使数千人遇难。

1.2.2.3 泥石流

泥石流是发生在山区携带大量泥砂、石块的暂时性急水流，其中固体物质的含量有
时超过水量，是介于夹砂水流和滑坡之间的土石、水、气混合流或颗粒剪切流。泥石流
是在大量地表径流突然聚集、有利于水流搬运大量泥砂石块的特定地形地貌、地质和气
象水文条件下形成的。大多数发生于陡峻的山岳地区，其地形条件为泥石流发生、发展
提供了足够的势能，造成泥石流的侵蚀、搬运和堆积能力。地质条件决定了泥石流中松
散固体物质的来源、组成、结构、补给方式和速度。大量易于被水流侵蚀冲刷的疏松土
石堆积物是泥石流形成的重要条件。暴雨、高山冰雪融化和壅水溃决造成的强烈地表径
流是引发泥石流的动力条件。

汶川地震后，北川、绵竹一带的泥石流多处暴发（图 1.2.9），如北川县擂鼓镇的魏家沟、
柳林村的姜家沟、麻柳湾的窑平沟、老县城附近的西山坡沟和原北川中学后山任家坪沟
等多处都暴发了泥石流，其中任家坪沟泥石流直接掩埋了任家坪村 7 队、9 队村庄和原
北川中学宿舍区，导致 21 人死亡、失踪，并直接威胁下游的灾民安置区。

图 1.2.9 北川县委大门泥石流发生前后堆积体的变化

左图为地震后情形；右图为泥石流暴发后情形

1.2.2.4 海啸

海啸是由海底地震、火山喷发或海底泥石流、滑坡等海底地形突然变化所产生的具有超大波长和周期的大洋行波。当其接近近岸浅水区时，波速变小，振幅陡涨，有时可达 20 ~ 30m 以上，骤然形成"水墙"，瞬时侵入沿海陆地，造成危害。与一般仅在海面附近起伏的海浪不同，海啸是从深海海底到海面的整个水体的波动，因此携带惊人的能量。

海啸现象十分复杂，一般认为，开阔海洋中海啸波是又长又矮的，它们的椭圆形波阵面约以速度 $c = \sqrt{gd}$ 移动（式中 g 为重力加速度，d 为水深）。例如，在中太平洋区域，水深为 3000 ~ 5000m，海啸波行进的速度可达 600 ~ 800km/h，同音速飞机飞行的速度相当。可以想象，高速行进的海啸波受海底地形地貌、水下暗礁和大陆架的影响而发生折射、反射和绕射，变得异常"壮观"和"杂乱无章"，当它逼近海岸并进入"V"形和"U"形海湾或港口内时，由于水深变浅和宽度变窄，海啸波的高度迅速增加数倍并使能量聚集。

1896 年 6 月 15 日历史上最严重的海啸之一袭击日本，冲上陆地的巨大波浪达潮位以上 20 ~ 30m，海啸吞没若干村庄，导致 27000 余人死亡，10000 余间房屋毁坏。2004 年 12 月 26 日发生于印度洋的特大海啸使印度尼西亚、印度、斯里兰卡、孟加拉国和泰国等十多个国家遭受到巨大损失，死亡 29 万余人，成为世纪灾难。2011 年 3 月 11 日，日本东北部海域发生 9.0 级地震并引发海啸（图

图 1.2.10 地震海啸（东日本大地震）

1.2.10），海啸最高达到 10m，影响到太平洋沿岸的大部分地区，造成重大人员伤亡和财产损失。中国除台湾外，历史上的海啸事件不很严重。

1.2.2.5 有毒有害物质泄漏

地震时企业、学校、医院和实验室等贮存的有毒有害物质可因容器损毁造成泄漏，产生巨大危害。这些物质包括：光气，液氯，液氨，氮氧化物，硫化氢，二氧化硫，酸，碱，氰化物，病毒，病菌，放射性物质钴、铀、镭、锶和放射性污染物等。这类事故在地震中尚不多见。

1976 年唐山地震时，天津市发生毒气泄漏 7 起，致 21 人中毒，其中 3 人死亡。2007 年日本新潟中越近海地震中，柏崎市核电厂含放射性的冷却水泄漏。2008 年汶川地震中什邡市两家化工厂发生毒气泄漏，引发火灾并污染水源。2011 年日本东北部海域 9.0 级特大地震，导致福岛、女川、东海等核电站 11 座核反应堆自动停堆关闭，其中福岛第一核电站 4 个机组相继发生氢气爆炸，引发核泄漏，造成了严重的灾害。另外，地震后寻找遗失、埋压的有毒有害物质储存容器还将耗费大量人力和物力。

1.2.2.6 疫病流行

震后水源污染、供水系统中断，灾民和救援人员均缺乏洁净的饮用水；震区粪便、垃圾、污水处理系统及卫生设施破坏，蚊蝇等大量孳生；因心理恐慌、精神紧张、避难和救援体力消耗巨大，致使人体抵抗力降低；临时避难场所人口密集、缺乏隔离措施；人畜大量死亡，在气温高多雨的情况下，尸体迅速腐败，严重污染空气和环境。这些原因都极易导致肠道传染病、虫媒传染病、人畜共患病和自然疫源性疾病及食源性疾病等的发生与蔓延。

1920年宁夏海原地震"震后地坼、泛滥黑水，瘟疫大兴"。1937年山东菏泽震后，《大公报》报道："震后臭气冲天，瘟疫盛行。"1556年陕西关中地震，震后"疫大作，民工疾、饿、震死者十之四"，当时朝廷派往灾区赈灾的右侍郎邹守愚亦染病毙于长安。在唐山地震和汶川地震中，国家及时调配大量饮用水和食品输送灾区，大批防疫队伍采取强有力的措施防病治病，有效防止了疫情的发生与蔓延。

1.2.3 其他灾害

除以上次生灾害之外，地震后还可能引起范围极其广泛的社会性灾害，如饥荒、社会动乱、人的心理创伤、金融动荡等。

例如，强烈的破坏性地震在瞬间使部分居民处于鳏、寡、孤、独状态，众多家庭解体、家庭重组、孤儿抚育、残疾人康复等都成为重大社会问题。地震造成的惨烈状况、环境变化、人员伤亡以及长时间的紧张避难、抢险行动都将会给相关人员造成精神、心理损伤，形成孤独症、恐惧症、强迫症等精神疾病。

地震使自然环境、社会环境发生重大变化，社会组织突然受损，正常社会规范失去效能，往往导致哄抢和偷盗国家、个人财产等越轨行为和犯罪；地震后监舍破坏，服刑人员的安置和转移需要大批警力；地震谣传将引起社会再度混乱，导致群体性和部分人盲目外逃避震、抢购生活物资、严重冲击社会生产与生活，偶有风吹草动便引发惊慌失措，因人群踩踏、跳楼、心脏疾病发作而致死者时有发生。非常时期社会秩序的维护面临重大困难。

地震灾害造成的环境变化使居民暂时失去生产资料和就业机会，乃至改变生活和生产方式，导致人口迁徙；学校停课将影响和干扰一代人的正常教育；劳动力、管理人员和专业人才的伤亡将对社会经济发展产生持续影响。地震应急需要巨大的人力和物资投入，灾区企业停产的影响将波及产业链的上下环节；巨灾的发生将对财政和经济造成重大冲击，其影响甚至超出地区和国家的范围，可能引起地区或全球金融动荡，致使经济发展迟缓甚至倒退。

震后恢复重建面临土地资源、水资源、森林矿产资源、旅游资源的重新分配，会引发不同利益人群的矛盾。政府对灾区和灾民的经济补偿对策、保险公司的理赔等都将面临极其复杂的情况，处理不当将引发纠纷和群体事件。

第2章 地震监测预测

2.1 测震基础

附近地震了，在地震震动没有传递到本地前，或具有破坏性的地震震动没有传递到本地前，告知当地的政府和民众，这就是地震预警。政府根据地震预警信息可采取相应的避震措施。

地震发生了，快速确定地震发生的时间、地点、震级大小，这就是地震速报。政府根据地震速报结果可采取相应的应急救援措施。

我们所在的地区地震活动情况怎样？今后的地震形势如何？这是地震活动性分析，政府根据地震活动趋势可采取各类减灾措施。

这些都是测震台网的主要功能，当然测震台网不仅仅具有上述功能，还是人类认识地球、研究地球内部结构的主要工具。测震台网建成之后，可24小时连续运转，时刻关注着我们生活的地球，记录着每一个地震的过程。例如，图2.1.1是河北台网记录的2014年9月6日河北涿鹿和怀来交界4.7级地震的波形，图2.1.2是河北台网对该地震的定位结果。距离震中最近的台站在震后5s记录到该地震，10s左右方圆60km之内的台站都能记录到该地震，从而可实现地震预警和地震速报。根据目前科技水平，能够全面探测地球深部信息的方法只有依靠天然地震（地震波），地震波探测地球就类似于医院给

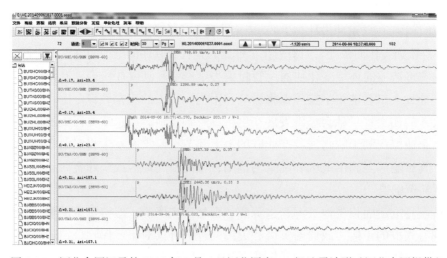

图 2.1.1 河北台网记录的 2014 年 9 月 6 日河北涿鹿 4.7 级地震波形（河北台网提供）

病人做 CT 检查。也正如俄国地震学家伽利津所说："可以把每次地震比作一盏灯，它燃着的时间很短，但照亮着地球的内部，从而使我们能观察到那里发生了些什么……"

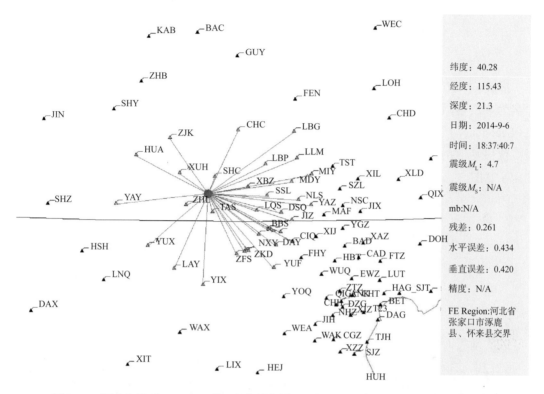

纬度：40.28

经度：115.43

深度：21.3

日期：2014-9-6

时间：18:37:40:7

震级 M_L：4.7

震级 M_S：N/A

mb:N/A

残差：0.261

水平误差：0.434

垂直误差：0.420

精度：N/A

FE Region:河北省张家口市涿鹿县、怀来县交界

图 2.1.2　河北台网对 2014 年 9 月 6 日河北涿鹿 4.7 级地震的定位结果（河北台网提供）

2.1.1　地震波

2.1.1.1　地震波的类型

地震发生时所释放的能量以波动的形式向四周传播，这就是地震波。地震波可分为纵波、横波和面波。事实上人们能够感觉到的地震是很少数的，绝大多数地震只有安装在测震台站上的测震仪器才能够清晰地记录到。在干扰足够小的台站上，现代的地震仪能够记录到频率在 0.003 ~ 50Hz 之间、震级大于 −3.0 级的地震。这为我们研究地震以及地球内部结构提供了丰富的信息。

（1）地震体波

地震体波指在地球岩层内部传播的地震波，包括地震纵波和地震横波。

纵波（P 波）是振动方向与传播方向平行的波。P 波是岩石受到挤压和拉伸作用而产生的，由于其传播速度快于其他波，所以地震发生之后，P 波最先被记录到。图 2.1.3 是简谐平面 P 波发生的位移变化示意图。

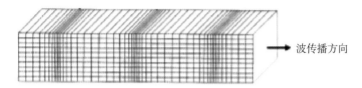

图 2.1.3　在各项同性的均匀介质中传播的简谐平面 P 波

横波（S 波）是振动方向与传播方向垂直的波。如抖动的绳子产生的波动就是横波。命名为 S 波是因为在地震记录图上，其传播速度相对 P 波慢，后续才被记录到，即"第二（Secondary）"到的波（S 波）。其中，质点位移发生在波传播的水平面内的波为 SH 波，质点位移发生在波传播的垂直平面内的波为 SV 波。图 2.1.4 是简谐平面 S 波发生的位移变化示意图。

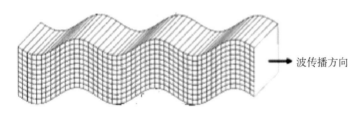

图 2.1.4　在各项同性的均匀介质中传播的简谐平面 S 波

（2）地震面波

地震面波指沿着地球表面或岩层分界面传播的地震波，常见的有瑞利波和勒夫波。

瑞利波是沿半无限弹性介质自由表面传播的偏振波。当 P 波和 SV 波入射到自由表面时发生干涉而形成的波称为瑞利波。在均匀介质中，瑞利波的质点运动轨迹为逆进的椭圆。在表层附近，质点的运动轨迹为椭圆；在离表面为 0.2 个波长的深度以下，其运动轨迹仍为椭圆，但运动方向与表层相反。图 2.1.5 是由水平传播的基阶瑞利波引起的位移示意图。

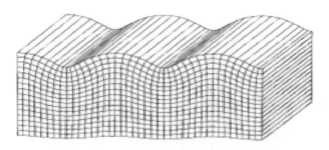

图 2.1.5　由水平传播的基阶瑞利波引起的位移

勒夫波是一种垂直于传播方向、在水平面内振动的波。当层状介质覆盖于较高速度的半空间时，SH 波发生干涉就形成了勒夫波。勒夫波的传播速度大于层中横波速度，小于层下横波波速，且不同频率的勒夫波其波速一般也不同。物理上称这种同性质波的传播速度随频率改变而改变的现象为频散现象。在实际的地球中，瑞利波比勒夫波稍慢。

由水平传播的基阶勒夫波引起的位移示意图如图 2.1.6。

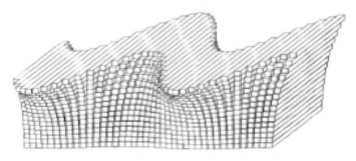

图 2.1.6　由水平传播的基阶勒夫波引起的位移

2.1.1.2　地震震相

由于震动的性质不同或传播的路径不同，在地震记录图上可看到不同形态的地震波组，这样的地震波组称为震相。从震源发出的 P 波和 S 波在复杂的地球内部传播，发生反射和折射，产生出许多新的波，由于波的振动方式、传播路径等的不同，地震波在地震记录图上的记录特征也不相同，主要表现在到达时间、振动振幅、振动周期和运动方式等方面。因不同的波都有一定的持续时间，导致先到的波与其后到达的波之间常会有互相叠加现象，使地震图表现为一幅复杂的图形，如图 2.1.7 是云南昆明台站记录的 2001 年 4 月 12 日云南施甸 5.9 级地震，图中的 Pn、Pb 、Pg 等均为震相名。

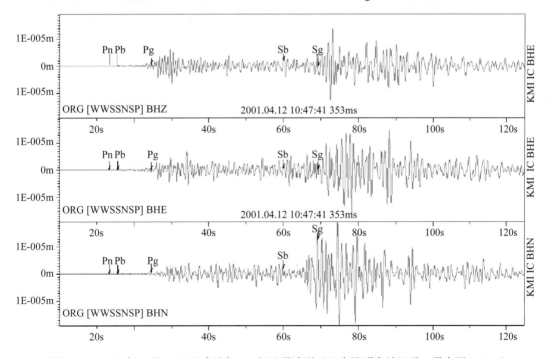

图 2.1.7　2001 年 4 月 12 日云南施甸 5.9 级地震波形（云南昆明台站记录，震中距 3.9°）

地震学的任务之一就是分析、解释各种震相的起因和意义，并利用各种震相特征测定地震的基本参数，研究地震的力学性质和探讨地球内部构造等。

地震震相按照一定的规则和约定进行分类和命名，主要的震相如表2.1.1。两层地壳模型下，震源位于上地壳时，地震射线传播路径和记录到的震相见图2.1.8所示，经过地幔和地核反射和折射可形成多种震相，如图2.1.9所示。

表 2.1.1　常见的地震震相分类和命名

类别	震相名
地壳震相	Pg、Sg、Pb、Sb、Pn、Sn等
地幔震相	P、S、PP、SS、PS、SP、PPS、SSP等
地核震相	PKP、PKS、SKS、SKP等
面波	L、LQ、LR、Q、R等
振幅测量震相	A、AML、AMS等

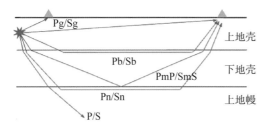

图 2.1.8　双层地壳模型，震源位于上地壳，
地壳震相传播路径示意图

2.1.2　测震设备

对一个测震台网来说，涉及的设备包括台站设备和台网中心设备两部分。其中台站设备包括测震专用设备（地震计/仪

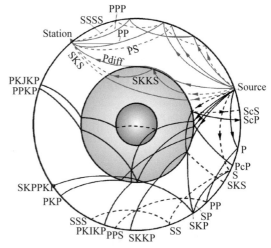

图 2.1.9　地幔震相和地核震相传播路径示意图

和数据采集器）、通信设备（路由器、交换机、协议转换器等）、数据处理设备（计算机、打印机、复印件等）和台站辅助设备（供电设备、避雷设备等）。图2.1.10是区域测震台站设备连接框图。台网中心设备包括通信设备（卫星地面站、光端机、协议转换器、传真机等）、网络设备（路由器、交换机、防火墙、加密解密机等）、信息处理设备（小型机、服务器、工作站、微型计算机、打印机、复印件、绘图仪等）。

不同的台站，其设备构成可能不同，但都必须有测震专用设备，即都配置有地震仪和数据采集器。

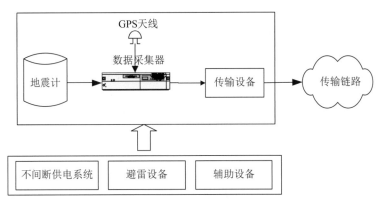

图 2.1.10 区域测震台站设备连接示意图

2.1.2.1 地震仪

地震仪就是记录地面运动的仪器，其中主要部分是地震计。目前，大多数地震计是摆式结构，应用了摆的惯性原理来近似测量地面的运动，如图 2.1.11 所示。

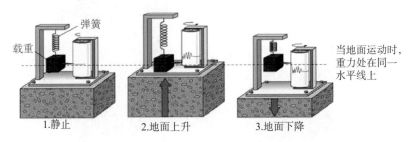

图 2.1.11 地震计利用摆的惯性测量地面运动

早期的地震仪是模拟式的，输出的是位移量、模拟信号。随着数字技术的发展，数字地震仪成为主流设备，数字地震仪具有灵敏度高、动态范围大、频带宽等特性，极大地提高了地震波形记录的质量和数据的应用效能。目前常用的数字地震仪有记录地面运动速度的地震仪、记录地面运动加速度的地震仪（强震仪），当然也有记录地面位移的地震计。

地震仪的主要技术指标由地震计决定，包括满量程、最大输出信号、灵敏度、最大允许误差、线性度误差、总谐波失真度、横向灵敏度比、噪声水平、最低寄生共振频率、频带宽度、工作环境等。

不同的观测目的可以配置不同的地震仪，表 2.1.2 给出了常用的速度型地震仪的频带和适用范围。市县建设的地震台网，主要监测本区域内及周边的地震，选取适宜观测地方震和近震的短周期地震仪即可，图 2.1.12 是 FSS–3B 短周期地震计的图片。宽频带地震仪、甚宽频带地震仪和超宽频带地震仪也可以通过数学处理方法获得短周期数据。因此，对于地方震和近震观测，采用宽频带地震仪也能够获得理想的微震监测能力。

表 2.1.2　几种常用地震仪的观测频段及适用范围

序号	类型	工作频段	适用范围	仪器示例
1	短周期地震仪	低频端在0.5～1Hz内，高频端在20Hz或20Hz以上	主要观测地方地震、近震	CMG-40T、JCV-100、FSS-3B
2	宽频带地震仪	低频端在0.01～0.05Hz内，高频端在20Hz或20Hz以上	主要观测地方地震、近震和远震	BBVS-60、BBVS-120、FBS-3B、CMG-3ESPC
3	甚宽频带地震仪	低频端在0.003～0.01Hz内，高频端在20Hz或20Hz以上	主要观测地方地震、近震和远震	CTS-1、CMG-3T、STS-2/2.5
4	超宽频带地震仪	低频端小于0.003Hz，高频端在20Hz或20Hz以上	主要观测地方地震、近震、远震、地球振荡	JCZ-1T

图 2.1.12　FSS-3B 型短周期地震计

2.1.2.2　数据采集器

地震数据采集器将地震计输出的模拟信号转换为数字信号。其功能包括：数据采集、数字滤波、实时数据传输、数据记录与回放、数据压缩、事件触发与参数计算、网络接入、标定信号输出、卫星授时及时间同步、地震计监控、运行日志记录、远程管理等。图 2.1.13 是目前使用较多的 EDAS-IPU 型数据采集器。

图 2.1.13　EDAS-IPU 型数据采集器

数据采集器主要技术指标包括：输入量程与转换因子、采样率与频带宽度、动态范围与分辨力、线性度误差和总谐波失真度、输入电阻、共模抑制比、时钟漂移率和时间同步误差。配备数据采集器时可以根据需要选配,数据采集器通常有 3 通道和 6 通道两种,如果仅接入一台地震计,选取 3 通道即可,如果需要再接入一台强震仪或者其他地震计,则可选取 6 通道。数据采集既支持串口通信,也支持网络通信。实际选择时根据连接地震仪的类型、数量、设计的通信方式等确定地震计的型号。

2.1.3 测震台网

2.1.3.1 测震台网构成

根据组网范围的大小,测震台网分为全球测震台网、国家测震台网、区域测震台网和地方测震台网。此外,还有针对特殊目的而长期观测的专用测震台网,如小孔径台阵、火山测震台网、水库测震台网,以及各种短期观测的流动测震台网,如流动测震台网、地震科学探测台阵等。测震台网由测震台站、数据传输网和台网中心组成。为满足测定地震基本参数的需求,区域测震台网至少要有 4 个以上的测震台站,且尽量均匀分布在本区域的范围内,通常为克服误差,台站的数量应该大于 6 个以上,如果没有预警的需要,台站数量需要根据台间距进行计算。

测震台站完成地面运动信号的连续实时检测、数字化,观测数据和台站信息数据的打包,以及观测系统的标定检查等。数据传输网完成测震台站打包数据或区域台网数据的远距离、无失真、实时传输。台网中心实现数据的实时接收、汇集存储、处理分析、产品管理和服务,以及数据流的转发和共享等。我国测震台网的构成示意图如图 2.1.14。

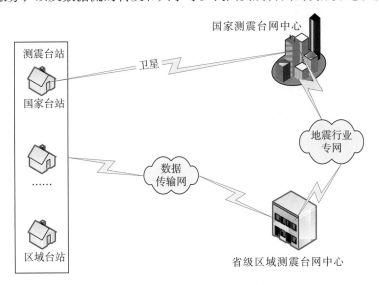

图 2.1.14　区域测震台网构成示意图

测震台网的主要技术指标包括测震台站的技术指标,台网分布大小、台站数量、台站空间分布密度、台网环境、地噪声水平;台网运行率、台网地震监测能力、地震自动速报和正式速报能力，如速报震级、时间和范围；地震目录、地震观测报告等产品产出能力；数据在线存储能力、数据共享服务内容和方式等。

2.1.3.2 测震台网建设

（1）测震台网布局设计

测震台网在空间分布上要满足台网预期的对地震的监测要求，对于市县建设的以地震速报和地震活动性监测为目的的区域测震台网，主要考虑需要监测到的震级的下限，例如需要监测发生在本区域内 2 级以上的地震。监测区域可以是行政区划单元、地震重点监视防御区（含水库、矿山、核电站等重要设施所在地区），或者是一个地质构造带等，在确定台站具体位置时，要考虑场地各种条件、地震定位需求等。建设地震台网还应该考虑未来社会发展的需求。

台网中测震台站数量没有固定的要求，通常以需求为目标进行规划建设，图 2.1.15 是建设一个以地震速报和地震活动性监测为目的的测震台网的台站数量估计和台站分布规划。

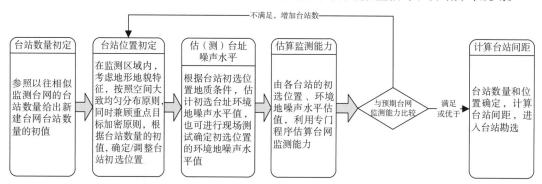

图 2.1.15　台站数量确定和分布规划过程

（2）台站勘选和建设

测震台站勘选是建设高质量台网的基础，台址的环境条件直接影响台站产出数据的质量和台网的监测能力。台址勘选时地理位置要符合整体台网布局，观测环境条件要满足观测需要，同时还要兼顾通信、供电、避雷、交通、安全、维护条件以及长期观测需要。

① 观测场地类型。

观测场地一般可分为地表、洞体、浅井（含地下室）和深井四种类型。

通常在基岩出露，风化层不厚，环境气候不恶劣，仅需要采取局部措施就能够满足地震计对观测环境的要求的场地，均属于地表类型观测场地。由于短周期地震计对观测环境要求相对宽松，大都选择地表类型观测场地。

在环境气候恶劣（如温度年变化大于 48℃）或者地震计观测环境要求苛刻时，可采用洞体类型观测场地。宽频带地震计、甚宽频带地震计与超宽频带地震计应该优先选择洞体类型观测场地。

在规定的地理位置内，覆盖层厚度小于10m或者基岩出露但是风化层厚；环境气候恶劣（如温度年变化大于48℃），即使采取局部防护措施，地表观测场地也不能够满足地震计的观测环境要求时，可采用浅井（含地下室）类型场地进行观测。

覆盖层厚度大于10m，或采用浅井（含地下室）施工难度大，宜采用深井观测。一般在无覆盖层的基岩地层打进，井深可以在50m以下坚硬、完整的岩层中终孔；在有覆盖层的地区打进，井深宜大于250m。深井观测场地适合所有频带的测震观测设备。随着城市建设的进程，深井观测可能成为克服城市干扰的重要方法。深井观测场地安装井下地震计，浅井观测场地安装地面地震计。

② 观测场地要求。

（a）观测环境要求。观测场地要避开对观测有影响的干扰源，包括当地发展规划中各种潜在的干扰源。地震计离开干扰源的最小距离、观测场地的环境地噪声水平等在GB/T 19531.1—2004《地震台站观测环境技术要求　第1部分：测震》中有明确规定，实施时要严格遵守。

（b）供电环境要求。测震台网24小时不间断记录，因此供电的保障至关重要。台站供电有交流供电、太阳能供电，或交流供电+太阳能供电混合方式。台站建设尽量考虑到交流电的接入条件、供电稳定可靠等。对于不具备交流供电条件的区域，可以采用硅太阳能电池板提供电源。太阳能供电的台站较近距离范围内不应有阳光遮挡。

此外，台站建设还要考虑通信条件、避雷方法、交通条件等因素。测震台网的通信方式后面有专门的章节介绍。避雷设计应按照地震台站观测及设施的防雷技术要求进行。

③台址勘选。

台址勘选的过程可分为初勘、现场踏勘、场地测试、编写勘选报告和台址确定5个阶段。如图2.1.16所示。

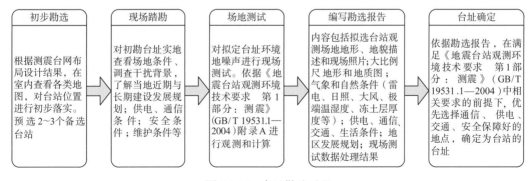

图2.1.16　台址勘选过程

④观测场地建设。

地震台站建设主体工程包括地震计基墩（摆墩）、观测井、观测室、网络、供电、避雷、通信等，具体建设要求在地震行业标准DB/T 16—2006《地震台站建设规范　测震台站》

和 DB/T 17—2006《地震台站建设规范　强震动台站》中有明确规定。

⑤观测系统安装调试。

通常，地震计等专业仪器的安装由生产厂家进行，严格按照说明书进行安装操作。观测系统布设、安装结束之后，需要在现场利用笔记本电脑对系统的工作情况进行调试和检查，包括摆锤零位调整（具体操作参照设备厂家提供的手册）、脉冲标定和正弦标定检查等。

⑥台站工作参数设置。

在系统投入正常工作前，应该对系统的工作参数进行设置，主要参数是：数据采集器采样率、数字滤波器选择、放大增益、通信参数、标定参数等。

（3）台站专用仪器配置

测震台站专用仪器主要指地震仪和数据采集器。

仪器配置选择时主要考虑：对仪器主要技术指标的要求；仪器对环境的适应性；仪器运行的稳定性和可靠性；仪器厂商技术支持能力等。

①地震仪的配置。

根据观测目的，台站可配置不同频带和观测动态范围的地震仪。目前，全球测震台网和国家测震台网的台站宜同时配置速度计和加速度计，速度计选择甚宽频带地震仪，或超宽频带地震仪，如甘肃高台国家台站配置 JCZ–1T 型地震仪。区域测震台网宜配置宽频带地震仪，或井下型短周期地震仪，如甘肃临夏区域台站配置 BBVS–60 型地震仪。地方测震台网一般配置宽频带地震仪，也可配置地表或井下型短周期地震仪，如配置 CMG–40T 型地震仪。其他专用台网地震仪选型可参考相似类型台网确定。

② 数据采集器的配置。

主要考虑连接地震仪的数量、种类，以及支持的通信方式。目前常选择的数据采集器主要指标是：24 位字长，支持网络和串口通信，支持 50sps、100sps 等可选的多种采样率，动态范围 50sps 时在 120dB 以上，支持 EVT 和 MiniSEED 数据记录格式，可接收卫星授时信号，具有数字滤波功能，支持多路数据流同时输出，具有标定信号发生功能，提供地震仪控制功能，工作温度范围尽量宽。

（4）台网监测能力与观测动态范围

台网监测能力与观测动态范围是测震台网的两个重要指标。

①台网监测能力。

测震台网对某一震级的监测能力指能测定该震级地震分布的范围。不同震级的监测范围叠加起来，就是整个台网的监控能力。

计算台网监测能力时，可以各台站为圆心，以各台站检测到同一震级的最大距离为半径画圆，有 4 个或 4 个以上台站的圆弧包围的区域就是台网对某一震级的地震能够控制的监测范围。也可利用专用的计算软件直接进行计算。

在台网建设完成后，应利用实际观测资料对台网的监测能力进行复核验证。

②台网观测动态范围。

观测动态范围与场地环境地噪声和观测系统的技术指标有关。观测系统的动态范围是仪器的最大测量值与观测频带内的环境地噪声水平的比值。用软件计算环境地噪声功率谱密度时可得到频带内环境地噪声 RMS 的平均值，根据有关公式就能够计算出观测系统动态范围。如此计算的动态范围只能够大致反映系统的观测范围。实际上观测系统在频带内不同频点的不失真最大测量值是不平坦的。在台网建设完成后，应利用实际观测资料对台网的观测动态范围进行复核验证。

（5）传输链路

测震台网传输链路实现台站数据或台网数据的远距离、无失真、实时传输。传输链路的建设主要依托公共通信部门的支持。

①传输链路设计。

传输链路的选择可根据台站传输速率、传输距离、传输可靠性、通信条件、运维能力等选择不同的传输方式。如选择有线的 ADSL、SDH、MSTP 等，或无线的超短波、微波、扩频微波、3G/4G、卫星等，也可以使用多种通信方式相组合的通信链路。对数据传输稳定性和实时性要求高时，建议采用 SDH/MSTP 有线通信线路。选择无线方式通信的台址附近应该没有强大电磁干扰源，如无线电发射台、变电站、电气化铁道、机场以及电焊设备、X 光设备、高压输电线等。

②常用传输链路。

目前国家台网或区域台网主要采用有线传输方式，如 ADSL/SDH/MSTP 链路，无线传输链路作为补充或备份信道。数据传输网示意图如图 2.1.17。

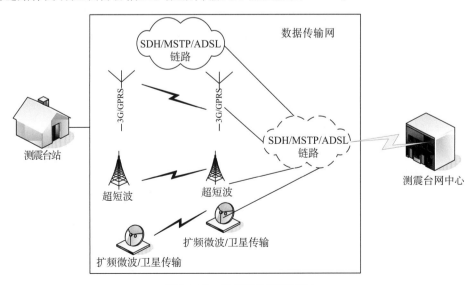

图 2.1.17　数据传输网示意图

③地震传输协议。

中国地震台网使用了国内外多种型号的数据采集器，一般都提供了两种接口的实时数据流输出，即遵循 TCP/IP 或 UDP/IP 协议的网络数据接口和遵循 RS232 标准接口的实时数据流。虽基本原理相同，但不同型号数据采集器使用了不同的通信协议和数据流格式。为了规范实时波形数据流在中国地震台网的使用与共享，中国地震局系统自主开发了一个基于 TCP/IP 网络协议的用户层面的实时数据流交换协议 NetSeisIP。

（6）台网中心建设

台网中心建设包括场地建设、技术系统建设和辅助系统建设三部分。其中场地建设主要是土建、装饰装修、办公设施建设等，辅助系统建设是为中心软硬件系统正常运行提供支撑条件，如供电系统建设、避雷系统建设、消防灭火系统建设、门禁系统建设、安全监控系统建设等，技术系统建设主要包括网络和计算机等硬件支撑系统、各类通用和专用软件系统。

（7）专用软件

测震台网的功能实现依赖于各类专用软件。一般测震台网部署的专用模块或软件功能包括：地震数据接收、汇集和管理；地震自动触发检测、地震判定、自动定位、震级计算；地震人机交互分析；地震分析和编目；地震信息交换；地震信息发布；地震产出产品服务；地震处理系统运行监控。还可包括其他功能软件，主要取决于台网建设功能的需求。

2.1.3.3　我国测震台网

（1）台站规模和分布

截至 2016 年 6 月，我国测震台网包括 1 个国家测震台网中心、32 个省级测震台网中心。实时汇集到中国地震台网中心的测震台站 1098 个，其中国家台站 162 个、区域台站 936 个。以上不包括地方和企业建设的测震台站。

国家台站除青藏高原、内蒙古部分地区，全国大部分地区台站间距 250km 左右，如图 2.1.18。主要采用甚宽频带观测系统，部分采用超宽频带观测系统，提供加速度和速度记录。观测场地和环境比较好，多数台站为地表山洞型，少量为井下型。

区域台站基本覆盖了地震活动频繁地区、经济发达地区、人口稠密地区。台站间距 40～80km，新疆及青藏高原部分地区间距 100～200km，如图 2.1.19。大部分是宽频带地表型，部分是宽频带井下型，少部分是短周期地表型和短周期井下型。

目前火山台网有 4 个，共 33 个台站，主要分布在活动火山周围，地震监测能力达到 1.0 级。包括吉林省 14 个台站，其中长白山 10 个、龙岗 4 个；云南省腾冲 8 个台站；黑龙江省 7 个台站，其中五大连池 2 个、镜泊湖 5 个；海南省琼北 4 个台站。火山台站分布如图 2.1.20。

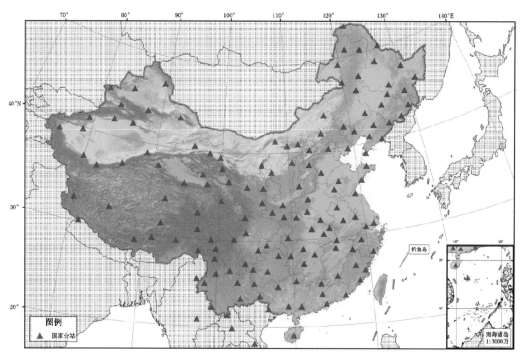

比例尺：1:16,000,000

图 2.1.18　国家台站分布图

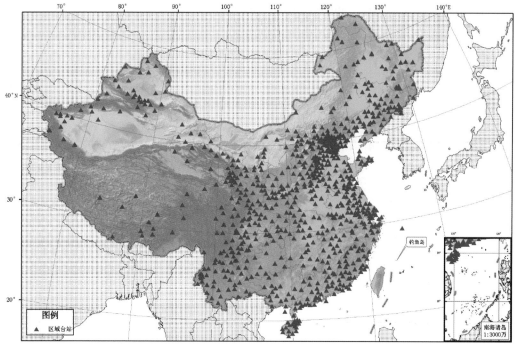

比例尺：1:16,000,000

图 2.1.19　区域台站分布图

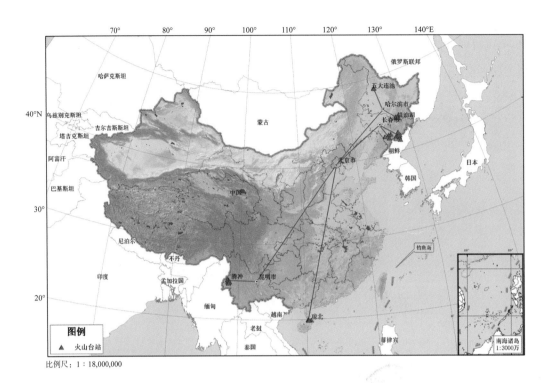

图 2.1.20　火山台站分布图

目前建有西藏那曲、新疆和田 2 个小孔径台阵，台站分布如图 2.1.21。每个台阵均采用圆形阵列方式，孔径为 3km，由 9 个子台组成，阵心 1 个台、内环 3 个台、外环 5 个台，均匀几何分布，内环半径约 500m，外环半径约 1500m。台阵中心仪器采用甚宽频带地震计，其余台站采用短周期地震计，配 24 位数据采集器，实现 IP 数据传输和本地存储。

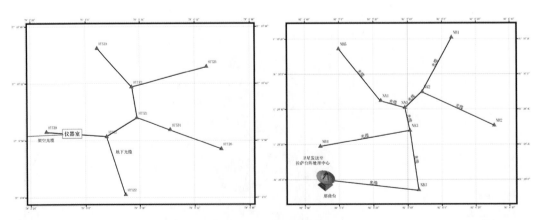

图 2.1.21　小孔径台阵台站分布

左图是新疆和田台阵；右图是西藏那曲台阵

（2）专用仪器配置情况

全国测震台网地震仪主要有 13 种。其中 6 种使用较多，占 92%，分别是北京港震机电技术有限公司的 BBVS–120、BBVS–60、FSS–3DBH，武汉地震所的 CTS–1 系列，英国 CMG–3ESPC，美国 KS–2000。BBVS–60 和 CMG–3ESPC 使用最多，约占 57%。

数据采集器主要有 7 种。其中 3 种使用较多，占 86%，分别是北京港震机电技术有限公司的 EDAS–24IP、EDAS–24L，英国的 CMG–DM24。

（3）数据处理软件

地震台网常规数据处理使用地震系统自主研发的软件系统。自动地震速报软件使用中国地震台网中心、福建省地震局、广东省地震局、江苏省地震局研发的软件；国家地震中心使用中国地震台网中心研发的速报和编目软件；各区域台网中心使用广东省地震局研发的 JOPENS 数据处理软件。

以 JOPENS 5.2 系统为例，其包括以下模块：实时数据流服务（SSS）、数据库服务（DataBase）；波形归档服务（AWS）；实时地震自动检测服务（RTS）；人机交互快速处理与速报（MSDP）；系统应用服务器 (JBOSS)；实时波显示 (TraceView)；台站状态监控（Monitor）；超快速报模块（JEEW）。各模块功能如表 2.1.3 所示，系统架构如图 2.1.22。

表2.1.3　JOPENS模块功能

模　块	功能简介
SSS	接收和分发地震台站产生的实时波形数据
DataBase	对台站参数、事件波形数据、震相数据、定位数据统一进行存储、管理
AWS	存储连续波形数据，提供时间段波形数据服务
RTS	对实时波形数据进行事件检测触发和自动定位处理
MSDP	提供各种工具，快速进行人机交互修订地震参数，快速实现地震速报和发布地震信息
JBOSS	挂载 Web 网页实现对系统的参数配置、系统运行监控、数据的 WEB 界面管理，提供各模块间可靠的消息传递
TraveView	实时波形显示、对 RTS 系统震相检测信息显示
Monitor	台站状态实时监控、信号中断报警
JEEW	地震超快速报（预警）模块

人机交互软件（JOPENS–MSDP）完成地震台网日常人机交互地震分析任务。实现功能主要有：

① 开发和集成了多种定位方法，有单纯型法、自适应演化算法、IScloc、IScloc2、HypoSAT、LocSAT、Hypo2000、Hyposat3D、Loc3dSB、单台定位等方法。

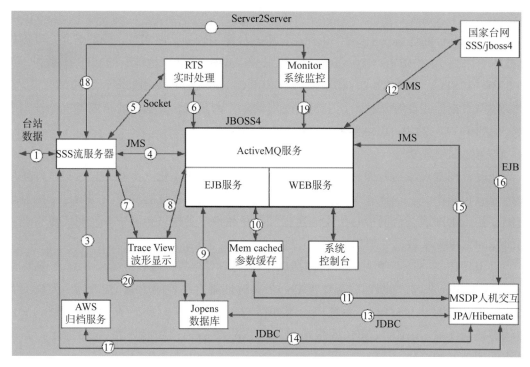

图 2.1.22　JOPEN 系统架构

②提供自动、半自动、人工 3 种方式标注震相和量取震级,提供理论震相、波形的仿真、滤波、极化分析等多种工具;提供按台间距、到时、震中距、方位等多种排序功能。

③自动算法应用到日常分析,提供自动识别、标注震相及定位功能;提供自动标注理论震相直接转为可用震相,自动仿真量取震级、自动标注初动方向的功能。

④面向地震速报,实时处理系统 RTS 自动处理结果,人机交互后的结果可直接发送 EQIM 或通过消息中间件直接发送国家台网;具有触发事件报警功能;连接短信发送系统,快速发布地震初报和终报信息。

⑤面向地震编目,人工处理后的地震数据提交到数据库存储,通过消息中间件快速交换和上报定位结果到中国地震台网中心;提供目录管理和编目管理功能;各台网可直接编辑出版地震目录和观测报告。

⑥可快捷归档连续波形和事件波形,导出事件波形的同时导出相应的震相文件;事件波形可以归档为 SEED、MiniSEED、SAC、EVT、ASCII 等格式;连续波形以天为单位导出 SEED 格式,可选择导出台站卷或台网卷。

⑦提供台站频率相位响应图和连续波形断记统计。

⑧系统可外挂震源参数计算模块和预留其他定位算法接口。

⑨综合定位界面,根据残差、震级灵活选择定位使用的台站。

MSDP 运行主界面如图 2.1.23 所示。

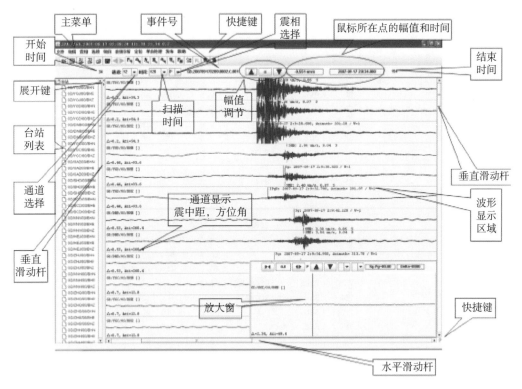

图 2.1.23　MSDP 运行主界面

（4）数据产出和服务

常规主要产出包括：地面连续波形记录；地震速报目录（含自动速报和正式速报）；地震观测报告（含快报、正式报）；地震事件波形数据；仪器标定波形数据；国际资料交换数据；大震应急产品产出。

地震基本目录信息如下：

台网代码	发震日期	发震时刻	震中纬度	震中经度	震源深度	震级	定位质量	定位台数	地震类型	震中位号	震中参考地名
GD	2013/01/01	00:21:35.1	23.731	114.628	8	0.7	1	4	eq	44	广东河源
LN	2013/01/01	18:44:02.3	41.867	123.947	5	4.5	1	27	eq	21	辽宁抚顺
GD	2013/01/06	07:34:16.3	23.733	114.624	15	4.8	1	17	eq	44	广东河源
SC	2013/01/11	14:50:42.1	30.985	103.379	9	2.1	1	16	eq	51	四川汶川

单台产出的地震观测报告部分内容如下。

各类产出以多种方式提供服务。地震速报信息以手机短信、微博、网站、智能手机客户端等方式对外提供服务。波形数据、地震目录、震相数据、大震应急产品以网站形式对外提供服务。同时向大型网站、电视台和广播电台提供速报信息和大震应急产品数据，如图 2.1.24 所示。如国家地震台网官方微博（http://weibo.com/ceic）、国家地震科学数据共享中心（http://data.earthquake.cn/）、中国地震台网（http://www.ceic.ac.cn/）。

```
123456781234567812345678123456781234567812345678
KUNMING          KMI        2011      4
   1   1 SP     P        015248.3
         SP     PMZ                  0.8     0.029
   2   1 SP     P        033025.6   36.3  20
         SP     PMZ                  0.8     0.024   mb  5.1
         SK     PMZ                  3.8     0.108   mB  5.1
         SP     AP        3031.5
         SP     XP        3034.6
         LP     PP        3148.1
         LP     S         3604.8
         LP     XS        3614.2
         LP     SS        3832.4
         SK     LN                  16.4     0.671   Ms  4.8
         SK     LE                  16.1     0.501
         LP     LZ                  14.7     0.725   Ms  4.6
   3   1 VBB    PN       050848.8    6.1
         VBB    SN        1001.3
         SP     SMN                  0.9     0.096   ML  4.0
         SP     SME                  0.6     0.105
         SK     LN                  12.1    10.562   Ms  3.6
         SK     LE                  10.3     0.311
         LP     LZ                  13.1     0.562   Ms  3.5
```

图 2.1.24　产出服务网站

2.1.4　地震基本参数测定

地震基本参数是指地震发生的时刻、地震震级和震源位置。地震基本参数的测定可以是单台测定，也可以是多台综合测定，目前都采用多台综合测定，也就是台网测定，以保证测定的准确性。地震基本参数的测定方法很多，如牛顿 – 高斯法、残差方位分布修订法、相对定位法、联合定位法等，都集成在地震分析专用软件之中，例如目前区域测震台网普遍使用的 MSDP，就集成有 Hypo2000、LocSAT 、HypoSAT、单纯性法、遗传算法等定位方法。用户可根据获取的数据、定位的速度要求、定位的精度要求、已知的地球结构模型等进行选取。

2.1.4.1　地震速报

地震速报指地震基本参数的快速测定。早期地震速报依靠人工读取不同震相的到时、周期和振幅等数据，手工画图交切得到地震位置（图 2.1.25），再人工计算得到地震震级。

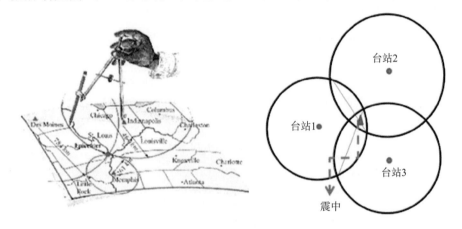

图 2.1.25　交切法确定震中位置示意图

目前地震速报都采用计算机软件自动或人机交互测定，地震速报的流程如图 2.1.26。实际定位中，最终给出的结果与实际位置间总是存在不同程度的偏差，引起地震定位误差的因素有很多，主要因素有震源参数之间的互不独立、速度模型误差、台站分布和震相读取误差等。因此，在给出定位结果的同时，应给出定位误差的估计，以帮助使用者准确理解和应用。

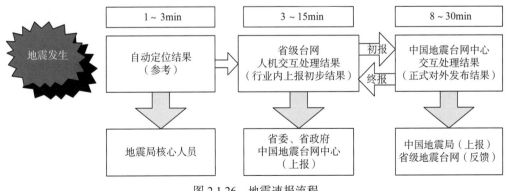

图 2.1.26　地震速报流程

2.1.4.2　地震编目

　　地震编目与地震速报的核心区别在于，地震速报的关键在于快速，需要快速将地震基本参数测定准确并报送；地震编目的核心工作是精细分析每条地震记录到的信息，判读每个震相，测定地震基本参数，将震相信息、基本参数等编制成地震观测报告并产出。地震编目更加重要的意义是为地球科学研究提供有价值的数据。地震编目数据可能被用到所有地学相关的研究中，也可能被应用到世界各国。

　　目前,地震编目分为快报与正式报两种。快报为一定时间内提交的可修正的地震参数；正式报为最终结果，不可修订。《测震台网运行管理细则》和《地震编目规范》对地震编目的范围、流程和产出做出了规定。

2.1.5　测震观测环境保护

　　测震观测环境是指测震监测设施能够正常工作所要求的周围环境，测震台站对观测环境技术方面的要求应满足 GB/T 19531.1—2004《地震台站观测环境技术要求　第 1 部分：测震》的要求，如表 2.1.4。测震观测环境保护是保障测震台站正常运行的基本条件，国家为保护台站观测环境，曾于 1994 年以中华人民共和国国务院令第 140 号发布《地震监测设施和地震观测环境保护条例》。

表2.1.4　地震仪与干扰源的距离要求

干扰源	最小距离/km		最小距离比例系数			
	Ⅱ级环境地噪声台站		其他级别环境地噪声台站			
	硬土和砂砾土	基岩	I	Ⅲ	Ⅳ	Ⅴ
Ⅲ级（含Ⅲ级）以上铁路	2.00	2.50	2.00	0.80	0.60	0.40
县级以上（含县级）公路	1.30	1.70	2.00	0.80	0.60	0.40
飞机场	3.00	5.00	2.00	0.80	0.60	0.40
大型水库、湖泊	10.00	15.00	3.00	0.10	0.04	0.02
海浪	20.00	20.00	8.00	0.20	0.10	0.05
采石场、矿山	2.50	5.00	2.00	0.80	0.60	0.40
重型机械厂、岩石破碎机、火力发电站、水泥厂	2.50	3.00	2.00	0.80	0.60	0.40
一般工厂、较大村落、旅游景点	0.40	0.40	2.00	0.80	0.60	0.40
大河流、江、瀑布	2.50	3.00	4.00	0.60	0.40	0.20
大型输油输气管道	10.00	10.00	2.00	0.60	0.40	0.20
14层（含）以上高大建筑物	0.20	0.20	2.00	0.50	0.30	0.10
6层楼以下（含6层）低建筑物、高大树木	0.03	0.04	2.00	0.80	0.60	0.40
高围栏、低树木、高灌木	0.02	0.03	2.00	0.80	0.60	0.40

　　注1：N级台站与干扰源之间最小距离＝Ⅱ级台站与干扰源之间最小距离×N级台站最小比例系数；

　　注2：大型水库、湖泊：指库容量≥$1×10^{10}m^3$的水库、湖泊；

　　注3：重型机械厂：指有大型机械、往复运动机械的工厂；

　　注4：一般工厂：不产生明显振动感的工厂；

　　注5：地震台站与7～13层建筑物的最小距离根据地震台站与6层和14层建筑物的最小距离按层数内插。

在保护测震观测环境方面可采取以下措施：①定期对观测环境进行测试、分析和评价，动态了解观测环境的现状及其变化过程。②台站应建有保护标识，说明保护的对象和范围，以及禁止的事项。③在观测环境保护范围内，宜建设防护围墙或围栏。围墙或围栏建设可根据场址周边环境依地势建设，外观应整洁美观。④加强宣传教育，增强全社会保护测震观测环境的意识。⑤加强行政执法，明确全社会保护观测环境的义务。⑥加强部门合作，增强全社会保护观测环境的效果。

2.2　地震电磁观测

2.2.1　概述

地震电磁观测主要测量对象大致可以分为两类：一类是场量的测量，例如地磁场、地电场以及与地震有关的电磁扰动的测量等；另一类属于物质电学属性的测量，例如地球介质电导率（或电阻率）的测量及其他电磁参数的测量。通过连续监测地磁场、地电场、电磁扰动和地电阻率变化，可有效获取地球电磁场和地下介质电磁性质的动态变化信息，进而研究构造活动、认识震源动力学环境，并定量描述地下介质结构的运动过程和介质微结构变化，探索地震孕育发生的电磁学过程与机理。

历史震例与野外实验的观测结果都显示出在地震孕育、发展的各个阶段中都有程度不同的电磁异常现象，产生这种异常可能与地下构造、岩石性质、震源机制、孕震过程等多种因素有关。1966年邢台地震后，在我国政府组织下发展了以地震监测预报为主要目的的大规模地震电磁观测。在国家的大力支持下，地震电磁监测工作出现跨越式发展，近15年来随着科学技术的发展，通过地震前兆观测技术数字化改造项目、中国地震观测网络项目和中国地震背景场探测工程项目等，自主建立了现代化电磁监测台网，由国家地磁台网中心和地电台网中心进行日常技术管理和技术支持，并提供专业化数据产出和数据服务。

2.2.2　地磁

地磁场是空间位置和时间的函数，具有区域甚至局部地区分布及变化特征。通过布设全球台网、区域台网和局部地区临时台网，可分别满足获取全球地磁场长期变化和监视全球性地磁活动性、更为精细的区域或局部地区地磁场变化和特定地区特定研究的需要。图2.2.1为全国地磁固定台站分布图，截至2016年底，约有153个地磁台站。

鉴于地磁台有全国的、区域的和局部的需要，我国将地磁固定观测网分为地磁一级固定观测网、地磁二级固定观测网和地磁三级固定观测网，具体内容可参见DB/T 37—2010《地震台网设计技术要求　地磁观测网》。

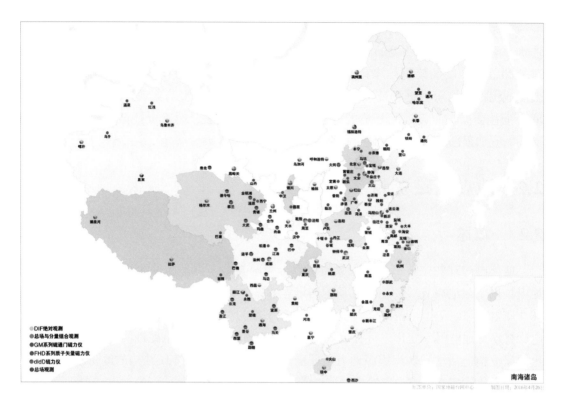

图 2.2.1　全国地磁固定台站分布图

2.2.2.1　观测方法和仪器

地磁场是一个矢量场。在地平坐标系中，描述某点地磁场大小和方向的物理量称为地磁要素，如图 2.2.2 所示，共有 7 个地磁要素（F、H、X、Y、Z、D、I）。图中 O 为测点，X 轴指向地理北，Y 轴指向地理东，Z 轴指向地心（向下），XOY 为水平面，XOZ 为地理子午面，$OFZH$ 为磁子午面。

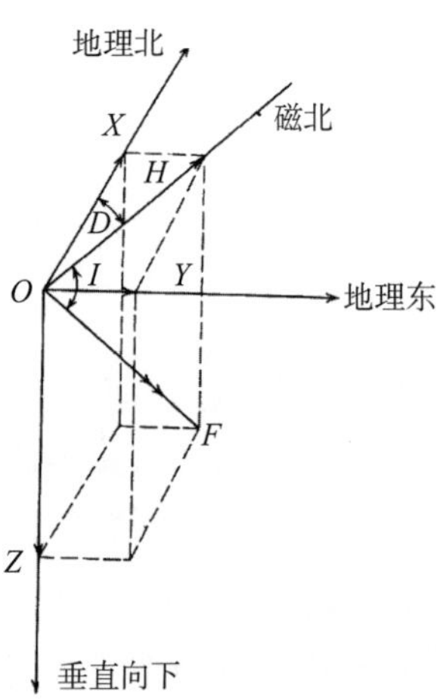

F：地磁场总强度矢量。

H：地磁场水平强度或水平分量，是 F 在水平面内的投影。

X：地磁场北向分量，是 H 在地理北方向的投影，向北为正。

Y：地磁场东向分量，是 H 在地理东方向的投影，向东为正。

Z：地磁场垂直强度或垂直分量，是 F 在铅垂方向的投影，向下为正。

D：磁偏角，是水平面内 H 与 X 的夹角（或说是磁北与地理北的夹角），也是磁子午面与地理子午面的夹角，H 偏东为正。

I：磁倾角，是磁子午面内 F 与 H 的夹角（或说是 F 与水平面的夹角），I 在水平面以下为正。

图 2.2.2　地平坐标系中各要素的定义和符号

地磁场七要素之间的关系为：

$\sin D=Y/H$；$\cos D=X/H$；　$\tan D=Y/X$；$H^2=X^2+Y^2$；

　$\sin I=Z/F$；　$\cos I=H/F$；　$\tan I=Z/H$；$F^2=H^2+Z^2$　$F^2=X^2+Y^2+Z^2$

确定某一点的地磁场情况，只需要三个彼此独立的地磁要素，这三个彼此独立的要素称为地磁三要素。在不同的坐标系中，地磁三要素亦不同。北向分量 X、东向分量 Y 和垂直分量 Z 是直角坐标系中的地磁三要素；水平分量 H、磁偏角 D 和垂直分量 Z 是柱坐标系中的地磁三要素；磁倾角 I、磁偏角 D 和总强度 F 是球坐标系中的地磁三要素。

由于地磁现象涉及到的磁场强度范围可以超过 8 个数量级，而且地磁场的时间变化尺度覆盖了很宽的谱带，获取如此宽的强度范围和时间尺度的地磁场而又须确保快速、微小的地磁场变化测量精度是比较困难的。因此采用准确度优于 0.1nT 的地磁场要素变化部分的连续测量来获取地磁场快速而又微小的变化，采用准确度优于 1nT 的地磁场要素绝对值的长期测定来获取地磁场缓慢变化。这两种观测方式分别称作地磁相对记录和地磁绝对观测。

所有地磁台站都配备相对记录仪器，但只有地磁一级固定观测网同时配备绝对观测仪器和相对记录仪器。

（1）地磁相对记录

地磁台站相对记录的任务是记录地球变化磁场。地球变化磁场的动态范围大约为 0.01 ~ 5000nT，变化周期大约在 0.1s 到几天的范围内。

相对记录是对被测地磁场要素相对于某一基值的变化量的连续测量。此基值也称为基线值，通过在同一时间对同一地磁场要素的绝对观测和相对记录的差值来确定。

记录仪器的观测数据经基线值改正后，即可得到地磁台站地磁场各要素实际大小随时间变化的连续数据。

地磁台站通常记录地磁场的 3 个分量。在我国地磁台网，通常采用 D、H 和 Z 组合记录方式。我国地磁台网使用最普遍的相对记录仪器是秒采样的三分量磁通门磁力仪（图 2.2.3）和分采样的分量质子磁力仪（图 2.2.4）。

探头　　　　　　　　　　主机

图 2.2.3　三分量磁通门磁力仪

图 2.2.4　质子矢量磁力仪

（2）地磁绝对观测

绝对观测是对被测地磁场要素绝对数值的测量，其测算出的数值代表了被测要素真实的大小和方向，其核心作用是监测地磁场长期变化。

绝对观测测定的地磁要素绝对值，用于确定磁通门磁力仪、分量质子磁力仪等相对记录仪器的基线值。绝对观测的频度根据相对记录仪器的稳定程度来决定，我国台网一般为每周两次。

D、I、F组合的地磁绝对观测，由于容易测量且观测精度高，已成为国际通用的观测组合。在我国地磁台网，也采用D、I和F组合观测。绝对观测的大部分工作由观测人员操作完成，因此，绝对观测在时间上是断续的不均匀采样。

D和I的测量通过磁通门经纬仪（简称 DI 仪，图 2.2.5）进行。F的测量通常通过质子磁力仪或 Overhauser 磁力仪进行（图 2.2.6）。

对于一个合格的地磁台站，D的观测准确度至少应达到 0.1′，H、Z的观测准确度至少应达到 1nT。

图 2.2.5　MINGEO DIM 型磁通门地磁经纬仪　　图 2.2.6　GSM–19F Overhauser 磁力仪

2.2.2.2　观测环境要求及台站建设

（1）观测环境

地震电磁观测环境是指保障地震观测站电磁观测得以正常发挥工作效能的周围各种因素的总体。影响地磁观测站观测环境的磁骚扰类型有三类：静态磁骚扰、事件型磁骚扰和短周期磁骚扰。

静态磁骚扰指由各类含铁磁性材料的物体或稳定的直流电流所产生的、附加在天然地磁场上的相对稳定的磁场骚扰。在实际观测中，这些影响主要包括由磁性材料建设的建筑物或构筑物带来的影响。

事件型磁骚扰指由人工电磁源所产生的突发性的磁场骚扰，在时间域的表现形式为相对独立、具有一定形态和重现性的事件。在实际观测中，这些影响包括：高压直流输电的不平衡电流的影响、汽车类交通工具或农业机械的影响、短时间直流供电引起的影响等。

短周期磁骚扰指由人工电磁源所产生的磁场骚扰，在时间域的表现形式为持续的脉冲型变化，视周期为 0.1 ～ 600s，变化幅度一般为 0.1nT 至数百 nT。在实际观测中，这些影响主要包括依靠直流牵引的地铁和轻轨类车辆运行以及某些企业或机构机器运转造成的地下杂散电流的影响。

各级地磁观测网对三类磁骚扰的指标要求见表 2.2.1。通常，按照国家标准要求，地磁观测点需要距离普通铁路和电气化铁路 0.8km 以上，距离城市直流铁轨 30km 以上，更多观测环境方面的要求，请参照 GB/T 19531.2—2004《地震观测站观测环境技术要求 第2部分：电磁观测》的规定。

表2.2.1 地磁观测网观测环境要求一览表

	地磁一级观测站	地磁二级观测站	地磁三级观测站
静态磁骚扰强度	≤0.5nT		
事件型磁骚扰强度	≤0.1nT	≤0.1nT（地方时00^h～04^h） ≤1nT（其他时间段）	≤0.1nT（地方时00^h～04^h）
短周期磁骚扰强度	≤0.1nT	≤0.1nT（地方时00^h～04^h） ≤1nT（其他时间段）	≤0.1nT（地方时00^h～04^h） ≤2nT（其他时间段）

（2）观测场地

地磁观测站的观测场地主要从三个方面进行要求：一是区域地磁场背景条件，二是观测场地的磁场梯度条件，三是人为电磁骚扰背景条件。对于第三个方面，已在上一小节中论述，此处不再赘述。对于第一和第二方面，各级地磁观测网对观测场地的指标要求见表 2.2.2，关于观测场地堪选的细节，请参照 DB/T 9—2004《地震观测站建设规范 地磁观测站》。

表2.2.2 地磁观测网观测场地要求一览表

	地磁一级观测站	地磁二级观测站	地磁三级观测站
背景条件	避开1000km^{2}的局部磁异常区		无要求
磁场梯度	≤1nT/m （100m×100m范围内）	≤5nT/m （50m×50m范围内）	≤5nT/m （10m×10m范围内）

（3）观测设施

观测设施是指为了满足观测仪器观测运行需要设立的磁房。地磁观测站的观测设施包括观测墩、记录墩、方位标、监测桩、绝对观测室、相对记录室、质子矢量磁力仪室及比测亭等。除方位标外，地磁台站的观测设施对磁性有严格的要求，观测墩和记录墩要求使用磁化率 χ 绝对值不大于 $4\pi \times 10^{-6}$（SI 单位制）的材料，监测桩和各观测室或记录室的墙体、屋面和地板要求使用磁化率 绝对值不大于 $4\pi \times 10^{-5}$（SI 单位制）的材料。

这些设施中对记录墩的稳定性要求最高；对相对记录室的保温性能要求最高，要求日温差宜不大于 0.3℃，年温差宜不大于 10℃。

各级固定观测网的建设方式请参照地震行业标准 DB/T 9—2004《地震观测站建设规范 地磁观测站》。图 2.2.7 为一级地磁固定观测站静海台在建设过程中进行的全程磁性控制示例图。在施工现场不仅需要使用专业仪器对材料磁性进行严格控制（左图），而且也需要在施工过程中定期对已经建设完成的工程进行磁性检测以确保建筑物磁性符合要求（右图）。图 2.2.8 为静海台相对记录室剖面示意图及内景图。静海台相对记录室采用了覆盖土 3m 厚的地下室构造，年温差和日温差均可满足设计指标。

图 2.2.7　静海台在建设过程中实施的全程磁性控制

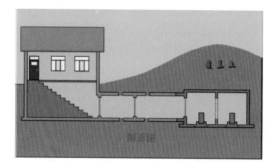

图 2.2.8　静海台相对记录室设计图（左）和相对记录室内景图（右）

2.2.2.3　观测产出

固定地磁观测网观测站产出的观测数据和资料包括：

①时间间隔分别为 1min（分钟）、1h（小时）、1d（日）、1 月和 1a（年）的磁偏角 D、磁倾角 I、总强度 F、水平强度 H、北向分量 X、东向分量 Y 和垂直强度 Z 的经过绝对观测控制的数据；

②时间间隔不大于 1s 的地磁场相对变化数据；

③时间间隔不大于 1min 的地磁场相对变化数据；

④时间间隔为 1s 的总强度 F 绝对数据；

⑤观测日志。

各级观测网因为仪器配置有差别，所以产出的数据资料也不一致，具体内容可参见 DB/T 37—2010《地震台网设计技术要求　地磁观测网》。

图 2.2.9 为全球不同纬度和世界时地磁 X、Y、Z、I 日变规则变化形态图，从图中可看出不同地点记录到的地磁规则变化形态不一致。除此之外，磁场还有很多不规则变化，如火山和地震孕育发生时的磁场效应、磁暴和亚暴、极光等，这些变化只有经过地磁台

站的精确测量才能准确测定。全国地磁台站产出的观测资料，是国家的宝贵科学财富。

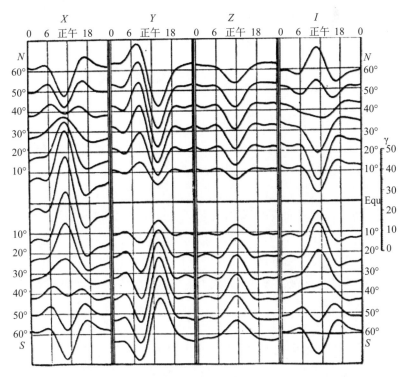

图 2.2.9　不同纬度和世界时地磁 X、Y、Z、I 日变形态图

2.2.3　地电阻率

地电阻率是大地物质的电学属性。地震地电阻率是在地球表面开展的定点观测，探测地表介质地电阻率随时间的变化规律及空间展布规律，探寻地电阻率的正常变化动态与异常变化动态、异常动态与地震活动的可能关联。

2.2.3.1　基本方法和观测仪器

在物理学中，电阻率是表示物质的导电能力的参数。对一种物质的电阻率进行测定，通常是直接测量一个由该物质构成的物体的电阻率，图 2.2.10(a) 是测量一个圆柱体材料电阻率的原理图，图中 S 和 L 分别是圆柱体横截面积和长度。通电后，通过电压表 V、电流表 A 测量圆柱体两端电压 U、流过圆柱体的电流强度 I，则测量到的圆柱体电阻 R 为：

$$R = \frac{U}{I} \qquad (2.2.1)$$

将由式（2.2.1）所得电阻 R 代入式（2.2.2），可求得该物质电阻率 ρ：

$$\rho = R \cdot \frac{S}{L} \qquad (2.2.2)$$

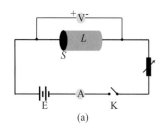
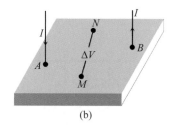

(a)　　　　　　　　　　　　　(b)

图 2.2.10　物体与大地的电阻率测量原理

对于有限大小的块体材料来说，上述的测量方法简单，测量过程中圆柱体左右两截面各有一个接点，相当于应用了两个测量电极，故称为二极法。然而，对大地这种无限大、连续、不均匀的介质来说，上述直接测量的二极法就不可行了。在地球物理学中，采取了间接的测量办法，即在这种介质的表面或内部埋设四个电极，如图 2.2.10（b）所示，通过两个电极（A、B 电极）向大地供出电流 I，使得在介质内部及表面产生一定的电场分布，再通过另外两个电极（M、N 电极）测量这两点间的电位差 ΔV。图 2.2.10（b）中的 A、B 称为供电电极，M、N 称为测量电极，ΔV 称为人工电位差。将 I、ΔV 代入式（2.2.3）：

$$\rho_s = K \cdot \frac{\Delta V}{I} \qquad\qquad (2.2.3)$$

式中，K 是一个常数，它取决于 A、B、M、N 四个电极的排列方式，这个常数称为装置系数。

则式（2.2.3）的计算结果 ρ_s 可用来衡量这种无限大、连续的大地介质的导电能力。通常，这样测量到的大地介质电阻率称为视电阻率，即表面上测到的介质电阻率。

目前，我国开展的地震地电阻率观测中，绝大多数观测台站的四个电极排列在一条直线上，并且四个电极对其中心点（图 2.2.11（a）中的 O 点）是对称排列的，这种排列方式称为四极对称装置。图 2.2.11（b）是台站电极实际布设方式，通常至少会采用正交的两个方位布设电极形成多方位观测，同一方位的 A、B 间距多在 1000m 左右，M、N 间距多在 200 ~ 300m 之间。在地电学科中，地电阻率用 ρ_s 表示，单位是欧姆·米，用符号"$\Omega \cdot m$"表示。

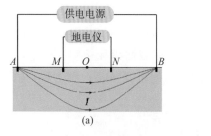
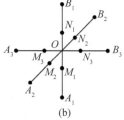

(a)　　　　　　　　　　　　　(b)

图 2.2.11　地震地电阻率观测电极布设示意图

至 2014 年底，我国地电阻率台网分布如图 2.2.12 所示，观测台站有 70 余个。目前，在观测技术、理论方法等方面，地电阻率学科相对成熟，其观测数据变化与大震的中长期趋势对应较好，如 1976 年 7 月唐山 7.8 级地震前，昌黎台取得了完整的异常数据；1976 年 8 月松潘 7.2 级地震前，武都台数据异常较清楚；2008 年 5 月汶川 8.0 级地震前，成都台有较明显的趋势异常现象。

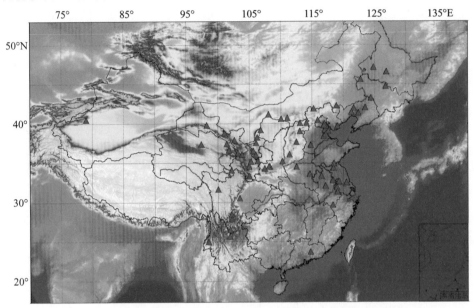

图 2.2.12　中国大陆地电阻率观测台站分布图（2014）

目前，我国地震地电阻率观测仪器主要由智能化的处理系统控制，具有一定的数值处理和远程传输等功能，测量精度较高。地电仪通常采用 ZD8BI、ZD8M 等型号，供电电源多采用直流稳流电源，如图 2.2.13 所示。地电阻率观测数据多以小时值给出，供电电极、测量电极采用铅板。

图 2.2.13　中国地电阻率观测仪器

2.2.3.2　观测环境要求及台站建设

原则上，地电阻率台站选址、建设需满足国家标准 GB/T 19531.2—2004、地震行业标准 DB/T 18.1—2006 的技术要求。

选择场地时，需先收集拟选场地的地质构造、地形地貌、水文地质、地质钻探等基础资料；再对场地的电磁环境、地下介质的电性结构等进行测试。总体要求如下：

①地质构造：一般应建在主要活动断裂带附近，尤其是主要活动断裂带的交会、转折附近。

②岩性结构：应选第四纪覆盖层不超过 200m，基岩岩性为低孔隙度、湿度不大的成岩介质。

③电性结构：一般应避开表层电阻率低的场地，同时应选择探测层电阻率较小、横向较均匀的电性结构，但也有观点认为横向不均匀的电性结构有利于应力方位分析。

④地形地貌：地势开阔、平坦、高差小，同一测道两个供电电极 *A*、*B* 之间的地形高差一般不大于 *AB* 极距的 5%；场地内不宜有沟壑、崖坎、大型灌溉渠道、河流；不宜选在重盐碱地、沙漠和沼泽地区。

⑤水文地质：选地下水位稳定或相对稳定地区，避开抽水漏斗区或抽水量大、地下水位变化剧烈的地区。

⑥电磁环境：避开有工业游散电流大的城镇、居民密集区，远离电气化铁路、高压输电线路；回避高速公路、金属管道等。详细要求可参照国家标准 GB/T 19531.2—2004。

⑦工作条件：应具备电力、通信、交通等条件。

地电阻率台站建设中，多会选择在正交的两个方位布设电极，有时可增加一个斜向测道。外线路有空架、埋地两种处理方法，图 2.2.14 是空架线路示意图，埋地方式是将图中导线埋在 1m 左右深地下。

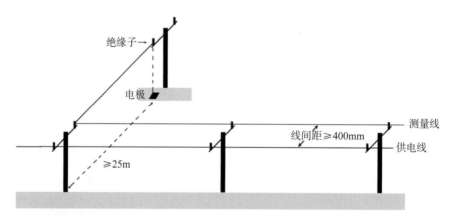

图 2.2.14　地电阻率观测台站的外线路空架示意图

地电阻率观测区划分为布极区和环境保护区两部分。其中，布极区是以各测道的装置系统中心点为圆心，*AB* 长度的 3/5 为半径的圆周所包围的区域，如图 2.2.15（a）所示；环境保护区的大小会因干扰源类型有所不同，例如要求城市有轨直流运输系统离开布极中心不少于 30km，如图 2.2.15（b）所示。其他各类干扰源，如金

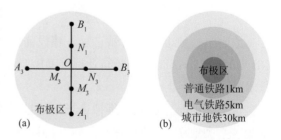

图 2.2.15　观测场地的布极区与环境保护区示意图

属管道、大功率用电设备和变压器等距电极或布极区边界的最小距离，可查阅国家标准 GB/T 19531.2—2004。

2.2.3.3　观测实践

1967 年 3 月河北省河间县发生 6.3 级地震时，地震局专家就应用四极对称装置在震中现场里坦建立了我国第一个地电阻率台，开始了我国地震地电阻率的观测研究。

以年为周期的变化形态称为年变化，其幅度大小和形态特征因台站而异，图 2.2.16（a）是甘肃山丹台连续 3 年的 $\rho_{S(EW)}$ 日均值曲线，该曲线显示了明显的年变化动态。短时间内，地电阻率观测数据通常具有相对稳定性，图 2.2.16（b）是连续 10 天的江苏高邮台 $\rho_{S(EW)}$ 小时值曲线，其显示任何一个小时值相对均值的上下变动都不超过 0.3%。

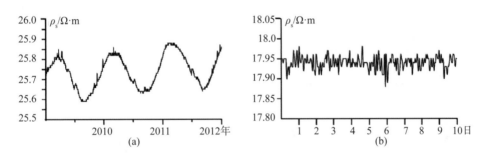

图 2.2.16　地电阻率观测数据正常曲线动态

(a) 甘肃山丹台 EW 方位地电阻率日均值曲线；(b) 江苏高邮台 EW 地电阻率小时值曲线 (20150501-10)

数据异常的形态多样，产生的原因复杂。剧烈的构造活动、大震强震的孕育、观测系统故障、电磁环境重大变化等都可能导致地电阻率观测数据出现异常动态。图 2.2.17（a）是 2015 年 5 月 1～3 日天津塘沽台地电阻率观测受地铁干扰的数据曲线，每天约 6:00 以后数据急剧跳变；图 2.2.17(b) 是 2013 年 4 月芦山 $M_S7.0$ 地震前后，天水台站的井下地电阻率变化曲线。

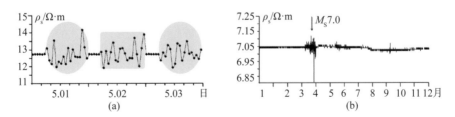

图 2.2.17　地电阻率观测受干扰及异常现象

(a) 天津塘沽台 NS 测道 2015 年 5 月地电阻率小时值曲线；(b) 甘肃天水台 EW 测道 2013 年地电阻率小时值曲线

地电阻率是地震前兆观测的主要方法之一。推动地电阻率规范化观测、提高观测资料质量、促进资料的科研和预报应用是全国地电台网技术管理部的任务。目前，中国地震局监测预报司、地电台网技术管理部、中国地震台网中心对地电台站的日常运行、数据保存、质量评价及监控都有较明确的要求。

2.2.4 地电场

地电场是大地电磁场的一部分，它由大地电场和自然电场构成。地震地电场是在地球表面开展的定点观测，探测地电场的正常变化动态与异常变化动态，以及探寻异常动态与地震活动的可能关联。

2.2.4.1 基本方法和观测仪器

地电场测量方法是在地表埋设两个电极，如图 2.2.18（a）中的 A、B 电极，通过测量这两个电极之间的电位差 V_{AB} 及变化，可获得场地的地电场分量值及其随时间的变化规律。由于地电场是矢量场，为了能够获得地表地电场强度的大小和方位信息，需要对两个不同方向的分量值同时进行测量。通常选择两个正交的方向进行测量，例如选择东向分量（E_X）和北向分量（E_Y）作为观测对象。在地电学科中，地电场用 E 表示，单位是毫伏/千米，用符号"$mV \cdot km^{-1}$"表示。

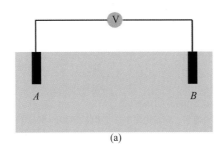
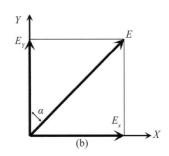

图 2.2.18　地电场测量原理及分量观测示意图

在图 2.2.18（a）中，地电场 E 为：

$$E = E_{AB} = -\frac{V_{AB}}{AB} \tag{2.2.4}$$

在图 2.2.18（b）中，地电场强度的幅度 E、方位角 α 为：

$$E = \sqrt{E_x^2 + E_y^2} \tag{2.2.5}$$

$$\alpha = \tan^{-1}\frac{E_x}{E_y} \tag{2.2.6}$$

至 2014 年底，我国地电场台网分布如图 2.2.19 所示，台网观测台站已经发展到 130 余个。在地电场观测仪器、不极化电极等技术以及地震地电场理论方法等研究方面，现在已经取得了进展。2008 年以来，在地电场台网内或附近发生了多次大震、强震，相关的观测数据仍在研究中，基本可确认已记录到部分可辨认的中短、短临异常信息。

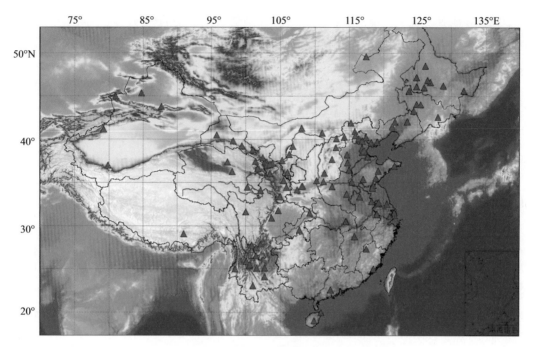

图 2.2.19 中国大陆地电场观测台站分布图（2014）

目前，我国地震地电场观测仪器主要采用智能化的处理系统控制，具有一定的数值处理和远程传输等功能，主要采用的仪器型号是 ZD9A-Ⅱ地电场仪等，如图 2.2.20（a）所示。通常，该型号仪器的观测数据以分钟值给出，但新型号仪器也可给出秒级采样数据。自"九五"开始，地电场观测中埋设的电极基本采用不极化电极，如图 2.2.20（b）所示。

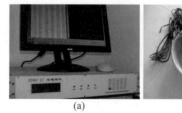

(a)　　　　　　　(b)

图 2.2.20 中国地电场观测仪器及不极化电极

2.2.4.2 观测环境要求及台站建设

原则上，地电场台站选址、建设需满足国家标准 GB/T 19531.2—2004《地震台站观测环境技术要求 第2部分：电磁观测》和地震行业标准 DB/T 18.2—2006《地震台站建设规范 地电台站 第2部分：地电场台站》的规定。

选择场地时，需先收集拟选场地的地质构造、地形地貌、水文地质、地质钻探等基础资料；再对场地的电磁环境、地下介质的电性结构等进行测试。总体要求如下：

①地质构造：以监测地震前兆信息为主的地电场台站，一般宜在地震活动带内或晚第四纪以来的活动断裂附近；以"背景场"观测研究为主要目的的地电场台站宜选在构造活动相对稳定地区。

②地形地貌：观测场地的布极区宜选择在地势开阔平坦的地方，地形高差不宜大于电极间距的5%；观测场地内不宜有沟壑、崖坎、大型灌溉渠道、河流；不宜选在重盐碱地、沙漠和沼泽地区。

③岩性：观测场地布极区应避开表层为卵石层或砾石层的地区，由土层或土层与卵石、砾石组成的覆盖层，其厚度不宜超过200m。

④电性结构：观测场地宜选择下覆为低阻的电性结构，表层10m深度之内介质的电阻率宜在10Ω·m以上。

⑤水文地质：观测场地不宜选在抽水漏斗区内，距离大型水库、湖泊的距离应在3km以上。

⑥电磁环境：参照国家标准GB/T 19531.2—2004。

⑦工作条件：观测场地应具备电力、通信、交通等条件。

在台站建设中，图2.2.18（a）中的电极通常如图2.2.21（a）所示进行布设，即在正交的两个方位同时布设长、短两组电极，由此形成多极距观测系统。外线路有空架、埋地两种处理方法，图2.2.21（b）是空架线路示意图，埋地方式是将图2.2.21（b）中的测量线埋在1m左右深地下。

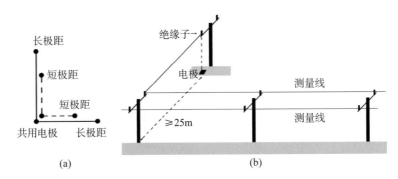

图2.2.21　中国地电场观测台站的电极布设与线路架设示意图

地电场观测区划分为布极区和观测环境保护区两部分。其中，布极区是指以地电场分量测量电极距 L 的中心点为圆心、2/3L 为半径的各圆所围区域，如图2.2.22（a）所示；环境保护区的大小会因干扰源类型有所不同，如图2.2.22（b）所示。基于地电场观测实践，其观测易受到地表各种游散电流和复杂电磁环境影响，如轨道交通系统、大型用电设施、超高压输电系统、金属管道等。按照国家标准要求，地电场观测布极区中心需要距离城市直流铁轨50km以上，其他干扰需避开的距离可查阅国家标准GB/T 19531.2—2004。

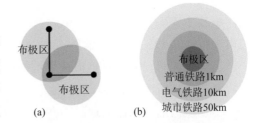

图2.2.22　地电场观测场地的布极区与环境保护区示意图

2.2.4.3　观测实践

我国应用地电法预报地震的探索始于 1966 年 3 月河北省邢台地震之后。当时，我国曾用检流计测量大地电流的变化（即"土地电"）。1984 年，希腊 Varotsos、Alexopoulos、Nomicos 三位物理学家提出从连续地电场观测资料提取 SES 信号（Seismic electric signals，即地震电信号）预报地震的 VAN 法，这极大推动了我国的地震地电场研究。

地电场观测值实际上包括了大地电场、自然电场和干扰。其中，大地电场是指全球性或区域性变化的地电场，一般认为其场源来自地球外部空间的各种电流体系，近年的研究认为可能也与日、月的潮汐关联。平稳的大地电场变化具有一定的周期性，该周期一般与太阳、月球的规律性活动，以及场地的电性结构、岩体裂隙及含水状况等因素相关，图 2.2.23（a）是甘肃平凉台大地电场连续 3 天的日变化曲线，该曲线在每天午前午后出现波峰、波谷，目前的研究认为其来源于电离层 Sq 电流；自然电场起源于地下介质的物理、化学过程，主要由过滤电场、接触扩散电场、氧化还原电场等组成，其具有明显的局部场地特征。通常，在构造活动相对平稳地区，自然电场具有相对稳定性，图 2.2.23（b）是江苏海安台站自然电场的年突跳变化曲线，在每年夏、秋季节的突跳会更明显，但该台站的自然电场突跳幅度在几个 $mV \cdot km^{-1}$ 范围内。

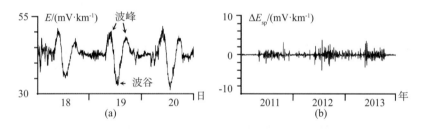

图 2.2.23　地电场观测数据曲线图

(a) 平凉台 NS 向长极距分钟值 (200903)；(b) 海安台 NS 向长极距日值跳变曲线

地电场观测场地周围的电磁环境有时会对观测造成干扰影响，环境干扰信息有的会表现出具有周期性，有的不具有周期性。周期性电磁干扰通常与特定干扰源有相关性，可以通过及时收集台站观测环境等基础资料，通过分析、查证加以识别；不具有周期性的干扰识别会困难得多，到现场落实调查是较有效的方法。

北京通州台站地电场观测受到地铁干扰，图 2.2.24 是该台站 2015 年 6 月连续 3 天的地电场分钟值原始数据曲线，在其南北、东西两个方向的测道上，数据剧烈跳动开始发生在晨 5:00 左右，晚 24:00 结束，日复一日，周期性显著。

前兆信息分析与预报是地震科研最重要的任务之一，地电场观测是地震前兆观测的主要方法之一。推动台站地电场的规范化观测、提高观测资料质量、促进资料的科研和预报应用是全国地电台网技术管理部的任务。目前，中国地震局监测预报司、地电台网技术管理部、中国地震台网中心对地电台站的日常运行、质量评价、质量监控有较明确

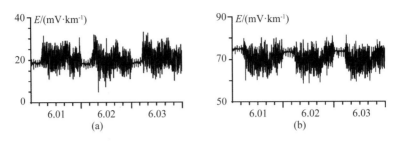

图 2.2.24　地电场观测周期性电磁干扰

(a) 通州地电场 NS 长极距分钟值地铁干扰曲线；(b) 通州地电场 EW 长极距分钟值地铁干扰曲线

的要求，也有执行的细则。台站的日常监测、台址条件、环境条件、数据异常等重大情况都需要明确记载，记载内容、格式等须按照规定要求填写电子文档，每日观测数据须以规定格式传输到中国地震局前兆数据库。

2.2.5　电磁扰动

电磁扰动观测即通常所说的电磁波观测，其观测对象为与地震相关的电磁场非常规变化。电磁扰动方法作为近年来捕捉地震短临异常较好方法之一，受到国内外地震学家的广泛重视。我国大规模的电磁扰动观测始于 1976 年唐山 7.8 级地震，之后即开展了相应的电磁扰动现象与地震发生之间关系的研究。经过近 40 年的发展，目前已建成遍布全国的观测台站 150 多个，这些台站中 80% 以上为地方台站和厂矿企业台站。图 2.2.25 是全国电磁扰动观测台站的分布图。由图可见，就全国范围来说，我国台站分布很不均匀，东部密集，西部稀少。特别是新疆、西藏、青海等省（区），台站很少或没有。

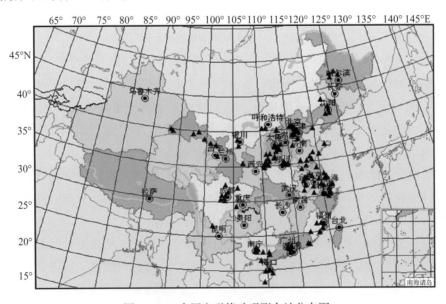

图 2.2.25　全国电磁扰动观测台站分布图

2.2.5.1 观测方法及仪器

（1）观测方法

①观测对象及频段。

电磁扰动观测对象为地表的水平电场和磁场，其观测目的是为了获得与地震孕育和发生有关的电磁现象。

观测频段主要集中在 0.01 ～ 10Hz 频段。主要原因有两个方面，第一，在这个频段天然电磁场能量最小，更有利于获得与地震孕育和发生有关的电磁现象，第二，在这个频段来自震源处的电磁信号更容易传播至地面，且受到其他外界的干扰更少。

②观测原理。

（a）电场测量原理。

地表电场场强是一矢量，常用单位是 mV/km（毫伏 / 千米）。电磁扰动观测的是其在地表面的水平分量强度。通过在地表选定的方向上按一定间距埋设电极，测量电极点之间的电位差实现观测。在测区电场均匀的条件下，电极间电位差与电极距离之比即为选定方向的电场强度值。通常选取东向分量（E_X）和北向分量（E_Y）两个方向进行观测，如图 2.2.26 所示。

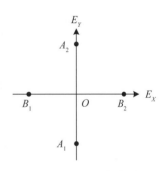

图 2.2.26 地电场矢量观测示意图

对 E_x 的测量是通过测量地表两点（图 2.2.26 中 B_1 点和 B_2 点）之间的电位差 $U_{B_1B_2}$，在观测区电场均匀的条件下，O 点（B_1 与 B_2 的中点）的电场强度 $E_{B_1B_2}$ 可按式（2.2.7）计算。

$$E_x = \frac{U_{B_1B_2}}{\overline{B_1B_2}}$$

（2.2.7）

式中，$\overline{B_1B_2}$ 为 B_1、B_2 两个测量电极间的距离。

用同样的方法可以测得 E_Y。

（b）磁场测量原理。

电磁扰动观测的磁场是其（磁场）在地表面的水平分量强度的变化，通过在地表放置磁传感器，将磁场强度（磁感应强度）转换为电压量，测量传感器输出的电压值，并根据磁传感器的灵敏度即可换算出磁场强度（磁感应强度）值，其单位为 nT，一般选取东西和南北方向观测。

磁场的测量以法拉第电磁感应原理为基础，通过一个感应式磁传感器将磁场信号转换为电压信号再进行测量。根据电磁感应定律，把一个测量线圈置于被测磁场 H_0 中，当磁场 H_0 本身发生变化时，会在线圈中产生感应电压 U_{AB}，通过对电压的测量，利用式（2.2.8）可以计算出磁场强度的大小。图 2.2.27 为感应式磁传感器的原理图。

$$H_0 = \frac{U_{AB}}{NS\mu_e\omega}$$

（2.2.8）

式中，N 为线圈的匝数，S 为线圈的有效面积，μ_e 为导磁率，当传感器制作完成后，这些参数就是固定的数值。

$M = NS\mu_e$ 称为线圈常数，即线圈的灵敏度。

（2）观测仪器

目前，我国地震电磁扰动观测中所使用的仪器种类较多，研制厂家也较多，仪器的性能指标各异，观测对象和频段也不尽相同。表 2.2.3 是常见的几种观测仪器。

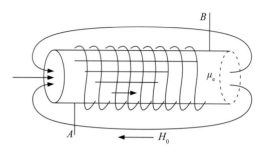

图 2.2.27 感应式磁传感器原理图

表2.2.3　几种常见电磁扰动仪器

生产单位	型号名称	观测物理量	采样率/Hz	磁棒灵敏度	观测频段
中国地震局地壳应力研究所	DCRD-1电磁扰动观测仪	磁场、电场	50Hz	≥10mV/nT(1～10Hz) ≥2mV/nT(0.1～1Hz)	0.1～10Hz
中国地震局地震预测研究所	EMAOS-L电磁波仪	磁场、电场	50Hz	——	0.01～10Hz
江苏省地震局	DUF-I地震电磁信息监测仪	磁场	20Hz	10μV/m	（38.5±0.1）kHz
河北省廊坊地震局	CNEM08型电扰动仪	电场	20Hz	0.1mV/m	0.1～10Hz
泰德公司	TWG-28电磁波传感器	磁场	50Hz	≥2mV/nT	0.1～10Hz
晶微公司	GS-2000-DC电磁扰动仪	磁场、电场	20Hz		0.01～10Hz

为了解决上述问题，规范电磁扰动的观测，2009 年中国地震局发布了地震行业标准 DB/T 35—2009《地震地电观测方法　低频电磁扰动》，该标准的发布对于推进我国地震电磁扰动观测的科学化进程，建设新型电磁扰动观测系统具有示范意义。上述的各种仪器中，仅有中国地震局地壳应力研究所的 DCRD-1 电磁扰动观测仪完全符合该行业标准要求。

2.2.5.2　观测环境要求及台站建设

（1）观测环境要求

电磁扰动观测环境要求符合地震行业标准 DB/T 35—2009《地震地电观测方法　低频电磁扰动》和国家标准 GB/T 19531.2—2004《地震台站观测环境技术要求　第 2 部分：电磁观测》的规定。具体的要求为：

①地质构造条件：观测场地一般选在地震活动带内或在活动断裂带附近。

②地形地貌条件：布极区应地形开阔、地势平坦，至少在两个正交方向可以布设50m以上的测量电极距，地形高差不宜大于电极间距的5%。布极区内不应有沟壑、崖坎、河流等。

③电性结构：电极距100m时测得的视电阻率宜大于10。

④电磁环境条件：观测场地附近应无强的电磁干扰。要求场地的非工频人工电磁源在地电场观测场地测量极间产生的附加电场强度（E_d），应不大于0.5mV/km。工频人工电磁源在地电场观测场地测量极间产生的工频电场强度（E_{ind}），应不大于1250mV/km（峰值）。表2.2.4为布极区距离各种干扰源最小距离要求。

表2.2.4 布极区距离各种干扰源最小距离要求

干扰源种类	避开最小距离/km
小型用电设备*	0.05
变压器（容量在30～50kVA之间）	0.05
变压器（容量>50kVA）	0.20
地下金属管线	0.10
工业用抽水井（站）	0.10
35kV以上高压输电线	0.10
带护栏的封闭公路	0.10
普通铁路	1.00
电气化铁路	5.0
流动铁器	0.05
主要公路	0.10
城市轨道交通（地铁等）	10.0

*小型用电设备指功率在30kVA以下的变压器、小型发电机、电动机之类。

（2）台站建设

①观测系统构成。

电磁扰动观测系统包括装置系统和测量系统两个部分。装置系统包括电场测量装置和磁场测量装置。

电场测量装置实际就是指按照一定方向、一定距离布设的电极，通常电极可以按照L形或者十字形布设，如图2.2.28所示。图中：O、A、B、A_1、A_2、B_1、B_2分别代表电极埋设位置。

磁场测量装置是指按照一定方向、水平布设的磁场传感器。图 2.2.29 为磁场传感器的布设示意图。

②装置系统建设。

（a）电极布设：在电磁扰动观测中，通常选用尺寸为（500×500×3）mm^3 的铅板或者（200×50）mm^2 的圆柱形铅电极作为电场测量电极。

在布设电极时，应布设两个分别平行和垂直地理北的正交测道，方位误差不应大于 1°，水平方向电极布极方式可采用图 2.2.29 中的 L 形或十字形布设。观测极距选择为 50～100m，视场地情况选择，水平两个方向的极距差应小于极距的 10%。

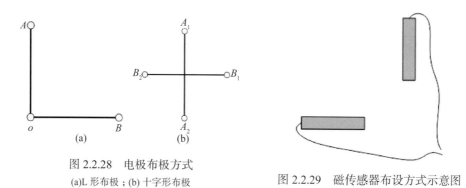

图 2.2.28　电极布极方式
(a)L 形布极；(b) 十字形布极

图 2.2.29　磁传感器布设方式示意图

电极埋设时，应符合下述要求进行：

·电极埋设前应清除其表面的杂质；

·电极埋设部位应避开污水区、腐殖土壤、腐烂植被和杂物充填部位；

·南方潮湿地区电极埋深应大于 1.5m，北方干旱地区电极埋深应大于 2.0m；

·极坑回填土质应均匀，同一对测量电极的极坑回填土宜为同一种土质；

·电极引线与通往观测室的测量线应可靠焊接并做好密封防水处理，测量线埋地引入观测室。测量线应具有很好的绝缘（绝缘电阻应大于 5MΩ），并防止绝缘层的损伤。

图 2.2.30 为铅板电极埋设示意图。

（b）磁传感器埋设：磁传感器布设方向应与电场观测相对应，沿磁南北、磁东西两个方向水平埋设，埋设深度 1.5～2m，方位误差小于 1°。为避免两个传感器之间产生干扰，磁传感器之间距离大于 5m，此时传感器间互扰的影响可忽略。磁传感器埋设时应做好防水处理，防止因水浸损坏传感器，建议的埋设方式如图 2.2.31 所示。

为避免不均匀性的影响，在条件允许的情况下，磁传感器应尽量靠近电场测区的中心。图 2.2.32 表示了电极和磁传感器的相对位置（L 形或十形布设代表电场布极方式）。

（c）测量系统：测量系统是指测量电信号的测量仪器，表2.2.3中给出了几种常见电磁扰动测量仪器。

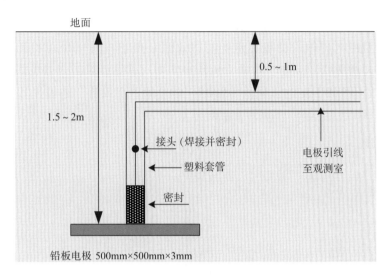

图 2.2.30 铅板电极埋设

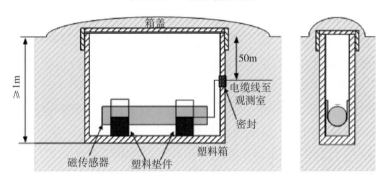

图 2.2.31 磁传感器埋设

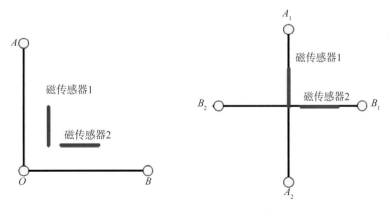

图 2.2.32 电极和磁传感器的相对位置

2.2.5.3　观测实践

2009 年电磁扰动观测方法标准颁布后，从 2012 年开始，一些台站按照该标准开展了电磁扰动观测实践，产出的数据包括了分钟能量值和电磁事件的时间序列。

背景场能量用 1 分钟的电场和磁场的有效值来表述，用有效值来表述电磁场的动态变化，其物理意义清晰，便于日常分析预报使用。具体计算公式参见式（2.2.9）和式（2.2.10）。有效值类似于在电工计量中常用一个量的"有效值"来表征其能提供的平均功率。

$$E_a = \sqrt{\frac{\sum\limits_{i=1}^{n} E_i^{\,2}}{n}} \tag{2.2.9}$$

$$H_a = \sqrt{\frac{\sum\limits_{i=1}^{n} H_i^{\,2}}{n}} \tag{2.2.10}$$

式中，n 为 1min 内的采样次数，如果按照 50Hz 采样频率，则 1min 的采样次数为 $n = 3000$，E_i、H_i 为每一次采样值。

电磁事件数据，除记录其时间序列外，还记录每天事件的数量及每个事件的起始时间、最大幅度、主要频率、持续时间等主要参数，并给出相应的事件目录和报表（类似地震目录）。

从目前的观测结果来看，对于观测到的电磁事件，由于受到环境因素的影响，一些事件是由于外界干扰引起的，那么就需要对事件记录进行筛选，从中筛选出可靠事件。根据目前的经验，可以基于以下两个原则来提取可靠的电磁事件：

①包括南北、东西方向的电场和磁场四个测项的观测数据幅度同步出现变化。

②变化持续时间至少 3min 以上。

2.3　地形变观测

2.3.1　地形变观测概述

我国的地震地形变观测始于 1966 年邢台地震之后。1962 年，根据李四光和方俊院士的倡议，在周恩来总理的支持下，首次将大地测量学应用于新丰江水库蓄水变形和诱发地震预测研究。邢台地震后，更是大规模地将其应用于地壳运动与地震预报，在海城、唐山、松潘、龙陵、炉霍、通海、丽江、昆仑山西口等一系列大震及强震的监测预报中经受严峻考验，理论结合实际地探索研究，使这门前沿交叉新学科在中国逐渐形成，在我国被称为

"地形变大地测量学"，或简称为"形变大地测量学"或"地形变测量"。经过40多年的努力，初步实现了大地测量学与地球物理学和地质学的相互渗透，从而形成了一门服务于防灾减灾的前沿交叉新兴子学科。地形变大地测量学或地形变测量已成为推进现今地壳运动和地球动力学的重要动力，是地震科学和地震预报必不可少的基石与支柱。

"十五"期间"中国数字地震观测网络"工程的实施，建立了现代化地形变监测台网，并通过中国地震前兆台网、地壳形变台网中心和国家重力台网中心进行数据汇集、日常技术管理和技术支持，提供专业化数据产出和数据服务。

2.3.1.1　地形变观测的基本概念

地形变观测研究位移、速度、加速度、应变、滑动、位错、重力、固体潮汐和介质物性（密度、勒夫数）等地球动力学物理量的空间分布及其随时间变化；立足岩石圈表层实施多种空间、地面和深部相结合的精密观测，探测对流层、电离层并反演地球内部各圈层的物性及其变化；研究的空间域由定点至全球，时间域由秒至数十年，频率域由0.5Hz至零频；提供动力学作用下的多种运动变形及介质物性的基础数据，直接建立多种运动学模型并为动力学模型提供不可或缺的定量约束条件，使动力学理论与实际观测数据有机结合，从而能够较为科学地预测未来。

地形变测量能测定以下各类变化或过程：

①地壳水平运动、垂直运动，包括：位移、速度、加速度，线性变化、非线性变化、周期性变化、暂态变化等。

②构造板块与块体运动、断层运动、块体内部变形。

③重力及其变化、地球内部介质物性（密度、勒夫数等）变化。

④缓慢变化（冰后回弹、海平面上升等）。

⑤地震、火山、滑坡等突发灾害的孕育、发生和后续过程。

⑥蠕变、静地震、慢地震。

⑦人类活动导致环境变化监测与诱发后果预测（如水库诱发地震、矿山沉降及矿震等）。

2.3.1.2　地形变观测的分类和观测项目

地形变观测分为固定台站观测和流动观测；固定台站观测网在固定台站上对水平位移、垂直位移、地倾斜、地应变及断层形变随时间的变化，实施连续的监测，提供多个时间序列的集合。观测站连续地形变观测包括连续重力观测、地倾斜观测、地应变观测、短水准测量以及GPS连续测量。在市县防灾减灾培训中使用较多的是前三种，因此，本教材对前三种固定台站地形变观测进行详细讲解。

（1）连续重力观测网

用设置在多个台站上的重力仪，实施不间断地连续观测，观测数据单位为μGal。连

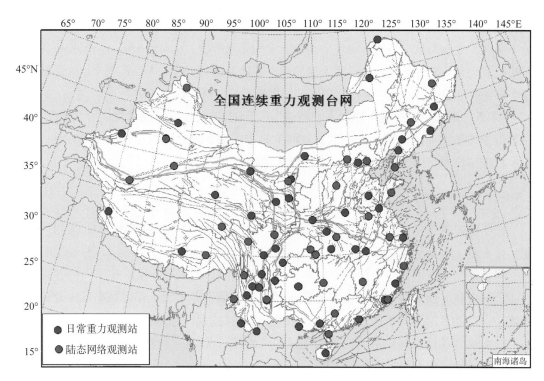

图 2.3.1　全国连续重力观测台网分布图

续重力观测约有 80 个台站，如图 2.3.1。根据管理模式不同，分为日常重力观测站 50 个（布设仪器：PET，24 套；DZW，16 套；GS15，8 套；TRG，2 套）、陆态网络重力观测站 30 个（布设仪器：PET，30 套）。

（2）地倾斜台网

包括洞体和钻孔两种基本观测方式的多种地倾斜连续观测，观测数据单位为 $10^{-3''}$。地倾斜观测台站约有 196 个，如图 2.3.2。其中水管倾斜仪 113 套（布设仪器：DSQ 型水管倾斜仪）、水平摆倾斜 57 套（布设仪器：模拟 SQ、JB 型，7 套；数字 SSQ2I 型，50 套）、垂直摆倾斜 101 套（布设仪器：VS 型，60 套；VP 型，41 套）、钻孔倾斜 37 套（布设仪器：CZB 型）。

（3）地应变台网

包括洞体和钻孔两种基本观测方式的多种地应变连续观测，洞体应变和分量式钻孔应变的数据单位为 10^{-10}，钻孔体应变的数据单位为 10^{-9}。地应变观测台站约有 203 个，如图 2.3.3。其中洞体应变 111 套（布设仪器：SS-Y 型）、体应变 70 套（布设仪器：TJ 型，65 套；SACKS 等 5 套）、分量式钻孔应变 62 套（布设仪器：YRY-4 型，37 套；RZB-2 型，25 套）。

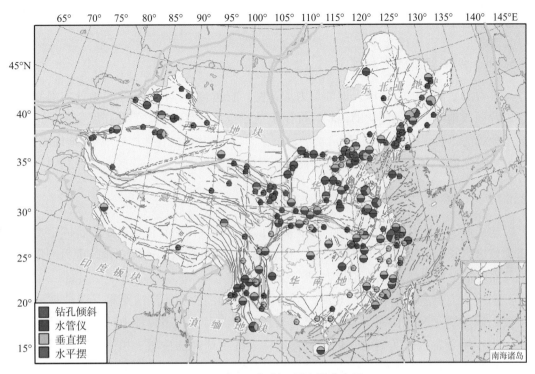

图 2.3.2 全国地倾斜观测台站分布图

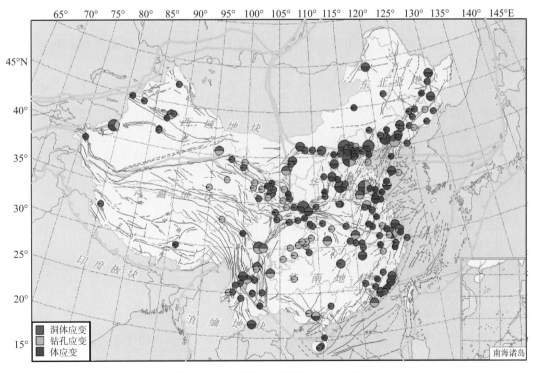

图 2.3.3 全国地应变观测台网分布图

2.3.2 连续重力观测

2.3.2.1 台站重力观测原理

重力测量测定的是地球表面的重力加速度，它包含测量位置信息、地球内部物质信息以及固体地球随时间变化的信息，提供了地球重力场空间、时间和强度变化，这些信息是地震前兆监测和地震预报所需求的动态重力场变化信息，在地球物理学、地球动力学、大地测量学以及海洋学、宇航学和导航等方面也有重要作用。

2.3.2.2 连续重力观测方法

连续重力观测是在山洞或者半地下室的仪器观测室内，在仪器墩上安置固定型相对重力仪进行长期连续观测，获取固定点相对重力加速度随时间连续变化的重力测量。观测仪器包括：弹簧型重力仪和非弹簧型重力仪。

连续重力测量是一种定点观测，通过分析获得潮汐和非潮汐结果。潮汐观测结果主要以潮汐因子和相位滞后及时间滞后表示。潮汐因子代表弹性地球在日、月等天体起潮力作用下，重力实测值与理论值之比，表征地球弹性性质；相位滞后或时间滞后代表弹性地球在日、月等天体起潮力作用下的滞后效应。非潮汐观测结果主要指在重力固体潮观测结果中扣除潮汐效应后的部分。通过适当的方法排除其中的仪器漂移影响后，可以获得测点位置的重力长期变化结果。重力长期变化包括极移、大气、地下水、物质迁移、点位移动、地震孕育等信息，认真加以研究和鉴别，可以提取与地震预报有关的前兆信息。

鉴于重力台观测的是地球各圈层物质迁移的变化，因此受建站环境的影响。具体建站要求参见地震行业标准 DB/T 7—2003《地震台站建设规范　重力台站》。主要内容如下：

（1）观测场地类型选择

重力观测场地应选择在具备电力、通信、交通等工作条件的地方，并按下列 3 种类型的顺序优选：

①洞体型，进深不小于 20m，岩土覆盖厚度不小于 20m 的山洞；

②地下室型，顶部岩土覆盖厚度不小于 3m；

③地表型，顶部无岩土覆盖。

（2）地质构造条件

观测场地应在下述地质构造范围踏勘选定：

①布格重力异常梯级带；

②具有发震构造特征的地质活断层（含隐伏活断层）附近，但应避开破碎带。

（3）观测场地岩土类型

观测场地按优先顺序可分为基岩场地和黏性土场地两种类型。其中，基岩场地可按

优先顺序分为花岗岩等结晶岩类、灰岩等细粒沉积岩类;选择作为观测场地的基岩场地宜具备下列条件:

①岩层倾角不大于40°;

②岩体完整;

③岩性均匀致密;

④黏性土场地应选择无明显垂向位移与破裂的密实黏土地段,不应选择含有淤泥质土层、膨胀土或湿陷性土地段。孔隙度大、吸水率高、松散破碎的砂岩、砾岩、砂页岩等岩体以及沙质、松散土层不宜选择作为观测场地。

2.3.2.3 连续重力的仪器类型

我国的重力固体潮观测始于20世纪60年代末期。目前用于重力潮汐观测的仪器主要分为两大类。一类是弹簧重力仪,其精度为微伽级。国际上使用较多的是德国的GS型重力仪,加拿大的CG-3型重力仪,美国的LacosteET、G和D型重力仪和中国国产的DZW重力仪。另一类是非弹簧重力仪,其精度优于微伽级,这类仪器主要指超导仪。目前,中国地震局系统使用的重力仪均为弹簧类重力仪。

弹簧重力仪的基本原理是利用弹性来平衡重力,通过垂直或者斜挂的弹簧来观测重力加速度的变化,其原理见图2.3.4。德国阿斯卡尼亚厂生产的GS(改进)型重力仪采用的也是斜拉式,只是旋转轴采用的是带状螺旋式的金属弹簧而不是扭丝。

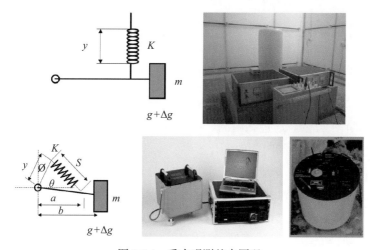

图 2.3.4 重力观测基本原理

(1)LCR-PET 重力仪

它是一种全自动型重力仪,在 LCR-G 型基础上改进而成,工作原理与 LCR-G 带反馈系统的相同。结构方面的改进主要采用全封闭,具有更好的保温和防气压干扰性能;增加了自动调平装置,改进了数采输出接口,增加了时钟系统和自动数采专用软件及硬件。

LCR-PET 重力仪结构紧凑，体积小、质量轻，自动化程度高，利于无人职守和远程控制，仪器性能稳定。

（2）DZW 型重力仪

具有垂直悬挂式的弹性系统、质量平移式结构，构成典型的线性系统。采用高精度控温系统，保证了 0.0001℃的控温精度，无须进行温度补偿。工作温度选择自由，只要高于环境温度即可。灵敏度稳定，结构简单，装校方便。热结构合理，密封良好，受气压影响较小，即使在不控温的观测室内工作，亦能获得较好的观测结果。

（3）GS 型重力潮汐观测仪器

它是一种金属弹簧重力仪，其摆系是质量旋转式结构，从原理上说是助动型重力仪，但其助动性能很小。GS 型重力仪是德国阿斯卡尼亚厂生产的、应用广泛的金属弹簧重力仪。它是以扭力矩为主的旋转式结构，其旋转轴是带状螺旋式的金属弹簧而不是扭丝。

（4）超导重力仪

Prothero 和 Goodkind（1968）在美国研制出了一种称为超导重力仪的新型重力仪。这种仪器应用几乎理想稳定性的超导持续电流作为仪器的稳定装置。它包括悬浮在磁场里的直径为 2.5cm 的超导球。磁场是由在液氦温度下的一对超导线圈的持续电流产生的。超导球为壁厚 1mm 的铝壳球，外面镀铅（镀层约 0.025mm）。超导线圈在垂直方向产生很小的力梯度。球的位置可由电容位移传感器来测定，并通过电子反馈系统使其归零。通过测量使球保持在电容电桥零点时所需反馈电压的大小来探测球上力的变化。

2.3.3　地倾斜观测

2.3.3.1　地倾斜观测原理

地倾斜固体潮是指刚体地球模型表面对日月起潮力水平分量的响应（单位：$10^{-3''}$），分为南北分量和东西分量。通过在山洞、地下室或钻孔内安置地倾斜仪器测定观测点地平面垂线与法线之间的夹角随时间的变化。

地倾斜观测的目的是研究地壳形变垂直方向的相对运动和固体潮汐的动态变化。地倾斜观测可监测地壳连续变动规律演变，追踪地壳形变（倾斜）速率及其方向的动态变化，着重监测反映地壳岩石物性变化（裂隙扩张、不稳定出现）的潮幅因子系统偏离，监视潮波曲线形态的动态变化（扰动、脉动与畸变），为地震预报研究提供非潮汐形变速率变化和方向转折、潮幅因子的动态变化图像和时间进程，为天文学、地球动力学、地球内部物理学、大地测量学等学科提供基础或背景资料服务。

2.3.3.2　地倾斜观测方法

通过观测液面垂直方向的变化或摆架倾斜的角度来观测地倾斜变化。观测仪器包括：

水管倾斜仪、水平摆倾斜仪、垂直摆倾斜仪和钻孔倾斜仪。具体观测方法见地震行业标准 DB/T 45—2012《地震地壳形变观测方法　地倾斜观测》；地倾斜台站建设要求见地震行业标准 DB/T 8.1—2003《地震台站建设规范　地形变台站　第1部分：洞室地倾斜和地应变台站》和 DB/T 8.2—2003《地震台站建设规范　地形变台站　第2部分：钻孔地倾斜和地应变台站》。

（1）洞体或地下室地倾斜观测场地的要求

①基本要求：观测场地应具备观测工作正常进行所需的电力、通信和交通等条件。观测场地勘选应考虑当地国民经济建设和社会发展长远规划及可能对观测环境造成的影响。

②地震地质条件：观测场地宜选在活动断层（断裂带）附近，但距破碎带的距离应 ≥500m；地基岩体坚硬完整、致密均匀；地基岩层倾角应 ≤40°。

③地形地貌条件：拟建洞室的山体顶部地形平缓、对称，宜有植被或黄土覆盖；洞室底面应高于当地最高洪水位和最高地下水位面。

④洞室观测场地不宜选在下列地段：风口、山洪汇流处，移动沙丘、泥石流、滑坡易发地段，溶洞和雷击区。

（2）钻孔地倾斜观测场地的要求

①基本要求：观测场地应具备观测工作正常进行所需的电力、通信和交通等条件。观测场地勘选应考虑当地国民经济建设和社会发展长远规划及可能对观测环境造成的影响。

②地震地质条件：观测场地宜选在活动断层（断裂带）附近，但距破碎带的距离应 ≥500m。地基岩层倾角应 ≤40°，岩体完整，岩石均匀、致密。

③地形地貌条件：井下仪器观测场地应避开冲积扇、山洪通道、风口、落地雷区域，避开地热异常高温区，避开强地下水流区和大型地下溶洞区。

（3）地倾斜仪器观测分量布设

在测点应设置两个分量的地倾斜观测仪，分量布设应符合下列要求：

① 在正北南（地理方位角0°）、正东西（地理方位角90°）两个方向分别安装北南、东西分量倾斜仪；

②当洞室条件允许时，可与北南、东西两分量成45°夹角布设第三分量的倾斜仪；

③当受洞室条件限制，北南、东西分量的倾斜仪不能按地理方位角0°、90°布设，可放宽条件，但两分量间的夹角应在60° ~ 120°之间。

2.3.3.3　地倾斜观测的仪器类型

地倾斜观测仪器分为基线式——水管倾斜仪、摆体式——水平摆、垂直摆和钻孔倾斜仪两种。地倾斜观测北南分量观测曲线向正方向变化表示北倾、向负方向变化表示南倾，东西分量向正方向变化表示东倾、向负方向变化表示西倾。

（1）水管倾斜仪

目前广泛应用在我国地震地倾斜观测台网中的水管倾斜仪是 DSQ 型水管倾斜仪（图

2.3.5）。将两个盛水的钵体用一根长管道连通，钵体中水位的变化与地面的倾斜成正比。

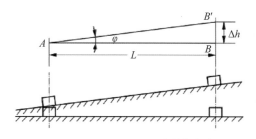

图 2.3.5　水管倾斜仪测量原理图和仪器示意图

水管倾斜仪各分量的高差（输出电量）读数规定：北南（NS）分量为北端点读数减南端点读数（N–S），东西分量（EW）为东端减西端（E–W），北东分量（NE）为北东端减南西端（NE–SW），北西分量（NW）为北西端减南东端（NW–SE）。

（2）水平摆倾斜仪

水平摆倾斜仪由铅垂摆演变而来。将铅垂摆的摆杆直立起来但又不在铅垂线上时，与铅垂线只差极微小角度的摆就称为水平摆（图 2.3.6）。

图 2.3.6　水平摆倾斜仪测量原理图和仪器示意图

（3）垂直摆倾斜仪

垂直摆由柔丝、摆杆和重块 3 部分组成，运用摆的铅垂原理，在没有振动的条件下摆处于铅垂状态，当地面发生倾斜变化时，摆的平衡位置发生变化，摆和支架之间产生相对位移（图 2.3.7）。早期布设的是 VS 型垂直摆倾斜仪（2002 年开始），近年来改进的型号是 VP 型宽频带垂直摆倾斜仪，以秒采样记录地面倾斜状态。

图 2.3.7　垂直摆倾斜仪测量原理图和仪器示意图

（4）钻孔倾斜仪

目前广泛使用的是CZB-1型钻孔倾斜仪，利用一个铅垂摆来测定地面倾斜变化（测量原理与垂直摆相同），当地壳产生倾斜时，地面和仪器支架（外壳）同时倾斜，重锤仍保持铅垂方向，通过记录仪器外壳与重锤的相对位移，从而实现微小倾斜量的测量（图2.3.8）。

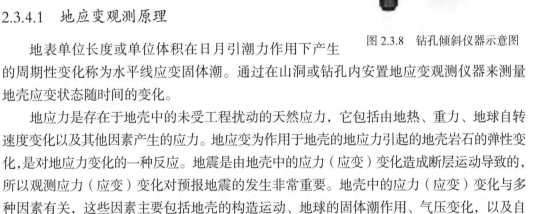

图2.3.8　钻孔倾斜仪器示意图

2.3.4　地应变观测

2.3.4.1　地应变观测原理

地表单位长度或单位体积在日月引潮力作用下产生的周期性变化称为水平线应变固体潮。通过在山洞或钻孔内安置地应变观测仪器来测量地壳应变状态随时间的变化。

地应力是存在于地壳中的未受工程扰动的天然应力，它包括由地热、重力、地球自转速度变化以及其他因素产生的应力。地应变为作用于地壳的地应力引起的地壳岩石的弹性变化，是对地应力变化的一种反应。地震是由地壳中的应力（应变）变化造成断层运动导致的，所以观测应力（应变）变化对预报地震的发生非常重要。地壳中的应力（应变）变化与多种因素有关，这些因素主要包括地壳的构造运动、地球的固体潮作用、气压变化，以及自然的地下水位变化等。地应变观测记录到所有这些因素造成的变化，其科学用途十分广泛：观测连续变化，研究短临地震前兆、断层活动、固体潮等问题；观测同震变化，研究震源过程、应力触发、地球自由振荡等问题；观测震后变化，研究后续地震、慢地震等问题。

2.3.4.2　地应变观测方法

洞体应变观测是安装在有一定覆盖的山洞洞体中对地壳表层应变变化进行观测的方法，观测对象是地壳表面两点间水平距离的相对变化；钻孔应变则是安装在地下钻孔中来观测地壳表层应变的变化，钻孔应变观测对象为体应变和分量应变，体应变反映的是钻孔周围岩石的体应变变化，分量应变反映的是钻孔中水平应变状态的变化。由此，地应变观测仪器包括：洞体伸缩仪、体积式钻孔应变仪和分量式钻孔应变仪。

具体观测方法见地震行业标准DB/T 46—2012《地震地壳形变观测方法　洞体应变观测》和DB/T 54—2013《地震地壳形变观测方法　钻孔应变观测》；地应变台站建设要求见DB/T 8.1—2003《地震台站建设规范　地形变台站　第1部分：洞室地倾斜和地应变台站》和DB/T 8.2—2003《地震台站建设规范　地形变台站　第2部分：钻孔地倾斜和地应变台站》。

地应变观测对观测场地的要求与本章2.3.3.2地倾斜观测方法中的对应部分相同。对于洞体应变观测来说，在洞室条件允许的情况下，尽可能布设三分量（三个分量相互间的夹角应在 60° ~ 120° 之间），以满足解算最大 / 小主应变、剪应变等应变参量的条件。

2.3.4.3　地应变观测的仪器类型

地应变观测仪器分为基线式——洞体伸缩仪、钻孔式——体积式钻孔应变仪和分量式钻孔应变仪两种。地应变固体潮观测曲线向正向变化表示受拉张，反之表示受挤压。

（1）洞体伸缩仪

安装在有一定覆盖的山洞洞体中对地壳表层应变变化进行观测的仪器；目前在我国地震地应变观测山洞中进行观测的地应变仪器为 SS-Y 型伸缩仪，它以线膨胀系数极小的含铌特种因瓦材料为基线（图 2.3.9）。

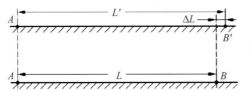

图 2.3.9　洞体应变（伸缩仪）测量原理图和仪器示意图

（2）体积式钻孔应变仪

根据安装在钻孔应变仪器中腔体的体积变化，获得岩体体积的相对变化（图 2.3.10）。

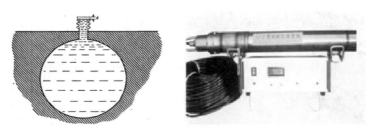

图 2.3.10　体积式钻孔应变仪测量原理图和仪器示意图

（3）分量式钻孔应变仪

根据安装在钻孔应变仪器中多个分量的传感器，获得钻孔某方向直径的相对变化；分量钻孔应变观测数据的处理应使用增量，即某一时刻的观测值对之前某一时刻观测值的变化量（图 2.3.11）。

2.3.5　地形变观测站的环境保护

地形变台站的观测环境应满足国家标准 GB/T 19531.3《地震台站观测环境技术要求　第 3 部分：地壳形变观测》的要求，地形变台站应参考 DB/T 39—2010《地震台网设计技术要求　重力观测网》和 DB/T 40.1—2010《地震台网设计技术要求　地壳形变观测网　第 1 部分：固定站形变观测网》布设。

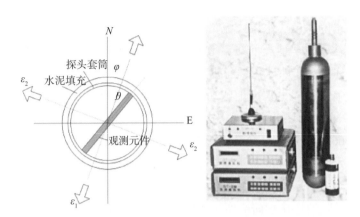

图 2.3.11 分量式钻孔应变仪测量原理图和仪器示意图

（1）地倾斜观测环境的技术指标

①荷载、水文地质环境变化源在地倾斜观测台站产生的地倾斜畸变量每日应 $\leq 0.003''$ ，当月 M_2 波潮汐因子误差应 ≤ 0.02 。

②振动源在地倾斜观测台站产生的地倾斜突发性变化量应 $\leq 0.005''$ 。

③水库、湖泊蓄水涨落 1m，在地倾斜观测场地产生的地倾斜畸变量应 $\leq 0.008''$ 。

（2）地应变观测环境的技术指标

①荷载、水文地质环境变化源在地应变观测台站产生的地应变畸变量每日应 $\leq 3 \times 10^{-9}$、每月应 $\leq 3 \times 10^{-8}$，当月 M_2 波潮汐因子误差应 ≤ 0.04 。

②振动源在地应变观测台站引起的地应变突发性变化量应 $\leq 3 \times 10^{-9}$ 。

（3）重力观测环境的技术指标

①荷载、水文地质环境变化源在重力观测台站产生的重力加速度畸变量 48h 内应不大于 $4 \times 10^{-8}\text{m/s}^2$ 。

②振动源在重力观测台站产生的重力加速度突发性变化量应不大于 $4 \times 10^{-8}\text{m/s}^2$ 。

2.4 地下流体

2.4.1 概述

2.4.1.1 地下流体观测概述

流体，是指具有流动性的物质，水圈与大气圈中的液体与气体，无疑是地壳流体的主体。然而，地壳中可流动的物质，除了一般的液体与气体之外，还有如岩浆、原油等物质，甚至岩石圈之下呈塑性流动状态的岩石（软流圈）也可称为流体，主要赋存和活动于上地幔与下地壳中的岩浆也是流体。还有些流体在一般条件下是不可流动的，但在特殊条件下又是可流动的。而地震监测预报中所关注的地下流体主要是指地下水和地下气。

地震前地下水的水位、水温、流量等水文地球动力学的物理量会发生变化，这种变化被称为水文地球动力学地震前兆。地下水中的离子、气体、氡和汞等化学成分和气体成分的变化，被称为水文地球化学前兆。

苏联是世界上最早提出水文地球动力学与水文地球化学前兆的国家，但大规模开展此项研究是在1966年4月塔什干地震之后。这与我国开展水文地球化学前兆研究的起始时间差不多。1966年3月，邢台发生了7.2级地震，震后的现场调查发现，强震前曾出现过大量的地下水翻花、冒泡和水味苦甜变化等宏观现象。结合地震史料中关于大震前地下水质变化的众多资料，人们提出了利用地下水中气体－化学组分变化探索地震前兆的设想。中国科学院地球化学研究所于1968年5月、地质部水文地质工程地质研究所于1968年7月，先后在邢台地区对地下水中的氡浓度、氯、钙、镁等离子成分的含量以及地下水中的气体总量进行测量，积累了邢台余震水化组分变化的科学资料。随后逐渐扩展到天津、北京、山东、辽宁、山西、河南、内蒙古、云南、四川、甘肃、陕西、宁夏、新疆、福建、广东、广西、湖南等省（区），积累了大量地质和水文地质条件不同的井（泉）的水化学观测资料，观测到一些水文地球化学地震前兆现象。50多年的观测结果表明，流体前兆监测台网取得的震例较多，表明其具有显著的地震前兆监测能力，可以在地震预报中发挥重要作用。

2.4.1.2 地下流体观测网的分类和观测项目

地下流体观测网分为固定观测网和流动观测网。固定观测网以观测对象为依据，分为地下水动态观测网、地热观测网和地球化学观测网三类（表2.4.1），其中地下水动态观测网的水位观测（国家台129个，区域台373个）、地热观测网中的水温观测（国家台118个，区域台274个）和地球化学观测网中的氡（国家台104个，区域台169个）及汞观测（国家台31个，区域台36个）是地下流体观测的四大主要测项，还有其他一些分布较少的观测项目，比如氢气、二氧化碳、离子等。四个主要测项的数量和分布情况见表2.4.1和图2.4.1 ~图2.4.4。

表2.4.1 地下流体动态观测项目一览表

观测（介质）对象	特性类别	观测内容	观测项目（测项）
地下水动态观测网	物理性质	水位（井水位）	静水位
			动水位
		压力	井口压力
		流量	井水流量
			泉水流量
地热观测网	物理性质	井水温度	浅层水温

续表

观测（介质）对象	特性类别	观测内容	观测项目（测项）
地热观测网	物理性质	井水温度	中层水温
			深层水温
		泉水温度	泉温
		土壤温度	地温
地球化学观测网	物理性质	流量	气体流（通）量
	化学性质	氡浓度	水氡
			气氡
		汞浓度	水汞
			气汞
		其他气体浓度	CO_2
			He
			H_2
			H_2S
			CH_4
		电导率	电导率
		酸碱度	pH值
		氧化–还原电位	Eh值
		常量离子浓度	K^+
			Na^+
			Ca^{2+}
			Mg^{2+}
			HCO_3^-
			SO_4^{2-}
			Cl^-
		微量元素及其他组分浓度	F^-
			Br^-
			I^-
			Li^+
			Sr^{2+}
			SiO_2

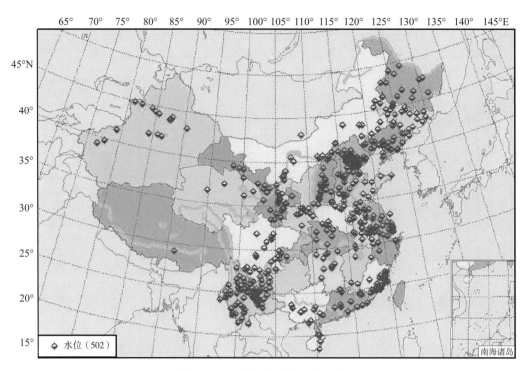

图 2.4.1　全国水位观测站分布图

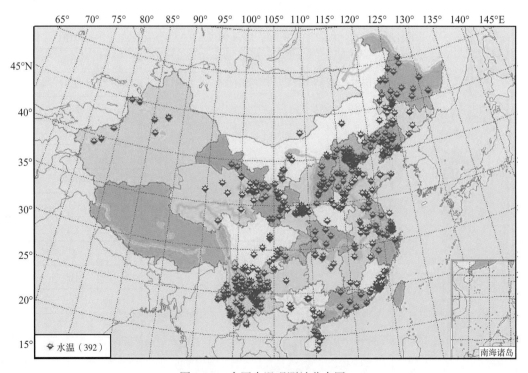

图 2.4.2　全国水温观测站分布图

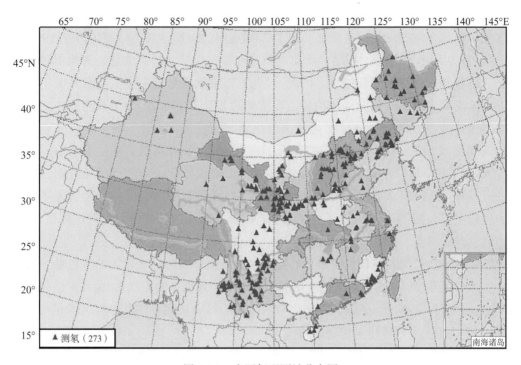

图 2.4.3　全国氡观测站分布图

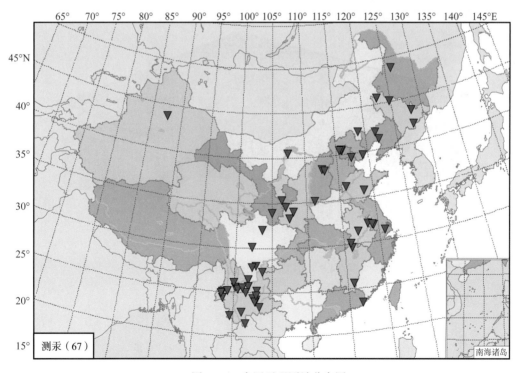

图 2.4.4　全国汞观测站分布图

20世纪70年代以来，我国在强震区陆续开展了地下流体流动观测，初步形成了以地球化学观测为主的观测技术系统。在1976年唐山7.8级地震等强震区以及1998年张北—尚义6.2级地震前后，开展了流动观测并取得了重要的异常信息，为地震短期预测和震后趋势判定提供了重要依据。因此，"九五"期间首都圈防震减灾示范区工程，把地下流体流动观测正式列为建设项目，在京津冀地区建立了由12个观测井（泉）组成的地下流体流动观测网，进行了背景动态观测。随后，在华北、西北、西南建设3个流动观测技术系统。主要任务是进行固定观测站的背景值观测；在强震危险区或危险区进入短临阶段时，开展加密观测；在出现宏、微观异常时，进行现场监测，评估异常的可靠性；在强震发生后开展现场监测，承担震后震情判定任务。地下流体流动观测的项目主要包括：土壤气和水溶气（氢气、氦、汞）、地下流体化学量和稳定同位素（氦、氢、氧、碳）等。

随着观测技术的发展和科研水平的提高，地下流体观测已从传统的单点单一观测向综合立体观测发展，包括空对地的卫星高光谱观测（地温、断层气）、深井深钻的综合观测（水温、水位、流量、孔隙压）和化学观测中心综合观测（井泉水的离子和气体的固定观测），逐步实现地球化学观测成网。

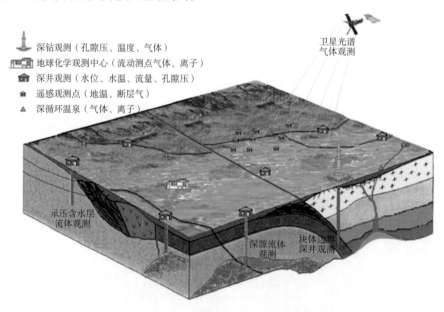

图 2.4.5　地震流体立体观测示意图

2.4.2　水位观测

2.4.2.1　水位变化机理

井水位（或水位）指观测井中地下水面相对于基准面的垂直距离，分为静水位和动水位。静水位指观测井中水面低于地表面时，由井口固定参考点向下到井水面的垂直距离。动水位指观测井中水面位置高于地表面并有泄流时，由泄流口的中心面向上至井水面的垂直距离。

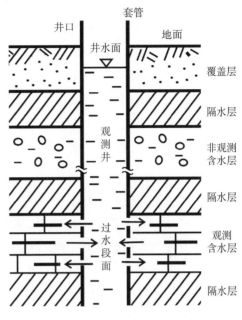

图 2.4.6　井 – 含水层系统示意图

　　井水位的变化一般有以下几个原因：①含水层受到外力的作用而发生变形或破坏，例如，地震孕育与发生过程引起含水层变形或破坏，由于其含水层参数（孔隙度、有效孔隙度、贮水率、贮水系数、水头、水力坡度、渗透系数、导水系数等）发生变化，引起含水层压力（孔隙压力）的变化；②含水层受到地下水补给或排泄时，其储水量发生变化；③当含水层受力作用或储水量发生变化时，井 – 含水层系统（图 2.4.6）中发生水流运动；含水层中储水量增多或水压力升高时，含水层中的地下水流入井中，使井筒内水量增多，引起井水位升高；而储水量减少或水压力降低时，井中水流回到含水层中，使井水位下降。

　　水位动态变化间接表征了地震发生前孕震区及其周围地区地下介质应力积累和介质性质变化的信息，使其成为地震监测预测的重要手段。水位监测不仅为地震预测和科学研究提供服务，而且在国民经济建设服务领域应用也较广，如可直接为深层地下水资源（供水、矿水）等的开发提供科学依据，为地面环境评价与保护提供科学服务，也可为重大工程（巨型电站、核电站、油田等）安全运行提供监测服务等。

2.4.2.2　井水位观测方法

（1）井水位观测原理

　　井水位的变化是由含水层受力状态改变或地下水补给与排泄等因素引起的。可在固定观测点（井）上使用专用观测仪器，按照规定的观测技术要求，连续测量井水位随时间的变化，产出观测数据，以获取与地震相关的信息。井水位观测原理示意图如图 2.4.7。

　　利用承压含水层井孔（或符合观测要求的勘察井、石油钻井等），可以开展井水位观测。利用非自流井可进行静水位观测，利用自流井可进行动水位观测。

（2）井水位观测的仪器类型

　　根据传感器类型，可将井水位观测的仪器分为浮子式水位仪和压力式水位仪两种。具体观测方法见地震行业标准 DB/T 48—2012《地震地下流体观测方法　井水位观测》。

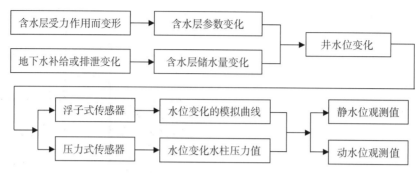

图 2.4.7　井水位观测基本原理示意图

①浮子式水位仪测量原理。

浮子式水位仪的测量原理如图 2.4.8(a) 所示。当井水位发生变化时，放置在井水面的浮子受到浮力作用而上下浮动，连接浮子与滚筒滑轮的导绳移动，带动滚筒同步转动。通过记录笔将井水位的变化量记录在滚筒上的专用记录纸上，产出反映水位变化的模拟曲线。在模拟曲线上，按照 0 ~ 23h 时间刻度，读取 24 个水位变化值。

②压力式水位仪测量原理。

压力式水位仪的测量原理如图 2.4.8(b) 所示。井水位的变化可以用井水面以下某一基准面至井水面的水柱高度变化来描述。通过传感器测量井中该基准面水柱压力变化，按照电压和水柱压力转换关系，将该基准面的水柱压力变化转换为压力水位值。根据静水位或动水位观测原理，按照一定的换算关系，将压力水位值转换为井水位值。

水柱压力与水柱高度的关系为：

$$P_h = \rho g h \tag{2.4.1}$$

式中，P_h 为水柱压力；ρ 为被测井水的密度；g 为当地重力加速度；h 为水柱高度。

当井水面下的基准面为传感器的导压孔时，水柱高度即为压力水位，$H_P = h$。水柱高度与传感器输出的电压为线性关系时，压力水位表示为：

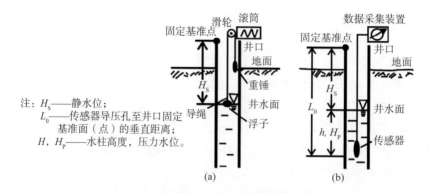

注：H_s——静水位；
　　L_0——传感器导压孔至井口固定
　　　　基准面（点）的垂直距离；
　　H，H_P——水柱高度，压力水位。

图 2.4.8　井水位（静水位）测量原理示意图
(a) 浮子式传感器测量原理；(b) 压力式传感器测量原理

$$H_{\mathrm{P}} = h = \frac{1}{\rho g} P_h = KV \qquad (2.4.2)$$

式中，K 为仪器系数，单位为 m/V；V 为仪器输出电压，单位为 V。

目前我国地震台站正在使用的压力式水位仪器代表型号有 LN-3 型数字水位仪、LN-3A 型数字水位仪（图 2.4.9）、SWY 型水位仪和 SWY- Ⅱ 型数字水位仪等。

图 2.4.9 数字式水位仪

数字水位仪主要用于地震地下流体高精度井孔水位观测，每分钟测量一次水位数据，并可自动判别和记录水位突发异常事件（例如水位阶跃异常、水震波等）。当水位变化速率超过所设定的阈值时，水位仪会自动识别并加密采样速率，由每分钟一次加密到每秒一次，可真实地再现水震波的原始形态或者水位阶跃异常变化过程，具有高分辨率、高精度和数字化自动观测等特点。

水位观测还要求有气压观测和降雨量观测等辅助测项。气压效应明显的井可配备槽式水银气压计和自记气压计；降雨效应明显的井可配备自记雨量计。

（3）水位观测场地的要求

①水位观测井主要布设在地震重点监视防御区内的活动构造带上，在少震弱震区、重大工程区、火山活动区等也可适当布设。观测井点尽可能定在断裂的端点、拐点及两条以上断裂交会部位。

②观测井区必须避开洪水泛滥区、泥石流活动区、滑坡活动段等对观测产生严重干扰的地区。井区还应尽可能远离大海、江河、湖泊、水库、铁路等对观测产生不利影响的地区。

③观测层应具有良好的水文地质条件，要求埋深大、封闭性好、承压性强。井点到补给区的距离一般应大于 5km。井点到相邻的同层抽水井或注水井的距离，含水层渗透系数 $k < 20$m/d 时要大于 1km，含水层渗透系数 $k > 200$m/d 时要大于 5km。

（4）水位观测井与井房的要求

①观测井内安装仪器的井段，须设有永久性的护井套管，其内径应 ≥ 90mm，多测项综合观测时应 ≥110mm，井孔内无杂物卡落。

②在已有井孔中筛选观测井时，应进行水位动态观测试验，检验其映震能力。在无震时段试验时，优选井水位潮汐显著、有气压效应及其他水位微动态反映好的井孔。

③对自流深井进行动水位观测和地下流体多测项综合观测时，要求井孔装置合理，

控制稳定的泄流量。地下水矿化度高和具有腐蚀性时，要注意防止泄流口被沉积物堵塞或井管与观测设施被腐蚀。

④观测井上须建有井房。地下水具有强烈腐蚀时必须把井房与观测室分开。井房和观测室面积均要大于 6m²，多测项综合观测的观测室面积要大于 10m²。

⑤观测井房与观测室均要求防震、防盗、防洪、防尘，室温要求为 0 ~ 45℃，相对湿度应小于 80%。

⑥观测室应有交直流两种电源。交流电源的电压要求为 220V ± 10%。直流电瓶应为 12V，≥ 65A·h 的免维护电瓶。有条件时也可采用太阳能电池供电。

2.4.3　井泉水温度观测

2.4.3.1　井泉水温度变化机理

井水或泉水温度的观测对象是井 – 含水层或泉 – 含水层系统中观测层水的温度随时间的变化。

井水温度或泉水温度的变化有以下三种机理：①深部物质上涌、深层热水上升或不同层位冷热水混入等因素，引起井（或泉）– 含水层系统水温变化；②介质变形、岩石破裂、断层摩擦等作用产生的热量，引起井（或泉）– 含水层系统水温变化；③井（或泉）– 含水层系统中的水发生热交换时，引起观测层井水（或泉水）温度升高或下降。

2.4.3.2　井泉水温度观测原理

井水温或泉水温观测基本原理示意图见图 2.4.10。井水温度或泉水温度的变化是在区域地热背景条件下，井（或泉）– 含水层系统受到热物质上涌、冷热水运移等水 – 热动力的作用和介质变形、岩石破裂、断层摩擦等构造 – 热动力的作用而产生的。可在固定观测点（井或泉）上使用专用观测仪器，按照规定的观测技术要求，连续测量井中某一层（点）水温或泉水出露处（点）水温随时间的变化，产出观测数据，获取与地震相关的信息。

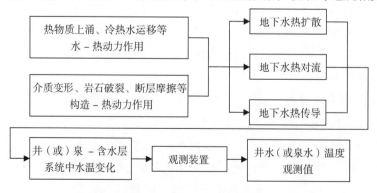

图 2.4.10　井 – 泉水温度观测基本原理示意图

2.4.3.3　井泉水温度观测方法

井泉水温观测主要包括井水温度观测（观测井中某一深度地下水的温度）、泉水温度观测（观测泉出露处的地下水温度）和水温梯度观测（观测井内单位深度水温变化量），观测对象为井 – 含水层或泉 – 含水层系统中观测层水的温度随时间的变化。利用专用的地下水观测井及深循环温泉，可以开展井水温度或泉水温度观测。井水或泉水温度量的符号为 T_w、t_w，基本单位名称为摄氏度，单位符号℃，有效数据位为小数点后 4 位，观测数据为分钟值。

深井温度变化是非常微小的，深井温度的波动，通常不大于 0.001℃。因此，水温观测仪器必须具备高灵敏度、高稳定性，水温观测仪器的温度分辨率应优于 0.001℃，短期漂移要小于 0.001℃ / 月，长期漂移应小于 0.01℃ /a。另外，观测记录应做到连续、稳定、可靠，从测量、结果显示、输出打印、时间控制、交直流自动切换、采样方式选择到测量系统的校准、自校及通信接口等

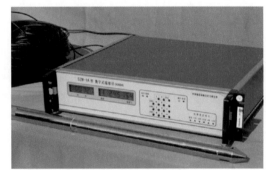

图 2.4.11　水温传感器

设备配套，功能齐全。无论是利用什么样的观测仪器，观测工作都应按《地热前兆观测规范（试行）》的各项要求严格进行。目前台站所用的温度计主要有 SZW–1A 型石英温度计（中国地震局地壳应力研究所，图 2.4.11）、ZKGD 水温仪（中科广大）、CZ–2001型测温仪（河北省沧州地区电子研究所）等。辅助观测仪器为雨量计。

2.4.3.4　井泉水温度观测场地要求

观测站环境应符合国家标准 GB/T 19531.4—2004《地震台站观测环境技术要求　第 4 部分：地下流体观测》的要求；观测场地、观测井、观测室的要求应符合 DB/T 20.1—2006《地震台站建设规范　地下流体台站　第 1 部分：水位和水温台站》的要求；在断裂带附近新建观测井时，观测井位宜选择在断层上盘，观测泉宜位于断层上或靠近断层；观测泉宜为温水泉或热水泉；观测泉宜选择受环境干扰影响小的泉。

2.4.4　井泉水流量观测

2.4.4.1　井泉流量变化机理

在单位时间内流过一定截面的流体量称为流量。流体的量用体积表示时称为体积流量（单位：L/s），用质量表示时称为质量流量。

井水和泉水流量变化主要有以下三种机理：①观测含水层受到外力的作用而发生变形或破坏时，例如，地震孕育与发生过程引起含水层变形或破坏，由于其储水空间容积发生变化，引起含水层压力（孔隙压力）的变化；②含水层受到地下水补给或排泄时，其储水量发生变化；③当含水层受到的压力或储水量发生变化时，井–含水层系统（或泉–含水层系统）中发生水流运动；含水层中储水量增多或水压力升高时，引起井水（或泉水）流量增加；而储水量减少或水压力降低时，井中水（或泉水）流回到含水层中，使井水（或泉水）流量减小。

2.4.4.2　井泉流量观测原理

井（泉）流量观测基本原理示意图如图 2.4.12。井水或泉水流量的变化是由含水层受力状态改变和地下水补给或排泄等因素引起的。可在井口或泉口使用观测仪器，按照规定的观测技术要求，连续测量水流量随时间的变化，产出相关数据，从而获取与地震相关的信息。

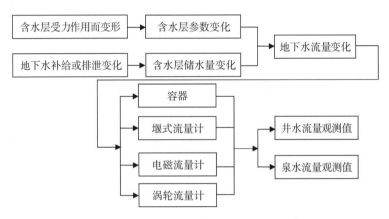

图 2.4.12　井水和泉水流量观测基本原理示意图

2.4.4.3　井泉流量观测方法

利用自流井可进行井水流量观测。利用自然出露的上升泉，可开展泉水流量观测。具体观测方法见地震行业标准 DB/T 50—2012《地震地下流体观测方法　井水和泉水流量观测》。

流量测量主要分为容积法、量水堰法、电磁流量计法、涡轮流量计法和质量流量计法，不同的测量方法具有不同的技术指标要求。目前，地震台站中开始试验应用的流量仪有 GLY–1 型高精度流量观测仪、TDL–2 流量自动测量仪。

GLY–1 型高精度流量观测仪是中国地震局地壳应力研究所自主开发的流量测量设备，具有系统简捷、安装方便、观测精度高、系统稳定性高、可现场校准、设计先进及便于集成传输等优点。TDL–2 流量自动测量仪由天津市地震局自主开发，它可以应用于管道水流量测量、自流井水流量潮汐测量。该仪器具有时钟显示、时钟校准、流量参数预置、乘法运算和流量自动记录的功能。

辅助观测仪器包括气压计和雨量计。

2.4.5 氡观测

2.4.5.1 氡变化机理

氡是一种放射性气体，是放射性元素铀系、锕系、钍系中镭的衰变系列产物。氡在地壳中可以呈游离的气态存在，但多溶解于地下水或吸附在岩土颗粒上及包含在岩土颗粒之中。其中赋存在地下气中的氡，称之为气氡（单位 Bq/m^3：贝克／立方米）；而赋存在地下水中的氡，称之为水氡（单位 Bq/L：贝克／升）。

氡的变化是地震孕育过程中由于岩石裂隙增加、破裂混合、氡团混入以及振动等导致析出率增加等作用引起的。在固定观测井或观测泉通过人工取样或者自动取样观测，按照规定的观测技术要求，连续测定氡（水、气）随时间的变化，产出观测数据，获取与地震相关的信息。氡（水、气）观测基本原理示意图如图 2.4.13。

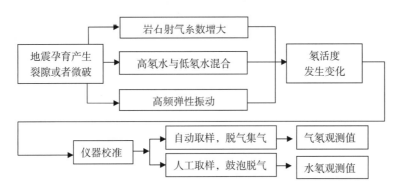

图 2.4.13 水氡、气氡观测基本原理示意图

2.4.5.2 氡观测方法

利用专用的自流井、稳流取水的热水井及上升泉，可以开展水氡观测和气氡观测。专门建立的断层气观测点，可以开展气氡观测。

水氡观测是指人工取样、人工观测、人工计算氡浓度（水氡）和人工发送数据等一整套台站观测工作。一般一天定时取样一次，观测数据出现异常时加密取样。使用的仪器主要为 FD-125 型氡钍分析器（图 2.4.14a）。

气氡观测是用智能化的连续自动测氡仪实现仪器自动取样（气氡）、自动观测、自动计算，并将测量计算结果自动发送的一整套技术，每小时测试一次。氡数字化观测仪器主要有 SD-3A 型自动测氡仪（图 2.4.14b）和 BL2015R 型测氡仪（图 2.4.14c）。

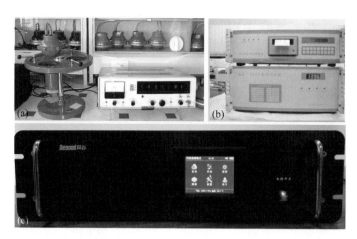

图 2.4.14 FD-125 测氡仪 (a)、SD-3A 测氡仪 (b) 和 BL2015R 测氡仪（c）

随着新技术的发展，新型仪器稳定性、可靠性更好，可以开展水中溶解气氡和土壤逸出气氡的连续和流动观测。如贝谷科技股份有限公司生产的 BL2015R 测氡仪，该仪器采用可更换型闪烁室采样器，可对气氡进行快速采样和测量。美国 Durridge 公司生产的 RAD7 型测氡仪，采用电流电离法测量，其功能强大、数据可靠、应用广泛，坚固的设计可适用于各种恶劣环境的监测。德国 AlphaGUARD 型测氡仪是采用 3D 脉冲电离法测试的仪器，可以测量空气、水、土壤、建筑材料等中的氡含量，同时监控温度、湿度、压力等环境条件，该仪器稳定性好，五年校准一次。

2.4.6 汞观测

2.4.6.1 汞浓度变化机理

由于汞气具有很强的穿透力与迁移能力，在地震孕育与发生过程中，地壳深部的汞或吸附在断裂带上的汞受到应力作用或热力作用时，沿着岩石裂隙及孔隙向地壳浅部迁移，使地下水中或断层土壤（岩石）气中汞含量发生异常变化。

2.4.6.2 汞观测原理

观测原理示意图如图 2.4.15。汞浓度的变化是由断层应力状态改变或热力作用改变等因素引起的。在固定观测点（井或泉）上，水汞通过采集井水样或泉水样，气汞通过集气和脱气装置采集气体，使用专用观测仪器，按照规定的观测技术要求，定期测量水汞或气汞浓度随时间的变化，产出观测数据，获取与地震相关的信息。

2.4.6.3 汞观测方法

利用汞浓度不低于仪器检出限的自流井、稳流取水的热水井及上升泉，可以开展水

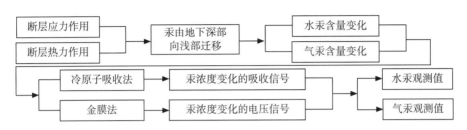

图 2.4.15　水汞和气汞观测基本原理示意图

汞观测和气汞观测。利用专门建立的断层气观测点，可以开展气汞观测。

水汞是指水中化合汞和单质汞的总和。水汞观测需要人工进行仪器调试、条件选择，人工进行采样、样品处理、汞的富集、进样测试、记录测试和计算结果等，从而获得水汞浓度（单位体积水中汞的质量，单位是纳克每升，符号为 ng/L），通过报表的形式向有关部门报送。一般一天定时取样一次，观测数据出现异常时加密取样。水汞观测仪器主要有 XG–4 型测汞仪（图 2.4.16a）和 RG–BS 测汞仪等。

气汞是指水的溶解气和逸出气中的汞，或断层土壤（岩石）气中的汞。气汞观测是用智能化的连续自动测汞仪实现仪器自动取样、自动观测、自动计算，并将计算结果自动发送，其观测对象为气汞浓度（单位体积气体中汞的质量，单位是纳克每立方米，符号为 ng/m^3）。一般每小时进行一次自动测试。气汞观测主要使用 DFG–B 型测汞仪、RG–BQZ 测汞仪、ATG–6138M 测汞仪等（图 2.4.16b）。

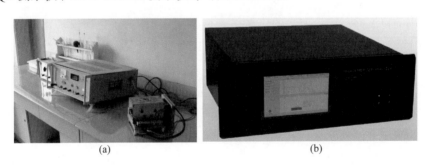

(a)　　　　　　　　　　　　　　(b)

图 2.4.16　XG–4 水汞仪（a）和 ATG–6138M 气汞仪（b）

2.4.7　气体观测

气体组分对断层和构造活动具有灵敏性，其异常变化与构造活动密切相关。近十多年来，地震活动区，特别是在苏联、中国、日本和美国，地下水中溶解气和断裂带岩石（土壤）中逸出气被广泛加以研究，试图通过监测这些气体的变化进行地震预报。因此，利用专门建立的自流井（或泉）或断层气观测点，可

图 2.4.17　痕量氢在线自动分析仪

以开展气体连续或流动观测。连续观测是利用在线分析仪器进行单项气体的检测，如痕量氢在线分析仪（图 2.4.17）开展氢气的连续观测，便携式测氢仪开展氢气的流动观测，二氧化碳观测仪（或二氧化碳测试管）进行二氧化碳的连续观测，WGK–1 型测氡仪进行氡气的连续观测。取样观测主要使用气相色谱仪，在实验室内进行 N_2、Ar、CH_4、He、H_2、CO_2 等气体的同时测试。

2.4.8 水质观测

2.4.8.1 水质观测原理

地下水是一种复杂的天然水溶液，其中含有各种不同的离子组分、气体组分和化合物。地下水由补给到排泄的水动力循环过程中，与岩石土壤不断发生一系列的物理化学作用，形成该区固有的地下水化学类型。在地震的孕育过程中，由于所处断裂活动的加剧，处在特殊构造部位的水化学观测井周围的地下应力活动增强，含水层受温度与压力环境变化，使地下水系统的平衡状态发生破坏，引起水中多组分离子含量的变化。同时，由于应力的增强，可引起含水层的互通，亦可能引起地下水化学组分的变化，从而表现为水中离子含量及电导率测值的变化。

2.4.8.2 水质观测方法

利用专用的自流井、稳流取水的热水井、上升泉，使用离子色谱仪、分光光度计、电导率仪、pH 计等，可以开展地下水中 Cl^-、F^-、HCO_3^-、K^+、Na^+、Ca^{2+}、Mg^{2+} 等化学离子浓度和电导率、pH 值观测。一般每天定时取样一次，观测数据出现异常时加密取样。采样方法参见环境保护标准 HJ 493—2009《水质 样品的保存和管理技术规定》。具体观测方法如下：

氯离子的测定方法通常采用铬酸钾指示剂容量法。在微酸性溶液中，加入对 SO_4^{2-} 过量的 $BaCl_2$，使 SO_4^{2-} 定量地与 Ba^{2+} 生成 $BaSO_4$ 沉淀，过量的 Ba^{2+}，在 Mg^{2+} 存在的情况下，于 pH 值为 10 的氨缓冲溶液中，连同水样中的 Ca^{2+}、Mg^{2+} 一起用 EDTA 标准溶液滴定，通过消耗 EDTA 的量来计算 Cl^- 的含量。

测定水中 F^- 的方法通常用离子选择性电极法，测试仪器用精度 0.1mV 的离子计或 pH 计、F^- 电极及饱和甘汞电极、电磁搅拌器。

水中 CO_3^{2-} 和 HCO_3^- 的测定（又称为碱度的测定），分别用酚酞和甲基橙做指示剂，用盐酸标准溶液滴定水样，根据滴定消耗盐酸标准溶液的体积，分别计算 CO_3^{2-} 和 HCO_3^- 的含量。

测定 K^+ 和 Na^+ 的方法很多，通常选用火焰发射光度法、原子吸收分光光度法和离子色谱法。其中最常用的是火焰发射光度法。

Mg^{2+} 和 Ca^{2+} 的测定方法大致相同，常用的是 EDTA 容量法（乙二胺四乙酸二钠容量法）测定 Ca^{2+} 和 Mg^{2+} 的合量，再按差减法计算出 Mg^{2+} 的含量。

NO_2^- 的测试方法主要是分光光度比色法和离子色谱法。分光光度比色法最为普遍。

目前，一些台站配备了离子色谱仪（CIC200 型），可以进行阴离子（F^-、Cl^-、Br^-、I^-、NO_2^-、PO_4^{3-}、NO_3^-、SO_4^{2-}、ClO_2^-、BrO_3^-、ClO_3^-）和阳离子（Li^+、Na^+、NH_4^+、K^+、Mg^{2+}、Ca^{2+}、Sr^{2+}、Ba^{2+}）的自动分析测试。

2.4.9　台站建设和环境保护

地下流体台站建设和环境保护的详细内容参见 DB/T 20.1—2006《地震台站建设规范　地下流体台站　第 1 部分：水位和水温台站》、DB/T 20.2—2006《地震台站建设规范　地下流体台站　第 2 部分：气氡和气汞台站》、GB/T 19531.4—2004《地震台站观测环境技术要求　第 4 部分：地下流体观测》、《地震台站建设勘选规程要求：地下流体台站》（2010）和 DB/T 38—2010《地震台网设计技术要求　地下流体观测网》。

2.4.9.1　观测场地勘选与基本要求

观测场地勘选是地下流体动态观测台站建设的重要环节。台址的选定，以未来观测到各类动态映震能力强、地壳活动信息丰富和各类干扰少而弱为原则，因此，必须要对建台区的地质－水文地质条件、历史和现今地震活动等进行科学勘查。

观测场地勘选内容有观测区地质－水文地质条件的资料收集、核实与补充勘查。勘查的范围一般应为一个水文地质单元，即包括未来地下流体动态观测层中地下水的补给区、径流区和排泄区的范围。

地质－水文地质条件所需收集和补充的相关资料包括：地形地貌资料、气象资料、水文资料、地层岩性资料、地质构造资料、水文地质资料以及其他相关的特殊资料等。

选好的地下流体观测站，应具有如下基本条件。

（1）地质构造条件

观测点宜选在利于映震的构造部位，具体指观测点应处于现今活动断裂带上或其两侧，优先选择在活动断裂带的端点、拐点及与其他断裂交会的部位。因为地震活动尤其是中强以上破坏性地震多是沿着活动断裂带发生的（图 2.4.18）。

观测点宜选在地热异常区或能观测到深源气体的地区。深部物质的上涌也可造成地下流体动态的震前异常，深部物质上涌部位的标志有：地下水温度很高（可高达 100℃以上）、地下水的矿化度较高（10g/L 以上）、富含微量元素（F、Br、I、Li、B 等）、地下气体中富含深部稀有气体（H_2、He、CO_2、CH_4、H_2S 等）、具有深部稀有气体典型的同位素比值特征（^3He : $^4He > 10^{-6}$，^{40}Ar : $^{36}Ar > 295.5$，N_2 : $Ar < 38$ 等）。

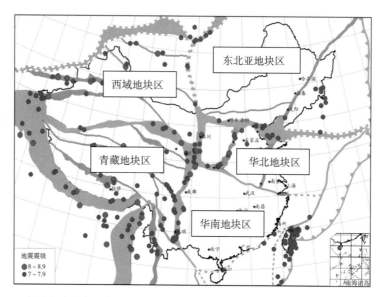

图 2.4.18　中国大陆及邻区主要活动断裂、活动地块与强震分布图（据张培震等，2013）

不同大小和颜色圆圈代表不同震级的地震：蓝色是 7 ~ 7.9 级；红色是 8 ~ 8.9 级。

橙色线条和不规则区是一级活动地块边界带，浅蓝色线条和不规则区是二级活动地块边界带

（2）地形地貌条件

观测场地的地形地貌条件应避开山洪通道、风口、落地雷区以及地面强烈沉降区、地面塌陷区、地裂缝发育区等。

（3）水文地质条件

观测区内应发育有承压性高与封闭性好的含水层。观测含水层渗透系数应在 0.01 ~ 10.00m/d 之间。观测泉类型应为上升泉，观测泉的流量稳定系数应大于 0.5，观测泉出露的引水口流量应大于 0.1L/s。地下水的总矿化度应小于 3g/L。

（4）观测环境条件

观测环境应考虑本地区的经济建设和社会发展的长远规划及其可能对观测环境造成的影响。应具备观测工作正常进行所需的电力、通信、交通等条件。应避开水资源的强烈开发区和化学污染区等。水位观测的台站距降雨渗入补给区边界的距离，在平原区宜大于 10km，在山间盆地或河谷地区宜大于 3km。

（5）观测量背景值

用于气氡浓度观测的井、泉水中的水氡背景值应大于或等于 10Bq/L。用于气汞浓度观测的井、泉水中的水汞背景值应大于或等于 2ng/L。

2.4.9.2　地下流体观测站的环境保护

地下流体观测站的观测环境，指影响地下流体动态正常变化规律的观测站周围的自然与人文环境，其中既有地质 - 水文地质条件，也有气象、水文因素，更有人类的各种

活动。任何一种动态，都是在一定的观测环境下产生的，当观测环境稳定时产生的动态也是正常而有规律的，但观测环境中的某一或某些因素及其作用发生变化时，正常的动态就会发生变化，从而产出异常动态。

如果异常动态是由地震的孕育与发生过程有关的地壳活动状态的变化引起的，那就是地震监测想捕捉的地震前兆异常；如果是非地震因素引起的，那就是干扰异常。后一类异常对前一类异常的干扰，是地震监测中不希望出现的异常。

观测站观测环境的保护，目的是遏制与减弱可能产生干扰异常的各类因素或作用的行为，确保地震观测站观测的各类动态是按照一定规律变化的正常动态，防止产出各类非规律性的干扰动态出现，以便地震活动期间能够捕捉到非常显著的地震前兆异常信息。

地下流体台站观测环境要求中，首先建立了观测环境干扰的指标，为判定"何为干扰"提供技术指标；其次依据这个指标规定了各类干扰源对地下流体动态产生干扰的最大距离，即干扰源与台站间应保持的最小距离，就是保护地下流体台站观测环境的具体指标，地表水体和地下水开采井与观测井间的最小距离，见表2.4.2～表2.4.6。如果有条件做水文地质抽水试验的地区或已有水文地质抽水试验资料的地区，可依抽水实验结果，通过抽水影响半径（R）的计算，确定较为准确的最小距离。当观测含水层与开采井含水层不属于同一个含水层，而且其间发育有分布稳定、厚度大于20m的隔水层时，可不考虑观测井与开采井间的距离。

表2.4.2　有水力联系时地表水体与观测井间最小距离

井区水文地质条件复杂程度	简单	中等	复杂
含水层渗透性K/（m/d）	<1	1～10	>10
最小距离/km	1	5	10

表2.4.3　无水力联系时地表水体与观测井间最小距离

含水层岩性		粉砂、细砂	中砂	粗砂、砾石
最小距离/km	江河–井间距	1	3	5
	水库–井间距	6		
	大海–井间距	10		

表2.4.4　松散砂砾石含水层中开采井与观测井间最小距离

含水层岩性	粉砂	细砂	中砂	粗砂	砾石
最小距离/km	1	1.5	2.5	3	6

表2.4.5　基岩含水层中开采井与观测井间最小距离

井区水文地质条件复杂程度	简单	中等	复杂
最小距离/km	1	5	10

表2.4.6　矿山开采区与观测井间最小距离

含水层渗透性K/(m/d)		<1	1～10	>10
最小距离/km	疏干排水区与井间	1	5	10
	爆破区与井间	5		
	矿震活动区与井间	≥2		

　　上述各项定量指标是通过大量的调查研究、专项试验观测与理论分析后提出的，可用于保护地下流体观测站的观测环境。大量的调研结果表明，各类干扰源对不同测项产生的干扰程度是不同的，上述干扰源对井水位观测产生的干扰最为严重，其次是对水温观测的干扰，再次是对水（气）氡与水（气）汞观测的干扰。各类干扰源产生的干扰还与信息的频带有关。一般来说，高频的干扰影响距离小，低频的干扰影响距离大。本规定主要适用于低频干扰，对于高频干扰也是偏于"安全"的。

　　上述各类干扰源与观测井间规定的距离，为地下流体观测站观测环境的保护提供了技术标准。这个标准被国务院颁布实施的《地震监测管理条例》引用之后，已成为国家法规，对各行各业都有约束效能。因此，现在可以依法保护地下流体观测站的环境。

2.4.10　地下流体台站实例——滇 14 井（保山 1# 井）

　　保山市地震局现有观测井两口，一深一浅，地理坐标为 25° 06′ 36″ N，99° 09′ 54″ E 井口标高 1659m。深井编号为滇 14 井（保山 1# 井），属国家基本台。该井于 1982 年 7 月 9 日成井，完钻井深148.02m，现有井深140m，0 ～ 79.22m 为直径 108mm 的套管，79.22 ～ 105.52m 为直径 108mm 的滤水管，105.52 ～ 138.18m 为直径 102mm 的滤水管（用铜纱布缠绕），止水情况良好。该井水位埋深 2.5m，含水层岩性为第三系粉砂混层，地下水类型属孔隙裂隙承压水。成井时涌水量 0.082L/s，现为 0.053L/s。水温 21.5 ～ 22.3℃，pH ＝ 6.8，水氡含量 8 ～ 11Bq/L，水质类型为 HCO_3–Ca–Mg 型。该井有专用井房，面积 15m²，附近无开采井，多年观测结果表明外界没有明显干扰。滇 14 井一直作为一口综合观测井在使用。由于是自流井，且井孔中不停冒出大量气体（主要成分为甲烷、二氧化碳、氮气、氧气和少量氩气等），为观测气氡、气汞、氢、氦等提供了有利条件。

　　水位（动水位）观测仪器为 SW40–1 型水位记录仪，观测精度达 1mm。该水位记录到的最大固体潮差为 10mm，外界干扰较小，气压效应不明显，只在突降大雨、地表负荷突然增大时，水位才受到部分干扰。年变化不明显，整个年正常动态呈缓降趋势。该井水位地震前异常形态特征主要有脉冲型、突升突降型、缓升缓降型、剧齿波型（图2.4.19）。映震范围：300km 内的 5 级地震（滇西北东条带上的地震范围可到 350km），400km 范围内的 6 级地震，500km 范围内的 7 级地震。出现异常到发震最长时间为 3 个月左右，大部分在 50 天以内。该井水位记录到的水震波均为上升型。

地温始测于 1985 年 11 月 5 日，仪器型号为 SZW-1A 型，观测精度达 0.0001℃，正常动态为缓升型。当地温打破正常动态，加速上升或加速下降均为异常（图 2.4.20）。对应范围为云南西部的 5 级以上地震，对应时间 3 个月内。

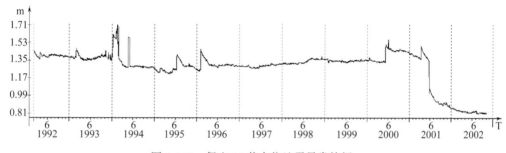

图 2.4.19　保山 1# 井水位地震异常特征

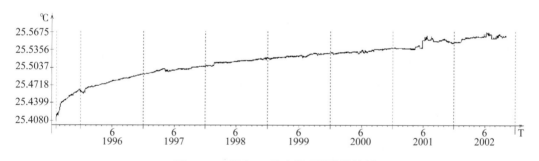

图 2.4.20　保山 1# 井水温观测曲线特征

水氡始测于 1983 年 5 月 20 日，观测仪器为 FD-125 测氡仪。年正常动态为双峰双谷，每年 2 月、8 月左右出现低值，异常形态主要有两种：破年变趋势异常和短临突跳异常。破年变趋势异常一般对应小滇西 5 级地震或外围地区 7 级大震，时间为 1 年以内。短临突跳异常对应 300km 的 5 级地震或 400km 内的 6 级以上地震，对应时间 3 个月内。

保山 1# 井地震异常特征水质（HCO_3^-、SO_4^{2-}、Ca^{2+}、Mg^{2+}、F^-、pH 值）于 1986 年 12 月 1 日开始观测，HCO_3^-、SO_4^{2-}、Ca^{2+}、Mg^{2+} 用容量滴定法测量，F^-、pH 值用 PXJ-IC 离子计和相应电极测量，测量准确。这些离子组分无明显年变化，异常形态主要以突跳为主。干扰因素除测量方法固有的误差外，主要是换标准溶液有时会出现台阶变化。

2.5 地震预测

地震预测是对未来地震的发生时间、地点和震级进行估计和推测。地震预测反映科学家的科学探索行为；地震预报是向社会公告可能发生地震的时域、地域、震级范围等信息的行为。我国的地震预报由国务院和省级人民政府发布。

我国的地震预测始于 1966 年河北邢台 7.2 级地震，大致经历了地震预测起步与探索、地震预测体系初步形成和地震预测总结与反思三个阶段。经过几十年的科学探索，逐渐形成长期、中期、短期、临震预测相结合，渐进式推进的预测思路。

2.5.1 中长期地震预测方法

中长期地震预测是借助于古地震、历史地震、构造活动、地壳形变、地震活动图像等预测未来较长时间尺度内地震可能发生的危险区域和强度的方法。中长期预测问题概括起来有两点：①在所研究区域的脆性地壳内哪些部位具备发生大地震的条件。②在所确定的各个潜在震源区内需经历多长时间，介质才开始发生明显的非弹性变形。这两类问题可以归结为依据中国大陆地震发生的主要动力源和构造环境，怎样正确地划分地震带和活跃期，以及确定大地震的复发周期。

2.5.1.1 中国大陆地震发生的主要动力条件

中国大陆及邻近地区地震发生的动力主要源于太平洋板块及菲律宾板块朝欧亚板块的俯冲，印度板块向北运动在喜马拉雅一带与欧亚板块的碰撞，以及西伯利亚块体向南的运动（图 2.5.1，箭头为板块运动方向）。在上述块体运动作用的共同驱动下，中国

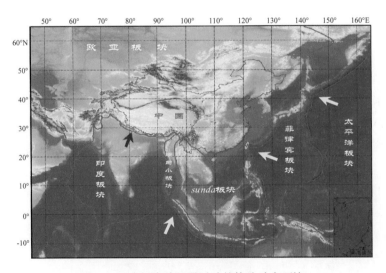

图 2.5.1 中国大陆地震活动的构造动力环境

大陆及边邻各块体的运动及区域构造应力场呈现出复杂的图像，这就决定了中国大陆及边邻地震活动时空强的分布呈现出较复杂的图像。但总体来说，我国东半部地震活动主要受太平洋板块俯冲作用的影响，西南部主要受印度板块向北运动的影响，北部、尤其西北部则可能受西伯利亚块体向南运动的影响更大些。

2.5.1.2 断裂活动性与强震复发周期

地震发生在断裂带上是思考地震预测问题的重要出发点之一。断裂是岩石的破裂。岩石破裂，并且沿破裂面两侧的岩块有明显的相对滑动位移的称为断层。许多大地震的发生是断层快速错动的结果。强震离逝时间和复发周期是评判断裂活动性及地震危险性的重要指标。

强震的离逝时间是指当前与上一次强震之间的时间间隔。强震的离逝时间越短，地震危险性越小，反之危险性就越大。强震复发周期是指发生在同一震源区两次强度相近地震之间的时间间隔，强震复发周期越短，地震危险性越大。强震复发周期的估算方法主要包括：①古地震研究法也称探槽法，是在历史强震的震中区，或有强震构造背景但无强震历史记载的地区，在具有发生强震构造条件的地段开挖探槽（图 2.5.2），寻找古地震的遗迹。根据断层错距和破裂带的尺度，估计各次古地震的可能强度；同时采用 ^{14}C 等现代测年技术，估计各次古地震发生的年代，依此推断强震可能的复发周期。②速率法，是根据传统的地质学方法或现今大地测量方法，估计地震断裂带在地质年代里平均的滑动速率 v（mm/a）。同时根据野外地震现场调查，估计地震水平错距 D，按公式 $T=D/v$ 估算强震的重复周期 T（a）。

图 2.5.2 新疆阜康断裂探槽开挖现场

2.5.1.3 地震带的划分与地震活跃期

地震带的合理划分是进行地震中长期预测的重要基础。地震带具有较明确的构造物理含义,是在外力作用下,地震活动尤其大震的发生彼此相关联的狭长的震中相对密集带。地震带一般要满足三个条件:①具有一定构造背景的狭长的震中相对密集带;②带上各地段外力作用条件相似;③带上地震尤其是大震的发生相互关联。

地震带上具有发生大震构造条件的地段,相继发生大震破裂的地震活动过程,为一个地震活跃期。在两次地震活跃期之间,由于各破裂地段断层重新粘附,应变能重新积累需要经历较长的时间,带上地震活动处于低水平状态,这个时期通常称为地震的平静期。采用震级–时间图(*M–T*图)和应变释放曲线方法可以识别出地震带的活跃期和平静期。

*M–T*图法是根据地区地震活动的水平,选择一定起始震级 *M* 以上的中强地震,做震级随时间的变化图。应变释放曲线方法 [式(2.5.1)~式(2.5.2)] 是采用地震释放的地震波能量间接推算地震发生所需积累的应变能量。应变释放曲线方法可以估计未来地震活动趋势、区域地震活动的强度,是划分地震活跃期和平静期的主要依据。

一般情况下,将中强以上地震活动较少、应变释放曲线速率较小的时段划分为相对平静段;将地震较多、应变释放速率较大的时段划分为活跃时段。图 2.5.3 是采用我国西部的天山地震带的 7 级以上地震做出的 *M–T* 图,显示出天山地震带 1900 年以来出现三次 7 级以上地震的活跃期和三次平静期。与此相对应的用 4.7 级以上地震所做的应变释放曲线在地震活跃期应变释放速率加快,在平静期内应变释放速率减缓。

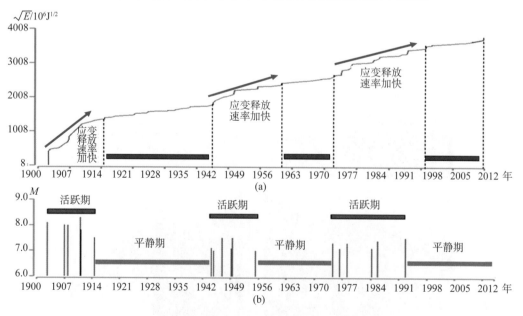

图 2.5.3 天山地震带 7 级以上地震的活跃期与平静期

(a) 应变释放曲线;(b) *M–T* 图

2.5.1.4 强震危险区段的确定

可按以下两个步骤确定未来一定时期里可能的强震危险区：①判断各地震带未来一定时期里地震活动可能的状态，即分析地震带地震活动仍将继续处于活跃期还是仍将继续处于平静期，或即将由平静期转入下一个新的活跃期。②未来一定时期里可能发震的强震震源区的确定。对已经历过一个地震活跃期的地震带，可将发生过7级以上地震的地段作为潜在震源区。对正处于活跃期，但前一个活跃期历史地震资料可信度不高的地震带，应综合地震活动（如地震空段等）、地质构造和地球物理场等资料确定潜在震源区。

图 2.5.4 为喜马拉雅板块俯冲边界上发生的历史强震，没有发生过 7.5 级以上地震的构造空段显示出了地震危险性，如 2015 年 4 月 25 日发生的尼泊尔 7.9 级地震，发生在1505 年和 1833 年两次大地震之间的未破裂断裂段上。

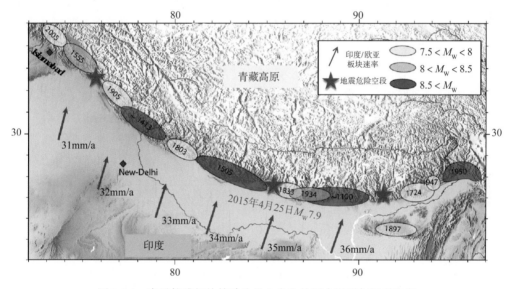

图 2.5.4　喜马拉雅板块俯冲边界上发生的历史强震与地震空段

2.5.2　中短期地震预测方法

与长期地震预测不同，中短期地震预测以地震前兆观测为基础。所谓地震前兆是指在大地震发生之前出现的，标志大地震孕育的各种异常现象。通过几十年地震观测与预测探索发现，在地震孕育过程中可以观测到地球物理学、地质学、大地测量学、地球化学乃至生物学、气象学等多学科领域各种正常变化背景下的异常现象。基于这些异常现象的分析，科学家们总结出一些捕捉震前信息的方法。

2.5.2.1　"以震报震"方法

利用地震观测资料预测地震的方法称为以震报震。地震活动的时、空、强分布图像及地震波的特征是地壳应力场的反映，因此可以通过对已发生地震的分析，窥测地壳应力场的状态，寻找大地震前由震源区附近应力的集中、增强而产生的某些震兆。"以震报震"方法又可分为由区域地震活动提取的预测方法和由地震波提取的预测方法。

（1）区域地震活动性预测方法

区域地震活动性预测方法是以地震目录为主要分析对象开展的地震预测。这里重点对区域地震活动异常图像和描述区域地震活动性的三个基本参数：地震频度 N、应变释放速率和 b 值的异常变化特征及机理作简要介绍。

在一些较大地震发生前，数年内未来震中周围一定范围内可能出现地震活动显著增强或平静图像，并在显著增强区内出现地震条带或空区。

①地震活动异常增强。

在孕震的中期阶段，孕震区应力显著增强，从而使孕震区里许多尺度较小、岩石强度相对较低的"坚固体"相继发生地震破裂。观测到的事实是，伴随着孕震区小震活动水平的增高，外围一定区域范围内小震活动水平相应减弱。

②地震条带。

一般来说，在近于交叉的两个剪切应力最大的面上易于发生地震破裂。因此，在一些大震附近可观测到小震呈带状分布，故称条带。图 2.5.5 是 1974 年 5 月 11 日云南大关 7.1 级地震前的条带图像，1970 ~ 1974 年 4.5 级以上地震从四川洪雅向东南一直延伸到贵州，形成北西向条带；震前两个月 3.0 级以上地震在震中西南 270km 范围内形成北东条带，7.1 级地震发生在两个条带的交会处。

需要说明的是，由于区域应力场和地壳介质强度分布的不均匀性，两条地震条带的清晰程度和地震活动水平不尽相同，甚至仅展现出一条较清晰的条带图像，条带位于未来大震发震断层的延伸方向上或附近。

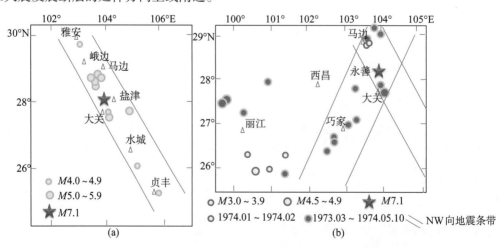

图 2.5.5　1974 年 5 月 11 日云南大关 7.1 级地震前小震条带分布图
(a) 1970 ~ 1974.05，$M \geq 4.5$ 地震；(b) 1974.03 ~ 1975.10，$M \geq 3.0$ 地震

③地震活动异常平静。

在大震孕育的短临阶段，发震断层或邻近次级断裂带可能发生稳定滑动，甚至预先滑动，导致孕震区应力水平波动，甚至有所下降，相应的地震活动减弱，而外围区域应力水平可能出现短暂的增强，相应的小震活动由之前的减弱变为短暂的增强（图 2.5.6）。

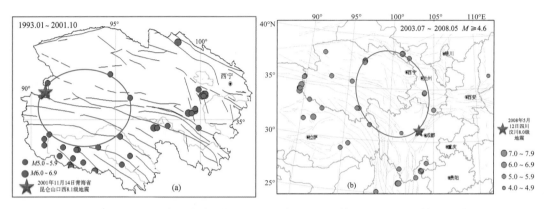

图 2.5.6　中国大陆近期发生的两次 8 级地震前的地震空区图像
(a) 2001 年青海昆仑山口西 8.1 级地震；(b) 2008 年四川汶川 8.0 级地震

④地震空区。

空区是指在地震震中分布图上出现的小震围空区（图 2.5.6），或是地震带上的空段（图 2.5.4）。空区是地震带上的坚固体，具有发生大震的构造条件。空区寓于地震集中增强区之中，空区内外区域地震活动水平呈反向变化，即空区内的小震活动水平违背正常的变化，异常平静，反映出震源区介质膨胀硬化、强度显著提高；而空区外部区域小震活动水平异常增强，反映出震源以外区域应力水平的增强。如在 1993 ~ 2001 年 10 月的 5 级以上地震震中分布图上，东昆仑断裂带及其周围地区出现较大范围 5 级地震空区图像，空区内地震平静，而空区以外的南部区域地震活跃，2001 年 11 月 14 日在空区的西缘发生昆仑山口西 8.1 级地震（图 2.5.6a，空区内的线条为断裂带）；再如 2003 年 7 月至 2008 年 5 月 4.6 级以上地震沿着巴颜喀拉块体及其周围地区围成空区图像，空区外地震活跃，空区内的地震平静一直持续到 2008 年 5 月 12 日汶川 8.0 级地震的发生，汶川地震位于空区的边缘（图 2.5.6b，空区内的线条为断裂带和省界线）。

⑤地震频度 N、应变能释放速率和 b 值。

地震频度 N、应变释放速率和 b 值是描述地震活动性的三个基本参数，三者缺一不可。这是因为频度 N 突出了小地震的作用；应变释放速率突出了较大震级地震的作用；b 值协调了两者之间的关系，但 b 值本身的大小难以直接描述地震活动水平强弱的变化。

（a）地震频度 N。地震频度是对某一震级以上的地震在某个时间段发生次数的累计和，地震活动的异常增强或平静可以通过地震频度进行表述。

（b）地震应变释放速率。地震发生过程是岩石所积累的应变能释放的过程。地震释

放的地震波能量 E 与震级 M 有下列关系（能量 E 的单位为 erg）：

$$\lg E = 1.5M + 11.7 \tag{2.5.1}$$

震级较大些的小震频度升高必然导致"应变"释放增大，应变速率加快。对指定的断层，地震波能量的平方根与产生地震的弹性回跳的应变成正比，即：

$$S = \frac{1}{C}\sum_{i=1}^{n}\sqrt{E_i} \tag{2.5.2}$$

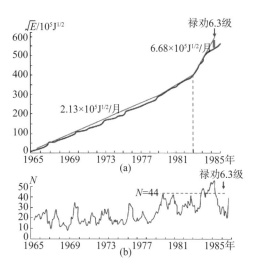

图 2.5.7　1985 年 4 月 18 日云南禄劝 6.3 级地震前的地震频度和应变释放变化
(a) 地震应变释放加速图；(b) 地震频度图

它是一系列地震所对应的应变之和。将 S 对各次地震发生的时间绘成曲线，便得到应变释放速率曲线（又称为蠕变曲线）。在实际工作中，是计算各次地震累计应变释放随时间变化的曲线。

图 2.5.7 是 1985 年 4 月 18 日云南禄劝 6.3 级地震前，震中周围地区（24.5° ~ 27.0° N，101.05° ~ 104.5° E）于震前的应变释放曲线，及 $M \geqslant 2.5$ 地震频度变化曲线（半年窗长，逐月滑动）出现的显著变化。应变释放曲线大体于 1983 年 1 月至 1984 年 4 月间出现明显加速，期间的应变释放速率是 1965 ~ 1982 年期间平均释放速率的 3 倍，由应变释放速率与实际应变释放量的差值估算，断层应变积累已达到 6 级水平。地震频度曲线也大体于同期明显增高，在 1984 年达到最高值。禄劝 6.3 级地震不是发生在小震最活跃的时刻，而是在最大值之后的恢复期。发震时间与最大值出现的时间大约相差 1 年。

(c) b 值。震级–频度关系式 $\lg N = a - bM$ 是古登堡和里克特在研究全球地震活动性时，对各地区 6 级以上地震进行统计得到的经验公式，它表明地震频度的对数与震级之间存在线性关系。式中 N 为一定震级区间内的地震数目，M 为震级，a、b 是常数，b 值是直线的斜率，直接反映了大小地震之间的比例关系。

一般来说，每个地震活动区都有其自身的正常 b 值，标志该区长期平均的地震活动性。但在强震发生前常可观测到 b 值降低的现象。图 2.5.8 是新疆乌什地区 1983 年以来 2 级以上地震按 12 月窗长、2 个月步长滑动所做的 b 值随时间变化的曲线，可以看出在 1987 年乌什 6.4 级地震发生前后，b 值降低到 0.8 倍均方差线以下，低 b 值状态持续了 1 年半左右，6.4 级地震发生在低 b 值过程中；而在 1991 年巴楚 6.5 级和 2005 年乌什 6.3 级地震前两年同样出现了 b 值降低的现象（持续时间 0.5 ~ 1a），只不过地震是在 b 值恢复到正常状态后发生的。b 值降低实际上是由于乌什地区震级较大的地震频次增加，震级较

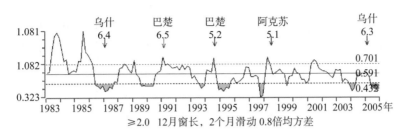

图 2.5.8　1983 年以来乌什地区 b 值时间进程曲线与周围中强地震

小的地震频次减小所致。

（2）由地震波提取的地震预测方法

"地震是照亮地球内部的一盏明灯"，地震波携带着来自地震震源和地球介质的丰富信息。这决定了开展地震观测，提取和分析地震波携带的丰富信息是克服地球内部"不可入性"这一地震预测首要困难的最重要途径。按震源过程的主要特征，从地震波中可观测提取到小震应力降 $\Delta\sigma$、介质品质因子 Q 值、波速比 $V_{\mathrm{p}}/V_{\mathrm{s}}$、小震震源机制解和 S 波分裂延迟时间等异常。

①小震应力降 $\Delta\sigma$。

它是震前与震后震源区平均的应力之差。一般认为地震前应力水平越高，地震应力降越大。但由于两者都与地震的大小有关，因此为了将测定的应力降用于地震预测研究和实践，首先通过大量实测数据的统计分析,确定各地区的定标关系 $\Delta\sigma$-M_{L},将 $\delta\Delta\sigma$ 作为分析的基础。

$$\delta\Delta\sigma = \Delta\sigma_{\mathrm{obs}} - \Delta\sigma_{\mathrm{thery}} \qquad (2.5.3)$$

式中，$\Delta\sigma_{\mathrm{obs}}$ 为某次地震的实测应力降；$\Delta\sigma_{\mathrm{thery}}$ 为根据定标关系确定的该等级地震的应力降理论值。

图 2.5.9 是 2014 年 2 月 12 日新疆于田 7.3 级地震序列的应力降时序变化曲线。在 2014 年 2 月 11 日 10 时 14 分 5.4 级最大前震发生前，前震序列的应力降基本保持平稳，处在 19.52 bar 附近（1bar=10^5Pa），5.4 级地震后至主震发生前应力降均值达到 68.96 bar，且应力值随时间逐渐升高。2 月 12 日 17 时 19 分于田 7.3 级主震发生,应力降值达到最高，之后余震序列应力降迅速回落至震前（2014 年 1 月 22 日前）水平，在 12.65 bar 附近变化，显示出主震应力释放充分，震区后续发生强震的危险性随之降低。

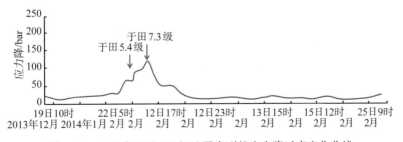

图 2.5.9　2014 年于田 7.3 级地震序列的应力降时序变化曲线

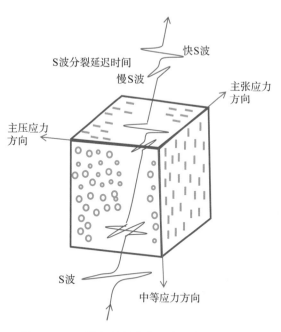

图 2.5.10 S 波穿过裂隙岩石时的分裂示意图

②S 波分裂延迟时间。

地震 S 波进入一个排列规则的裂隙区域时，便分裂为有不同偏振方向和不同速度的两个或多个分量，S 波的两种偏振使 S 波发生分裂，这类似于光学上的双折射现象（图 2.5.10）。分裂 S 波的性质受岩石裂隙的几何形状、排列和状态影响，通过分析 S 波分裂所带出来的信息，可以了解地球内部的介质构造及应力状态，这是 S 波分裂方法的实质。

通常把偏振面与裂隙排列的优势取向平行，在各向异性介质里传播速度较快的波称为快波；快 S 波的偏振方向与主压应力方向平行。把偏振面与裂隙排列的优势取向垂直，在各向异性介质里传播速度较慢的波称为慢波。快波先于慢波到达台站，其到时差即为 S 波分裂的延迟时间。S 波分裂延迟时间异常与介质的各向异性直接相关联，小震的发生是裂隙扩展的结果，裂隙的优势定向排列导致介质呈明显的各向异性，S 波是偏振波，对介质的各向异性反应灵敏，因此在大地震前有可能观测到 S 波分裂现象。

如 1995 年甘肃永登 5.8 级地震前震区附近 S 波发生分裂，快 S 波与慢 S 波的延迟时间从 1994 年初的 4ms 以下逐渐增加到 11ms。5.8 级地震后恢复到 4ms 左右（图 2.5.11a，曲线填色部分表示异常）。快播的偏振方向 1990 ~ 1994 年 6 月主要在偏东方向，永登地震前半年偏振方向转向偏西，震后偏振方向出现不稳定波动（图 2.5.11b）。

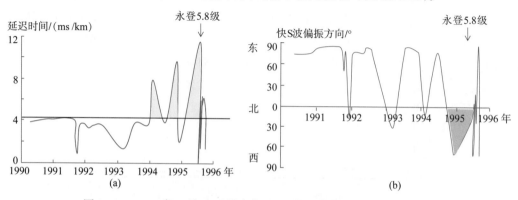

图 2.5.11　1995 年 7 月 22 日甘肃永登 5.8 级地震前 S 波分裂时间进程
（a）S 波分裂延迟时间变化；（b）快 S 波偏振方向变化

2.5.2.2　地形变预测方法

地壳形变是地球表层的岩石圈在地球内力和外力的作用下所发生的一种变形。地震的孕育总是伴随有一个应力应变长时期积累的过程，当这个过程中应力强度增长到接近岩石破裂强度时，岩石中出现小的破裂，且其数量和长度随应力的增长而增大，并因此而导致岩石体积变形，于是在地面发生大面积的升降、平移、错动或旋扭。平时这些变化是比较缓慢的，但当地应力加强到使岩层发生破裂引起地震时，这些变化就显著起来。越接近发震时刻地壳形变就越显著。我们可以应用各种大地测量方法，观测地形变长期的缓慢变化（地震孕育期）和短期急剧变化（发震期），通过直接获得的地壳运动性质、特点和速度等有关资料，用于研究地震与地震预测。地形变预测方法主要包括地倾斜、跨断层形变、GPS 形变、重力等。

（1）地倾斜

地倾斜分析方法主要与地面异常隆起相关联。地面异常隆起主要源于在孕震过程中震源体体积膨胀及其周围区域的水涌入孕震区，尤其是震源区，地下水位升高，对上覆盖层起抬拱作用。异常隆起理应以未来的大震震中区的幅度最大，并向四周迅速衰减。此外，由于多数断层并不是完全垂直的，孕震过程中孕震区的断层带运动状态的变化也可能导致地倾斜观测资料出现异常变化。一般来说，异常倾斜的方向应背离震中，但由于断裂带运动的复杂性及观测点周围地壳结构的不均匀性，异常倾斜的方向往往较复杂。

地倾斜做图法主要有：①分量图，即以时间为横轴，以某一方向倾斜量为纵轴，使每个点连接起来所形成的曲线成为某一方向的地倾斜变化曲线（图 2.5.12）；②矢量图，即以南北向为纵轴，东西向为横轴，把每天的日平均值点在坐标平面内，随后把每天的点连接起来所成的曲线，为地倾斜的日均值矢量图（图 2.5.13）。

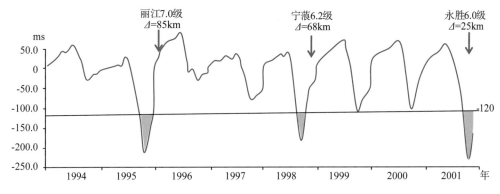

图 2.5.12　云南永胜地倾斜东西分量旬均值曲线与周围发生的 6 级以上地震

曲线填色部分表示异常；Δ 表示震中距

地倾斜异常有多种可能形态，或表现为明显违背正常年变化，或矢量打结，或其分量倾斜幅度异常增大。如云南永胜台地倾斜东西分量旬均值曲线在 1995 年 7 ~ 10 月间出现破正常年变的大幅加速西倾变化，10月下旬逐渐恢复东倾，异常恢复3个半月后发生丽江7.0级地震（1996年2月3日发震，震中距85km）。另外在1998年宁蒗6.3级和2001年永胜6.0级地震前永胜地倾斜也出现了类似的加速西倾异常变化。

再如1975年2月4日辽宁海城7.3级地震前，震中以西20km营口台倾斜矢量图的异常变化（图2.5.13）。1972年和1973年营口台地倾斜矢量图呈现有规律的年变化，但1974年矢量形态出现了较大的畸变。营口地倾斜正常年份9月是向西北倾斜，但在1974年9月却出现减速北倾，10月又持续向东北方向倾斜的异常变化，到了12月几乎转为东倾，矢量方向逐渐指向辽宁海城7.3级地震震中方向。图2.5.13虚线表示正常变化的外推值和倾斜方向，与实测值（实线）相应月份的连线便是月均值异常矢量。

（2）跨断层形变

断层位移变化是孕震过程中孕震区内断裂带运动状态变化的反映。如果在孕震的短临阶段发震断层或近邻次级断裂带发生预滑，可望观测到较大幅度的阶跃性异常。跨断层形变观测是一种重要的地形变监测方法，具有短测线横跨活动断层的特点（图2.5.14），通过观测正交和斜交的测线变化量，可监视断裂两盘垂向、水平向相对运动信息，即通过两盘水准高差或基线长度的变化，寻找断层正断－逆断、左旋－右旋、张－压特性信息，并跟踪其时间域的动态变化，从而进行地震预测。

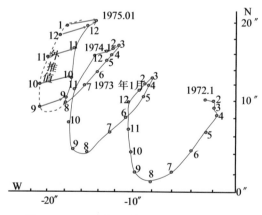

图2.5.13　1975年2月4日辽宁海城7.3级
地震前营口台倾斜矢量图
图中数字表示年月

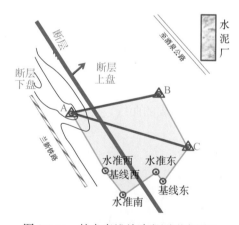

图2.5.14　甘肃嘉峪关跨段测形变测量
平面布线示意
蓝色区域为形变测网；红色线段为测线

①短基线方法。

一般来说，跨断层形变观测由正交和斜交两条以上测线组成，基线测量统一由断层上盘测至下盘，测值变化量可做随时间变化曲线。正交基线曲线斜率下降反映断层发生挤压、逆断运动；曲线斜率向上反映断层发生拉张、正断运动。斜交基线曲线斜率下降反映断层发生左旋运动；曲线斜率上升为断层发生右旋运动。图2.5.15是我国首都圈地区几条跨断层基线测值时间变化曲线,在1976年7月28日河北唐山7.8级地震前1～3年,首都圈地区应力增强,断层运动加速,部分断层出现反向运动。如小水峪斜交基线曲线斜率上升,断层发生右旋运动;张家台斜交基线曲线斜率下降,断层由右旋走滑运动转为左旋运动;张山正交基线曲线斜率上升,断层由挤压逆冲运动转为快速拉张正断运动。唐山地震后小水峪斜交基线曲线转平,断层运动闭锁;张家台斜交基线曲线斜率反向变化,断层恢复到正常运动状态;张山正交基线曲线转平,断层相对闭锁。在1988年山西大同6.1级、1998年河北张北6.1级地震前三条跨断层基线也出现类似的变化。

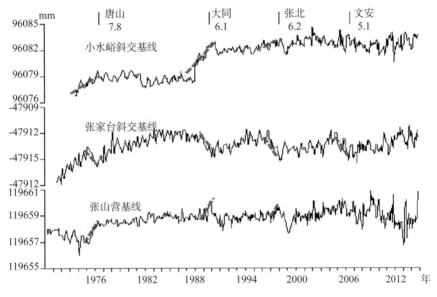

图2.5.15　首都圈跨断层基线变化与周围地震
虚线为曲线变化斜率

②短水准方法。

水准测量是通过水平视线来传递高程,直接观测量为两水准点间的高差(高程之差),通过水准监测网平差,获得网中各水准点的垂直运动量(或运动速度),分析地壳的垂直运动变形场特征。跨断层形变观测的短水准测量随时间的变化曲线,可反映断层两盘的垂直变化量和张压特性。如水准曲线斜率下降反映断层发生挤压、逆断运动;曲线斜率向上反映断层发生拉张、正断运动。

图2.5.16是跨海原断裂带的水泉场地第2～3水准测段时序变化曲线,在1990年10月景泰6.2级地震前两年曲线斜率快速下降,断层挤压逆冲运动加剧,地震后下压运动持续,但从1993年后曲线出现趋势转折变化,反映断层由挤压逆冲运动转为拉张正断运动,在1995年永登5.8地震级前一年断层拉张速率加大;在2006年景泰5.9级地震前也出现类似异常变化。此外水泉场地水测量还记录到2003年10月相邻断裂的民乐6.1级地震的同震形变变化。

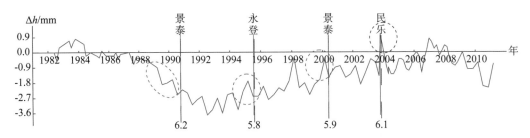

图 2.5.16　水泉场地（2 ～ 3 测点）水准测线时间变化与断层附近 5 级以上地震

虚线椭圆表示曲线异常

（3）GPS 形变观测预测方法

以全球定位系统（GPS）为代表的空间测地技术从根本上突破了传统大地测量的局限性，能提供高精度、大范围实时定量观测数据，成为地壳运动监测最基本、最适用的技术。

GPS 形变观测具有直接性、可靠性、不限幅等优点，水平分量观测精度可达到 1 ～ 3mm，垂直分量精度在 10 ～ 30mm，能直观反映地表形变过程。目前我国主要采用静态相对定位方法开展地壳形变监测。

静态相对定位方法是用两台 GPS 接收机分别安置在基线的两端，同步观测相同的 GPS 卫星，以确定基线在地球坐标中的相对位置或基线向量（图 2.5.17，图 2.5.18）。由于在两个或多个观测点同步观测相同的卫星，因而可有效地消除或减弱卫星的轨道误差、卫星钟差、接收机钟差等的影响。其精度可达 10^{-8} ～ 10^{-9}。

GPS 形变观测可为地震预测提供以下信息：地震同震、震后、震间形变；有前

图 2.5.17　GPS 电波相对观测示意图

兆意义的震前形变；地壳运动和动力学背景；一、二级构造块体之间的差异运动和动态演化；重大断裂远近场运动的动态变化，为地震预测提供构造运动的证据。主要分析方法有 GPS 基准站速度时间序列、跨断层速度剖面、水平速度场和应变场等。

①GPS 时间序列法。

对 GPS 基准站某一分向的速度值时间进程曲线在消除线性、周年、半周年信号之后，采用数字信号处理方法提取时间序列的低频趋势信号。这种低频信号能够反映大空

间尺度的地壳运动时间变化信息，曲线斜率上升表示站点地表运动速率加快，曲线斜率下降表示站点地表运动速率减慢；速度负值表示反方向，如果是站点南北分向的速率变化，则正代表向北运动，负代表向南运动；如果是东西向的速率变化，则正代表向东运动，负代表向西运动。

图 2.5.18　GPS 野外观测墩照片

图 2.5.19 是中国大陆代码为 BJFS、HLAR、BJSH 和 JISH 的 4 个 GPS 站点速度时间曲线，在中国大陆及其周边几次 7.8 级以上大震发生前 1 ~ 3 年出现了较为同步的趋势性转折异常变化，地震发生在形变速度减缓或反向加速之后，这对于我国未来地震形势判断具有重要的参考意义。

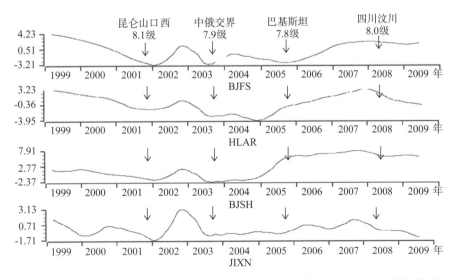

图 2.5.19　中国大陆部分 GPS 站点形变观测时间序列与周边 7.8 级以上地震的关系

②GPS 跨断层速度剖面法。

断层远场的运动速率反映了块体长期构造速率，而断层近场的运动速率在地震孕育过程中具有不同的特点。在震间，断层的近场区域是应力积累的区域，断层之间的耦合会造成断层的闭锁，相应的近场运动速率会小于远场运动速率，而应力的积累区就是地震的孕育区。GPS 跨断层速度剖面法通过分析断层远场和近场运动的差异并结合地质资料，确定断层最新的活动状态，可为地震危险性分析提供依据。

图 2.5.20 是巴颜喀拉地块东部至华南地块延伸方向 GPS 站相对龙门山断裂带运动速度投影图。横坐标表示各 GPS 站点到龙门山断裂的垂直距离，平行于龙门山断裂的站点速度反映断层的走滑分量特征，垂直于断层的站点速度反映断层的逆冲运动，从图中可以看出，1999～2004 年龙门山断裂以西 200～600km 范围的巴颜喀拉块体区形变较大，平行于断层的速度变化量达到 8mm/a，垂直于断层的速率变化量达到 4mm/a，而靠近断裂附近，以及断裂以东的成都平原地壳变形速率几乎为 0，反映成都平原的刚性运动和龙门山断裂的闭锁状态。

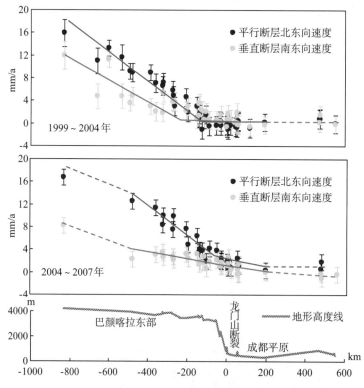

图 2.5.20 巴颜喀拉地块东部至华南地块延伸方向 GPS 站相对龙门山断裂带运动速度投影图

与 1999～2004 年时段相比，2004～2007 年平行于龙门山断层的站点速率变化不大，表明汶川地震前断裂走滑运动没有改变；但龙门山断裂以西垂直于断裂的站点速度变化量却降到 1 ~ 2mm/a，反映震前龙门山断裂受到巴颜喀拉块体西向强烈挤压，断层闭锁范围增大，逆冲闭锁程度加深。断层闭锁成为判断地震危险区的有利证据之一。

③GPS 水平速度场。

GPS 速度场是站点速度在空间上的解算分布，可以描述块体间的相对运动，是计算应变率、断层滑动速率、块体运动速率，研究地壳形变的基础。图 2.5.21 为汶川地震前后巴颜喀拉块体东边界相对于四川盆地的 GPS 水平运动速度图，图中箭头的长短表示站点运动速度的大小，箭头的方向表示运动的方向，箭头上的圆圈大小表示运动速度的误差大小。

从图 2.5.21 可看出，2008 年汶川 8.0 级地震前，1999 ~ 2007 年间龙门山断裂西北侧近 200km 宽度范围内的地壳物质保持着无变形特征，然而由巴颜喀拉块体西向运动引起的地壳形变并未消失，只不过被转移到东经 102° 以西区域，这一现象可成为寻找未来大震孕震地点的重要线索。汶川 8.0 级地震后，2009 ~ 2011 年间龙门山断裂以西巴颜喀拉块体一侧原来变形量小、应变积累程度高的区域能量得到释放，这些区域震后出现大幅西向调整变形，但在龙门山断裂带的南段（未来芦山震区附近）仍然保持之前的闭锁状态，显示出汶川地震并未使断层南段的应变能释放，导致 2013 年 4 月 20 日芦山 7.0 地震的发生。

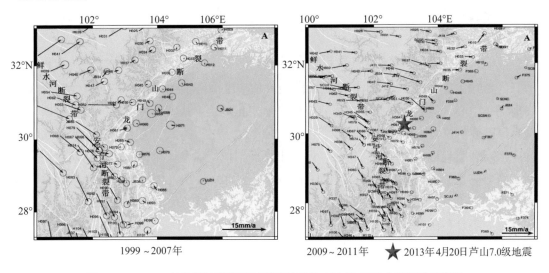

图 2.5.21　2008 年汶川地震前后巴颜喀拉块体东边界 GPS 水平运动速度图

④GPS 应变场。

GPS 应变场是由 GPS 站点速度经过公式解算得到的应变值的空间分布，包括最大剪应变场、最大面应变场和最大主应变方向场等。GPS 应变场对研究地震构造和进行地震危险性评估具有重要意义。根据动态的应变场图像，可以直观看到主应变、面膨胀、剪应变的集中区域及其动态变化，推断区域应变积累过程。也可以比较清楚地显示出中国大陆内部不同构造单元对周边板块和板内深部构造动力共同作用的变形响应。当高应力中心与断层运动性质一致时，可能有利于同类型的地震发生；而高应力梯度带也可能有利于不同破裂类型的强震发生。

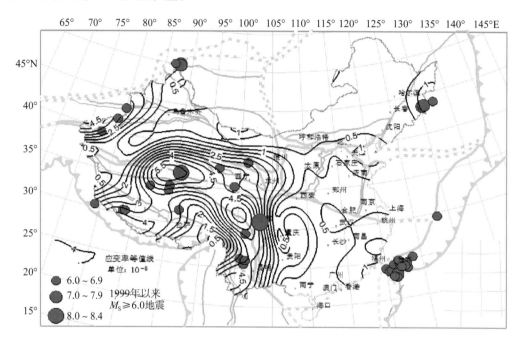

图 2.5.22　1994 ~ 2004 年中国大陆最大剪应变率分布与 6 级以上地震分布图

图 2.5.22 是 1994 ~ 2004 年中国大陆最大剪应变率等值线分布图，等值线闭合区为高剪应变中心；等值线高梯度带为剪应变剧烈变化地区。从图中可看到，这一时期在青藏高原巴颜喀拉块体北边界昆仑断裂附近形成最大剪应变中心，而在块体南边界鲜水河—安宁河断裂附近形成剪切次高中心，反映出巴颜喀拉块体整体东移运动加剧，导致昆仑断裂高剪应变中心附近发生 2001 年 11 月 14 日昆仑山口西 8.1 级地震，在块体运动前方剪应变高梯度带上发生 2008 年 5 月 12 日汶川 8.0 级地震。而这一时期发生的 6 级以上地震也大多分布在高剪应力中心或高梯度带上。

2.5.2.3　重力预测方法

重力场是基本的地球物理场之一，板块运动、地壳裂陷、岩浆流动可直接导致物质位移，引起重力变化。

在大震孕育和发生过程中，地壳深部压力、温度的变化会使物质密度发生变化。地震前，当岩层受到挤压时，地壳物质迁移使受压区密度增大，出现重力正异常；反之当岩石受到拉力作用时，物质密度降低，出现重力负异常。另外，大地震的孕育受区域主要活动断裂带的控制，这些部位及其附近的差异性构造运动，通常也伴有显著的重力变化。重力变化可为大震地点的预测提供帮助。

地震重力预测方法是通过监测活动构造区重力随时间的非潮汐变化，提取地震孕育、发生和调整过程中重力场的时间、空间和强度变化信息。重力观测主要是测量重力加速度 g。主要的分析方法包括：①测网内有绝对重力点时，可以做重力点值随时间的变化曲线；②测网内无绝对重力点时，做跨断裂测段的重力段差随时间变化曲线；③测网内重力观测点均匀、密度适中时，可以做重力等值线在空间的动态分布图，以便跟踪重力场的动态变化过程；④在断层的近场和远场布设重力观测点，进行跨断层重力剖面分析，可较好地突出局部构造重力异常变化特征。

（1）跨断层重力段差随时间变化

跨断层重力段差方法是采用相对重力观测分析断层活动特征。首先要对原始观测数据进行平差处理，有三种基准计算方法，一是以前一期测量结果为基准（相邻两期变化）；二是以某一平静期的测量结果为基准（较长时期变化）；三是以某一平静时段内（没有大的构造事件或强震发生）测点重力值多期次的平均值为基准（较长时间变化）。

$$g = \frac{1}{n}\sum g_n \tag{2.5.4}$$

式中，g_n 为第 n 期测点重力值，g 为测点的重力基准值。

图 2.5.23 是 2008 年汶川 8.0 级地震前龙门山断层两侧重力段差时间变化曲线。1996 ~ 2000 年龙门山断层两侧重力变化平稳，2000 年后曲线大幅波动，反映断层两盘差异活动显著，先在 2000 ~ 2001 年重力上升，之后大幅下降，2004 年 6 月后出现转折，重力逐渐恢复上升，汶川 8.0 级地震发生在重力变化恢复后（图 2.5.23b）。通过分析图 2.5.23(a) 龙门山断裂东西两盘的重力变化，可以发现重力异常波动主要来自断层西盘，汶川地震前四川盆地（断裂东侧）重力总体趋势增加。较显著的重力变化发生在龙门山断裂带以西的川西高原上，在 2004 ~ 2006 年间重力出现大幅度反向变化，反映断裂西侧先拉张、后挤压的剧烈构造活动。龙门山断裂带两侧显著的相对重力异常变化较好地反映了汶川地震前构造活动的时序变化。

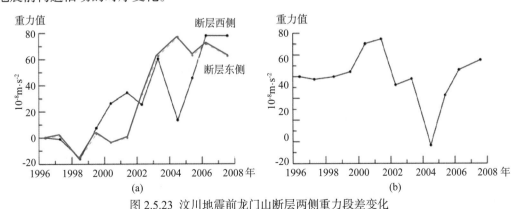

图 2.5.23 汶川地震前龙门山断层两侧重力段差变化
(a) 断层两侧的重力点均值时序曲线；(b) 断层两侧的相对重力时序曲线

（2）重力场

重力场分析法是利用重力观测网中部分稳定点的重力观测值作为基准，进行最小二乘解算得到重力网各点的重力值和点位精度做等值线分布图，分析地震孕育发生过程中重力场动态变化。

一些研究认为，地震一般发生在具有构造背景的重力变化正、负异常区密集带上的零值线附近地区。图2.5.24是1998～2008年中国大陆重力等值线图，反映这一时期重力的空间分布特征，实线代表重力正异常，是物质密度的增加区；虚线代表重力负异常，是物质的流出区。2008年3月21日新疆于田7.3级地震发生在重力变化高梯度带零值线与康西瓦—阿尔金断裂交汇附近地区；2008年5月12日汶川8.0级地震发生在重力变化高梯度带零值线与龙门山断裂交会附近地区（图2.5.24）。而在时间动态图像上，地震一般发生在重力场反向恢复变化过程中。

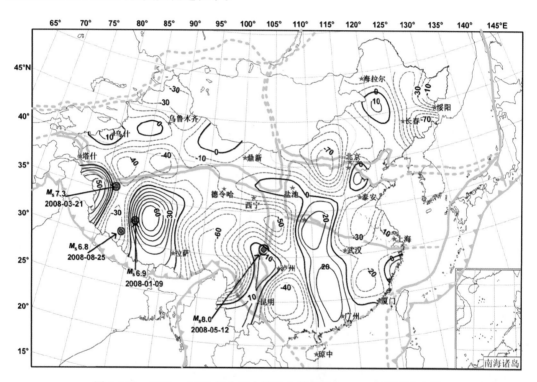

图 2.5.24　1998～2008年中国大陆重力等值线与2008年强震分布图

2.5.2.4　地下流体预测方法

水在孕震过程中扮演着重要角色。地震孕育与发生过程中，含水层受力深部热物质上升引起水位上升，水温升高，化学物质浓度升高。选择在合适的构造部位打井或选择合适的泉眼进行地震前兆观测很重要。如温泉属中、深地下循环水，水循环周期需要数月、数年甚至数十年不等，非常适合于地震前兆观测。图2.5.25中地表降水沿着山区断裂进入地壳深部承压含水层。含水层下部存在热源,使冷水加热,再沿汇水盆地中的断层上升,形成泉水露头,这种受构造控制的温泉是观测地震前兆的理想窗口。

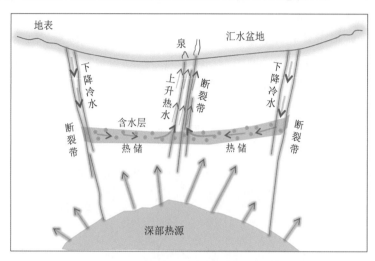

图 2.5.25　受构造控制的温泉地质系统剖面示意图

（1）水位

震前引起地下水水位变化的原因可能有三种：①地震前,随着应力的不断加强,深部承压含水层的隔水顶板受到破坏,使承压水沿裂缝上溢,成为浅部含水层的补给来源而引起地下水位的变化;②大面积的应力集中和应变能的积累,使含水层受到挤压,即使含水层不破裂也能使水位发生一定幅度的变化;③在某些情况下,震前可能发生地面的升降,引起地下水位不平衡,使高处水向低处运动,造成地下水位的变化。

地震前,由于周围区域的水已大量涌入震源区,且震源区本身处于高度不稳定状态,应力增强,形变失稳,地下水位时间曲线异常形态应以下降 - 升高型为主。而外围区域地下水位变化虽然比较复杂,但震源区水位普遍大幅度抬升是外围区域补给的,故外围区域的地下水位时间曲线异常形态应以下降为主,图 2.5.26 是云南施甸井水位时间曲线与周围地震对应关系,显示出水位出现畸形下降的年份,云南地区较易发生强震,而这些地震发生的地点与施甸井口也大多不在同一构造上。

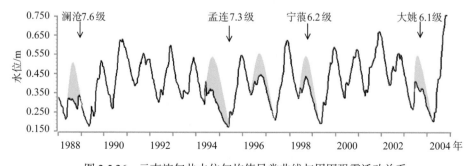

图 2.5.26　云南施甸井水位旬均值异常曲线与周围强震活动关系

（2）水温

地下水温震前异常的原因，多是含水层应力状态变化，也有可能是深部热物质上涌与断层活动产生摩擦热引起。

震前水温异常形态有上升型和下降型两种。一般来说，下降型异常与浅层冷水混入有关，可能是井区构造受到拉张的结果。而上升型异常可能是井区构造受到挤压，深部热物质上涌，深层热水混入观测井水中导致水温上升，反映出区域应力的增强。图2.5.27是云南思茅水温时间变化曲线，在水温显著升高后，在井区周围一定范围较短的时间内发生一系列的5～6级地震，可能正是这种区域应力增强的表现。

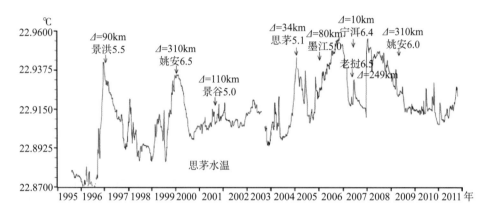

图 2.5.27　云南思茅水温时间变化曲线与周围中强地震关系

（3）水氡

氡是存在于含水的地壳岩石介质里的一种放射性气体。孕震过程中，岩石受压引起密度变大，孔隙率和含水量变小，氡浓度增大。地壳发生变化，地下水流速和流量发生变化，都会引起氡浓度的变化。当岩石产生微破裂时，也会引起氡浓度的显著增大。图2.5.28是云南部分观测井水氡出现的短临异常变化与后续的强震活动关系。表5.2.1统计了1995年孟连7.3级地震前这些观测井水氡异常特征。

表2.5.1　1995年孟连7.3级地震前云南部分观测井水氡异常特征统计

观测井	分析方法	异常判据	震前异常起止时间	震后变化	最大幅度	震中距/km	异常特点
龙陵	日均值	Rn≥150 Bq/L	1995.06～08	异常	221	295	短临，高值突变
腾冲	日均值	Rn≥20%	1995.06～	异常	40%	338	水氡浓度趋势性地增加
临沧	日均值	Rn≥38Bq/L	1995.06.05～07.12	异常	8%	233	短临，高值突变
孟连	日均值	Rn≥38Bq/L	1995.07.03～11	正常	90%	60	突变异常

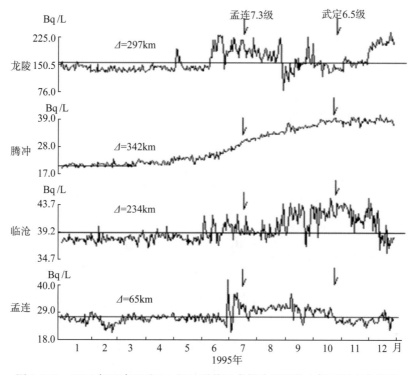

图 2.5.28　1995 年云南孟连 7.3 级地震前云南部分观测井水氡时间变化曲线

（4）水汞

地震孕育及非地震形式的构造活动期，必然伴有强烈的应力作用和热力活动。深部条件下生成的游离汞及多种汞化物对温度、压力变化很敏感，在强大的压力梯度和热力梯度作用下，沿着断裂破碎带、断层面和开启的岩石孔隙向地表迁移。自然界中汞含量很低，通常情况下，水汞日值动态曲线不太稳定，会在一定范围内起伏。但在震前或震时异常的幅度极大，往往是正常变幅的几倍至几十倍，异常的特征多为脉冲状上升，较容易识别。如图 2.5.29，2011 年云南盈江 5.8 级地震前弥渡水化站、保山局、腾冲、德宏芒蚌观测井（泉）溢出气汞在 2011 年 1～2 月陆续出现的高值突变型短临异常就非常醒目，因此定点连续或定期测量汞可及时了解构造活动、应力应变及热力活动等情况，从而捕捉地震前兆信息，为地震预测提供依据。

2.5.2.5　地电、地磁预测方法

（1）电阻率方法

对岩石施加压力，可改变岩石孔隙大小分布，即孔隙度、孔隙大小和孔隙的连通性，从而影响岩石电阻率。

在地震预测中，主要关注的是岩石介质水饱和程度和各向异性程度变化对电导率大小的影响。在临震阶段，由于震源区处于高度不稳定状态，变形失稳，甚至可能预滑，

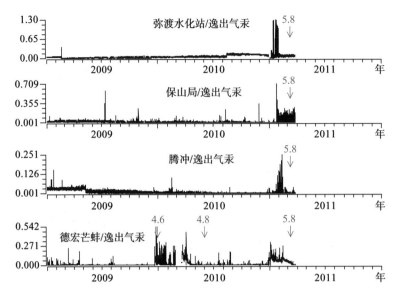

图 2.5.29　2011 年云南盈江 5.8 级地震前云南部分观测井气汞时间变化曲线

导致深部导电矿物颗粒溶入水中，使含水岩石介质的矿化度增大。再加上断层预滑、热物质上涌等，使震源区及边缘的台站可能观测到电阻率下降速度显著增大的突变性异常，下降幅度一般是百分之几，最大可达到百分之十几，异常持续时间约为 2 ~ 3 年，震后地电阻率趋势下降会发生明显的变化，如出现转折恢复、下降趋势停止等。

如图 2.5.30,宝坻台地电阻率月均值曲线从 1974 年开始持续显著下降,1976 年唐山 7.8级地震后逐渐恢复;成都台 N58° E 测道低电阻率月均值曲线在 2008 年汶川 8.0 级地震前同样出现了持续近两年的低值异常变化,异常幅度达到 5.5%,地震前下降趋势停止（图 2.5.31 ）。而孕震区以外的远场，短暂的应力增强可能促使电阻率出现突变性的上升异常。

（2）地磁方法

构成地磁场的要素主要包括地磁总强度 F、地磁偏角 D、地磁倾角 I、地磁水平强度 H、地磁垂直强度 Z 等。地震的孕育和发生将伴随有地下介质电磁性质的改变和电磁场的变化。地震前地磁异常变化可能包含了压磁效应、膨胀效应、感应效应、热磁效应和电动磁效应等多种前兆机理。压磁效应是指在孕震过程中，孕震区尤其震源区应力的增强所致的地磁异常；热磁效应是指在孕震过程中，震源区介质温度升高，磁化率变化所致的地磁异常；膨胀效应是指孕震过程中，由于孕震区尤其震源区介质膨胀、水的扩散，引起介质里电荷流动，产生流动电场，这种流动电场导致地磁异常的出现；感应效应是指孕震过程中，因孕震区尤其是震源区介质导电率的变化致使电场变化,进而产生感应磁场，使地磁场发生异常变化；电动磁效应是指断层运动导致断层间产生电流并进而产生变化电场磁场。地磁预测方法包括了地磁空间相关法、地磁垂直分量低点位移法、地磁场法等分析方法。

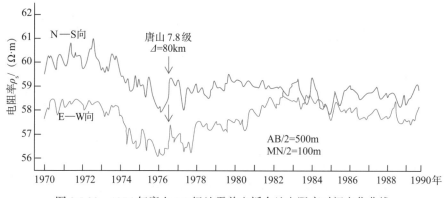

图 2.5.30　1976 年唐山 7.8 级地震前宝坻台地电阻率时间变化曲线

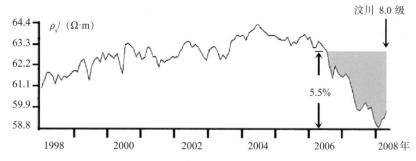

图 2.5.31　2008 年汶川 8.0 级地震前成都台地电阻率 N58° E 测道月均值曲线

①地磁空间相关法。

在一个不大的范围内，地磁静日垂直分量日变化是基本同步的，因此可以用两个台站日变化的相关性提取地磁日变化畸变异常。由于白天变化磁场的影响较大，一般以地磁夜间绝对观测值为对象，做地磁强度 F 和垂直分量 Z 相关性时间变化曲线。如采用江苏射阳地磁台分别与南通、溧阳、海安、高邮、南京、盐城地磁台 Z 分量整点值进行相关分析，其监测的范围如图 2.5.32 黑色实线包围的区域。1996 年 9 月射阳与这些地磁台相关系数曲线出现较为同步的下降，10 月异常恢复，11 月在异常幅度最大的溧阳—南通附近海域发生南黄海 6.2 级地震。值得注意的是，由于冬季日变化弱，相关系数波动较大，该方法在冬季无法使用（图 2.5.33）。

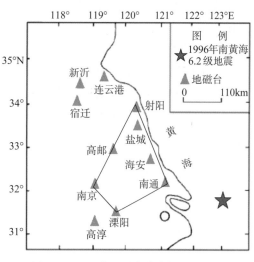

图 2.5.32　江苏地磁台分布与地磁空间相关法分布范围

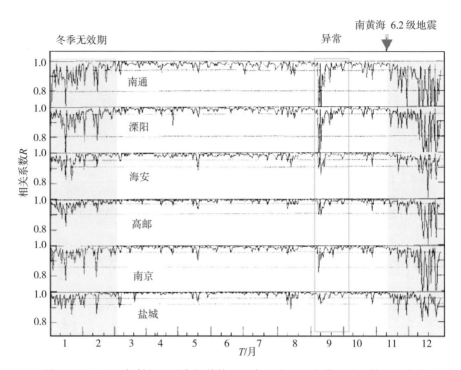

图 2.5.33　1996 年射阳地磁台与其他地磁台 Z 分量整点值相关系数时间曲线

②地磁低点位移法。

地磁低点位移法是分析地磁垂直分量日变化相位畸变异常的方法。所谓"低点"意指地磁垂直分量日变曲线的极小值。在正常情况下，极小值出现的时间主要取决于台站的地理位置（经度），同一经度应相差不大。但在一些大震前较大范围的地磁台垂直分量日变曲线低点出现的时间发生明显的变化，称之为低点位移。低点位移现象是指一个大区域台站的低点时间明显低于另一个大区域台站的低点时间（相差 2h 以上）；且日变形态两大区域有明显差别，部分地磁低点位移时地磁垂直分量"V"字形正常日变形态的中部发生倒转，变成"W"形态。许多大震发生在低点位移现象出现后的（27±4）d 或（41±4）d，发生在低点位移分界线附近。

图 2.5.34 是 2001 年 11 月 14 日昆仑山口西 8.1 级地震前地磁低点位移异常。2001 年 10 月 8 日在东经 90° ～ 100° 之间同一经线附近的台站地磁低点时间相差 2h 以上，1 个多月后在低点位移分界线附近发生昆仑山口西 8.1 级地震。

地磁低点位移现象可能与突变分界线附近应力增强有关，附加应力场或感应电流的急剧增加，可降低岩石强度，加速断层临震蠕动阶段的不稳定状态，从而对地震的发生起到调制和触发作用。

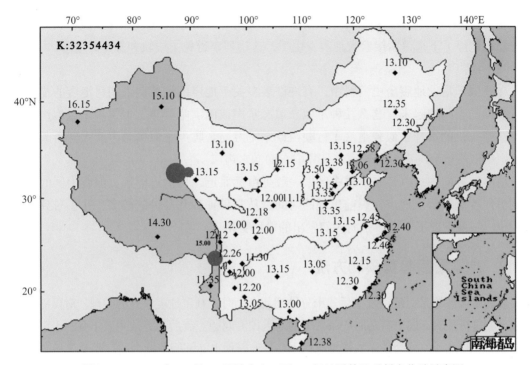

图 2.5.34　2001 年 11 月 14 日昆仑山口西 8.1 级地震前地磁低点位移异常图

黑点为地磁台，上方数字为地磁低点出现的时间（时 . 分）

2.5.2.6　宏观预测方法

（1）动物行为异常

1974 年 12 月中旬辽南地区出现从未有过的异常现象，在动物异常中，冬眠的蛇出洞，老鼠成群发呆，家畜和家禽习性反常。1975 年 1 月末至 2 月初，辽宁的种种异常不断发展和扩大，即各种动物异常数量逐日剧增，地域不断扩大，反应程度更加剧烈，1975 年 2 月 4 日海城 7.3 级地震发生。

在地震孕育、发展和发生过程中，随着地壳岩层的变动会产生各种物理、化学变化，它们作用于动物不同的感觉器官，当这些外界刺激达到一定程度时，就会引起动物的异常反应。例如狗、猫、兔都有灵敏的听觉，而且在其腿部、趾部以及腹部肠系膜等部位有大量的能感受大量机械振动的环层小体，对大震前的振动及地声比较敏感。另外，震前电磁场等的变化可能也会使家禽等感到不安，从而产生异常行为。

（2）地光

震前瞬时间出现的奇异发光现象被称作地光。地光通常在地震前和地震时发生，主要出现在震中区，没有明显的分布规律。

1976 年 7 月 28 日 3 时 42 分唐山 7.8 级地震前，从北京开往大连的 129 次直达快车，满载着 1400 多位旅客于 3 时 41 分经过地震中心唐山市附近的古冶车站，司机发现前方夜空像雷电似地闪现出三道耀眼的光束，并出现了三股蘑菇状烟雾，他果断紧急刹车，列车稳稳地停了下来，紧接着大地震发生了，这趟列车避免了脱轨和翻车的危险。

（3）地声

在我国丰富的地震历史资料中，有许许多多关于地声的记载。人们对地震的描述是多种多样的。归纳起来有这么几种：似狂风怒吼声或山洪咆哮声；似雷声；似炮声；似坦克或拖拉机的声音；似载重汽车行驶声或千军万马奔腾声；似撕布声或大树折断时的咔嚓声；似飞机轰鸣声；另外河水、井中有汹汹水声。

地声有方向性，声音来自震中区，一般是由远而近，再由近而远。但震中区的居民感到方向凌乱难辨。地声在震前出现的时间，从几秒钟到几分钟的较多，几小时到几天的较少。一般情况下，地声是向人们发出的最后警报。

2.5.3 地震震后趋势预测方法

震后趋势预测是对地震发生后几十分钟到几十小时，判定地震序列的类型，对可能发生的强余震进行预测，属于特定时空条件下的地震预测问题。震后趋势预测工作有利于现场抢险救援的顺利开展，社会秩序的恢复与稳定，是地震预报能够服务社会的首要要求和途径。

地震序列是指某一时间段内连续发生在同一震源体内的一组按次序排列的地震。一个地震序列中最强的地震称为主震；主震后在同一震区陆续发生的较小地震称为余震；主震前在同一震区发生的较小地震称为前震。地震序列一般可分为以下几类：①主震型。主震的震级高，很突出，主震释放的能量占全部地震序列释放能量的90%以上。主震型

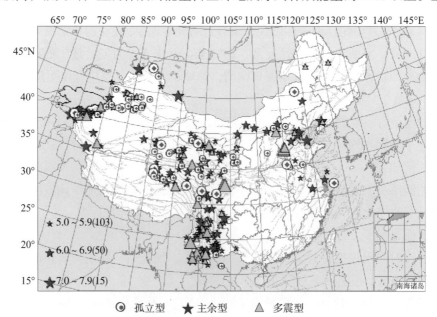

图 2.5.35　中国大陆地震序列类型分布图 (1970 ~ 2004 年，$M \geqslant 5.0$)

又分为"主震－余震型"和"前震－主震－余震型"两类。②多震型。没有突出的主震，主要能量是通过多次震级相近的地震释放出来的。③孤立型（单发性地震）。其主要特点是几乎没有前震，也几乎没有余震。图 2.5.35 给出了中国大陆 1970 ~ 2004 年部分 5 级以上地震序列类型的分布图。

2.5.3.1　地震序列类型的早期判定方法

震后短时间内政府一般要求有明确的震情判定意见，在没有绝对把握的情况下，一般 6 级以上地震先以主－余型应对，是否多震型需根据序列时空演化进一步判定；6 级地震后震区再次发生 7 级以上地震的震例较少；许多震例的震后早期类型判断，大多依据以往的历史经验，主要基于重现原则，如本地区历史上出现过多震型地震，则需注意多震型地震的发震可能性。

2.5.3.2　早期强余震发生时间的预测

一些统计显示，最大余震发生在主震后 7 天内的比例高达 75%。一些研究认为强余震发生前可观察到小震活动的"密集—平静"现象。因此当地震序列早期出现明显的"平静"后应注意其后数天内发生强余震的可能。图 2.5.36 显示出中国大陆 4 次 7 级以上地震的强余震之前突出的 4 级地震平静期。图中坐标纵轴是震级，横轴是余震发生的时间，单位是日（d）。如 1997 年 11 月 8 日西藏玛尼 7.5 级地震序列属于主－余型，在 12 月 13 日 5.7 级强余震前 4.0 级以上地震序列出现 26 天的平静期；1976 年 8 月 16 日、22 日和 23 日松潘接连发生 7.2 级、7.0 级和 7.3 级地震，地震序列属于多震型，在 9 月 21 日 5.0 级强余震发生前 4.0 级以上地震序列出现 11 天的平静。

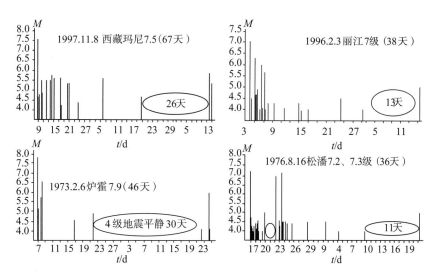

图 2.5.36　中国大陆 4 次强余震前 4.0 级以上地震 M-t 图

第3章　震灾防御

3.1　地震震害

地震引发的地表破裂、地倾斜、地面变形以及强烈的地表振动，可直接造成房屋、桥梁等工程结构破坏或倒塌，引发滑坡、崩塌、滚石等地质灾害，这些灾害称为地震直接灾害；有时地震还会引发海啸、火灾、毒气泄漏或核放射等灾害，这些灾害称为地震次生灾害。地震灾害是致人伤亡最多的自然灾害，它在时间、空间、强度上都具有极大的不确定性，需要不懈地提防。

房屋震害是造成人员伤亡和经济损失的主要原因，历来受到重视。房屋震害资料相对其他类型结构较为丰富，相应分析和研究也比较多。由于建筑材料、结构形式和用途不同，房屋有多种分类方式。建筑结构主要类型有生土结构、木结构、砌体结构、混凝土框架结构、内框架结构、底层框架结构、框架抗震墙结构、高层剪力墙结构、钢结构，等等。

3.1.1.1　混凝土框架房屋

由钢筋混凝土柱和梁组成框架作为承重体系，因侧向刚度偏低，一般仅适用于多层或中高层建筑。框架结构的填充墙不承重，用作间隔墙和围护墙。框架结构主要震害现象如下。

（1）填充墙破坏

框架结构的填充墙多采用砌体或其他轻质墙板，强度不高、变形能力较差、遭遇地震时易开裂，与梁柱无可靠连接的墙体可能塌落。

（2）梁柱杆端和接头破坏

梁柱接头及杆端是框架结构的受力薄弱部位，杆端产生塑性铰尚可维持承载，并耗散振动能量；但当箍筋不足时，混凝土酥碎剥落、钢筋屈曲。预制框架结构的梁柱连接薄弱，在地震中容易发生严重破坏，节点破坏则将使体系失稳倒塌。

（3）立柱破坏

设计不良的柱在轴力、剪力、弯矩共同作用下将在柱中产生水平裂缝和斜裂缝，继而混凝土酥碎、钢筋屈曲，严重者立柱折断导致房屋毁坏。

框架结构的自重由柱承担，如果一根或多根柱因严重破坏而丧失承重能力，则结构将发生局部或整体倒塌。

图 3.1.1～图 3.1.4 是汶川地震中典型的混凝土框架结构破坏及倒塌。

图 3.1.1　汶川地震中钢筋混凝土框架结构震害　　　图 3.1.2　汶川地震中北川县政府
（钢筋混凝土框架结构）倒塌（郭迅摄）

图 3.1.3　汶川地震中位于震中的漩口中学　　　　图 3.1.4　汶川地震中北川中学
（钢筋混凝土框架结构）倒塌（郭迅摄）　　　　　　（钢筋混凝土框架结构）倒塌（郭迅摄）

3.1.1.2　框架 - 抗震墙房屋

框架 - 抗震墙（剪力墙）房屋是由钢筋混凝土框架和剪力墙双体系承重的房屋，与框架结构相比侧向刚度大、整体变形小，一般用于中高层和高层建筑。

地震中框架—抗震墙房屋的框架部分和剪力墙部分均有破坏发生，底层空旷、平立面结构布置不规则等是造成破坏的重要原因。框架部分的震害现象同框架房屋，其他破坏现象如下。

（1）剪力墙破坏、墙体开裂

剪力墙墙肢之间的连梁由于剪跨比小而产生交叉裂缝，连梁的破坏使墙肢承载力降低，底层墙肢往往出现水平裂缝、斜裂缝，或者边缘混凝土压溃、钢筋屈曲。

（2）柔弱底层破坏

一些框架 - 抗震墙房屋的底层用作车库、商店、仓库等，层高大，抗震墙少，在地震作用下易造成底层垮塌。

（3）中间层破坏

高层框架－剪力墙结构在地震作用下，时有中间层错断而其余各层完好的现象，这往往是由建筑立面不规则，存在中间薄弱层造成的。

（4）扭转破坏

建筑平面布置不规则，地震时产生强烈的扭转振动而造成破坏。如日本神户三菱银行的电梯井位于角部，剪力墙布置不对称，因强烈扭转而垮塌。

（5）碰撞破坏

高层框架－抗震墙房屋与相邻建筑自振特性不同，地震中运动不同步；若房屋间距离过小，极易发生碰撞使房屋受损。轻者装饰面砖等附属构件破坏，重者结构构件开裂，乃至局部毁坏。

3.1.1.3　砌体房屋

以黏土砖或其他砌块、石料砌筑的墙体作为承重构件的房屋为砌体房屋。砌体材料除黏土砖外，还有混凝土空心砌块、加气混凝土砌块，非烧结硅酸盐砖、矿渣硅酸盐砖、粉煤灰砖、灰砂砖等。无筋砌体属脆性材料，缺乏抵抗变形的能力，因此砌体房屋、尤其是未经抗震设计的砌体房屋抗震能力不高，震害普遍且较严重。20世纪90年代中国城市中，砖房占住宅总量的80%以上，且广泛用于办公和工业建筑。采取圈梁和构造柱等抗震措施的砌体房屋，抗倒塌能力有明显提高。近年推荐使用的混凝土空心砌块多层房屋和配筋混凝土空心砌块抗震墙房屋，具有良好的整体性和延性，但尚缺乏震害经验。

砌体房屋震害特点比较明显（图3.1.5，图3.1.6），墙体承载力不足将发生斜裂缝，裂缝的多发部位还有门窗角、纵横墙交接处和横梁支撑部位，屋顶建筑和房屋转角容易开裂破坏，墙体开裂丧失稳定性将造成局部或整体倒塌。非承重构件如女儿墙等容易破坏塌落。黏土砖房主要破坏特征如下。

图3.1.5　砖混住宅破坏

图3.1.6　砖混办公楼破坏

（1）承重墙体裂缝

危及房屋安全的典型裂缝是承重墙的"X"形裂缝和纵向裂缝。裂缝贯通延伸将使墙体表失承载力。楼板下方的墙体往往出现水平裂缝，墙体支承横梁处常有竖向或斜向裂缝。

（2）非承重构件破坏

屋顶烟囱和女儿墙的破坏十分普遍，其根部断裂乃至塌落将造成人员伤亡；砖房的悬挑构件如阳台、雨篷、挑檐等和装饰物也容易破坏。

（3）薄弱部位破坏

在地震作用下，房屋转角和墙角因受力状态复杂和扭转作用易开裂或塌落；设烟道的墙体和山墙尖易开裂塌落。

（4）纵墙破坏与倒塌

横向地震作用下，与横墙连接不良的非承重纵墙整片倒塌。

（5）房屋倒塌

因墙体丧失承载力，可造成房屋局部或整体倒塌，如顶层坍塌、部分倒塌和全部倒平。

（6）顶部结构破坏

砖房顶层可因刚度突变、房屋空旷和鞭梢效应等发生破坏。

（7）楼梯间破坏

楼梯间墙体高且受力复杂，容易破坏；设置在房屋两端的楼梯间墙体震害更为严重；也有楼梯踏步和支承梁开裂的震害现象。

（8）构造柱和圈梁的作用

构造柱和圈梁可约束墙体，使开裂的墙体不致坍塌。汶川地震中有大量因设置构造柱而避免墙体垮塌的房屋。

（9）地基的影响

砂土液化或震陷引起的地基不均匀沉降，可造成砖房开裂、歪斜乃至倾倒；房屋地基为半挖半填时，也将发生类似震害。基岩和硬土场地上的房屋一般比软土场地上的房屋破坏较轻。

3.1.1.4 内框架砖房

内部为钢筋混凝土框架，外墙为承重砖墙的混合结构房屋称为内框架砖房（图3.1.7）。这类房屋室内有较大空间可满足使用功能要求，应用于商店、饭店、图书馆、汽车库、展览馆、底层商店住宅、轻工业生产车间以及砖混结构的门厅等。此类房屋构造形式有四种：①单排柱内框架；②多排柱内框架；③底层内框架支承上部砖混结

图3.1.7 唐山地震内框架破坏

构；④底层内框架支承上部空旷房屋。此类房屋外墙和内框架的动力特性和变形能力不同，且两者之间连接薄弱、地震作用下难以协同工作，易发生破坏；其主要震害特点如下。

（1）墙体先于框架破坏

砖墙的抗震能力较框架低，故首先破坏；框架承受的地震作用也会使支承墙体开裂；框架梁从墙体中拔出，或因墙体倒塌成为悬臂梁，乃至房屋倒塌。墙体破坏现象与砖房类似。

（2）上层比下层破坏严重

上部楼层砖墙和混凝土框架的破坏均比下层严重，甚至有上部楼层倒塌、底层仍维持承载的现象。

（3）单排柱内框架砖房震害重

单排柱内框架砖房震害比多排柱内框架重，上层空旷的内框架砖房震害也偏重。

（4）纵墙破坏

纵墙在窗台位置发生水平裂缝，重者断裂。

（5）框架梁柱破坏

框架梁柱破坏形式同钢筋混凝土框架房屋。

3.1.1.5　底层框架砖房

底层框架砖房是底层（1或2层）为钢筋混凝土框架，上部为砖砌体结构的多层房屋（图3.1.8），此类房屋底层可用作商店、车间、仓库等。

底框架结构上部砖房的破坏现象与砌体房屋震害相同，框架梁柱破坏特征与钢筋混凝土房屋相同。这类房屋的立面规则性差别很大，震害程度也有显著不同。底框架房屋的重要力学特征是下柔上刚，如果底部开间过大或刚度不足，导致底层变形过大，

图3.1.8　汶川地震底框架砖房破坏

地震时底层歪斜或完全垮塌；如果底层框架足够强，震害多出现在上部砖房；例如底层采用全框架和现浇楼板时，则第二层墙体可能出现水平裂缝或墙体酥裂，严重者倒塌。

3.1.1.6　石砌房屋

石砌房屋是以料石、毛石、卵石、条石等墙体作为主要承重体系的房屋。中国各地的石砌房屋结构形式不同，多为单层民居；在福建省南部，条石砌筑的房屋可达三层或更高，是当地普遍使用的传统民居。石砌房屋的抗震关键因素是砌筑砂浆的强度以及墙体与楼板间的连接。砂浆强度低（如采用黏土砂浆砌筑）和砂浆不饱满时房屋抗震性能很差。楼板、屋架与墙体连接不牢（如无锚固或搭接长度、宽度不够）也会造成房屋垮塌。毛石或卵石墙体常因石块搭接不良造成抗震性能差。水泥砂浆砌筑的条石和料石墙体抗震能力相对较强。此类房屋震害表现为墙角或墙体开裂、外臌；裂缝沿砌缝发展；山墙塌落或整体倒塌。福建闽南的砌石民居尚缺乏经历现代地震的震害经验。

3.1.1.7 生土房屋

生土房屋是以未经烧制的生土材料墙体作为承重构件的房屋，亦称土筑房屋（图3.1.9）。此类房屋包括土坯房、土块房、夯土房（干打垒）、土窑洞等多种形式，广泛存在于中国北方。其中土块房是以从天然土地中挖取的不规则土块砌筑的房屋。生土材料强度低，房屋施工粗陋，抗震性能很差，在地震中普遍破坏严重；

图3.1.9 新疆伽师-巴楚地震土块房破坏

施工质量好的干打垒房屋和土窑洞震害相对较轻；地震现场调查还发现，砌筑良好的土坯房相对泥浆砌筑的砖房震害要轻。

土坯房、土块房和夯土房常见的破坏现象如下。

（1）纵墙与横墙连接处开裂、墙体外闪乃至倒塌。

（2）墙体开裂倒塌，以两端山墙破坏和山尖塌落最常见。

（3）墙体倒塌造成屋顶坍塌，此类破坏常见于硬山搁檩土筑房屋。

（4）里层土坯、外层砖砌筑的墙体（俗称"外砖里坯"、"外熟里生"）在地震中很容易破坏。

（5）夯土墙沿施工缝开裂，或梁下墙体开裂。

中国的土窑洞有黄土崖窑和土坯拱窑两类，前者是在原状土崖中挖掘而成，后者则由土墙支承土坯拱顶构成。由于建造方法不同，两者抗震能力和地震破坏特征也有差别。黄土崖窑洞的主要震害现象为：①窑洞前脸塌落，洞顶发生裂缝，洞口堵塞；②高直土墙圆拱形窑洞洞壁产生斜裂缝，严重者导致洞壁土体剥落，拱顶坍塌。土坯拱窑洞的主要震害现象为：①两侧拱脚外闪，发生水平裂缝，拱顶开裂，严重时可引起拱顶塌落；②后墙与拱圈拉结不牢，轻者后墙外闪出现大裂缝，重者倒塌；③土坯拱跨度较大者易发生塌落。

3.1.1.8 木结构房屋

木结构房屋是以木构架承重的房屋（图3.1.10）。中国多数古代庙宇和农村的大量住宅均采用木结构，世界各国均有木结构民居。木结构一般由梁、柱、檩条等组成骨架承受楼层和屋顶的重量，建造方法因国家、地区传统习惯不同而有很大差异。中国常见的木结构房屋有四种类型，即木柱木梁平顶式、木柱

图3.1.10 云南大姚地震木结构房屋破坏

木梁坡顶式、木柱木屋架式和穿斗木构架式；前三种俗称四梁八柱式。木结构房屋的围护墙一般由砖、土坯或毛石等砌筑，墙体不承重、采用全包或半包方式与木柱连接。木结构房屋主要破坏现象如下。

（1）围护墙破坏

因墙、柱变形能力不同，地震作用下常见墙体开裂、外闪、局部塌落或倒塌，且以山墙为甚。木构架变形能力和稳定性相对较强，墙体破坏后木构架不倒塌甚至保持完好的现象称为"墙倒屋不塌"。

（2）木构架破坏

木构架破坏主要有以下情况：①农村简易木结构房屋的木柱直径小，且与梁连接不牢，在屋顶惯性力作用下折断或连接失效，造成屋顶坍落。②木柱间缺乏支撑，因变形过大致使木架歪斜，一般多见于穿斗木构架房屋。③木柱在楼板处开槽集中，使截面减损或接榫不牢，地震时立柱折断，房屋倾斜或倒塌。④木柱从基石上滑落，致使木构架歪斜变形。

（3）木屋架、围护墙一起垮塌

因地震作用过大或房屋抗震能力差，木屋架和围护墙一起垮塌。

3.2　建筑结构构造和类型

3.2.1　结构的基本构造

房屋建筑是最常见的工程结构。"结构"一词的含义为建筑物的受力骨架。以框架结构为例，柱、梁和楼板组成的结构体系用来承受组成该建筑的所有构件的自重、使用荷载以及风、雪和地震等荷载。

按照建筑材料分类时，结构可以分为土木结构、木结构、砖混结构、钢筋混凝土框架结构、钢结构等；而按照结构受力特点和构造方式分类时，可以分为砌体结构、框架结构、框架剪力墙结构、剪力墙结构、筒体结构以及筒中筒结构等。

各类结构在构造上因功能和组成不同，可分成以下几个部分：地基基础、上部承重结构和维护结构。

3.2.2　结构构件的名称和作用

多层砌体房屋量大面广，典型的多层砌体房屋的构成和构件的名称如图3.2.1所示，图3.2.2、图3.2.3和图3.2.4分别为代表性多层砌体房屋的平面图、外立面图和剖面图。图3.2.5为典型钢筋混凝土框架结构房屋示意图。房屋各组成部分的功能阐述如下。

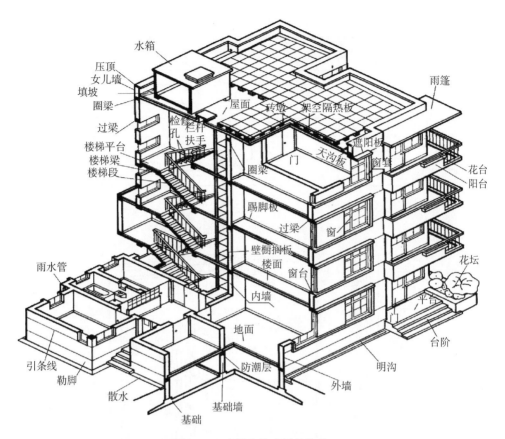

图 3.2.1　多层砌体房屋的构造

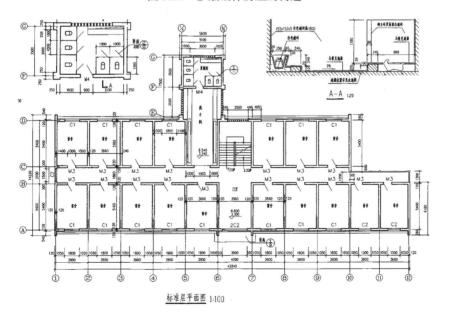

图 3.2.2　典型多层砌体房屋标准层平面图

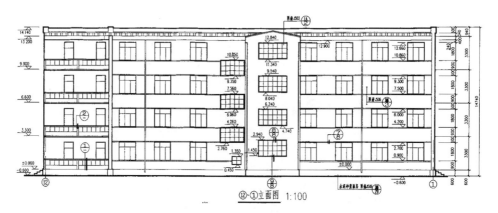

图 3.2.3 典型多层砌体房屋标准层立面图

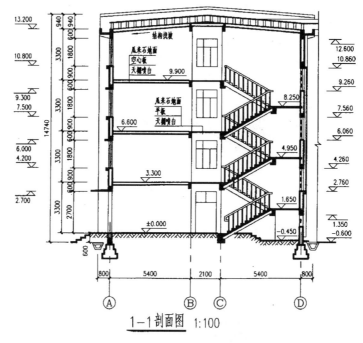

图 3.2.4 典型多层砌体房屋标准层剖面图

3.2.2.1 基础与地基

（1）基础

将结构所承受的各种作用传到地基上的结构组成部分称为基础。基础是房屋建筑的重要组成部分，它承受建筑物上部结构传来的全部荷载，并将这些荷载连同自身重量一起传到地基。

（2）地基

为基础提供支承的土体或岩体称为地基，地基通过扩大面积和深度分散基础传来

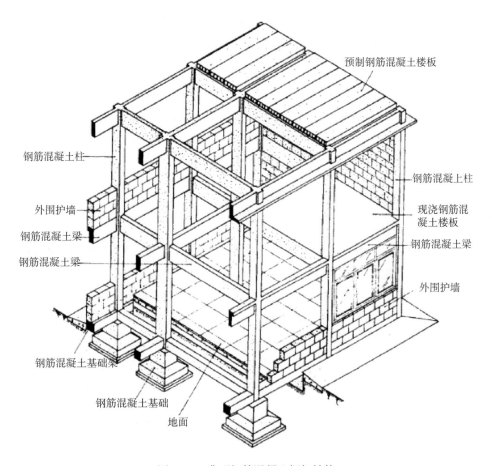

钢筋混凝土柱

外围护墙

钢筋混凝土梁

钢筋混凝土梁

钢筋混凝土基础梁

钢筋混凝土基础

地面

预制钢筋混凝土楼板

钢筋混凝上柱

现浇钢筋混凝土楼板

钢筋混凝土梁

外围护墙

图 3.2.5 典型钢筋混凝土框架结构

的荷载。地基不属于建筑物的组成部分，但它对保证建筑物的坚固耐久具有非常重要的作用。

3.2.2.2 上部承重结构

（1）墙和柱

承重墙和柱是建筑结构的竖向承重构件，它们承受屋顶、楼板传来的荷载，并和自重一起传给基础。

（2）墙体

按其在平面中的位置可分为内墙和外墙。凡位于房屋四周的墙称为外墙，其中位于房屋两端的墙称为山墙。凡位于房屋内部的墙称为内墙。外墙主要起围护作用，内墙主要起分隔房间作用。另外，沿建筑物短轴布置的墙称为横墙，沿建筑物长轴布置的称为纵墙。按其受力情况可分为承重墙和非承重墙，直接承受上部传来荷载的墙称为承重墙，而不承受自重以外荷载的墙称为非承重墙。按其构造材料可分为砖墙、石墙、土墙及砌块和大型板材墙等。对墙面进行装修的墙称为混水墙；墙面只做勾缝不进行其他装饰的墙称为清水墙。根据其构造又可分为实体墙、空体墙和复合墙。实体墙由普通黏土砖或其他实心砖砌筑而成；空体墙是由实心砖砌成中空的墙体或空心砖砌筑的墙体；复合墙是指由砖与其他材料组合成的墙体。

砖墙的厚度一般由砖的规格确定。砖墙的厚度通常以砖长表示，例如半砖墙、3/4砖墙、1砖墙、2砖墙等。其相应厚度为115mm（称12墙）、178mm（称18墙）、240mm（称24墙）、365mm（称37墙）、490mm（称50墙）。墙厚应满足砖墙承载力要求。一般来说，墙体越厚，承载能力越大，稳定性越好。砖墙的厚度还应满足一定的保温、隔热、隔声、防火要求。

（3）圈梁和构造柱

圈梁和构造柱是砌体结构最重要的抗震构造措施。砌体结构因为有圈梁和构造柱，结构整体性大大增强。圈梁和构造柱可以确保纵横墙之间及楼板与墙之间的可靠连接，结构遭遇强烈地震时，各构件协同工作，避免被个个击破，以致由局部倒塌发展为整体倒塌。图3.2.6显示了圈梁和构造柱的构造，图3.2.7立体地展示了圈梁和构造柱在砌体结构中的位置。圈梁一般应在基础及各层楼板标高处设置，不但沿外墙封闭，同标高的内墙也要设置。构造柱常设置在房屋四角、各纵横墙交接处，长度相对较大的墙也需设置构造柱以增强其稳定性和出平面承载能力。

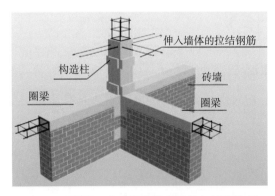

图 3.2.6　圈梁、构造柱的轮廓及其与墙的关系

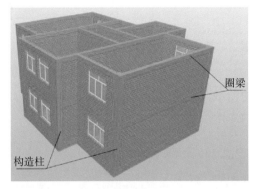

图 3.2.7　圈梁、构造柱的平面和立面分布

（4）楼板

楼板是水平承重构件，主要承受作用在其上的使用荷载（如人、家具或图书等），并和自重一起传给墙或柱。楼板将建筑分为若干楼层，对墙身还起着水平支撑的作用。按其使用的材料可分为木楼板和钢筋混凝土楼板。木楼板自重轻，构造简单，保温性能好，但耐久和耐火性差，一般较少采用。钢筋混凝土楼板具有强度高，刚性好，耐久、防火、防水性能好，又便于工业化生产等优点，是现在广为使用的楼板类型。钢筋混凝土楼板按照施工方法可分为现浇和预制两种。现浇钢筋混凝土楼板整体性好、刚度大、抗震性

能好，能适应各种形状的建筑平面，设备留洞或设置预埋件都较方便，但模板消耗量大，施工周期长。预制钢筋混凝土楼板是在预制厂或施工现场预先制作好，然后现场进行安装。它的优点是可以节省模板，改善制作时的劳动条件，加快施工进度，但整体性稍差，并需要一定的起重安装设备。如果能够严格执行施工规范和抗震规范规定的预制楼板施工工艺，比如，楼板端头胡子筋焊接、板间配筋及所有板间连接部位用细石子混凝土浇筑，采用预制板的房屋抗震性能还是有保证的。

（5）屋顶

屋顶是建筑物顶层的覆盖构造层，由屋面和支撑结构组成，它既是承重构件又是围护构件。它承受作用在其上的各种荷载并连同屋顶结构自重一起传给墙或柱，同时又起到保温、防水等作用。按屋面形式，屋顶大体可分为四类：平屋顶、坡屋顶、曲面屋顶及多波式折板屋顶。①平屋顶：屋面的最大坡度不超过10%，民用建筑常用坡度为1%～3%。一般是用现浇和预制的钢筋混凝土梁板做承重结构，屋面上做防水及保温处理。②坡屋顶：屋面坡度较大，在10%以上。有单坡、双坡、四坡和歇山等多种形式。单坡用于小跨度的房屋，双坡和四坡用于跨度较大的房屋。常用屋架做承重结构，用瓦材做屋面。③曲面屋顶：屋面形状为各种曲面，如球面、双曲抛物面等。承重结构有网架、钢筋混凝土整体薄壳、悬索结构等。④多波式折板屋顶：是由钢筋混凝土薄板制成的一种多波式屋顶。折板厚约60mm，折板的波长为2～3m，跨度9～15m，折板的倾角为30°～38°之间。按每个波的截面形状又有三角形及梯形两种。

（6）门和窗

门是提供人们进出房屋或房间的建筑配件。有的门兼有采光、通风的作用。窗的主要作用是通风采光。

（7）楼梯

楼梯是房屋各层之间交通连接的设施，一般设置在建筑物的出入口附近。也有一些楼梯设置在室外。室外楼梯的优点是不占室内使用面积，但在寒冷地区易积雪结冰，不宜采用。

3.3 建筑抗震鉴定

建筑抗震鉴定的含义是假设某地未来遭遇较强烈地震时，评价现有的各个建筑抗震能力如何，指出会出现哪些损伤或倒塌的行为。

抗震鉴定首先要确定被鉴定的房屋结构的基本信息，诸如建筑名称、用途、地点、层数、外形等。第二步要确定建筑结构类型。结构类型通常按照建筑材料及结构形式分类。按照建筑材料进行分类，有土木结构、多层砌体结构、多层及高层混凝土结构、钢结构等；按照结构形式进行分类，则有砌体结构、框架结构、框架剪力墙结构、剪力墙结构等。

第三步要鉴别结构抗震不利因素。这一步难度较大,需要较深的专业修养。从承重和耐久角度看,如果结构存在一定的缺陷,那么遭遇地震就会雪上加霜。抗震不利因素的总结主要源于抗震概念分析和实际震害经验。一般而言,结构凡满足"整而不散,延而不脆,匀而不偏,冗而不单",则抗震能力强,可判定抗震合格或良好,否则可判定为抗震不合格。

抗震鉴定的具体操作步骤体现在表3.3.1中。表中列出了常见的结构类型、常见的结构外观和内部质量缺陷。在抗震不利因素中,首先针对农村建筑提出了"采用低级脆弱建筑材料、老旧歪斜"属抗震不合格;未经规范设计的楼层过多的建筑以及有明显结构缺陷的底商多层砌体常常是抗震不合格的。对其他抗震不利因素归结为四种主要表现,即"散、脆、偏、单"。

"散"主要体现在:纵横墙间连接薄弱,构造柱缺失或不足,圈梁缺失、不足或不封闭;竖向构件(墙、柱)与水平构件(梁、楼板、檩条等)连接薄弱,构造柱缺失或不足,圈梁缺失、不足或不封闭;门窗洞口两侧无构造柱;砌体砌筑质量差,砂浆强度不足;横墙间距过大;砌筑纵或横墙长度超过3m而无构造柱;有未经专门抗震设计的圆弧状填充墙。

"脆"主要体现在:承重墙为生土、土坯等脆弱材料;承重墙为干砌或泥结红砖;存在短柱;强弯弱剪;弱节点强构件;有构造不良的围墙,连接不牢的吊灯、吊顶、玻璃等。

"偏"主要体现在:多层底商砌体房屋的底层各道纵墙刚度差异超过3倍,易被个个击破;多层框架有不当设置的半高填充墙,易因短柱的刚度大、延性差而被个个击破;平面布局里出外进,比如L、T、Y等形状;立面布局蜂瓶细腰,层间刚度分布有突变等。

"单"主要体现在:抗侧防线单一,缺少冗余备份,如易形成层屈服机制的纯框架;砌体结构圈梁、构造柱等措施缺失或不足;窗间墙、窗端墙宽度过小等。

表3.3.1 房屋抗震鉴定表

编 号			填表日期	
名称、用途			竣工时间	
房屋位置	地点(坐标)		平面形状和尺寸	
	建筑面积			
建筑层数		高度		
结构类型	土木结构	木结构		
		土木结构		
		砖木结构		
		砖混+砖木		

续表

结构类型	多层砌体结构	砖墙+预应力混凝土板
		砖墙+现浇混凝土板
		砌块墙+预应力混凝土板
		底商多层砌体
	内框架和底层框架砖房	内框架砖房
		底层框架砖房
		底层框架-抗震墙砖房
	多层及高层混凝土房屋	框架结构
		框架-抗震墙结构
		抗震墙结构
		框支抗震墙结构
	单层钢筋混凝土柱厂房	装配式单层钢筋混凝土柱厂房
		混合排架厂房
	单层砖柱厂房和空旷房屋	柱（墙垛）承重的单层厂房
		砖墙承重的单层空旷房屋
	其他结构	
外观及内部质量	墙脚冻害严重	
	地基不均匀沉降明显	
	女儿墙根部贯通裂缝、高度大、缺少压顶或构造柱	
	墙体有空鼓、有严重酥碱和明显歪闪	
	支承大梁、屋架的墙体有竖向裂缝	
	承重墙、自承重墙墙身及其交接处有明显裂缝	
	木楼盖、屋盖构件有明显变形、腐朽、蚁蚀和严重开裂	
	梁柱及其节点的混凝土有裂缝	
	钢筋有露筋、锈蚀	
	填充墙有明显开裂或与框架脱开	
	主体结构构件有明显变形、倾斜、歪扭	
抗震不利因素	宏观表现*	采用低级脆弱建筑材料、老旧歪斜；楼层过多（超过其结构形式允许值2层以上）
	底层不利因素	底层层高过大（超过3.5m且没有应对措施）
		底层过于空旷（抗侧构件少），底层大厅有跃层柱
		底层纵向刚度分布不均

续表

	散而不整*	纵横墙间连接薄弱，构造柱缺失或不足，圈梁缺失、不足或不封闭； 竖向构件（墙、柱）与水平构件（梁、楼板、檩条等）连接薄弱，构造柱缺失或不足，圈梁缺失、不足或不封闭； 门窗洞口两侧无构造柱； 砌体砌筑质量差，砂浆强度不足； 横墙间距过大（　m），砌筑纵或横墙长度超过3m而无构造柱；有圆弧状填充墙		
抗震不利因素	脆而不延*	承重墙为生土、土坯等脆弱材料；承重墙为干砌或泥结红砖；存在短柱（　）；强弯弱剪（　）；弱节点强构件（　）；有构造不良的围墙，连接不牢的吊灯、吊顶、玻璃		
	偏而不匀*	多层底商底层各道纵墙刚度差异超过3倍，易被个个击破；多层框架有不当设置的半高填充墙，易因短柱的刚度大、延性差而被个个击破；平面布局里出外进，比如L、T、Y等形状；立面布局蜂瓶细腰，层间刚度分布有突变		
	单而不冗*	抗侧防线单一，缺少冗余备份，如易形成层屈服机制的纯框架；砌体结构圈梁、构造柱等措施缺失或不足；窗间墙、窗端墙宽度过小（不足0.8m）		
	其他表现			
是否改造		改造部位	改造时间	
改造措施				
场地	类别	Ⅰ	Ⅱ	Ⅲ	Ⅳ
	地势	平坦	缓坡	陡坡	山沟
	有崩塌、滑坡、泥石流、液化、不均匀震陷等威胁				
地基	天然地基	人工地基	持力土层	持力层埋深
地基	有无冻土层	冻土层深度		
基础类别	无筋扩展基础	扩展基础		柱下条形基础
	高层建筑筏形基础	桩基础		
鉴定意见	良好			
	合格			
	需经抗震验算			
	不合格	（主要表现）		
调查组人员				

说明：凡是符合"*"条目一条以上，即可判定为不合格；一般而言，凡满足"整而不散，延而不脆，匀而不偏，冗而不单"，可判定合格或良好。

3.4 建筑抗震加固

既有房屋经过抗震鉴定判定为抗震能力不足的就需要通过抗震加固以达到相应的要求。此外，房屋业主主动提出要提高特定房屋的抗震能力时，也需要进行抗震加固。抗震加固旨在提高既有房屋的抗震能力，所以抗震加固的基本原则和方法与抗震鉴定是一致的。指导抗震加固设计和施工的原则是针对鉴定中提出的具体问题采取针对性的措施，主要包括克服既有建筑的"散"、"脆"、"偏"和"单"的问题，提高房屋结构的整体性、增强结构耗能能力，避免出现本部分3.3中提到的抗震不利因素。

3.4.1 多层砌体房屋的抗震加固技术

3.4.1.1 多层砌体房屋的抗震加固通用方法

多层砌体房屋的抗震加固通用方法包括：

（1）拆砌或增设抗震墙：对强度过低的原墙体可拆除重砌；重砌和增设抗震墙的材料可采用砖或砌块，也可采用现浇钢筋混凝土或型钢。

（2）修补和灌浆：对已开裂的墙体可采用压力灌浆修补，对砌筑砂浆饱满度差或砂浆强度等级偏低的墙体，可用满墙灌浆加固。

（3）面层或板墙加固：在墙体的一侧或两侧采用水泥砂浆面层、钢筋网砂浆面层或现浇钢筋混凝土板墙加固。

（4）外加柱加固：在纵横墙交接处采用现浇钢筋混凝土构造柱加固，柱应与圈梁、拉杆连成整体，或与钢筋混凝土楼屋盖可靠连接。

（5）包角或镶边加固：在柱、墙角或门窗洞口边用型钢或钢筋混凝土包角或镶边；柱、墙垛还可用现浇钢筋混凝土套加固。

（6）支撑或支架加固：对刚度差的房屋，可增设型钢或钢筋混凝土的支撑或支架加固。

3.4.1.2 增强房屋整体性的加固方法

增强房屋整体性的加固方法有：

（1）当墙体布置在平面内不闭合时，可增设墙段，形成闭合，在开口处增设现浇钢筋混凝土框。

（2）当纵横墙连接较差时，可采用钢拉杆、长锚杆、外加柱或圈梁等加固。

（3）楼、屋盖构件支承长度不能满足要求时，可增设托梁或采取增强楼、屋盖整体性的措施。

（4）当圈梁设置不符合要求时，应增设圈梁；外墙圈梁宜采用现浇钢筋混凝土，内墙圈梁可用钢拉杆或在进深梁端加锚杆代替。

3.4.1.3 局部薄弱部位抗震加固方法

局部薄弱部位抗震加固方法如下：

（1）承重窗间墙宽度过小或抗震能力不能满足要求时，可增设混凝土窗框或采用面层、板墙等加固。

（2）隔墙无拉结或拉结不牢，可采用镶边、埋设铁夹套、钢筋或钢拉杆加固。

（3）支撑大梁的墙段抗震能力不足时，可增设砌体柱、钢筋混凝土柱或采用面层、板墙加固。

（4）出屋面的楼梯间、电梯间和水箱间不符合鉴定要求时，可采用面层或外加柱加固。

（5）出屋面的烟囱、无拉结的女儿墙超过规定的高度时，宜拆矮或采用型钢、钢拉杆加固。

（6）当具有明显刚度不均匀时（如底商多层砌体前脸明显薄弱），应在薄弱部位增砌砖墙、现浇钢筋混凝土墙或型钢框架。

3.4.2 钢筋混凝土房屋的抗震加固技术

3.4.2.1 抗震加固的基本要求

钢筋混凝土房屋的抗震加固应符合下列要求：

（1）抗震加固时应根据房屋的实际情况选择加固方案，分别采用主要提高结构构件抗震承载力、主要增强结构变形能力或改变结构体系而不加固框架的方案。

（2）加固后的框架应避免形成短柱、短梁或强梁弱柱。

3.4.2.2 抗震加固手段及作用

钢筋混凝土结构的抗震加固手段，从提高结构抗震能力方面有以下几个作用：

（1）修补、灌浆、喷射：使耐久性不足、局部损伤或出现裂缝的构件，恢复原有的承载力和变形能力。

（2）钢筋混凝土外套加固：同时增大构件的刚度、承载力和耐变形能力，有时也加强连接的可靠性。

（3）钢构套加固：主要通过约束原有构件以提高耐变形能力，有时也可提高受剪和受弯承载力。

（4）增设墙体、翼墙和支撑等加固：提高整个结构的抗震承载力和刚度，并通过内力重分布减少某些构件的受力。

（5）粘钢加固：代替纵向钢筋或箍筋，可提高承载力、变形能力而几乎不增加刚度。

（6）支托、拉筋和钢夹套加固：增加构件之间连接性能。

（7）剔缝：使相邻构件脱开，避免相互撞击或产生附加内力。

（8）粘贴纤维布加固：代替纵向钢筋或箍筋，可提高承载力，不增加刚度。

（9）钢绞线网 – 聚合物砂浆面层加固：代替纵向钢筋或箍筋，可提高承载力、变形能力，增加刚度。

（10）支撑加固（包括消能支撑）：提高刚度、变形能力，消能支撑还可以提高整个结构的消能减震能力。

3.4.2.3　混凝土结构加固方法

钢筋混凝土房屋的结构体系和抗震承载力不满足要求时，可选下列加固方法：

（1）单向框架应加固为双向框架，或采取加强楼、屋盖整体性且同时增设抗震墙、抗震支撑等抗侧力构件。

（2）单跨框架不符合鉴定要求时，应在不大于框架 – 抗震墙结构的抗震墙最大间距且不大于 24m 的间距内增设抗震墙、翼墙、抗震支撑等抗侧力构件或将对应轴线的单跨框架改为多跨框架。

（3）框架梁柱配筋不符合鉴定要求时，可采用钢构套、现浇钢筋混凝土套或粘贴钢板、碳纤维布、钢绞线网 – 聚合物砂浆面层等加固。

（4）房屋刚度较弱、明显不均匀或有明显的扭转效应时，可增设钢筋混凝土抗震墙或翼墙加固，也可设置消能支撑加固。

（5）当框架梁柱实际受弯承载力的关系不符合鉴定要求时，可采用钢构套、现浇钢筋混凝土套或粘贴钢板等加固框架柱；也可通过罕遇地震下的弹塑性变形验算确定对策（图 3.4.1）。

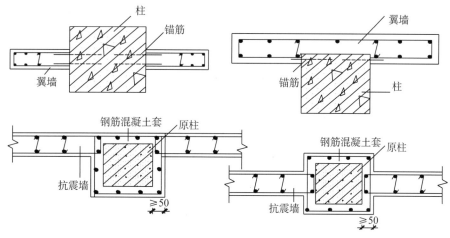

图 3.4.1　增设翼墙或混凝土套加固柱

图中单位为 mm

（6）钢筋混凝土抗震墙配筋不符合鉴定要求时，可加厚原有墙体或增设端柱、墙体等。

（7）钢筋混凝土构件有局部损伤时，可采用细石混凝土修复；出现裂缝时，可灌注水泥基灌浆料等补强。

（8）填充墙体与框架柱连接不良时，可增设拉筋连接；填充墙体与框架梁连接不良时，可在墙顶增设钢夹套与梁拉结。

（9）女儿墙等易倒塌部位不符合鉴定要求时，可选择降低高度的方案，也可结合维修增加锚固措施。

（10）当楼梯构件不符合鉴定要求时，可粘贴钢板、碳纤维布、钢铰线网－聚合物砂浆面层等加固。

3.4.2.4 消能减震加固技术

消能减震加固技术属改变结构体系整体性加固，其基本原理是在原结构中设置消能支撑，依靠其变形吸收消耗地震能量，从而起到对结构构件的保护作用。

3.4.2.5 钢构套加固混凝土框架

采用钢构套加固混凝土框架应符合下列要求（图 3.4.2）：

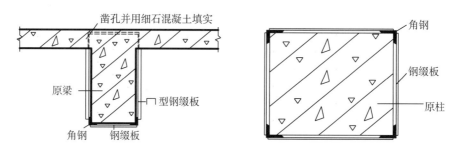

图 3.4.2 钢筋混凝土套加固梁柱

（1）钢构套加固梁时，角钢两端应与柱连接。

（2）钢构套加固柱时，角钢到楼板处应凿洞穿过并上下连接；顶层的角钢应与屋面板可靠连接；底层的角钢应与基础锚固。

（3）混凝土的强度等级不应低于C20，且不应低于原构件的混凝土强度等级。

（4）柱套的纵向钢筋遇到楼板时，应凿洞穿过并上下连接，其根部应伸入基础并满足锚固要求，其顶部应在屋面板处封顶锚固；梁套的纵向钢筋应与柱可靠连接。

3.4.2.6 粘贴钢板加固混凝土梁柱

粘贴钢板加固混凝土梁柱时应符合下列要求：

（1）原构件实测的混凝土强度等级不应低于C15；混凝土表面的受拉粘结强度不应

低于 1.5MPa。

（2）钢板的受力方式应设计成仅承受轴向应力作用。

（3）粘贴钢板与原构件宜采用专用金属胀栓连接。

（4）加固前应卸除或大部分卸除构件上的活荷载。

3.4.2.7 粘贴纤维布加固混凝土梁柱

粘贴纤维布加固混凝土梁柱应符合下列要求：

（1）原结构构件实测的混凝土强度等级不应低于 C15，且混凝土表面的正拉粘结强度不应低于 1.5MPa。

（2）碳纤维的受力方式应设计成仅承受拉应力作用，用在梁受弯、受剪以及柱受剪。

（3）加固前应卸除或大部分卸除作用在构件上的活荷载。

3.5 结构抗震设计

为减轻地震灾害必须实施抗震设防。抗震设防有广义和狭义两种含义，前者包括防震减灾的组织管理、科学研究、人才培养、法律法规建设、宣传教育、规划和预案、地震保险以及各类工程的抗震设防；后者则仅限于工程抗震设防的技术对策，体现于新建工程的抗震设计和现有不符合抗震要求的工程结构的抗震鉴定加固。

抗震设防对策是遵循自然科学和社会科学的基本理论、逐步总结实践经验得出的，并将随着社会经济和科学技术的发展不断完善。

3.5.1 工程抗震设防

工程抗震设防是为了提高各类工程结构抗御地震的能力而采取的技术对策，是减轻地震灾害最重要的措施。实施工程抗震设防首先要制定工程结构的抗震设防目标和抗震设防标准，而后实施抗震设计。

3.5.1.1 抗震设防目标

抗震设防目标是对人类社会抗御地震灾害的预期能力的概略表述。破坏性地震具有罕遇、强烈和不可准确预知的特点，未来地震可能造成的人员伤亡、经济损失和社会影响也很难准确评价，因此，抗震设防目标乃是基于对未来地震活动性的估计、考虑当前社会经济技术发展水平做出的风险决策。

综合抗震设防目标一般表述为：逐步提高社会综合抗震能力，最大限度减轻地震灾害，保障地震作用下人类生命安全和社会运行；在预期地震作用下，重要设施和系统可保持功能或迅速恢复功能，一般设施不发生严重破坏，社会生活可维持基本正常。这里的预期地震作用常用震级或地震动强度表示，如未来某个时期内可能发生的确定性的最大地震或以某个超越概率发生的地震动。中国将预期地震作用表述为震级 6 级左右、与地区设防烈度相当的地震作用。

工程抗震设防目标则是对预期地震作用下工程结构所应具备的抗震能力的概略表述，旨在维持地震作用下工程设施的运行、保障生命安全、防止次生灾害并减少经济损失。

工程抗震设防目标的表述包含设防地震动（又称防御目标或设防水准）和在相应地震动作用下工程结构性能要求这两个因素。设防地震动是未来可能发生并造成灾害的地震动，可采用确定性方法或概率方法估计；世界各国多将未来 50 年内以 10% 超越概率发生的地震动作为基本设防地震动。使工程结构在设防地震动下不受损失、保障绝对安全是不现实和不合理的；工程抗震设防目标规定了不同工程结构所应达到的最低性能要求。

例如，国家标准 GB 50011—2010《建筑抗震设计规范》中建筑抗震设防目标表述为："当遭受低于本地区抗震设防烈度的多遇地震影响时，一般不受损坏或不需修理可继续使用；当遭受相当于本地区抗震设防烈度的地震影响时，可能损坏，经一般修理或不需修理仍可继续使用；当遭受高于本地区抗震设防烈度的预估罕遇地震影响时，不致倒塌或发生危及生命的严重破坏"。这一设防目标通称为"小震不坏，中震可修，大震不倒"，其中中震为设防地震动，小震和大震分别为相对较小或更大的地震动。

3.5.1.2 抗震设防标准

抗震设防标准是基于工程结构分类、权衡工程可靠性需求和经济技术水平规定的抗震设防基本要求，与抗震设防目标密切相关。抗震设防目标是对某一类工程结构预期抗震能力的一般概略表述；抗震设防标准则是在区别此类工程结构中不同工程的重要性及其成灾后果的差异，通过采用不同的设计地震动和抗震措施等，实现、调整和细化抗震设防目标的决策。

同类工程中不同具体工程的功能、规模、构造类型和设计使用年限不同，遭遇地震后所造成的损失及相应社会经济影响也不同，故应区别这些差异，采用不同的设计地震动参数、抗震措施以及有关场地选择等的其他抗震设计要求，使某些重要的特殊的工程结构具有更强的抗震能力，同时适当放宽对较次要工程结构的抗震要求。抗震设防标准的采用，有利于合理使用建设经费等社会资源，实现防震减灾的总体目标。

中国工程抗震设防标准是在工程结构分类（如抗震设防分类）的基础上制定的。其他国家工程结构的抗震设计虽不使用抗震设防标准这一术语，但也有类似的规定。如美国根据建筑功能的重要性和设防地震动参数，将建筑结构分为 4 ~ 6 类，分别采用不同的结构类型、计算方法和细部构造。欧洲规范将工程结构依重要性分为 4 类，采用不同的抗震设计系数。日本的《新耐震设计法（1980）》依结构类型和高度将建筑分为 4 类，采用不同的设计要求；日本道路桥梁设计规范将桥梁分为 2 类，规定了不同的抗震设防目标。

我国建筑抗震设计规范中，有关设防标准的表述见表 3.5.1。其中设计烈度和设防烈度内涵相同，均为抗震设计采用的地震烈度（一般为基本烈度）；建筑重要性分类和建筑抗震设防分类亦属同一个概念。

表3.5.1　GB 50011—2010《建筑抗震设计规范》的抗震设防标准

安全等级	建筑抗震设防分类	设防标准
一	甲类建筑	按批准的地震安全性评价结果计算地震作用，Ⅵ~Ⅷ度时比基本烈度提高1度采取抗震措施，Ⅸ度时应采用高于Ⅸ度规定的抗震措施
二	乙类建筑	按基本烈度计算地震作用，Ⅵ~Ⅷ度时提高1度采取抗震措施，Ⅸ时应采用高于Ⅸ度规定的抗震措施。较小的乙类建筑在采用抗震性能较好的结构类型时，可不提高抗震措施
三	丙类建筑	按基本烈度计算地震作用并采用抗震措施
四	丁类建筑	按基本烈度计算地震作用，抗震措施可适当降低，但Ⅵ度时不应降低

3.5.1.3　工程抗震重要性分类

考虑各类工程结构的重要性、使用功能、震害后果、损坏后修复难易程度以及在救灾中作用的差异，从抗震角度对工程结构所做的分类，通称为抗震类别；现行中国建筑抗震设计规范中称为抗震设防分类，与中国其他工程抗震设计规范和其他国家抗震设计规范中使用的抗震重要性分类和抗震设计分类具有相似的含义。抗震重要性分类是制定抗震设防目标和抗震设防标准的基础。

中国 GB 50011—2010《建筑抗震设计规范》依照建筑物使用功能的重要性将建筑物分为甲、乙、丙、丁四个抗震设防类别。甲类建筑为重大建筑工程和地震时可能发生严重次生灾害及社会影响的建筑，如存放剧毒生物制品的建筑、中央和省级的电视调频广播发射塔建筑、国际电信楼、国际卫星地球站等。乙类建筑为地震时使用功能不能中断或需尽快恢复的建筑，如大中城市的三级医院的住院部和门诊部、中央级广播发射台和广播中心、大区和省中心长途电信枢纽等。丙类建筑为甲、乙、丁类之外的一般建筑。丁类建筑为抗震次要建筑和临时建筑。抗震设防类别不同的建筑采用不同的抗震设防标准。

建筑抗震设计类别是区别设计地震动参数和建筑使用功能的差别，在抗震设计中规定的建筑分组。这种分类方法是美国抗震规范首先采用的，后被其他抗震设计规范所采用，如 CECS160: 2004《建筑工程抗震性态设计通则》被中国采用。规定建筑抗震设计类别的出发点与规定建筑抗震设防分类相似，但具体分类方法有所不同；前者的合理之处在于抗震设计要求（如结构体系、计算模型、分析方法、细部构造等的采用）不但与建筑功能分类相关，亦取决于设计地震动的强度。

3.5.2　场地、地基和基础

土木工程结构一般采用不同的基础类型、坐落于不同的地基、处于不同的地段和场地。场地、地基和基础对地震动特性有显著影响，亦与上部结构存在动力相互作用，是抗震设计中应予考虑的重要因素。

3.5.2.1　场地抗震分类

场地抗震分类是按照场地对地震动强度和频率特性影响的程度，依据其岩土特性和相关参数对场地类别的划分。

场地的构造和特性各有不同，对地震动的影响也彼此相异，就一般建筑或结构的抗震设计而言，不便进行工作量巨大的详细工程地质勘察或建立模型详细计算场地的地震反映。简便易行的方法是粗略地根据场地岩土的构造和特性，通过震害经验总结和实际观测资料，总结出每一类岩土对应的地震动平均特性，旨在确定不同类别场地的设计地震动（如设计反应谱的强度和形状）。场地分类方法综合了震害和抗震经验、场地勘察、强震观测与地震动特征分析的成果。

场地分类指标可采用岩土特性的宏观描述（如岩石，砂，黏土或洪积层、冲积层，填土等）或相关的物理参数（如土的纵、横波速度，平均剪切刚度，地基承载力，标准贯入击数，反应谱峰值周期，覆盖层厚度，单位容重，密度，脉动卓越周期等）。这些指标应能区分不同类别场地的动力特性，又便于测定。合理地确定场地分类指标是一项困难的工作，分类过粗难以反映场地条件对地震动的影响，分类过细又难以获取相关资料；另外，强震动观测资料的不足也难以得出反应谱等地震动参数与多种场地类别的对应关系。各国规范大都选用 2～3 种指标作为场地分类的指标，一般将场地分为 3～5 类。

中国 GB 50011—2010《建筑抗震设计规范》采用剪切波速和覆盖层厚度两个物理指标进行场地分类，GB 50191—1993《构筑物抗震设计规范》中则采用场地指数方法。GB 50011—2001《建筑抗震设计规范》根据场地土类型和覆盖土层厚度，将场地划分为Ⅰ、Ⅱ、Ⅲ和Ⅳ共 4 种类型，场地类别划分的具体标准列于表 3.5.2。

表3.5.2　场地类别划分与等效剪切波速（m/s）及覆盖土层厚度（m）的关系

等效剪切波速/(m/s)	场地类别			
	Ⅰ	Ⅱ	Ⅲ	Ⅳ
$V_{se} > 500$	0			
$500 \geq V_{se} > 250$	< 5	≥5		
$250 \geq V_{se} > 140$	< 3	3～50	>50	
$V_{se} \leq 140$	< 3	3～15	>15～80	>80

场地的等效剪切波速 V_{se} 由以下公式确定：

$$
\left.
\begin{aligned}
V_{se} &= d_0/t \\
t &= \sum_{i=1}^{n} (d_i / V_{si})
\end{aligned}
\right\}
\qquad (3.5.1)
$$

式中，d_0 为计算深度，取覆盖层厚度和 20m 两者的较小值；t 为剪切波在地表与计算深度之间传播的时间；d_i 为计算深度范围内第 i 层土的厚度；V_{si} 为计算深度范围内第 i 层土的剪切波速；n 为计算深度范围内土层的分层数。土层的剪切波速值为实测的场地土层剪切波速值。场地覆盖层厚度根据以下原则确定：①一般情况下，应按地面至剪切波速大于 500m/s 的土层顶面的距离确定；②当地面 5m 以下存在剪切波速大于相邻上层土剪切波速 2.5 倍的土层，且其下卧岩土的剪切波速均不小于 400m/s 时，可按地面至该土层顶面的距离确定；③剪切波速大于 500m/s 的孤石、透镜体，应视同周围土层；④土层中的火山岩硬夹层视为刚体，其厚度应从覆盖土层中扣除。

当无场地实测土层剪切波速值资料时，可采用表 3.5.3 的经验方法估计土层剪切波速值，此方法只适用于丁类建筑及层数不超过 10 层、高度不超过 30m 的丙类建筑的工程场地。

表3.5.3　土的类型划分和剪切波速范围

土的类型	岩土性质和性状	土层剪切波速范围/（m/s）
坚硬土	稳定岩石，岩石的碎石土	$V_s > 500$
中硬土	中密、稍密的碎石土，密实、中密的砾，粗、中砂，$f_{ak} > 200$ 的黏性土和粉土，坚硬黄土	$500 \geqslant V_s > 250$
中软土	稍密的砾，粗、中砂，除松散外的细、粉砂，$f_{ak} \leqslant 200$ 的黏性土和粉土，$f_{ak} \geqslant 130$ 填土，可塑黄土	$250 \geqslant V_s > 140$
软弱土	淤泥和淤泥质土，松散的砂，新近沉积的黏性土和粉土，$f_{ak} < 130$ 填土，流塑黄土	$V_s \leqslant 140$

注：f_{ak} 为土的静承载力标准值（单位：kPa）。

国家标准 GB 50011—2010《建筑抗震设计规范》以地形、地貌和岩土特性的综合影响为依据，按表 3.5.4 划分抗震有利地段、不利地段和危险地段。

表3.5.4　房屋建筑场地地段划分

地段类别	地质、地形、地貌
有利地段	稳定基岩，坚硬土，开阔、平坦、密实、均匀的中硬土等
不利地段	软弱土，液化土，条状突出的山嘴，高耸孤立的山丘，非岩质的陡坡、河岸和边坡的边缘，平面分布上成因、岩性、状态明显不均匀的土层（如古河道、疏松的断层破碎带、暗埋的塘浜沟谷和半填半挖地基）等
危险地段	地震时可能发生滑坡、崩塌、地陷、地裂、泥石流等，发震断裂带上可能发生地表位错的部位

3.5.2.2　砂土液化

砂土液化是指松散饱和的砂土或粉土由稳定的可承载状态变成可流动、丧失抗剪切能力的液态的现象。地震、爆炸、波浪、机械振动、车辆行驶等动荷载均可触发饱和砂土液化。

砂土颗粒骨架间的孔隙完全被水充填的砂土称为饱和砂土。在破坏性地震的震害调查中，常见饱和砂土液化并引发工程灾害的现象，喷砂冒水是地面下饱和砂土液化的宏观标志。

饱和砂土液化引起的震害特点如下。

①液化后丧失抵抗剪切作用的能力，引起砂土体失稳，导致建筑物或其他工程结构沉降、严重倾斜甚至倾覆。

②液化后的砂土具有流动性，斜坡中的砂层液化可能造成滑坡，斜坡整体由饱和砂土组成时，液化则可能造成流滑。

③当岸坡含有饱和砂层或由饱和砂土组成时，岸坡土体可能因液化发生滑动，使桥梁、码头等结构受到侧向推力而发生严重破坏。

④饱和砂土可能在很低的地震动水平（如Ⅵ度地震作用）下发生液化，并引起严重灾害；可抵御地震惯性作用的工程结构，可因砂土液化造成结构破坏。

⑤在某些情况下，地震停止后才发生饱和砂土液化引起的滑坡。

（1）液化判别

液化判别方法大致可分为如下三类。

①试验–理论分析方法。采用试验方法确定饱和砂土的抗液化能力，采用理论分析方法确定地震时饱和砂土体中各点的动应力作用水平。将地震动应力作用水平与抗液化能力进行比较，判别是否液化。显然，只有土样抗液化能力的试验结果能够代表其实际抗液化能力时，此法才适用。

②经验方法。利用简单经验公式进行液化判别的方法。建立经验液化判别式既应调查液化实例，也要调查未液化的实例；每个实例均应取得液化相关的饱和砂土定量资料和饱和砂土所受地震作用水平的定量资料。足够多的实例调查资料才能保证经验液化判别式的可靠性。

③综合方法。经验调查和理论分析相结合的液化判别方法。通常利用地震现场液化调查资料确定饱和砂土的抗液化能力，采用理论分析方法确定饱和砂土所受到的地震动应力作用水平；结合两者进行液化判别。

受调查资料所限，目前方法②和③只适用于水平场地液化判别。

（2）液化防治

液化防治是防止液化和减轻液化危害的工程措施。工程项目必须制定适宜的防止液化和减轻液化危害的方案，涉及液化防治措施、具体方法、施工工艺及效果的检验。

3.5.3 抗震设计地震动

抗震设计地震动指在结构抗震设计中用作地震输入的地震动幅值、反应谱和地震动时程等。设计地震动参数的形式和标准由抗震设计规范规定，随地震工程研究进展和抗震设计经验积累而发展，对应抗震分析的静力理论、反应谱理论和动力时程反应分析等三个阶段，设计地震动参数也经历了由简单到复杂的变化。

一般结构可由地震区划图（图 3.5.1）和抗震设计规范直接确定设计地震动，重要工程设计地震动的确定则应做更详尽的专门研究。

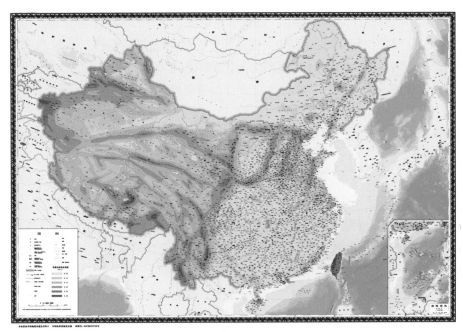

图 3.5.1 中国地震动参数区划图（第五代，2016 年 6 月 1 日起实行）

3.5.3.1 设计地震动幅值

地震动加速度峰值是最早采用的、最主要的设计地震动参数。加速度物理意义明确，结构反应加速度与结构质量相乘就是结构承受的惯性力，即地震作用。

加速度峰值反映的是高频地震动特性，对于刚度较大、自振频率较高（如几赫兹以上）的工程结构，利用加速度峰值进行抗震设计是合理的。然而，对于自振频率约为 1Hz 以下的柔性结构，其地震反应主要取决于较低频率的地震动成分，故采用速度峰值进行抗震设计更为合理；如美国 ATC-3 规范给出了由速度峰值导出的具有加速度形式的地震动峰值作为设计地震动参数。埋地结构（如地下管道等）的地震破坏主要由地变形控制，故其抗震设计应输入地震动位移幅值。

由于早期缺乏强震观测记录，我国长期以来以地震烈度作为结构抗震设计的地震动参数，称为设防烈度或设计烈度。但地震烈度并不是物理量，故在抗震设计规范中规定了烈度与加速度或速度之间的对应关系。日本的抗震设计以传统的"震度"表示输入地震动幅值，震度实际上是以重力加速度为单位的加速度幅值；在静力设计阶段，地面的震度与结构地震反映的震度被认为是相同的；目前，日本的设计震度被视为结构反应加速度的粗略表述。

设计地震动幅值一般可由地震区划图或小区划图确定，重大工程的设计地震动幅值则应由地震危险性分析得出。

随着抗震设计理论的发展，抗震设计倾向于采用两阶段抗震验算（或二次验算），与此相应则需采用不同的设计地震动幅值。如日本建筑抗震验算的小震震度为 0.2，大震震度则为 1.0。中国建筑抗震设计的小震和大震是相对于基本设防烈度确定的，就烈度而言，小震烈度比设防烈度约低 1.55 度，大震烈度则比设防烈度高 1 度；相应的小震设计加速度峰值为基本设计加速度峰值的 35%，大震设计加速度峰值约为基本设计加速度峰值的 2 倍。

上述设计地震动幅值均为水平地震动幅值，竖向地震动幅值一般取水平地震动幅值的 1/2、2/3 或 65%。

3.5.3.2 设计反应谱

设计反应谱原则上是根据大量实测地震动的反应谱区别场地抗震分类后经平均、平滑和归一化后得出的。就其表述形式可分为动力放大倍数谱、定值反应谱和地震影响系数曲线三种，反应谱曲线的横坐标是振动周期。动力放大倍数谱的纵坐标是绝对加速度反应最大值与地面加速度峰值之比，使用中将地面加速度峰值与动力放大系数相乘即得绝对反应加速度，使用方便。各国设计反应谱动力放大倍数多取 3.0 左右，中国现行设计反应谱的动力放大倍数多取 2.25。定值反应谱是就某个给定的地面加速度峰值（如 1.0g）绘制的反应谱，纵坐标是绝对加速度反应最大值，当使用中输入地震动峰值不等于给定值时，可依比例放大或缩小。地震影响系数曲线是中国建筑抗震设计规范首先采用的设计反应谱的特殊形式，纵坐标为地震影响系数，地震影响系数是动力放大倍数与地面加速度（以重力加速度 g 为单位）的乘积，谱曲线依最大地震影响系数绘制，对应不同设防烈度（设计基本加速度）的地震影响系数最大值可查表确定，意在方便设计人员使用。

抗震规范使用的设计加速度反应谱曲线形状大同小异（图 3.5.2）。多数反应谱曲线在 0.1s（或 0s）至特征周期 T_g 间为水平直线段，超过 T_g 后为单调平滑下降曲线。特征周期是设计反应谱的重要参数，表示地震动频率成分及相应结构地震反应的变化趋势。特征周期长意味地震动的中、低频分量较丰富，柔性结构的地震反应也将更强。场地分类对特征周期有关键性的影响，土层越软特征周期越长，土层越硬特征周期越短。另外，大震远场地震动的特征周期偏长，小震近场地震动的特征周期偏短。实际地震动的反应谱曲线并不存在明确的特征周期，设计反应谱的特征周期是考虑地震动谱特性的一般特征由人为判断得出的，其数值的确定还考虑了经济技术能力的制约。反应谱特征周期与地震动或场地的卓越周期有联系也有区别。软弱土或厚度大的土层场地卓越周期长，地表地震动中长周期分量被放大，使长周期结构的地震反应加大。但土层卓越周期一般是由地脉动谱确定的，地脉动强度远不如地震动，土层未发生非线性性状时卓越周期明显较短。地震动卓越周期是对应最强振动成分的周期值，而反应谱特征周期是强弱地震动成分的人为界限值。

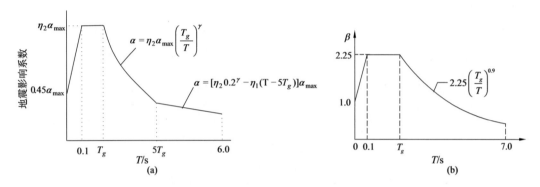

图 3.5.2　典型的抗震设计反应谱
(a) 现行建筑抗震设计反应谱；(b) 构筑物抗震设计反应谱

一般来说，对于同一场地和同一地震动，反应谱特征周期最长，地震动卓越周期次之，场地卓越周期最短。

不同设计反应谱曲线的低频截止周期不同。如 SL 203—1997《水工建筑物抗震设计规范》采用 3s，最长者如 GB 50191—1993《构筑物抗震设计规范》采用 7s。原则上，截止周期应涵盖抗震结构的自振周期，当代高柔、大跨结构自振周期的增加提出了延长设计反应谱截止周期的需求；有关地震动频谱特性的观测和分析则是对反应谱截止周期及其谱值做出定量判断的基础。

设计反应谱的幅值在周期超过特征周期 T_g 后均呈下降趋势，这反映了一般地震动的平均特征。反应谱下降段表达式一般取为周期 T 的幂函数，为反应谱最大值乘以 $(T_g/T)\theta$，θ 取值在 0.7 ~ 1.0 间变化。多数反应谱的 θ 取为固定数，但 JTJ 004—1989《公路工程抗震设计规范》和 JTJ 225—1998《水运工程抗震设计规范》中，反应谱的 θ 值是随场地类别变化的。由于反应谱长周期段的幅值缺乏充足的观测依据，为保障长周期结构的抗震安全性，部分规范规定了反应谱长周期段的最低幅值。SL 203—1997《水工建筑抗震设计规范》中的最低值取为动力放大系数最大值的 0.20；GB 50260—1996《电力设施抗震设计规范》中最低值取为地震影响系数最大值的 0.10；GBJ 111—1987《铁路工程抗震设计规范》规定的最低幅值为动力放大系数最大值的 0.45，即刚体的地震反应。

设计反应谱通常就结构临界阻尼比 5% 给出，当结构临界阻尼比不等于 5% 时，可依据简单公式或图表对 5% 阻尼反应谱进行调整。

中国 GB 50011—2010《建筑抗震设计规范》规定的地震影响系数曲线由四段组成：①直线上升段：$[0.45+10(\eta_2-0.45)T]\alpha_{max}$；②水平段：$\eta_2\alpha_{max}$；③曲线下降段：$(T_g-T)^\gamma\eta_2\alpha_{max}$；④直线下降段：$[0.2^\gamma\eta_2-\eta_1(T-5T_g)]\alpha_{max}$。其中 α_{max} 为地震影响系数最大值；η_2 为结构阻尼调整系数，当阻尼比为 0.05 时取值为 1；η_1 为长周期直线段下降斜率调整系数；T_g 为特征周期。

设计地震分组是中国 GB 50011—2010《建筑抗震设计规范》中为考虑远震和近震对设计反应谱的特征周期影响所采用的处理方法。该规范区分我国各地震区受近震或远震影响的差别，将设计地震分为三组，并基于《中国地震动参数区划图（2016）》中的《中国地震动反应谱特征周期区划图》，确定不同场地的设计反应谱特征周期（表 3.5.3）。

表3.5.3 中国 GB 50011—2010《建筑抗震设计规范》规定的特征周期取值（单位：s）

设计地震分组	场地类别			
	I	II	III	IV
第一组	0.25	0.35	0.45	0.65
第二组	0.30	0.40	0.55	0.75
第三组	0.35	0.45	0.65	0.90

抗震设计中一般认为竖向地震动的平均反应谱形状与水平反应谱相同，数值为水平值的 1/2～2/3。但随着强震观测记录的积累，研究发现事实并非如此，竖向地震动反应谱的形状、幅值随周期的变化规律与水平反应谱有差别。设计反应谱形状和控制参数的演进，反映了对结构破坏机理和地震动研究的进步。

3.5.3.3 设计地震动时程

设计地震动时程用于结构抗震设计中的结构地震反应时程分析，是动力抗震理论在抗震设计中的直接应用。

提供设计地震动时程主要途径有三种：①选择和调整实际强震观测记录；②根据地震动随机模型产生符合要求的样本地震动；③计算理论地震图，以考虑近断层地震动的特点。

考虑到地震动的不确定性，抗震设计应使用具有相同特征的多组地面加速度时间过程（至少三组，每组包括水平和竖向三个分量）。设计地震动时程应反映具体工程场地的影响，其谱特性应与设计加速度反应谱大体一致。

3.5.4 结构抗震设计

抗震设计是对处于地震活动区域、有可能发生震害的工程结构实施的专项结构设计。

当代工程结构的抗震设计一般遵照抗震设计技术标准进行；尚无相关技术标准可依或未完全采用现有技术标准的规定，但明确以提高抗震能力为目标的结构设计亦属抗震设计。广义的抗震设计包括新建工程的抗震设计和不满足抗震设防要求的现有工程结构的抗震加固设计。

抗震设计始于20世纪初的日本，最早应用于房屋建筑。随着工程震害经验的积累和地震作用理论的发展，抗震技术标准不断修订完善，经济发达国家地震区的建筑和其他工程设施普遍实施了抗震设计。业经抗震设计的工程结构提高了抗震能力，有效减轻了地震损失和人员伤亡。中国于20世纪50年代开始在重要城市和重大工程实施抗震设计，1976年唐山大地震后抗震设计开始向各工业部门和城市地区推广；随着社会经济的发展，乡镇建筑的抗震设计也引起了普遍关注。

抗震设计在着重关注实践经验的同时，需以地震作用理论和工程设计理论为基础。地震作用和地震作用效应的定量计算需利用结构动力学、结构力学、材料力学、弹性力学、塑性力学、土力学、土动力学和计算力学的基础知识。在确定设计地震动参数、进行抗震分析和实施结构抗震验算时，概率论、随机振动理论、结构可靠度理论和能量理论具有广泛的应用价值。结构振动控制理论为开辟抗震设计新途径提供了基础。

抗震设计包括规划、选址、选型、初步设计、计算设计和细部设计等内容，应遵循抗震概念设计的各项原则。抗震设计计算本质上是结构动力分析，区别具体情况可采用拟静力法、振型叠加反应谱法、振型叠加法、逐步积分法、静力弹塑性方法和弹塑性时程分析法计算结构体系的地震作用；再利用结构力学方法计算地震作用效应，进行必要的强度、变形和稳定性验算。抗震设计的重要内容是采取适当的抗震措施。

地震具有罕遇、强烈、复杂和不可准确预知的特性，故抗震设计具有与一般工程结构设计不同的特点和困难。土木工程抗震设计一般允许结构在设计地震动作用下进入非线性变形状态；抗震设计在关注结构体系承载力（强度）的同时，尤其强调延性和非线性耗能能力。地震作用下结构体系的破坏模式十分复杂；小震验算对应的结构承载力极限状态，其可靠度远低于静力荷载作用下的可靠度；大震验算则对应弹塑性变形极限状态，这一状态在一般结构设计中是不允许出现的。地震作用比风、浪和机械振动更为复杂，抗震设计在考虑地震动频谱的同时，也关注与强地震动持续时间有关的低周疲劳效应和脉冲作用效应。结构与地基、流体等构成动力体系，其相互作用分析也是抗震设计中的难点。另外，在结构进入非线性变形阶段后，结构的地震动多维输入反应分析和长大结构的地震动多点输入反应分析也是有待解决的问题。

基于震害和工程经验的总结以及抗震设计理论的发展，当代工程结构抗震设计已经形成了较为系统的科学方法，并体现于各类抗震设计技术标准。然而，鉴于地震动和地震作用效应极其复杂以及新型、重大、复杂工程结构的不断发展，涉及安全性、适用性和经济性的抗震设计尚有不完善之处。有待深入研究的主要问题包括：考虑地震作用和结构体系的不确定性，基于概率理论、随机振动理论和极限状态理论的抗震设计方法和可靠度研究。传统和新型结构材料、结构构件和结构体系的非线性力学特性及数值模拟研究。以实现性态抗震设计为目标的基于位移和能量的设计理论和方法研究，以及基于振动控制理论的抗震控制设计方法的研究等。

3.5.4.1 抗震概念设计

抗震概念设计是基于震害经验和理论分析得出的指导抗震设计的基本概念和原则。违反抗震基本概念和原则的设计是不合理的设计，且不能借助抗震分析计算予以弥补，将造成建设资金的浪费并难以达到预期的抗震要求。抗震概念设计包括以下基本内容。

（1）抗震工程的建设要综合考虑平时和震后的功能，在提高结构自身抗震安全的同时，还应注意避免导致地震次生灾害或使次生灾害限于局部。

（2）抗震工程建设应选择抗震有利地段，避开不利地段；当无法避开时，应采取适当的抗震措施；不应在危险地段建造甲、乙、丙类建筑。应依据地震地质背景等有关资料对建筑场地进行综合评价；同一结构单元不宜建在性质截然不同的地基上，同一建筑不宜部分采用天然地基、部分采用桩基；当地基包含软弱黏土、可液化土或不均匀土层时，宜采取措施加强基础的整体性和刚度。

（3）抗震结构布置宜均匀规整，结构体型力求简单，并选择有利抗震的建筑平面和立面；抗侧力构件的质量、刚度和强度分布宜均匀对称；尽量减少扭转效应，并避免因局部强度或刚度突变形成薄弱部位、产生过大的应力和变形集中。

（4）抗震结构应有合理的结构体系，除应具有明确的力学计算简图和合理的地震作用传递途径外，还应考虑以下概念：

①不同设防烈度下，不同建筑材料和不同结构体系的适用范围不同，应选择适当的抗震结构类型；抗震建筑应考虑安全和经济因素，适当限制高度和层数。

②尽可能使结构的自振周期避开场地卓越周期，防止因共振加重震害。

③抗震结构应采用多道抗震设防体系，各体系应能协同工作抗御地震作用，避免因部分结构或构件破坏引起结构倒塌；结构应具有尽可能多的赘余度，且有意识地设计一系列分布的塑性区，提高耗能能力。

④结构应具有良好的整体性和变形能力，防止构件剪切破坏、粘结失效、失稳等突发性破坏；柱的抗震能力应高于梁，构件抗剪能力应高于抗弯能力，构件节点的强度不应低于连接构件的强度，预埋件的锚固强度不应低于连接件强度；装配式结构的构件应牢固连接，加强整体性。

（5）非结构构件（围护墙、隔墙、填充墙等）的设计应考虑其对抗震的不利和有利影响，避免因设置不合理导致主体结构构件的破坏。女儿墙、雨篷等非结构构件和装饰物应与主体结构可靠连接，防止在地震中坍落伤人。

（6）抗震建筑应合理选用建筑材料并保证施工质量，采用轻质材料构件有利于减小地震作用。

3.5.4.2 抗震概念设计的几个关键术语

（1）多道抗震设防

多道抗震设防是抗震设计中使结构具有协同工作的多重抗侧力体系和适当多的赘余约束，可控制结构破坏的先后次序、增加耗能、防止倒塌的抗震概念设计原则。仅有单一抗侧力体系的结构在超过承载力极限状态后即将倒塌；缺乏赘余约束的结构体系，在塑性铰发生和构件破坏后承载力下降，且可能形成"机构"（具有活动连接的运动可变的构件组合）而失稳坍塌。缺乏延性的脆性结构构件，开裂后迅即破坏。因此，抗震结构应有多重抗侧力体系协同工作，宜增加构件赘余度并提高构件延性和耗能能力。

多层砌体结构房屋的多道抗震设防体现于砌体抗震墙和钢筋混凝土构造柱及圈梁。地震时，砌体墙作为第一道防线承受水平地震作用；墙体开裂后，圈梁和构造柱将约束开裂砌体使其不致离析坍塌，构成第二道防线，可保证砌体房屋裂而不倒。框架 - 抗震墙结构由延性框架和抗震墙两个系统组成。抗震墙作为主要抗侧力体系构成第一道防线，抗震墙开裂、刚度退化后，结构体系的内力将重新分布，满足抗震计算和抗震措施要求的框架可在塑性变形阶段承受地震作用，发挥第二道防线的作用。框架体系可在层间设置斜撑构成支撑框架体系，斜撑经细部设计可形成预期的塑性变形段，先期屈服增加耗能保护主体结构。被动控制体系可通过阻尼器耗散能量，保护主体结构甚至使主体结构处于弹性状态，更灵活有效地实现多道抗震设防思想。

（2）强柱弱梁

强柱弱梁是抗震设计中使框架结构的梁端在强烈地震作用下先于柱端形成塑性铰、增加耗能防止体系倒塌的抗震概念设计原则。框架的变形能力取决于梁、柱的变形。柱是压弯构件，梁则以弯曲变形为主；梁、柱破坏的先后顺序不同将导致不同的体系破坏模式，造成抗震可靠度的差异。柱端塑性铰的形成将直接导致所在层结构的过大变形、增大重力二次效应，乃至形成机构而倒塌；框架底层柱端过早出现塑性铰将削弱结构整体的变形及耗能能力，上述破坏模式将导致严重后果。梁端塑性铰的出现不易形成机构，不危及结构整体，大量塑性铰的出现有利于耗散振动能量，此种破坏模式相对有利。所以，框架结构的抗震设计应提高柱的可靠度，使梁成为相对较弱的构件，即采用强柱弱梁的设计原则。

强震作用下，梁端弯矩将达到受弯承载力，柱端弯矩也与其偏压下的受弯承载力相等。所以，体现强柱弱梁概念的方法是使节点处柱端受弯承载力大于梁端受弯承载力。受地震动、结构体系和材料的复杂影响，上述原则通常采用简化的计算措施实现；为此，中国建筑抗震设计规范规定采用增大的柱端弯矩设计值，在计算梁端抗震承载力时，计入楼板钢筋且考虑材料强度的超强系数。在多肢抗震墙结构设计中使连梁先于墙肢屈服的"强墙弱梁"设计原则也体现了相同的抗震设计概念。

（3）强剪弱弯

强剪弱弯是抗震设计中防止钢筋混凝土梁、柱、抗震墙和连梁等构件在弯曲屈服前发生剪切破坏的抗震概念设计原则。构件的脆性剪切破坏将导致承载力的急剧下降，以致造成结构整体倒塌；但构件受弯形成塑性铰后仍保持一定的承载能力，且可通过往复变形耗散能量；故剪切破坏是更为危险的，应予避免的构件破坏形态。

为实现强剪弱弯的抗震设计思想，应使构件受剪承载力大于构件弯曲屈服时实际达到的剪力。中国抗震设计规范规定将承载力关系转为内力关系，考虑材料实际强度和钢筋实际面积的影响，引入剪力增大系数来调整梁、柱、墙截面组合剪力设计值。框架梁端剪力增大系数的取值范围为 1.1 ~ 1.3，框架柱和框支柱剪力增大系数的取值范围为 1.1 ~ 1.4，角柱剪力增大系数的取值应不小于 1.1，抗震墙剪力增大系数的取值范围为 1.2 ~ 1.6。钢筋混凝土梁、柱、抗震墙和连梁等构件应区别剪跨比和跨高比的不同，满足组合剪力设计值的验算要求。规范还规定进行一级抗震墙施工缝和梁柱节点的抗剪承载力验算。

（4）剪跨比

剪跨比是反映梁、柱截面所承受的弯矩与剪力相对大小的参数，是衡量梁、柱变形能力和破坏模式的重要指标。简支梁的剪跨比 λ 定义为：

$$\lambda = a/h_0 \tag{3.5.2}$$

式中，a 为剪跨，是简支梁上集中荷载作用点到支座边缘的最小距离；h_0 为梁截面有效高度。柱和墙肢剪跨比 λ 的一般定义为：

$$\lambda = M/(V/h_0) \tag{3.5.3}$$

式中，M、V 分别为墙、柱端部截面的弯矩和剪力；h_0 为墙、柱截面有效高度。反弯点接近中点的框架柱，常近似以长细比表示剪跨比，即

$$\lambda = M/(V/h_0) = H_{c0}/2h_0 \tag{3.5.4}$$

式中，H_{c0} 为柱的净高。剪跨比较大（$\lambda > 2$）的柱通称长柱，多发生弯曲或弯 – 剪破坏。剪跨比较小（$\lambda \leqslant 2$）的柱通称短柱，一般易发生剪切破坏；$\lambda \leqslant 1.5$ 的柱称为极短柱，将发生无延性的脆性剪切破坏。短柱和极短柱是抗震设计中应当尽量避免出现的。

跨高比是梁的净跨与梁截面高度之比，是影响梁的塑性铰发展的重要参数。当跨高比小于 4 时，地震作用下的梁极易发生以斜裂缝为表征的主拉破坏形态，交叉裂缝将沿梁的全跨发展，从而使梁的延性及承载力急剧降低。跨高比小于 2 的简支梁和跨高比小于 2.5 的连续梁称为深梁，深梁变形不再符合一般的平截面假定，受力分析比一般梁更为复杂。

3.5.4.3 抗震结构的规则性

抗震结构的规则性是抗震结构平立面简单、对称、规整，质量、刚度、强度分布均匀的性质。不满足规则性要求的建筑结构，在地震作用下将产生应力、变形相对集中的薄弱部位，可能导致结构整体破坏；不规则建筑结构在地震作用下还将发生不可忽视的附加扭转作用效应，降低结构构件和体系的抗震可靠度。抗震结构应尽量满足规则性要求。

由于建筑美学和使用功能的要求，抗震结构往往不是完全规则的。抗震设计中根据建筑结构是否满足规则性要求，可区分为规则建筑和不规则建筑，两者应采用不同的分析方法和抗震措施。

（1）规则建筑

规则建筑是平立面外形简单规整，且抗侧力构件的质量、刚度和强度分布相对均匀的建筑。复杂的建筑结构做到完全规则是困难的，而且，也很难就规则性给出简单的衡量指标。设计者应根据抗震概念设计原则和工程经验尽量采用有利于抗震的规则建筑。规则建筑一般应满足以下条件，其平立面形状见图 3.5.2(a) 和图 3.5.2(b)。

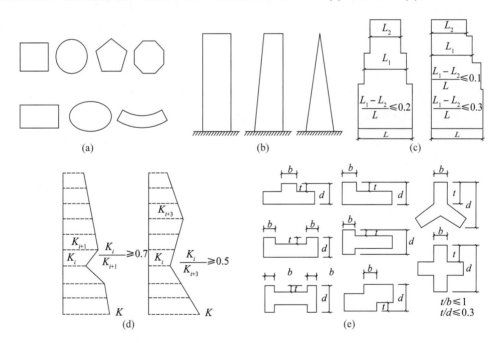

图 3.5.2 建筑平立面规则性

(a) 规整的建筑；(b) 简单的建筑立面；(c) 规则结构的立面缩进；(d) 规则结构的立面刚度要求；(e) 规则结构的平面要求

①立面要求。

• 立面轴对称结构，相邻楼层的相对缩进尺寸不大于建筑相应方向总尺寸的20%；立面非轴对称结构，相邻楼层的相对缩进尺寸不大于建筑相应方向总尺寸的10%，总缩进尺寸不大于建筑相应方向总尺寸的30%（图3.5.2 c）；

• 抗侧力构件上下层连续、不错位，且水平尺寸变化不大；

• 相邻层质量变化不大，如质量比在 3/5 ～ 1/2 范围内；

• 相邻层侧向刚度相差不大于 30%，连续三层刚度总变化不超过 50%（图 3.5.2d）；

• 相邻层抗剪屈服强度变化平缓。

②平面要求。

• 房屋平面局部突出部分尺寸 t 不超过其正交方向的最大尺寸 b，且凸出尺寸 t 不大于相同方向平面总尺寸 d 的 30%（图 3.5.2 e）；

• 同层抗侧力构件的质量分布基本均匀、对称；

• 平面内不同方向的抗侧力构件轴线相互垂直或基本垂直，便于确定两个主轴方向分别进行抗震分析；

• 楼板的平面内刚度与抗侧力构件的侧向刚度相比足够大，可忽略楼板平面内变形对抗侧力构件水平地震作用分配的影响。

（2）不规则建筑

不规则建筑是平立面体形复杂，抗侧力体系的质量、刚度和强度沿竖向分布不均匀、不连续，平面布置不对称的建筑。由于建筑功能的多样性和结构的复杂性，建筑的不规则性难以完全避免，主要表现为：几何形状急剧变化、平面呈凹凸状，荷载传递路线中断，强度和刚度不连续，关键构件截面因开洞而削弱，构件尺寸比例不当等。

抗震设计规范一般将不规则结构分为平面不规则和竖向不规则两大类，再分别规定具体衡量标准。中国建筑抗震设计规范将平面不规则分为扭转不规则、平面凹凸不规则和楼板局部不连续三种；将竖向不规则分为侧向刚度不规则、抗侧力构件竖向不连续及楼层承载力突变三种；并规定了衡量各种不规则性的定量指标。可根据超过指标的程度、是否具有抗震薄弱部位、严重的抗震薄弱环节以及造成震害的严重程度划分不规则建筑、特别不规则建筑和严重不规则建筑。就不规则结构对抗震能力的影响而言，竖向不规则比平面不规则更不利；竖向及平面两者均不规则最为不利。

引起建筑结构不规则的因素很多，对于体形复杂的建筑很难有简单的定量指标判断其不规则性并加以限制。地震区建筑的设计者应掌握抗震概念设计原则，采用抗震性能好的规则建筑，不宜采用抗震性能较差的不规则建筑，不应采用抗震性能差的严重不规则建筑。各类不规则建筑的计算分析，均宜采用空间计算模型，满足规范规定的相应设计计算要求，并采取有效的抗震措施。体形复杂、平立面特别不规则的建筑结构，可根据实际情况在适当部位设置防震缝，形成多个较规则的抗侧力结构单元。

①平面不规则。

平面不规则是结构平面偏心、外形不规整和楼板开洞等造成的建筑结构的不规则性。平面不规则一般可分为扭转不规则、凹凸不规则和楼板局部不连续三种类型。

（a）扭转不规则。建筑物同一层内抗侧力构件的强度和刚度分布不对称将造成扭转不规则。例如，有些临街建筑为满足使用功能要求，常常在底层的三个边设置抗震墙或钢筋混凝土框架填充墙，而临街一边设大洞口；这类建筑的刚度中心和质量中心明显不重合，地震时将产生扭转振动。扭转不规则可由结构地震反应计算值定量判断。当按照刚性楼盖计算得出的楼层最大弹性水平位移（或层间位移）大于该楼层两端弹性水平位移（或层间位移）平均值的1.2倍时，可认为存在扭转不规则（图3.5.3）。任何楼层的偏心率（偏心距与相同方向结构平面尺寸之比）大于0.2时，亦可判断该建筑为扭转不规则建筑。

（b）凹凸不规则。建筑平面形状复杂和不对称造成凹凸不规则。例如，建筑平面采用L、T、Y等形状，在几何上没有对称轴或只有一个对称轴。凹凸不规则建筑在地震作用下将产生附加的扭转效应，凹角处将产生应力集中，形成薄弱部位。当平面凸出部分的尺寸大于同一方向结构平面最大尺寸的30%时，可判定为凹凸不规则（图3.5.4）；凸出尺寸超过突出部分正交方向的尺寸时，亦可判定为凹凸不规则。

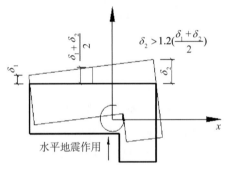

图3.5.3 扭转不规则

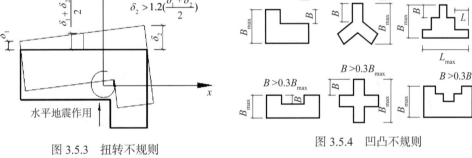

图3.5.4 凹凸不规则

（c）楼板局部不连续。楼板设置不均匀和楼板平面内刚度的急剧变化造成的不规则性。例如，多层建筑中为了竖向交通的需要或其他目的，在楼板上设置的洞口将削弱楼板刚度，在洞口周边形成薄弱部位，影响水平地震作用的传递。当开洞面积大于该层楼板总面积的30%时，或有效楼板宽度b小于该楼层楼板宽度B的50%时，可判定为楼板局部不连续（图3.5.5a、

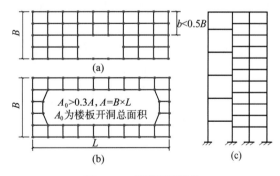

图3.5.5 楼板局部缺失

图3.5.5b）；错层建筑的楼层高差超过梁高时亦应按楼板开洞考虑（图3.5.5c）。相邻楼层有效楼板刚度变化超过15%时亦属平面不规则。

美国抗震设计规范将抗侧力构件上下错位、抗侧力构件与结构主轴斜交等也视为平面不规则因素。

建筑抗震设计不应采用严重不规则的设计方案，应避免过大偏心等不规则因素；可通过增加结构抗扭刚度减轻平面不规则性的影响。平面不规则建筑的抗震设计应遵循不规则建筑结构的设计要求。

② 竖向不规则。

竖向不规则是抗侧力体系的侧向刚度和承载力沿立面分布不均匀，或抗侧力构件不连续造成的建筑结构的不规则性。中国建筑抗震设计规范将建筑结构的竖向不规则区分为侧向刚度不规则、抗侧力构件竖向不连续和楼层承载力突变三种类型（图 3.5.6）。

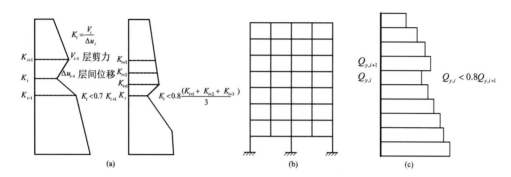

图 3.5.6　结构竖向不规则建筑
(a) 侧向刚度不规则；(b) 竖向抗侧力构件不连续；(c) 承载能力突变（有薄弱）

（a）侧向刚度不规则。由于使用功能和建筑艺术处理的需要，建筑外形往往沿竖向收进，或在不同楼层采用不同的结构布置。竖向收进将造成房屋上下相邻部分地震作用的大幅变化，收进处将产生应力集中；在建筑的某些层布置大开间会议室和餐厅等也往往造成这些层的侧向刚度与邻层相比大幅减小，形成软弱层；这些不规则性将影响建筑整体的抗震能力。当某一楼层的侧向刚度小于相邻上一层侧向刚度的 70%，或小于上部相邻三个楼层侧向刚度平均值的 80% 时，可判定为侧向刚度不规则。除顶层外，当竖向收进的水平向尺寸大于相邻层水平尺寸的 25% 时，亦可判定为侧向刚度不规则。

（b）抗侧力构件竖向不连续。抗侧力构件（柱、抗震墙、抗震支撑）未贯通全部楼层与基础连接，上部水平地震作用必须经由水平转换构件（梁、板、桁架等）向下传递，称为抗侧力构件竖向不连续。为满足底层大空间使用要求建造的柔底层房屋是抗侧力构件竖向不连续的典型代表。具有此种不规则性的建筑在强烈地震作用下十分危险，往往造成底层和邻层的严重破坏（图 3.5.6b）。

（c）楼层承载力突变。建筑某层的抗剪承载力与邻层相比明显偏小形成薄弱层称为楼层承载力突变。薄弱层相对其他楼层会先期出现塑性铰而发生破坏，从整体考虑既不经济也不安全。当建筑某楼层的抗剪承载力小于相邻上一楼层承载力的 80% 时，可判定为楼层承载力突变。

抗震设计应尽量避免采用竖向不规则建筑。对于具有竖向不规则性的建筑，应采用空间模型计算地震反应并进行弹塑性变形验算。对刚度突变层的构件应采取加强的构造措施；针对抗侧力构件竖向不连续，应增大水平转换构件的内力设计值、提高其抗震等级并采用增强的抗震措施。对楼层承载力突变的建筑，薄弱层的地震剪力设计值应乘以增大系数。

对于多层和高层建筑，结构竖向布置不均匀或抗力的变异可形成薄弱层。控制薄弱层是抗震概念设计中的重要内容。楼层实际屈服强度是判断结构薄弱层的基本因素；设计中要使各楼层的屈服强度系数（实际承载力和计算得出的弹性抗力之比）在总体上保持相对均匀变化；否则将因塑性变形阶段的内力重分布而产生较大的非线性层间变形。应防止加强局部楼层而忽视整体结构刚度、强度的协调；抗震设计中应控制薄弱层部位，使之有足够的变形能力又不致使薄弱层发生转移，以保障结构整体的抗震能力。

3.5.4.4 抗震验算

抗震验算是就设计地震作用效应与其他荷载效应的组合值对建筑结构抗震安全性进行的计算校核。设计地震作用效应是设计地震作用引起的结构构件内力（剪力、弯矩、轴向力、扭矩等）或位移（线位移、角位移等）。抗震验算一般包括构件强度验算、变形验算和稳定性验算，抗震验算应满足的原则表达式为：

$$S \leqslant R \tag{3.5.5}$$

式中，S 为地震作用效应与其他荷载效应的组合值；R 为结构或构件的抗力，即结构或构件承受外力作用效应的能力，如强度和变形能力等。

抗震结构设计一般应进行抗震验算，但各国规范也大都规定了少量可不进行抗震验算的情况。例如，美国《编制建筑抗震规程的暂行规定》（ATC-3-06）规定 A 类房屋可不进行整体地震作用分析和抗震验算；中国《建筑工程抗震性态设计通则》（CECS 160：2004）规定设防烈度 6 度的一户或两户独立住宅和 A 类规则建筑以及无人居住的临时建筑可不进行抗震验算；GB 50011—2010《建筑抗震设计规范》规定，抗震设防烈度 6 度的乙、丙、丁类建筑除有具体规定者外，一般可不进行地震作用计算和抗震验算。不进行抗震验算的结构，仍应满足抗震措施的要求。

抗震建筑在场地确定以后，一般按下列步骤计算上部结构的荷载效应，进行抗震验算并最终确定构件截面：

①选定结构类型，按静荷载进行初步设计，初步确定构件尺寸；

②按初步设计计算结构的地震作用和地震作用效应；

③计算地震效应与其他荷载效应的组合，进行抗震验算；根据验算结果调整设计。

抗震验算一般包括构件强度验算、结构变形验算和稳定性验算。构件达到开裂强度后将产生裂缝，进入非线性变形状态，达到极限强度后将丧失承载能力，故强度验算是抗震验算的重要内容。结构变形轻则造成非结构构件的变形、开裂和脱落，重则导致结构构件开裂和破坏、连接失效和毗邻结构的碰撞；尤其在抗震设计允许结构发生非弹性性状的条件下，变形成为控制结构性态和功能的重要因素。结构变形验算一般为结构层间变形验算，部分规范也规定了最大总变形的验算和相邻建筑防碰撞间隔的验算。局部构件失稳将改变结构体系的性状，整体失稳将直接造成结构倒塌，故稳定性验算也是抗震设计所应考虑的内容。不同验算内容（承载力、变形和稳定性）对应不同的破坏机理，不能相互替代。

抗震设计规范中的抗震验算方法可分为容许应力（或安全系数）方法和极限状态设计方法两大类。前者是结构设计的传统方法，后者是以概率理论为基础的极限状态设计方法。传统方法将结构作用效应和抗力均视为确定值，极限状态设计方法则将结构抗力和作用效应视为随机变量，通过满足极限状态方程的可靠度评价结构的适用性、安全性和耐久性。极限状态设计方法计算复杂，故设计规范中一般采用以分项系数表示的简化验算表达式。中国建筑抗震设计规范规定了小震作用下的构件截面承载力抗震验算极限状态表达式；大震作用下的变形极限状态十分复杂，缺乏完善的理论和足够的经验数据，难以确定可靠度指标，故大震变形验算直接将分析得出的弹塑性变形与给定变形限值进行比较。

各国抗震设计规范规定的建筑抗震设防目标是类似的，即区别地震发生的频度和强度分别规定了保障运行和防止倒塌等不同目标。然而，为实现这一目标所执行的抗震验算次数则有区别。为使结构满足与多个地震动水准对应的不同性态要求，原则上应进行多次（阶段）验算，不同地震动水准下的抗震验算一般不能相互替代。以美国多数现行规范的规定为代表，若干国家仅进行设防地震动作用下的一次抗震验算，中国和日本则规定进行对应大、小两个地震动水准的两次抗震验算。两次抗震验算（又称两阶段验算或两阶段设计）方法是日本《新耐震设计法》（1980）首先提出的，中国 GBJ 11—89《建筑抗震设计规范》及以后修编的 GB 50011—2010《建筑抗震设计规范》也采用了类似的方法。中国规范规定，小震（即多遇地震）作用下结构应处于弹性阶段，地震作用与其他荷载的组合应力不应大于结构构件的设计强度，结构的层间变形不应大于规定弹性位移角限值；大震（即罕遇地震）作用下结构处于弹塑性阶段，强度不再是设计的控制参数，但结构的弹塑性层间变形不得超过规定值，以防止结构倒塌。

（1）设计地震作用和地震作用效应

设计地震作用和地震作用效应是结构地震反应分析的结果，是进行结构抗震验算的依据。抗震设计中为实现抗震概念设计原则，往往根据经验和理论分析对设计地震作用和地震作用效应的计算结果进行人为调整（通称计算措施），旨在实现预期的结构破坏模式和提高抗震结构的可靠度。

① 设计地震作用。

设计地震作用是抗震设计中采用的作用于结构上的地震惯性作用。地震发生时，结构将承受地震动引起的惯性作用，其数值等于结构质量与结构振动加速度（或转动惯量与转动角加速度）的乘积。这种惯性作用在结构动力学中称为惯性力，在结构抗震文献和抗震规范中曾称为地震力或地震荷载。按照 1985 年颁布的国家标准 GBJ 83—1985《建筑结构设计通用符号、计量单位和基本术语》的规定，地震时结构承受的地震力是地震动引起的动态作用，属于间接作用，不可称为"荷载"，应称地震作用。

结构和构件的设计地震作用从理论上讲有六个分量，即对应笛卡尔坐标系的三个平动分量（两个水平地震作用和一个竖向地震作用）和三个转动分量（扭转地震作用）。

水平地震作用计算在一般情况下是抗震计算分析的最主要内容，其原因在于：强震观测表明，除地震震中局部区域以外，地震动的水平分量一般大于竖直分量；工程结构的静力设计着重考虑的是重力荷载作用，而结构地震破坏往往由水平地震作用造成。

荷载代表值是结构设计时采用的荷载值。中国国家标准 GBJ 68—1984《建筑结构设计统一标准》根据不同极限状态的设计要求，对设计表达式中涉及的各种荷载规定了不同的代表值，如永久荷载以标准值为代表值，可变荷载以其标准值、组合值、准永久值为代表值。各种荷载的标准值是建筑结构按极限状态设计时采用的荷载基本代表值。荷载标准值统一由设计基准期最大荷载概率分布的某一分位数确定。地震作用的标准值是在某一设计地震动作用下按规范规定的方法计算出的地震作用数值。重力荷载代表值是计算地震作用时采用的重力荷载值，其数值在中国建筑抗震设计规范中规定为结构和构配件自重标准值和有关可变荷载组合之和，可变荷载有雪荷载、层面积灰荷载、按等效均布荷载计算的楼面活荷载、吊车悬吊物等。

为提高结构抗震安全度、实现多道抗震设防等概念设计原则，抗震设计中往往对计算得出的地震作用进行人为调整，规定结构承受的地震作用的最低限值。如中国建筑抗震设计规范规定：侧向刚度沿竖向均匀分布的框架 – 抗震墙结构，应对框架部分承担的地震剪力进行调整，框架部分承担的地震剪力应取总底部剪力的 1/5 和 1.5 倍框架部分最大楼层剪力中的较小值；为提高长周期结构的抗震安全性，提出了有关楼层水平地震剪力最小值的规定。

②地震作用效应。

地震作用效应是承受地震作用的结构构件的内力（如剪力、弯矩、轴力和扭矩等）和变形（如线位移和角位移等）。地震作用效应是决定结构抗震能力的基本因素，也是进行结构抗震验算的直接依据。结构的弹性内力和变形是保障结构正常使用功能的重要指标；弹塑性位移则标志结构的不同破坏程度，是涉及人身安全、经济损失和结构倒塌的决定性因素。

估计地震作用下结构构件的动力作用效应，尤其是弹塑性变形阶段的作用效应是十分复杂的。抗震设计中，往往采用地震反应分析简化方法估计地震作用的最大值，再由材料力学方法计算地震作用效应。对应水平地震作用、竖向地震作用和扭转地震作用，结构构件的地震作用效应也是多维的，抗震设计中应适当估计其中起主要作用者。为了实现抗震概念设计的原则，抗震设计中还往往采用地震作用效应增大系数等对计算得出的地震作用效应进行调整。

（2）层间变形

层间变形是同一结构中不同高度的相邻层在地震作用下的水平相对位移，亦称层间位移。水平相对位移一般取相邻楼层质心的位移差；对平面不规则结构，可取相邻楼层边缘的最大位移差。层间变形是反映结构体系抗震性态的重要参数，与结构使用功能和结构构件破坏密切相关，尤其在强烈地震下结构进入非线弹性变形阶段后，层间变形是控制结构倒塌的决定因素。各国结构抗震设计规范均规定了有关层间位移的计算方法和抗震验算中层间位移或层间位移角限值，层间位移角定义为相邻层水平相对位移值除以层高。

严格地讲，抗震验算中层间变形应取结构地震反应同一时刻层间变形的最大值，需要进行结构地震反应的时程分析。考虑时程分析的复杂性，尤其是弹塑性地震反应时程分析的技术困难，各国抗震设计规范均规定了粗略估计层间变形的简化计算方法，主要方法如下。

①采用底部剪力法计算弹性体系地震反应时，层间变形为楼层剪力除以该楼层的侧移刚度。

②采用振型叠加反应谱法计算平面结构弹性地震反应时，首先计算各振型反应的层间变形，对于以弯曲变形为主的高层建筑，计算中应扣除结构摆动产生的水平位移，然后采用平方和开平方方法（SRSS）得出结构的层间变形估计。

③采用平–扭耦连分析模型计算弹性结构地震反应时，首先利用刚性楼板假定、考虑平动和转动位移的耦连计算各振型反应的层间变形，然后用完全平方组合法（CQC）叠加各振型的层间变形。

④当采用底部剪力法或振型叠加反应谱法估计结构弹塑性层间变形时，可首先采用结构系数对弹性分析得出的层间变形进行折减，然后再乘以位移放大系数。

⑤多层剪切型结构薄弱层弹塑性层间变形的计算可采用简化方法。

⑥可采用静力弹塑性方法估计结构的弹塑性层间变形。

抗震验算采用的层间位移角限值是区别不同结构类型，并考虑不同极限状态确定的。弹性层间位移角限值是构件的开裂变形角（表 3.5.4）。对于超过弹性阶段的不同变形极限状态，层间位移角限值很难由理论确定，抗震设计规范中的限值是基于数值模拟、试验结果、震害和使用经验的综合判断结果（表 3.5.5）。

表3.5.4 GB 50011—2001《建筑抗震设计规范》规定的弹性层间位移角限值

结构类型	限值$[\theta_e]$
钢筋混凝土框架	1/550

续表

结构类型	限值[θ_e]
钢筋混凝土框架–抗震墙、板柱–抗震墙、框架–核心筒	1/800
钢筋混凝土抗震墙、筒中筒	1/1000
钢筋混凝土框支层	1/1000
多、高层钢结构	1/300

表3.5.5 GB 50011—2001《建筑抗震设计规范》规定的弹塑性层间位移角限值

结构类型	限值[θ_e]
单层钢筋混凝土排架	1/30
钢筋混凝土框架	1/50
底部框架砖房中的框架–抗震墙	1/100
钢筋混凝土框架–抗震墙、板柱–抗震墙、框架–核心筒	1/100
钢筋混凝土抗震墙、筒中筒	1/120
多、高层钢结构	1/50

国家标准 GB 50011—2010《建筑抗震设计规范》规定，规则结构的弹塑性变形计算可采用层模型（串联多质点模型）或平面杆系模型；不规则结构应采用空间模型；一般结构可采用静力弹塑性分析方法或弹塑性时程分析法。不超过 12 层的刚度无突变的钢筋混凝土框架结构，可采用以下简化方法估计薄弱层的弹塑性位移。该法是在归纳多层规则框架结构非线性地震反应数值模拟分析结果的基础上建立的。

薄弱层弹塑性层间位移可由下式估计：

$$\Delta \mu_p = \eta_p \Delta u_e \qquad (3.5.6)$$

式中，$\Delta \mu_p$ 为层间弹塑性位移；η_p 为层间弹塑性位移增大系数；Δu_e 为罕遇地震作用下由弹性分析得出的层间位移。层间弹塑性位移增大系数与楼层屈服强度系数 ζ_y 有关，楼层屈服强度系数定义为结构各层抗力与罕遇地震作用下由弹性分析得出的地震作用的比值。当薄弱层的屈服强度系数 ζ_y 不小于邻层该系数平均值的 4/5 时，η_p 可按表 3.5.6 采用；当 ζ_y 不大于邻层该系数平均值的 1/2 时，η_p 可按表 3.5.6 数值的 1.5 倍采用。

表3.5.6 弹塑性层间位移增大系数

结构	层数（或部位）	ξ_y		
		0.5	0.4	0.3
框架	2 ~ 4	1.30	1.40	1.60

续表

结构	层数（或部位）	ξ_y		
		0.5	0.4	0.3
	5～7	1.50	1.65	1.80
	8～12	1.80	2.00	2.20
单层厂房	上柱	1.30	1.60	2.00

楼层屈服强度系数的计算中，楼层抗力应按楼层各抗侧力构件实际断面尺寸和材料强度标准值计算，设计地震作用效应是按弹性反应计算的对应大震的作用效应。该系数大于 1 表示结构处于弹性阶段，小于 1 对应非弹性阶段。依抗震规范要求设计的建筑，各楼层的屈服强度系数沿建筑高度宜均匀分布，该系数较小的楼层在地震时容易出现变形集中导致结构破坏或破坏加重。楼层屈服强度系数愈小，相应弹塑性位移增大系数愈大。

（3）极限状态设计方法

极限状态设计方法是以概率理论为基础，基于结构或构件满足预定功能极限状态的可靠度进行结构设计的方法。极限状态设计将作用效应和结构抗力考虑为随机变量，结构及构件必须在某个可靠度指标下满足承载能力极限状态和正常使用极限状态的要求。极限状态设计方法较为复杂，不便于设计人员掌握使用，在建筑结构抗震设计验算中多采用简化的极限状态设计表达式。抗震结构构件设计的目标可靠指标，是在对现有抗震结构构件进行可靠指标校准的基础上，考虑结构安全和经济能力两方面因素确定的。

国家标准 GB 50011—2010《建筑抗震设计规范》将小震地震作用考虑为可变作用。构件在小震作用下的截面承载力验算采用下述以分项系数表示的简化极限状态设计表达式。

$$\gamma_G S_{GE} + \gamma_{EH} S_{Ehk} + \gamma_{Ey} S_{Evk} + \psi_w \gamma_w S_{wk} \leq R/\gamma_{RE} \tag{3.5.7}$$

式中，γ_G 为重力效应分项系数，一般情况采用 1.2，当重力荷载效应对构件承载能力有利时，γ_G 不应大于 1.0。γ_{EH}、γ_{Ey} 分别为水平和竖向地震作用效应分项系数，当仅计算水平地震作用时，取 $\gamma_{EH}=1.3$；当仅计算竖向地震作用时，取 $\gamma_{Ey}=1.3$；当同时计算水平和竖向地震作用时，γ_{EH} 和 γ_{Ey} 分别取 1.3 和 0.5。γ_w 为风荷载效应分项系数，取值 1.4。S_{GE} 为重力荷载代表值效应，有吊车时，尚应包括悬吊物重力标准值的效应。S_{Ehk} 为水平地震作用标准值效应，计算中尚应乘以相应的地震作用效应增大系数或调整系数。S_{Evk} 为竖向地震作用标准值效应，计算中亦应乘以相应的地震作用效应增大系数或调整系数。S_{wk} 为风荷载标准值效应。ψ_w 为风荷载组合系数，一般结构取 0，风荷载起控制作用的高层建筑应采用 0.2。γ_{RE} 为抗震承载力调整系数，区别不同材料、不同类型和不同受力状态的构件，取值范围为 0.75～1.0；当仅计算竖向地震作用时，宜取 1.0。R 为结构构件承载力设计值，可按规范规定的材料性能和几何参数标准值求出。

分项系数是设计表达式中与规范规定的有关设计变量标准值相乘的系数,含荷载(作用)效应分项系数和抗力分项系数。这些分项系数是根据相关基本变量的概率分布类型和统计参数以及规定的目标可靠度指标,通过计算分析并考虑工程经验确定的。荷载(作用)效应分项系数的数值等于设计验算点的计算值与规范规定的标准值的比值。抗震设计的抗力分项系数被合并于抗震承载力调整系数考虑。

组合系数是设计表达式中与可变荷载标准值相乘的系数。就抗震设计而言,其理论数值应该是地震发生时恒荷载与其他可变荷载相遇时,可变荷载值与其标准值的比值,此数值在实际设计中无法确定。国家标准 GB 50068—2001《建筑结构可靠度设计统一标准》规定,在荷载分项系数给定的前提下,对于有两种或两种以上可变荷载参与组合的情况,要通过引入组合系数对荷载标准值进行折减,使按极限状态设计表达式设计的各种结构构件具有的可靠指标,与仅有一种可变荷载参与组合情况下的可靠指标有最佳的一致性。依 GB 50011—2010《建筑抗震设计规范》进行结构抗震设计时,已经考虑了地震作用与各种重力荷载(恒荷载与活荷载、雪荷载等)的组合问题,形成了抗震设计的重力荷载代表值,因此,抗震验算表达式中仅出现风荷载组合系数。

鉴于现阶段大部分建筑结构构件的截面抗震承载力验算采用有关非抗震设计的承载力设计值,故在保持结构可靠度与既定的目标值相一致的原则下,GB 50011—2010《建筑抗震设计规范》将抗震承载力调整系数定义为非抗震承载力设计值与抗震承载力设计值之比。该系数主要体现了材料的静强度和动强度的差别。

3.5.4.5 抗震措施

抗震措施是抗震设计中根据经验和一般概念规定的设计要求。采用抗震措施是提高结构抗震能力和减轻地震灾害的重要环节。

抗震措施大体可包括三部分内容:其一涉及工程结构的选型选址,含结构高度和层数的限制,结构类型、基础类型、平立面布置的确定,防震缝的设置和场地、地段的选择等,这部分内容在中国建筑抗震设计规范中称为抗震设计一般规定。其二涉及工程结构的细部设计,旨在加强构件连接、提高结构整体性和构件延性,实现预期的破坏模式,如构造柱、圈梁的设置和构件配筋等,称为抗震构造措施。其三为抗震计算中有关地震作用分配和地震作用效应调整的人为规定,如采用地震作用效应增大系数等,旨在体现抗震概念设计原则,可称为计算措施。

(1)抗震设计一般规定

建筑抗震设计中为实现抗震设防目标、落实抗震设防标准、体现抗震概念设计原则而规定的抗震措施的一部分。抗震设计一般规定大体包括如下内容。

①结构类型选择的规定:考虑经济、技术能力和抗震需求等因素,并非所有的抗震结构类型都适用于某个具有特定使用功能的房屋;结构类型选择的规定有利于保障具体

房屋的预期抗震能力和使用功能，且具有技术可行性和经济合理性。

②结构尺寸的规定：结构尺寸的规定一般包括房屋最大适用高度和层数、层高、立面高宽比和平面长宽比等限值。这些限值与设防烈度和结构类型密切相关，一般来自工程抗震经验的总结。遵守这些限值有利于提高结构抗震可靠度和保证计算方法的适用。砌体墙局部尺寸的限值在于加强结构的易损部位。

③结构构件布设的规定：抗震墙和框架梁柱等主体构件是决定结构抗震承载力的重要因素，必须满足一定的数量和尺寸要求。主体结构构件的均匀对称设置，有利于减少扭转效应。各层结构构件布置影响结构侧向刚度沿竖向的变化，是保障结构规则性、防止出现薄弱楼层的重要因素。楼屋盖承受重力荷载并传递水平地震作用，影响同一楼层各竖向构件侧力的分配，应满足结构类型和尺寸的要求。

④防震缝设置的规定：建筑一般可不设防震缝，设置防震缝将增加经费并造成施工困难，防震缝并不能保证两侧建筑在强烈地震作用下不发生碰撞。不规则建筑设置防震缝便于采用简化计算方法，必要时防震缝可结合沉降缝设置。

⑤划分钢筋混凝土房屋抗震等级的规定：基于钢筋混凝土房屋的设防烈度、结构类型、房屋高度和结构中各抗震构件作用的不同,划分等级采用不同的计算方法和构造措施，有利于加强重点部位、体现多道设防原则，保障结构整体的抗震可靠性。

⑥地基和基础的规定：地基除影响地震作用外，其自身稳定性也是关系结构抗震能力的基本因素；基础必须有支承上部结构和抗御自身地震作用的能力；地基和基础应予加强。

⑦材料强度要求：材料强度是决定构件抗震承载力的基本因素，必须满足最低强度要求。

⑧其他规定：涉及隔震建筑和消能减振建筑的特殊规定等。

（2）抗震构造措施

抗震构造措施指在抗震结构体系和构件的细部设计中，不经计算而采用的抗震措施。有关抗震构造措施的规定是世界各国抗震设计规范的共同内容，这些规定涉及构件的连接方式以及抗震支撑、钢筋、圈梁、构造柱和芯柱的设置等。上述措施一般难以在计算模型中进行精确分析，但符合基本力学概念且经实践考验被证明有效。

①配筋。

钢筋和混凝土分别是以承受拉力和压力为主的建筑材料；在混凝土构件中合理设置钢筋，可充分发挥钢筋和混凝土两者的力学性能，使构件具有适当的刚度、强度、延性和耗能能力。钢筋混凝土构件中有关钢筋设置位置、设置方式、配筋数量、钢筋直径、分布间距、钢筋连接与锚固、箍筋设置等的规定，是抗震构造措施的重要内容。

②配筋率。

钢筋混凝土构件中纵向钢筋的截面总面积与构件有效横截面积的比值称为纵向配筋率。钢筋混凝土构件中箍筋体积与相应混凝土体积的比值称为体积配箍率（亦称体积配筋率），体积配箍率是由配箍特征值得出的。钢筋混凝土受弯构件中若受力钢筋用量过多（通称超筋），会出现钢筋尚未受拉屈服，而混凝土已达到极限压应变而产生脆性破坏的现象；若受力钢筋用量过少（通称少筋），混凝土将承担相当部分的拉力，一旦混凝土开裂钢筋则迅速屈服，也可能出现脆性破坏。钢筋用量得当（通称适筋）方可合理利用钢筋和混凝土两者的力学性能。适筋与超筋两种破坏形态间的界限配筋率称为最大配筋率。少筋与适筋两种破坏形态间的界限配筋率称为最小配筋率。

由于配筋数量对钢筋混凝土构件的承载力、延性、耗能能力和破坏机理具有重要影响，故中国抗震设计规范区别构件抗震等级、轴压比和剪跨比等因素，针对受力筋和构造筋分别对配筋数量做出具体规定。其中主要包括：框架梁端纵向受拉筋的最大配筋率，梁纵向钢筋的直径和根数；柱纵向钢筋最小总配筋率和最大配筋率；抗震墙竖向和横向分布钢筋的最小配筋率、钢筋间距和直径，抗震墙边缘约束构件在箍筋加密区范围内的纵向钢筋配筋率、钢筋直径、间距和根数；配筋混凝土小型空心砌块墙体竖向和横向分布钢筋的最小配筋率，墙端边缘构件的最小配筋数量；钢筋混凝土圈梁和构造柱的配筋要求等。

③箍筋。

箍筋亦称钢箍，是设置在钢筋混凝土构件纵向钢筋的垂直面内、紧贴纵向钢筋的环状封闭形钢筋。箍筋可承受剪力或扭矩，亦可防止受压纵筋压曲，箍筋还具有固定纵筋的位置、便于混凝土浇灌的作用。箍筋有普通箍、复合箍及复合螺旋箍等不同形式（图3.5.8）。在体积配箍率相等的情况下，箍筋形式不同，对混凝土核芯的约束作用也不同。复合箍和螺旋箍与普通矩形箍相比具有更好的抗震效能。

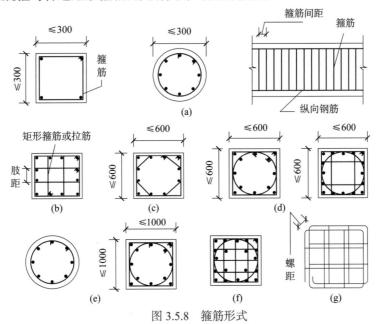

图 3.5.8 箍筋形式

(a) 普通箍；(b) 井字形复合箍；(c) 多边形复合箍；(d) 方、圆形复合箍；(e) 螺旋箍；(f) 复合螺旋箍；(g) 连续复合螺旋箍。

单位：mm

较小的箍筋间距能有效地约束混凝土的横向变形，提高构件的抗剪承载力和延性。因此，对于重要的钢筋混凝土构件或构件的特定部位应采用箍筋加密措施。加密范围主要包括框架结构的梁端、框架柱头和柱根、底层柱、框支柱、一二级框架角柱、剪跨比小于2的短柱和框架节点核心区，排架柱的柱头、柱根、牛腿、柱间支撑与柱的连接部位和柱变位受约束区段以及山墙抗风柱的柱头与变截面部位等。中国建筑抗震设计规范规定了箍筋加密区的范围、最小体积配箍率和配箍特征值，箍筋的最小直径、最大间距和肢距等。

④ 连接和锚固。

钢筋连接可采用绑扎、机械连接和焊接等多种方式。绑扎钢筋接头应满足最小搭接长度的要求，接头不宜处于构件最大弯矩处，各受力钢筋的绑扎接头位置应相互错开；在箍筋与纵向钢筋的交叉点、纵横向分布钢筋的交叉点，钢筋的绑扎应满足相关技术要求。钢筋的机械连接有径向挤压套管接头、轴向挤压套管接头和锥螺纹钢筋接头等多种，机械连接具有施工速度快、位置准确、安全可靠和节省钢材等优点，宜为抗震建筑采用。钢筋焊接可利用闪光对焊机、电阻点焊机、电弧焊机、电渣压力焊机、埋弧压力焊机实施。抗震建筑中的受力钢筋可采用焊接接头，焊接接头不宜置于箍筋加密区范围内，同一构件内受力筋焊接接头应相互错开，接头数量和位置以及焊接质量应满足相关技术要求。

钢筋应满足在混凝土构件或相连混凝土构件中的锚固要求。在混凝土构件中的钢筋端头、箍筋端头和拉接筋端头应按规定要求设置弯钩。钢筋应满足有关锚固长度和锚固措施的技术要求。例如，抗震建筑一级抗震墙底部加强部位的纵向钢筋宜延伸至相邻上层的顶板；小型空心砌块房屋芯柱中的竖向插筋应贯通墙身并与圈梁连接；与圈梁连接的构造柱内的纵筋应插过圈梁；底部框架－抗震墙房屋的钢筋混凝土托梁内的主筋和腰筋应按受拉钢筋的要求锚固于柱内。

⑤ 圈梁。

圈梁是为加强房屋的整体性和提高变形能力，在砌体房屋中设置的水平约束构件，是经实践考验有效的砌体结构房屋的抗震构造措施。圈梁作为楼屋盖的边缘约束构件，可限制装配式楼屋盖的移位，防止预制楼板散开坍落；可提高楼屋盖的水平刚度，更有效地传递并分配层间地震剪力。圈梁与构造柱一起约束墙体，可限制墙体裂缝的开展和延伸，使墙体裂缝仅发生于局部墙段，并防止开裂墙体的倒塌，基础圈梁还可以减轻地震时地基不均匀沉陷与地表裂缝对房屋的影响。

圈梁有现浇钢筋混凝土圈梁、钢筋砖圈梁和木圈梁等多种，以现浇钢筋混凝土圈梁应用最多，木圈梁可用于生土房屋。

圈梁应设置于砌体房屋的顶层、底层、中间各层和基础顶面；对于空旷房屋和单层厂房，应在柱顶标高和墙体不同高度处设置圈梁。当采用现浇或装配整体式钢筋混凝土楼屋盖时，允许不设圈梁，但楼板沿墙体周边应加强配筋，并与构造柱钢筋可靠连接。

现浇钢筋混凝土圈梁的截面高度一般不应小于 120mm，钢筋为 $4\phi10 \sim 4\phi14$，箍筋间距为 $150 \sim 250mm$。基础圈梁载面高度不应小于 180mm，配筋不应少于 $4\phi12$。房屋各层圈梁应形成闭合约束，遇有洞口时应上下搭接，圈梁应设置于楼板标高处。圈梁应按要求设置于各层的外墙、内纵墙和内横墙，并应与构造柱连接；当规定应设置圈梁的横向位置无横墙时，应以楼板梁或楼板板缝中的配筋替代圈梁。

⑥构造柱。

构造柱是为加强结构的整体性和提高变形能力，在砌体结构房屋的特定部位设置的钢筋混凝土竖向约束构件，是经实践检验有效的砌体房屋的抗震构造措施。构造柱可大幅度提高砌体结构的变形能力，有构造柱的墙体的极限变形可达普通墙体的 $1.5 \sim 2$ 倍，使砌体结构得以满足抗震延性的一般要求。构造柱与圈梁一起形成砌体墙的约束边框，可阻止裂缝发展、限制开裂后砌体的错位，使破裂的墙体不致散落、维持一定的竖向承载力。构造柱不但是防止砌体房屋倒塌的有效措施，还能在有限程度上提高墙体的抗震承载能力。

抗震设计中，砌体房屋的外墙四角、错层部位横墙与外纵墙交接处、大房间内外墙交接处和墙体较大洞口的两侧均应设置构造柱；另外，尚应区别设防烈度、房屋类型和层数，在电梯间四角、横墙与外纵墙交接处、山墙与内纵墙交接处、内外墙交接处、内墙较小墙垛处、内纵墙与横墙交接处以及较长的砌体墙中设置构造柱。构造柱必须与砌体墙有良好的连接，应先砌墙后浇柱，连接处墙体应砌成马牙槎；构造柱沿高度每隔500mm 应设 $2\phi6$ 拉结钢筋或钢筋网片与墙体连接，每边伸入墙内不小于 1m。构造柱最小截面可采用 $240mm \times 180mm$（黏土砖房）或 $190mm \times 190mm$（砌块房屋），纵向钢筋宜采用 $4\phi12 \sim 4\phi14$，箍筋间距不宜大于 $200 \sim 250mm$；柱的上下端箍筋应适当加密。构造柱必须与水平圈梁相连，柱内纵筋应穿过圈梁形成由竖向和水平钢筋混凝土边框组成的约束体系。构造柱可不单独设置基础，但应伸入室外地面下 500mm，或插入埋深小于 500mm 的基础圈梁内。

3.5.5 建筑隔震技术

隔震是土木工程抗震被动控制技术的一种。隔震建筑是结构体系被分割为上下两部分再以隔震装置连接的建筑。

1881 年日本学者河合浩藏和鬼头健三郎分别提出在建筑基底设置滚木及滑石云母以阻隔地震动向上部结构传输的设想。20 世纪初，意大利工程师和英国医生也提出了类似想法。1921 年日本东京帝国饭店的建设明确考虑了隔震概念，该建筑的密布短桩插入坚实土层，但并不深入下部软弱土层。由于软土的隔震作用，该建筑在 1923 年的关东大地震中免遭破坏。同一时期，在美国出现了柔底层建筑的设想，试图以柔性底层降低结构体系的自振频率使其偏离地震动卓越频段，同时利用底层非弹性变形耗散能量。尽管柔底层建筑在实际应用中并不成功，但其设想在以后的隔震建筑和耗能减振建筑中得以成功实现。

美国学者 J. 凯利等在 20 世纪 60 年代进行了叠层橡胶支座的研究，新西兰工程师 W.H. 罗宾森等开发了铅芯叠层橡胶支座。中国的李立进行了房屋基底砂垫层滑移隔震的研究并建造了实验工程。1969 年在南斯拉夫斯科普里市的震后重建中，一座学校建筑采用了天然橡胶块和陶瓷元件结合的隔震装置。20 世纪 70 年代，希腊雅典的一座办公大楼采用桥梁活动支座作为隔震装置。同期，法国电力公司设计了复合筏基隔震基础并用于核电站。1977 年克里米亚塞瓦斯托波尔的一座使用"蛋"形滚动隔震装置的房屋成功经受了地震的考验。新西兰开发并应用了套筒桩隔震装置。

20 世纪 80 年代以后铅芯叠层橡胶支座在隔震建筑中获得广泛的应用，至 20 世纪末，中国、日本、美国、新西兰和欧洲一些国家和地区已建造隔震房屋和隔震桥梁逾千座，其中采用橡胶隔震支座者占大多数。上述国家和地区已编制了隔震设计技术标准并发展了隔震设备产业。隔震技术除用于新建工程外，还用于抗震能力不足的现有建筑的抗震加固。

20 世纪 90 年代以来，若干现代隔震建筑经历了强烈地震的考验，在验证水平隔震技术效能的同时，也提供了完善隔震设计的经验。

（1）美国

1994 年美国加州北岭地震中，距震中 36km 的南加州大学医院隔震建筑经历了加速度达 0.5g 的强地震动。该建筑为 7 层钢结构，使用 149 个叠层橡胶支座，地震中顶层最大加速度反应仅为 0.2g，房屋主体结构、非结构构件和室内设施完好无损，保障了作为地震应急救护中心的功能。与之相比，该医院附近采用传统抗震设计建造的橄榄景医院大楼，则因结构和设施受损丧失了正常使用功能。距震中 39km 的洛杉矶消防总部是 2 层钢结构隔震建筑，使用了 32 个高阻尼叠层橡胶支座。该建筑遭受的水平地震加速度约 0.2g，房屋顶层东西向最大加速度反应为 0.32g、南北向最大加速度反应 0.10g，震后房屋完好。东西向加速度反应出现较大幅值高频脉冲的原因，是建筑的主结构与相邻砌体墙发生碰撞。距震中 24km 的桑塔莫尼卡一栋 3 层钢框架结构，隔震层使用了橡胶支座、钢弹簧支座和粘性阻尼器。该建筑经历了极强的地震动（附近水平地面加速度超过 0.9g、竖向地面加速度为 0.25g），表现了良好的隔震效果，仅因隔震房屋水平变位受到周边附属建筑的阻碍，导致钢梁与附属结构砌块墙体间产生轻微裂缝。

（2）日本

1995 年日本阪神地震中，神户市距震中 35km 处建有两栋相邻的 3 层混凝土结构建筑，一栋为叠层橡胶支座隔震建筑，另一栋为一般抗震建筑。该地水平地震动加速度约 0.27g，竖向加速度为 0.23g。隔震房屋的水平地震反应没有放大，房屋完好无损；相邻抗震房屋的水平加速度反应放大 3 倍以上，室内设施受损；但两栋房屋的竖向加速度反应差别不大。位于震区的西部邮政大楼是 6 层劲性钢筋混凝土结构隔震建筑，使用 120 个叠层橡胶支座，在约 0.3g 地面加速度作用下，最大顶层反应仅 0.1g，隔震保障了主体结构和内部通信设施的安全。

3.5.5.1　隔震体系和隔震机理

采用隔震装置的建筑物或构筑物构成隔震体系，隔震装置多为隔震支座。例如，基底隔震房屋在结构首层与基础之间设置隔震支座（图 3.5.9）。隔震支座沿水平面分割并连接结构，形成隔震层。隔震层除包含隔震支座外，一般还设置阻尼器、抗风装置及限位装置。阻尼器旨在增加耗能；抗风装置可防止风和微弱地震作用下的结构振动，保障使用功能；限位装置可防止大震作用下隔震支座因变位过大发生损坏。这些装置可以单独设置，亦可与隔震支座组成一体。隔震体系的工程应用大多限于减少结构体系的水平地震反应。

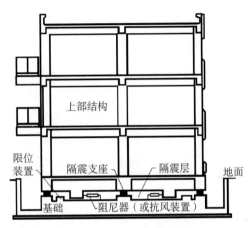

图 3.5.9　基底隔震建筑

建筑结构在强地震动作用下将发生振动反应，振动反应的大小与强地震动特性和结构体系特性两者有关。当结构体系的基阶振动频率处于地震动的卓越频段（即高幅值地震动成分所在频段）时，动力放大效应将对结构安全造成重大威胁。强地震动记录的统计分析表明，地震动卓越频段多在 1 ~ 10 Hz 之间，多数建筑的自振频率处于这一频带内。改变结构的动力特性、降低结构的自振频率是提高其抗震安全性的有效手段。基底隔震是达到这一目标的合理途径。

（1）若在结构基底设置水平刚度低的隔震支座（如水平刚度远小于结构刚度的叠层橡胶支座），可使隔震体系的自振周期长达 2s 以上，大幅度降低结构地震反应。基底隔震还可采用摆式支座或柔性桩实现。摆式支座依据单摆原理可降低结构体系的自振频率，悬吊隔震与摆动隔震具有相同的机理。采用柔性桩的隔震体系也可降低自振频率。

（2）若在结构基底设置摩擦滑移隔震层，上部结构承受的水平地震剪力将不超过基底摩擦力 $f \cdot W$，其中 W 为重力荷载，f 为摩擦系数。显然，选择摩擦系数适当小的滑移层材料，可减少结构的水平地震作用。在摩擦隔震层滑动之后，结构体系成为典型的非线性体系，不存在固定不变的振动频率，可避免和减轻动力放大效应。滚动隔震是滑动隔震的特殊形式，可以实现极小的摩擦系数。

上述不同隔震机理的共同本质是改变结构体系动力特性。实际中使用的隔震装置，可能是上述机理的组合。

3.5.5.2 隔震装置

实际应用和研究中的隔震装置有很多种，大体可分为滑动装置、滚动装置、摆动装置、桩基和柔性支座等不同类型，叠层橡胶支座的应用最为广泛。

工程中使用的滑动装置有很多种。最简单的滑动装置是由摩擦副组成的摩擦滑移支座和摩擦铰支座（图 3.5.10），支座滑移板表面经特殊处理，具有足够小的摩擦系数（如不超过 0.05）。摩擦铰支座曾为日本隔震房屋采用。法国的核电站基础使用了昂贵的滑动隔震装置，早期的滑动支承由不锈钢板和铅 – 青铜块组成，后期以聚四氟乙烯（PTFE，特氟隆）代替了铅 – 青铜块。该滑移装置设置在橡胶支座顶部（图 3.5.11）。聚四氟乙烯因其优良的耐久性和很小的摩擦系数被多数滑动隔震装置采用。图 3.5.11 所示滑动隔震支座在滑动面上使用了聚四氟乙烯板且内部设有限位装置。另一种利用聚四氟乙烯板叠合形成的橡胶滑移隔震支座（R–FBI）见图 3.5.12，该支座中的橡胶柱使支座具有变形后的复位功能。

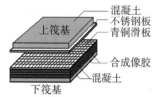

图 3.5.10　核电厂隔震基础图

图 3.5.11　滑移限位支座

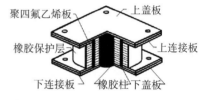

图 3.5.12　R-FBI 支座

在房屋上部结构与基础之间填充天然砂、秸秆等材料的基底隔震房屋也曾被研究并建造了试验工程，亦属滑动隔震范畴；但砂和秸秆等可实现的摩擦系数具有很大不确定性，这些天然材料也缺乏长期稳定性，难以实现预期隔震效果。

叠层橡胶支座是由橡胶板和钢板交互叠合再经粘接硫化制成的支承装置，又称夹层橡胶支座。这种支座是较为理想的水平隔震装置，可用于新建隔震工程和已有工程的隔震加固。由于叠层橡胶支座具有阻尼耗能能力，故亦可作为阻尼减振装置用于各类工程结构。

叠层橡胶支座由内部橡胶板和钢板、钢封板、连接板和橡胶保护层等组成，部分支座中心还装有耗能铅棒（图 3.5.13）。

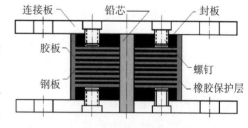

图 3.5.13　铅芯叠层橡胶支座的结构

实际中使用的叠层橡胶支座有天然橡胶支座、高阻尼橡胶支座和铅芯橡胶支座三种。三种支座结构相同，主要差别在于耗能能力。天然橡胶支座的耗能能力很低。在天然橡胶中加入添加剂可制成高阻尼橡胶支座，其等效粘滞阻尼比可达 10%。纯铅是屈服强度很低且可因屈服后重新结晶而大量耗能的金属，在橡胶支座中加入铅芯可使支座的等效阻尼比达 20% 以上，铅芯是嵌入支座的阻尼器。工程中使用的叠层橡胶支座有圆形和方形两种。

叠层橡胶支座中钢板的弹性模量很高，橡胶的弹性模量很低且具有超弹性大变形能力。在水平荷载作用下，橡胶板可发生大的剪切变形，支座水平刚度由橡胶层控制。薄橡胶板与上下钢板粘接，在竖向荷载作用下侧向变形受到限制，增强了承重能力；支座竖向承载力主要由钢板的强度决定。

叠层橡胶支座的主要力学参数含水平刚度、水平变形、竖向刚度和承载力以及阻尼耗能能力。在橡胶只发生水平剪切变形的情况下，水平刚度 K_h 可由简单算式估计，$K_h=GA/H$，G 为橡胶的剪切模量，A 为橡胶支座的水平横截面积，H 为支座中各橡胶板厚度的总和。支座中橡胶的水平剪切应变可超过 400%，使用中一般控制在 350% 之内。支座竖向刚度可达水平刚度的 500 ~ 2000 倍，竖向承载能力因支座水平尺寸而变化。铅芯橡胶支座的阻尼比可达 20% 以上。无铅芯橡胶支座的本构模型是弹性的，铅芯橡胶支座的本构模型一般取为双线形（图 3.5.14）。

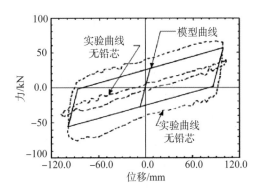

图 3.5.14　铅芯橡胶支座的力 – 变形曲线

影响叠层橡胶支座力学性能的因素十分复杂，主要包括钢材的弹模和强度，橡胶的弹模和硬度，支座承受的竖向荷载、支座的水平变形，钢板厚度、橡胶板厚度及相对比值，铅芯直径以及支座的形状系数。橡胶支座的制作工艺和质量也与其性能直接相关。钢材强度愈高则支座竖向承载力愈高。橡胶弹模和硬度的增加会导致水平刚度和竖向刚度的增加，支座竖向荷载的大幅增加将减小水平刚度。随支座水平变形的增加，水平刚度呈降低趋势；但当水平变形很大（如剪应变超过 200%）时，可能因橡胶受拉而提高水平刚度。适当提高钢板厚度与橡胶板厚度的比值，可以提高支座承载力。铅芯直径的加大可增加支座的阻尼，同时也使支座初始水平刚度提高。第一形状系数 S_1 是橡胶水平承压面积与侧面自由面积的比值，$S_1=R/(2tr)$，R 为圆形支座的半径，tr 为单层橡胶板的厚度。第二形状系数 S_2 是水平承压面直径与橡胶总厚度的比值，$S_2=D/(ntr)$，n 为支座中橡胶板的总片数。S_1 愈大则支座的竖向承载力和竖向刚度愈大；S_2 愈大则水平刚度愈大，支座稳定性愈好。

叠层橡胶支座的耐久性十分引人关注。耐久性涉及在光照、温度、空气、水分和腐蚀性介质作用下橡胶材料的老化，在长期荷载作用下橡胶徐变导致的永久变形，以及经受强地震作用而产生的低周疲劳。试验和实践经验表明，橡胶支座在使用寿命期间具有良好的耐久性，但这一问题显然需要更严格的试验验证，特别有待于更充分的工程实践的考验。在橡胶炼制中掺入适当的抗老化剂可以提高其耐久性；在橡胶中添加阻燃剂或在橡胶保护层外表面涂刷特殊涂料，可以提高支座的耐火和耐腐蚀性能。

中国、日本、新西兰等国均可生产各种规格的叠层橡胶支座系列产品。支座中橡胶板厚度多为 3 ~ 8mm，钢板厚度为 1.5 ~ 4.0mm。第一形状系数大于 15，第二形状系数为 3 ~ 6。橡胶支座的直径为 300 ~ 1000mm 以上，相应竖向设计承载力可达 1000 ~ 20000kN，水平刚度一般在 0.4 ~ 2.0kN/mm 范围内变化。叠层橡胶支座多用于房屋和桥梁。

3.5.5.3 基底隔震房屋设计

隔震设计应考虑房屋抗震设防分类、抗震设防烈度、场地条件、结构类型和设防要求，与抗震设计方案进行经济性和技术性比较后决定是否采用。自振周期较短（小于 1s）、建筑场地属非软弱场地的房屋可采用隔震技术；震时和震后应保持使用功能的重要建筑宜采用隔震技术。设计良好的隔震房屋可以实现比一般抗震建筑更高的抗震设防目标。

隔震支座必须具有足够的承载力和稳定性；应有适当低的水平刚度，使设防地震作用下隔震房屋的振动周期达 2s 以上；应有适当的水平恢复力，防止震后隔震层发生过大的水平残余变形。在风荷载和微弱地震作用下，隔震房屋不应发生影响使用功能和人员舒适性的振动。

结构规则、使用叠层橡胶支座的隔震房屋，可采用等效侧力法计算隔震层剪力，再依简单规则计算上部结构各层的水平地震作用；在确定与结构基本周期对应的反应谱值时，应使用与隔震层等效阻尼比对应的设计反应谱曲线。结构不规则的隔震房屋以及隔震层使用滑移支座的隔震房屋，宜采用动力时程分析法进行抗震计算，并考虑水平振动和扭转振动的耦合作用。隔震房屋的抗震分析，必须考虑隔震层的非线性特性，并应考虑竖向地震作用。

隔震房屋应通过严格的抗震验算。隔震支座应进行静承载力验算，应进行设防地震作用下结构构件的强度验算，应进行罕遇地震作用下隔震层位移验算、支座稳定性验算、上部结构的层间位移验算，连接隔震支座的梁柱尚应进行抗冲切和局部承压验算。

隔震支座应均匀分散布设，使隔震层的刚度中心与上部结构刚心重合；对于平面不规则的结构，应适当调整支座布置减少扭转效应；隔震支座的布置应便于检查和维护。隔震房屋上部结构与周边固定结构应预留足够间隔，防止碰撞。穿越隔震层的管线应具柔性且长度应有冗余，防止因隔震层大位移发生损坏。上部结构与隔震支座的连接楼板应采用现浇或装配整体式混凝土楼板，并采取加强措施提高其刚度和承载力。与隔震支座连接的梁柱应采取加密箍筋或设置钢丝网片等措施。隔震房屋的上部结构和基础应采用与相应抗震建筑相同的抗震构造措施。

隔震房屋设计中使用的隔震支座和其他隔震层元件的力学参数必须由试验确定，并满足性能要求。隔震支座和隔震层中单独设置的阻尼器或抗风装置的力学参数包括：设计轴压下的竖向刚度和变形性能，竖向极限拉、压应力，设计轴压下水平力–变形曲线。应由变形曲线确定对应水平剪应变 50%、100%、250% 的等效水平刚度和等效阻尼比，确定设计轴压下屈服强度、屈服变形和屈服前后的刚度。

3.6　地震安全性评价

3.6.1　抗震设防要求与地震安全性评价

3.6.1.1　建设工程抗震设防与地震震害

地震对各类建设工程结构的破坏，是导致巨大人员伤亡和社会经济损失的主要原因。对工程结构合理的抗震设计和建造，可以有效防止和减轻地震灾害。

2010 年 1 月 12 日加勒比岛国海地周边海域发生 7.3 级地震，其造成的伤亡人数远远高于其他同等级别的地震，共造成 22 万人死亡（相当于其总人口的 2%），30 万人受伤；海地首都太子港遭到严重破坏，医院、港口、机场、道路等基础设施破坏严重。共有 40 多万栋建筑物遭到破坏，其中 20% 被彻底毁坏无法修复，25% 遭到严重破坏。在太子港，有超过 4000 栋各类建筑遭破坏，包括政府部门、学校、医院等许多重要基础设施被毁严重，3/4 的地区需要重建。地震造成的经济损失达 78 亿美元，相当于该国 2009 年的国内生产总值。此次地震震级大、震源浅，发生在人口较密集的城市区域，是造成严重地震灾害的重要原因，但太子港城市建筑物以框架填充墙和未加固的砌体房屋为主，建筑物质量较差，缺乏抗震能力是更加不可忽视的因素。

2010 年 2 月 27 日智利中南部发生 8.8 级强烈地震，这次地震释放的能量是海地大地震的 800 倍左右，引发了海啸和大量的强余震。3 月 17 日，智利政府公布地震和海啸中的死亡人数为 630 人，地震造成的经济损失达 300 亿美元。与海地地震相比，智利可说是创造了一个抗震奇迹。由于历史上曾经遭受过多次大地震和海啸的袭击，智利深知大地震的破坏力，为此，十分重视建筑物的抗震设防，建立了严格的抗震设防管理体制。1985 年智利的瓦尔帕莱索市发生过一次与中国唐山地震震级相同的地震，死亡 150 人，此后，智利政府开始要求所有建筑都按照抗击 9 级地震的标准来设计，同时，智利建筑设计师还广泛采用"强柱弱梁"等巧妙的抗震设计理念，尽可能在面临大地震时保证楼房不会整体倒塌，从而在最大限度上减少伤亡。在这次地震中，1985 年后竣工的建筑仅有 0.1% 出现结构性损害，而其余 99.9% 均安然无恙，保证了居民的人身安全。

1976 年 7 月 28 日我国唐山 7.8 级地震几乎摧毁了整个唐山市，城市地面建筑和各种设施几乎全部被毁，生命线系统遭到完全破坏，造成约 24.2 万人死亡，70 多万人受伤，直接经济损失约合 27 亿美元。这次地震造成的人员伤亡和经济损失在中国乃至世界地震史上都是非常罕见的。造成如此巨大灾害的原因，除了唐山地震震级较大，且属于城市直下型地震以外，城市整体缺乏抗震能力是最重要的原因。地震前，唐山市确定的地震基本烈度为Ⅵ度，大部分市政建设工程没有考虑抗震设计，当地震中遭受到高达Ⅸ～Ⅺ度地震影响时，必然无法抗拒而造成倒塌和严重的破坏。

上述大地震事例表明，合理的抗震设防标准和有效的抗震设计和施工，是防御和减轻地震灾害损失的有效途径。

3.6.1.2　抗震设防要求

（1）抗震设防要求含义

为使得建设工程具有抗御未来地震影响的能力，减轻地震造成的灾害，就必须要求建设工程按照一定的抗震设防要求进行抗震设计和施工建造。

我国颁布的《中华人民共和国防震减灾法》（下文简称《防震减灾法》）第三十五条规定："新建、扩建、改建建设工程，应当达到抗震设防要求。"《防震减灾法》规定：①重大建设工程和可能发生严重次生灾害的建设工程，应当按照国务院有关规定进行地震安全性评价，并按照经审定的地震安全性评价报告所确定的抗震设防要求进行抗震设防。②除重大建设工程和可能发生严重次生灾害的建设工程以外的其他建设工程，应当按照地震烈度区划图或者地震动参数区划图所确定的抗震设防要求进行抗震设防。③学校、医院等人员密集场所的建设工程，应当按照高于当地房屋建筑的抗震设防要求进行设计和施工，采取有效措施，增强抗震设防能力。

2002年发布的《建设工程抗震设防要求管理规定》（中国地震局令　第7号）规定：抗震设防要求是指建设工程抗御地震破坏的准则和在一定风险水准下抗震设计采用的地震烈度或地震动参数。

通常，上述法规中规定的"重大建设工程和可能发生严重次生灾害的建设工程"被概括性地称为"重大建设工程"，而"除重大建设工程和可能发生严重次生灾害的建设工程以外的其他建设工程"则被概括性地称为"一般建设工程"。

（2）抗震设防要求的确定

依据抗震设防要求进行抗震设计的建设工程应能够防御或减轻未来地震灾害。

工程抗震设计包括抗震构造措施和抗震计算分析两个方面。抗震构造措施的有效性多来自震害经验和教训。抗震计算分析主要是对地震动作用下结构的动力反应进行计算分析，也包括试验分析，通过分析，在既符合数理力学原理，又符合震害经验的要求下，确定结构部件的尺寸和配筋，以确保所要求的抗震能力。

在我国，每年建造的一般房屋可达数十万栋的数量级，数量大且分布地域广泛。这类建筑相对而言结构简单，结构设计理论方法较为成熟，建设经验丰富，更重要的是人们对于一般房屋建筑有非常丰富的震害经验，许多有效的抗震设计和抗震措施都经历过地震的检验，并反映在现行的建筑抗震设计规范中。因此，对于一般建设工程的抗震设计，通常就以构造措施为主。抗震构造措施通常是根据地震动大小分档规定的，确定了地震烈度或地震动参数分档，就能满足构造措施的设计。一般建设工程抗震计算分析也采用较为简化的计算模型，以简单的地震动参数（如，地震动峰值加速度和标准反应谱）理想化表达地震作用，就能满足分析需要。为了满足这类量大面广的一般建设工程抗震设防的需要，世界上许多国家都编制了覆盖整个国土面积的、具有一定地震风险水平的、标准或平均场地条件的地震烈度或地震动参数区划图，我国也为此编制了全国范围的地震区划图。

对于核电站或类似三峡大坝这样的重大工程和特殊工程，数年甚至数十年才建设一座，全世界关于这类工程的震害经验都非常少，抗震设计则以理论模型计算和试验验证分析为主。为保证重大工程的地震安全性，在分析中往往需要建立详细的结构模型，并且要求施加的地震动应能够反映工程所在特定地震环境和场地条件特征，应能够充分考虑各种对结构部件可能产生影响的地震动特性（如，竖向特性、低频特性、地震动时程等）。随着工程重要性、特殊性和复杂性的增加，设计考虑的地震动参数和计算分析方法等要求也逐渐详细复杂，有时甚至还要求进行模拟地震动的动力试验。地震区划图所提供的简单的地震动参数满足不了这类重大工程抗震设计的需要，因此，必须开展专门的地震危险性分析工作，确定工程场地相关的地震动参数，以满足工程抗震计算分析需要的地震动作用。

为获得工程拟建场地或一定范围国土面积内未来遭受地震的影响及其可能性大小而开展的调查、分析与评价工作，统称为地震安全性评价工作。其中，涉及具体工程的地震安全性评价工作，如，核电站、大型水库、特大型桥梁等重大工程、油气长输管线等，称为工程场地地震安全性评价；针对一定范围国土面积的地震安全性评价工作，称为地震区划，如，地震烈度区划、地震动参数区划、地震小区划等。

3.6.1.3 工程场地地震安全性评价

（1）工程场地地震安全性评价定义

地震对工程安全性的影响，通常来源于两个方面，一是地震产生的地震动对工程结构的影响，二是地震引起的地震地质灾害对工程的影响，如导致地基失效的砂土液化、软土沉陷等。地震安全性评价，就包括对地震动危险性的评价和对地震地质灾害危险性的评价。其中地震动危险性评价通常也称为地震危险性评价，或地震危险性分析，是地震安全性评价的核心，也是地震地质灾害评价的基础。无论是地震动危险性还是地震地质灾害危险性，都与工程所处具体场地位置以及场地工程地质条件相关。

工程场地地震安全性评价，就是通过调查与分析工程场地周围地震活动特征与地震构造背景，以及场地岩土条件，评价地震活动对工程场地未来可能产生的地震动和地震地质灾害影响。

（2）工程场地地震安全性评价的范围

《防震减灾法》规定，重大建设工程和可能发生严重次生灾害的建设工程，应当按照国务院有关规定进行地震安全性评价，并按照经审定的地震安全性评价报告所确定的抗震设防要求进行抗震设防。

《防震减灾法》中定义：重大建设工程，是指对社会有重大价值或者有重大影响的工程。可能发生严重次生灾害的建设工程，是指受地震破坏后可能引发水灾、火灾、爆炸，或者剧毒、强腐蚀性、放射性物质大量泄漏，以及其他严重次生灾害的建设工程，包括水库大坝和贮油、贮气设施，贮存易燃易爆或者剧毒、强腐蚀性、放射性物质的设施，以及其他可能发生严重次生灾害的建设工程。

2002年颁布的《地震安全性评价管理条例》（中华人民共和国国务院令 第323号）对需要进行地震安全性评价的建设工程的范围进行了细化。该条例第十一条规定，下列建设工程必须进行地震安全性评价：①国家重大建设工程；②受地震破坏后可能引发水灾、火灾、爆炸、剧毒或者强腐蚀性物质大量泄漏或者其他严重次生灾害的建设工程，包括水库大坝、堤防和贮油、贮气、贮存易燃易爆、剧毒或者强腐蚀性物质的设施以及其他可能发生严重次生灾害的建设工程；③受地震破坏后可能引发放射性污染的核电站和核设施建设工程；④省、自治区、直辖市认为对本行政区域有重大价值或者有重大影响的其他建设工程。

2005年中国地震局发布的《建设工程地震安全性评价结果审定及抗震设防要求确定行政许可实施细则（试行）》规定了由中国地震局负责工程场地地震安全性评价结果审定及抗震设防要求确定的重大工程项目（表3.6.1）。这些工程必须开展工程场地地震安全性评价工作，并必须经由国家地震安全性评定委员会审定和中国地震局批复。

表3.6.1　中国地震局负责地震安全性评价结果审定及抗震设防要求确定的建设工程

能源水利	1. 核电站核设施工程； 2. 坝高超过150m或库容超过100亿m³的水库； 3. 总装机容量1000MW以上的水电站； 4. 单机容量600MW以上且规划总装机容量2400MW以上的火电站； 5. 抽水蓄能电站； 6. 海洋石油平台； 7. 进口液化天然气接收、储运设施，国家原油存储设施
原材料生产(*)	大型的矿山、化工、石化、钢铁、有色等工程
交通运输	1. 国家高速公路网、新建干线铁路及跨大江大河、跨海、跨境的特大型桥梁隧道； 2. 新建、扩建民用航空机场； 3. 年吞吐能力超过1000万t，或有10万t级以上泊位的新建、扩建港口； 4. 城市快速轨道交通工程
广播电信	1. 国际电信楼、海缆登陆站及中央级电信枢纽； 2. 中央级、省级电视调频广播发射塔
公共建筑	1. 200m以上的高层建筑； 2. 国家级和省级重要公共建筑（博物馆、体育场馆、会展中心等）
其他	1. 跨省份的重大建设工程； 2. 地震小区划； 3. 研究、中试生产和存放剧毒的生物制品、细菌、病毒的建筑； 4. 重要军事设施

*本类工程审批由中国地震局与项目所在地省级地震局根据产能规模具体商定。

我国各省级人民政府也根据《防震减灾法》和《地震安全性评价管理条例》制定了各省相应的实施办法和条例，对各地方应开展地震安全性评价的各类建设工程进行了规定。

2015 年 11 月根据国务院《国务院关于第一批清理规范 89 项国务院部门行政审批中介服务事项的决定》（国发〔2015〕58 号）文件要求，工程场地地震安全性评价管理体制开始深化改革，中国地震局发布《中国地震局关于贯彻落实国务院清理规范第一批行政审批中介服务事项有关要求的通知》（中震防发〔2015〕59 号），重新规定了需要开展地震安全性评价确定抗震设防要求的建设工程目录，相较以往需要进行地震安全性评价工作的重大工程范围有了较大的收缩。2016 年国务院发布《国务院关于印发清理规范投资项目报建审批事项实施方案的通知》（国发〔2016〕29 号），在投资项目报建审批事项中，地震安全性评价为涉及安全的强制性评估，不列入行政审批事项，2016 年 11 月中国地震局发布《中国地震局关于贯彻落实国务院清理规范投资项目报建审批事项实施方案有关要求的通知》（中震防发〔2016〕44 号），进一步规定了需开展地震安全性评估的工程目录。当前地震安全性评价工作管理、监督体制的改革仍在进行中，地震安全性评价范围的改革仍在广泛讨论中。

需要注意的是，管理体制的改革，关注的是政府部门为投资项目减轻负担、转换服务方式的机制问题，并不是要减轻对工程地震安全性的关注，工程的地震安全性，是政府、工程建设与投资各方都需要关注的重大安全问题，因此，凡是符合《防震减灾法》中规定范畴内的重大工程项目，都必须开展地震安全性评价工作。

（3）工程场地地震安全性评价与工程抗震设防需求的衔接

工程场地地震安全性评价的目的，是为了满足重大工程抗震设防要求的确定，因此，工程场地地震安全性评价工作，必须围绕拟建设工程的抗震设计需要，进行相应的调查、勘测、分析与评价，并提供反映工程场地周围地震环境与工程场地岩土条件、满足工程类型抗震设防标准、满足结构抗震计算需要的设计地震动参数。

①地震动的工程特性。

地震动，也称为地面运动，是由震源释放出来的地震波引起的地表附近土层的振动（胡聿贤，1988）。地震对工程的影响，就是通过地震动对工程产生地震力的作用而达成的。地震动实质上是地面质点的运动过程，一般采用振幅、频谱和持时来描述地震动。

地震动幅度可以是地震动的加速度、速度、位移三者之一的峰值、最大值或某种有意义的有效值。当前最常用的是与地震惯性力联系密切的地震动加速度。

地震动是一种复杂的振动过程，含有丰富的频率成分，结构物也各有其自振频率，地震动频谱若集中于低频段，将对长周期结构物引起巨大的反应，若地震动频谱集中于高频段，则对刚性结构物有巨大的危害，这就是所谓的共振效应。当前，主要采用反应谱概念来反映地震动的频谱特征。将地震动对不同自振周期单质点结构的最大反应按周期绘制成曲线，就构成地震动反应谱，通常采用由各周期最大加速度反应值构成的加速度反应谱。

结构振动中的某种能量耗散特性称为阻尼，阻尼比是表示结构体系阻尼大小的量，阻尼比越大，结构耗能越大，地震动造成的结构反应衰减很快，反之，阻尼比越小，地震动造成的结构反应衰减越慢。以弹性材料为主的结构体系阻尼一般都很小，阻尼比常在 10% 以下，且多为 5% 左右。因此，采用单质点弹性体系地震动反应表征的地震动加速度反应谱，采用 5% 阻尼比。

人的感觉和强震记录都表现出地震动的持续时间是有长短的。在一次地震中，某一记录点上从最先到达的地震波开始到地震波最后结束之间的时间，称为该点上这次地震产生的地震动的总持时。地震动开始后逐渐增强的过程和地震动结束前逐渐衰减的过程，地震动均较小，对工程而言，更加关心的是地震动强度较大的部分，即强震动的持续时间。地震工程学家目前认为强震动持续时间长，是产生结构破坏和加重结构破坏的重要因素，但目前取多大的地震动强度来定义持时并未有一致认识。

地震动实质上是地面质点的运动过程，其运动在空间上具有方向性，地震动的方向通常以两个水平方向和一个竖直方向来表征。水平向地震作用对结构物产生剪切作用破坏威力较大，一般情况下，工程结构的抗震设计多由水平向的地震作用所控制，以考虑水平向的地震动为主，较少考虑竖直向地震动，但是对于一些特殊结构，竖向地震动的影响是不容忽视的，例如，水平悬臂梁等悬空跨度较大的结构物、重力坝挡土墙等依赖竖直向重力维持稳定的结构物、电视塔等振动幅度较大的高耸结构物。

②地震动风险水平。

不同大小的地震作用对工程结构产生的影响是不同的，当地震力逐渐加大时，结构逐渐由弹性变形进入非弹性变形状态直至彻底破坏。弹性状态下变形是可以恢复的，工程结构不会遭到损坏，而一旦进入非弹性变形状态，工程结构就会产生不能恢复的结构损坏直至倒塌。工程抗震设防目标就是以最小的代价建造具有合理地震安全性的、满足使用要求的工程结构。当前的抗震设计对于工程地震安全性的要求已经发展到针对工程功能安全性，要求工程在面对较小的地震动时，应保持结构反应处于弹性变形状态，工程基本无损，无需修理可继续使用；面对较大的地震动时，允许结构反应进入非弹性变形状态，但非弹性变形量应有限，结构的强度应保持，这样工程仅出现有限的轻微破坏，经修理后仍可继续使用，维持工程的重要功能目标；面对极端罕遇的特大地震动时，允许结构反应进入强的非弹性变形状态，但应保证结构不倒塌，这样，工程遭到无法修复的毁坏但仍不倒塌，以保证人身安全。对工程地震安全性的这些抗震设计要求，构成工程的多级抗震设防标准，其惯用的简单表述就是"小震不坏、中震可修、大震不倒"，工程结构的强度，应能够承受小震作用，结构不损坏；而工程结构的变形性能，应能够在大震作用下保证结构不发生倒塌。在抗震设计规范中，小震通常称为"截面抗震验算地震"或"承载力抗震验算地震"，大震通常称为"变形抗震验算地震"。多级抗震设防理念和目标，当前也为多数国际国内抗震设计规范所采纳。在多级抗震设防标准中，最高一级设防标准针对工程最严重破坏状态的控制（如，倒塌、核电厂停堆功能失效、溃坝等），因此，代表了工程的最高抗震设防水平。

小震、中震、大震只是一个宏观的、定性的表述，这里的"震"并不是指地震震级，而是指工程或场地遭遇的地震动。实际应用中，应基于对建设工程场地未来一定时段内可能遭遇到的地震动状况的预测，确定大震、中震、小震定量化的关系或定量化的表达。由于对地震现象科学认识水平的局限，对地质构造研究了解程度和认识深度的局限，对地震动产生和传播机制认识水平的局限，也由于地震活动本身的随机性，因此，当前多采用概率地震危险性评价方法对工程场地地震动进行预测，给出工程场地上地震动及其概率分布，而且，抗震设防标准也同样采用概率化的表达方式。

一个具体工程场地未来一定时段内所遭受各种大小地震动的概率是不同的，小地震动出现的概率较大，遭遇到的几率大，大地震动出现的概率小，遭遇到的几率也较小，极端地震动出现的概率极小，几乎不会遭遇到，因此，随着地震动水平增大，遭遇到的概率也就越小，从工程抗震设计的角度理解，工程采用的设计地震动越大，则未来工程遭遇的地震动超越设计地震动的可能性就越小，工程抗御该级别地震动破坏的能力就越强。根据概率理论，随机变量大于等于某一给定值的概率，就是该给定值的超越概率，它反映了该值被超越的风险。工程地震研究中,通常就采用超越概率表达地震动的风险性，超越概率越小，表明与该超越概率相关的地震动参数值未来被超越的可能性越小，从工程的角度上讲就是偏安全，风险性更小。

建设工程的抗震设防针对何种风险水平的地震动参数，往往取决于工程的重要程度。越重要的工程，越希望其安全程度高，承担的地震风险水平低，反之亦然。例如，一栋普通房屋的震害后果，可能涉及数十人的生命和财产损失，而一座三峡大坝或一座核电厂的震害后果，却可能使几个县甚至几个省的几十万至上百万人的生命和财产受到不可估计的巨大损失，且长期难以恢复。因此，重大工程应采用更加安全的抗震设防标准。通常，从一般房屋、特大桥梁、特大水坝到核电厂，重要性逐步加大，安全性要求也逐步提高，需要考虑最大地震动的风险水平越低，也即地震动的超越概率水平越小。我国一般房屋抗震设防标准中的中震的设计地震动超越概率水平为 50 年 10%，相应的大震的超越概率水平达到 50 年 2%；特大水坝，如三峡大坝，抗震设防标准中的最大地震作用应取年超越概率 2×10^{-4}，约相当于 50 年超越概率 1.0%；特大桥梁，如悬索桥，抗震设防标准中的最大地震作用应取年超越概率在 $4 \times 10^{-4} \sim 2 \times 10^{-4}$ 之间，约相当于 50 年超越概率 1% ~ 2%；核电站安全性要求最高，抗震设防标准中最大地震作用，即极限安全地震动，超越概率水平为年超越概率 1×10^{-4}，约相当于 50 年超越概率 0.5%。

地震动值的超越概率与该值的重现期呈反比关系，超越概率越大，重现期越短，表明这一级别的地震动值经常重复出现，间隔很短的时间就能遭遇到。对于一个确定的地区而言，经常遇到的一定是较小的地震影响，大地震总是稀有的事件，大的地震动值也是罕遇的事件。所以，小震通常称为多遇地震或常遇地震，大震通常称为罕遇地震。重现期可以采用 $T=t/P$ 大致估算，例如，50 年超越概率 10%，约相当于 500 年的重现期；50 年超越概率 2%，约相当于 2500 年的重现期；年超越概率 1×10^{-4}，约相当于 10000 年的重现期。

③工程场地地震动效应。

地壳内的地震源产生的地震波，经地壳介质传播到达建构筑物所在场地，形成场地地震动，作用在建构筑物上，导致建构筑物的损坏甚至倒塌，产生地震灾害。地震波从深部上传至地表的过程中，由深部地壳至浅表土层，穿过的岩体逐渐变软，地震波传播速度也急剧变小，导致地震波波形在向上传播时发生较大的变化。来自同一震源的地震波，经由地下不同的岩体组合，有时会在地表对地震动产生很强的放大或缩小作用效应，直接影响到地震灾害的程度及分布。

工程场地局部构造与地形特征、下伏岩土层组合及其所代表的物理与力学性质特征，即为工程场地条件。工程场地条件通常关注断层分布、所处地形地貌部位、土层覆盖厚度、岩土层岩性组合、岩土层的刚度和密度等物理特性、岩土层动力特性等，是场地地震动效应的主要影响因素。

研究表明，场地条件对震害的影响实际上是由于场地条件对地震动频谱特性有显著的影响所致。场地岩土层的独特组合，形成了具有特定物理力学性质的土层结构，它就相当于一个滤波器，当基岩中地震波向上入射进入场地岩土层中时，与场地岩土层动力特性匹配的某些频率的地震波成分被放大增强，而另一些频段的地震波成分被减弱或滤除。工程结构的自振周期如果与地震波被放大的频段近似，则其受到的地震共振作用效应增强，易于受到地震破坏。

在建设工程的抗震设计中，需要采用与工程场地条件相关的设计地震动参数，为此，首先要明确工程场地属于怎样的工程场地条件，其次，要确定与工程场地条件相关的地震动参数。

对于量大面广的一般性建设工程，面对千变万化的场地条件，不可能也没有必要去分析每个工程具体的场地条件，通常采用划分典型场地类别的方法简化工程场地条件的表述。如，我国通常分为坚硬土（Ⅰ）、中硬土（Ⅱ）、中软土（Ⅲ）、软弱土（Ⅳ）4 类，或增加硬基岩（I_0）成 5 类。

对于重大建设工程，必须对其工程场地条件进行详细的工程地质条件的调查和勘测，以获取工程场地条件各主要方面的物理、力学指标，尤其是关系到地震动影响的关键性指标，以反映具体的工程场地的特性。

为研究不同场地条件对地震动的影响，最好的办法应该是对场地上强震记录的观测和分析。然而，场地条件多与局部地形、构造演化等相关，其类型和性质呈现出复杂性，相应地其对地震动的影响也呈现出复杂性，有限的强震动记录不足以全面反映场地条件与地震动的关系，难以总结出能够区分出场地的普适性的地震动预测规律。为此，工程地震学家将地震波由震源传播到场地地表的过程抽象简化成两个阶段，由震源发出的地震波在地表以下较深部的"地震基岩"中传播的阶段，地震波由工程场地下方的"地震基岩"顶面竖直向上经由上覆土层介质达到工程场地地表的传播阶段。通过观测基岩上的强震动记录，得到地震动性质、特征及其衰减规律，可以用于地震基岩中地震动的预测。从基岩到地表的土层，可以看作为一个由各种具有不同动力学特性物质组成的层状结构，通过工程结构地震反应分析相类似的数值计算原理和方法，可以获得土层结构地震反应，从而得到工程场地地表及地表以下不同深度处的地震动，这一过程通常称为工程场地土层地震反应分析。

④工程场地地震安全性评价的针对性。

工程场地地震安全性评价工作需要与各类工程的抗震设计规范衔接，为工程抗震设计提供针对性的满足需要的设计地震动参数，两者的衔接体现在以下几个方面：

（a）超越概率水平与工程的抗震设防标准。

工程的类型不同，采用的抗震设防原则往往不同，工程的重要性不同，采用的抗震设防标准也不相同。我国各类抗震设计规范对于工程的抗震设防标准都有明确的规定。表3.6.3列出了我国当前一些主要的建设工程抗震设计规范对重大建设工程抗震设防标准的规定。

表3.6.3　我国主要抗震设计规范规定的抗震设防标准

抗震设计规范	工程抗震设防超越概率
CJJ 166—2011 城市桥梁抗震设计规范	甲类桥梁，E1：50年10%；E2：50年2%
NB 35047—2015 水电工程水工建筑物抗震设计规范	甲类壅水、重要泄水建筑100年2%；乙类非壅水建筑50年5%；其他非甲类水工建筑50年1%
GB 50011—2010 建筑抗震设计规范	50年63%；50年10%；50年2%
GB 50111—2009 铁路工程抗震设计规范	50年63%；50年10%；50年2%
GB 50191—2012 构筑物抗震设计规范	50年63%；50年10%；50年2%
GB 50260—2013 电力设施抗震设计规范	电气设施：50年10%；50年2% 建（构）筑物：50年63%；50年10%；50年2%
GB 50267—97 核电厂抗震设计规范	50年10%；100年1%
GB 50470—2008 油气输送管道线路工程抗震技术规范	50年10%或50年5%或50年2%
GB 50909—2014 城市轨道交通结构抗震设计规范	E1：50年50%；E2：50年10%；E3：50年2%
GB 50761—2012 石油化工钢制设备抗震设计规范	50年63%；50年10%；50年2%
SH 3147—2014 石油化工构筑物抗震设计规范	50年63%；50年10%；50年2%
JT GB02—2013 公路工程抗震规范	50年10%；50年2.5%

抗震设计规范	工程抗震设防超越概率
JTG/T B02–01—2008 公路桥梁抗震设计细则	A类：E1：年0.002；E2：年0.0005 B、C类：E1：年0.02～0.01；E2：年0.0005～0.002 D类：E1：年0.04
JTS 146—2012 水运工程抗震设计规范	50年10%
NB 35057—2015 水电工程防震抗震设计规范	设计地震： 丁（适度设防类）50年10%； 丙（标准设防类）50年10%； 乙（重点设防类）50年5%；50年10% 甲（特殊设防类）100年2%；50年10%； 校核地震： 甲（特殊设防类）100年1%；100年5%

工程场地地震安全性评价工作首先要根据相应类别建设工程抗震设计规范，明确该类工程中重大工程的抗震设防原则和抗震设计标准，确定工程场地地震安全性评价工作应考虑的地震动超越概率水平，有针对性地开展工作。

（b）设计地震动参数与工程特性。

工程抗震设计计算分析中，最常使用地震动烈度、地震动参数峰值加速度和反应谱。早期抗震设计规范多采用地震烈度表示地震作用的强弱，抗震设计中通过近似的关系将烈度换算为地震动加速度，目前，我国的抗震设计都普遍接受反应谱理论，设计地震动参数以加速度反应谱表示，地震烈度常用作构造措施的分级指标。

除了地震动峰值加速度和加速度反应谱外，不同的工程类型和不同的工程结构，采用的地震动参数也会有所差异。例如，地下直埋管线需要考虑地震时地基变形，其抗震设计要关注地震动速度或地震动位移。包含高耸或长跨等柔性结构的建设工程，如超高层建筑、大跨度的桥梁、高耸结构的电视塔等，具有较长的自振周期，其抗震设计要关注地震导致的低频振动对结构的影响，因此，需要包含长周期地震动信息的地震动加速度反应谱，还可能需要地震动速度和位移。长跨或高耸结构，对竖直向力的作用较为敏感，其抗震设计要关注竖直向地震动参数。重大工程往往还需要进行动力设计，需要以地震动时程作为抗震验算的输入。对于核电厂这类特别复杂的工程结构体系，抗震验算中对输入地震动时程要求非常高，在一组时程中要同时满足多种阻尼（如，2%、5%、7%、10%阻尼比）地震动加速度反应谱。表3.6.4列出了几类典型工程抗震设计对地震动参数的要求。

表3.6.4　典型工程类型对设计地震动参数的要求（胡聿贤，1999）

工程	一般房屋	超高层房屋、储液罐	地下埋置管线	大跨度桥	核电厂
要求	峰值加速度 a	长周期反应谱 a、v、d	地下变形	长周期反应谱 桥墩差动	一组时程 $a(t)$

工程场地地震安全性评价工作应针对场地上拟建的重大工程的类型和结构特征，明确其抗震设计需求，然后开展相应的评价工作，确定设计地震动参数。

（c）与工程场地相关的设计地震动参数。

建设工程需要选择适宜的工程场地，条件允许的情况下，都希望选择基础比较坚硬的场地，如基岩场地，受地震动的影响相对较小。但是，复杂的土层场地有时也是无法避开的，如大型城市大多建设在益于人们居住和发展的平原地区、山间的平坦地区、盆地地区，非基岩软土场地会对地震动产生一定的放大作用，因此，工程抗震设计需要对非基岩场地的影响给予充分的考虑。

对于一般建设工程，通过地震区划图确定设计地震动参数。地震区划图上标示的是平均土层场地地震动参数。一般建设工程还需要根据工程所在的具体场地分类，由平均场地地震动参数通过系数调整法获得场地设计地震动参数。

对于重大工程，不同类型的工程其设计所要求的地基条件不同，例如，大型水库大坝，要求地基必须是基岩；有些工程要求平均场地，例如，生命线工程；有些类型的工程，其设计要求的地基可以包含非基岩地基，但是有时出于简化工程设计和施工的复杂性、提高系统的地震安全性、降低工程造价等方面的考虑，而排除非基岩地基，例如，当前我国核电站大多要求建设在基岩地基上，因此，工程场地地震安全性评价工作，应明确拟建重大工程的场地要求，以及工程设计对工程基础部位地基的要求，并针对基础处的场地条件开展相应的调查与评价工作，确定工程场地相关的设计地震动参数。

（d）设计地震动参数评价要求。

工程场地地震安全性评价提供的设计地震动参数，应考虑以下几个方面来确定其评价要求：

• 地震动超越概率水平。

依据抗震设计规范中的抗震设防标准，确定相应于各级设防水准的地震动超越概率。

• 地震动参数。

依据拟建重大工程的类型和结构特征，确定以下方面的地震动参数要求。

地震动物理量：加速度、速度、位移。

地震动反应谱：周期（或频率）范围上限，通常为 4s、6s，考虑长周期时为 10s、15s、20s；阻尼比，通常只考虑 5% 阻尼比反应谱，比较刚性的结构会考虑 2% 阻尼比反应谱，核电工程常常需要确定 2%、5%、7%、10% 阻尼比的反应谱。

地震动方向：水平向、竖直向。

地震动时程：单组地震动时程、多组地震动时程、天然地震动时程。

• 工程场地。

设计地震动参数依附的工程场地条件不同，相应工程场地地震安全性评价工作的内容也会有较大的差异，尤其在场地勘测及其对地震动参数影响评价方面。对于工程场地条件，需要明确设计地震动参数所要求的工程场地是基岩场地、平均场地还是地表土层场地。

　　• 表现形式。

　　应针对工程抗震设计使用方便的需要，确定工程场地地震安全性评价结果的表现形式。长线路重大工程的平均场地地震危险性评价结果，以沿线地震区划图的形式给出；面积较大的大中城市、经济开发区，或铺设线长或占地面广的生命线工程的场地相关的设计地震动参数评价结果，以地震小区划的形式给出；单项重大工程场地相关的设计地震动参数评价结果，以具体工程场地相关的规准形式的地震动反应谱、地震动时程等形式给出。

　　（4）工程场地地震安全性评价工作的基本框架

　　工程场地地震安全性评价工作，包含两个核心，未来地震活动水平评价和其对工程场地地震动影响评价。

　　未来地震活动水平的评价，目的是对未来地震发生的时、空、强进行评价。以确定性方法进行评价，需要圈定整个区域范围内未来可能发生的所有地震的地震震源，评价其发震能力；以概率方法进行评价，需要以概率模型描述地震活动的空间分布、震级分布和时间分布，评价各个地点发生地震的可能性、发生各个震级地震的可能性，以及未来地震的发生率。未来地震活动水平评价的依据是地震活动性和地震构造背景，需要对这两方面开展调查，并且，地震距离工程场地越近，影响也越大，因此，靠近工程场址的地方，调查工作要更加详细深入，以尽可能发现或排除可能的发震构造。由此，工程场地地震安全性评价工作中，将区分区域范围和近场区范围开展地震活动与地震构造的调查及评价工作。

　　评价地震活动对工程场址地震动的影响，目的是确定工程场地相关的设计地震动参数，通常分基岩地震动参数评价和土层场地地震动参数评价两个阶段。基岩地震动参数评价需要完成两方面工作，一是建立地震动预测模型，一般采用基岩地震动参数衰减关系；二是完成地震危险性分析计算，采用确定性或概率性地震危险性评价方法计算场址周围地震活动对工程场址产生的地震动影响，确定性方法关注最大地震动影响，概率方法关注地震动影响的概率分布，以地震动参数超越概率曲线表述。土层场地地震动参数评价需完成两方面的工作，一是开展工程场地范围内场地条件勘测，通过场地钻探、波速测试、土样试验等工作了解场址下伏土层的基本状况及其物理力学性能；二是完成土层地震反应分析，建立场地土层动力学模型，确定基岩地震动输入，开展土层地震反应数值计算，获得工程场地地表地震动参数。

　　工程场地地震安全性评价还包括场地地震地质灾害的评价。

　　工程场地地震安全性评价工作的基本框架见图3.6.1。

　　（5）工程场地地震安全性评价工作分级与分类

　　重要性程度不同的建设工程的抗震设防需求往往存在较大的差异，有些抗震设计参数通过常规的工程场地地震安全性评价工作可以获取，而有些抗震设计参数的获取就需

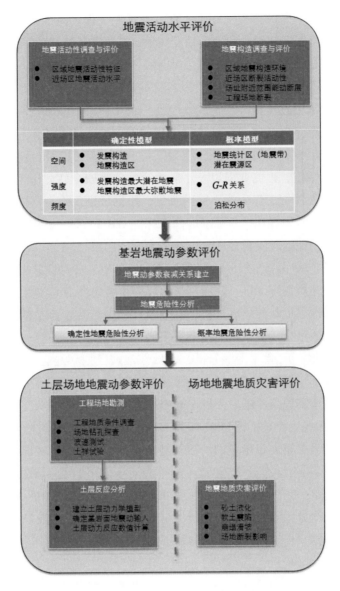

图 3.6.1 工程场地地震安全性评价框架示意图

要特殊的调查内容与评价方法，或者要求更加精细和深入的调查工作与评价。例如，核电站和极其重要的特大型水库等，因为要采用极低地震风险水平的抗震设防要求，要考虑厂址附近范围的能动断层问题，需要同时满足多阻尼反应谱的设计地震动时程等，一般的调查内容和深度无法满足获取地震动参数的需要，一般的方法也难以满足设计地震动参数确定的需要，必须进行最为详细、最为深入的调查和分析，必须采用多种地震危险性评价方法，这类工程的工程场地地震安全性评价工作是要求最高的；而抗震设防要求低于核电站的其他绝大多数重大建设工程，其工程场地地震安全性评价工作不需要完成像核电站这种极高要求的调查与评价工作，但这些工程之间抗震设计方面的需求也是有差别的，比如，是否需要长周期地震动反应谱，是否需要竖向地震动等等差异。

从工业与民用建筑的一般建设工程，水利、交通、能源、通信等建设项目中重要建设工程，到核电厂等特别重大的建设工程，其重要性和可能发生次生灾害的严重性逐步加大，抗震设防要求也逐步提高，地震安全性评价工作中对基础资料的精度要求、工作深入程度的要求也逐步提高。考虑到建设工程的重要性、地震破坏后果的严重性以及工程的结构特征和抗震设计的要求，兼顾建设工程的政治、社会和经济性，对不同建设工程应做不同深度、精度、程度要求以及不同内容的地震安全性评价工作。为此，我国将工程场地地震安全性评价工作分为不同的级别，不同级别工作有不同的工作步骤、技术思路、工作方法、技术内容和技术要求。国家标准 GB 17741—2005《工程场地地震安全性评价》中将工程场地地震安全性评价工作分为以下四级：

Ⅰ级工作包括地震危险性的概率分析和确定性分析、能动断层鉴定、场地设计地震动参数确定和地震地质灾害评价。适用于核电厂等重大建设工程项目中的主要工程。

Ⅱ级工作包括地震危险性概率分析、场地设计地震动参数确定和地震地质灾害评价。适用于除Ⅰ级以外的重大建设工程项目中的主要工程。

Ⅲ级工作包括地震危险性概率分析、区域性地震区划和地震小区划。适用于城镇、大型厂矿企业、经济建设开发区、重要生命线工程等。

Ⅳ级工作包括地震危险性概率分析、地震动峰值加速度复核。

上述分级中，Ⅳ级工作是依据 2002 年发布的《建设工程抗震设防要求管理规定》（中国地震局令 第 7 号）第九条确定的。该条规定在地震区划图分区界线两侧各 4km 区域以及研究程度和资料较差的地区，建设工程不应直接采用地震动参数区划图结果，必须进行地震动参数复核。2016 年颁布的国家标准 GB 18306—2015《中国地震动参数区划图》中规定，地震区划图分区界线附近的地震动参数取值按就高原则或专门研究确定，因此，Ⅳ级工作已不再需要，正在修订中的国家标准 GB 17741—2005《工程场地地震安全性评价》也将取消第Ⅳ级相应的工作内容。同时，上述分级中，Ⅱ级工作几乎囊括了除核电和长输管线以外的绝大部分重大建设工程，导致Ⅱ级工作涉及的工程结构类型繁杂、抗震设防要求变化大、工作的内容与深度要求差别较大，如，地铁工程、特大型桥梁工程、海洋平台工程、大型水库、电视塔等，这些工程关注的设计参数、风险水平、调查工作的要求等均存在相当的差异。为此，正在修订中的《工程场地地震安全性评价》也将对地震安全性评价工作进行更为详细的分级与分类，对Ⅱ级工作将进行分类划分。

3.6.2　工程场地地震安全性评价工作内容

工程场地地震安全性评价工作的内容，是依照地震安全性评价规范确定的。当前，国家标准 GB 17741—2005《工程场地地震安全性评价》正在修订中，修订后的规范将更加明确针对的是重大工程，规范标题也将更改为《重大工程场地地震安全性评价》，比较大的修订还包括对地震安全性评价工作的分级进行了调整，不再要求原规范中的Ⅳ级工作，以及原Ⅲ级工作中的地震小区划工作，同时对Ⅱ级工作进行了更细的划分。其他更多的修订体现在对地震安全性评价工作技术方法与技术指标的要求更加明确，但地震安全性评价工作的主要工作环节和基本工作内容与现行规范要求一致。

本节将依据现行的国家标准 GB 17741—2005《工程场地地震安全性评价》简述工程场地地震安全性评价工作的基本内容。

3.6.2.1　区域地震活动性和地震构造评价

在工程场地地震安全性评价中，首要的任务是了解工程场地所在区域范围内的地震活动规律，预测在工程使用年限内（通常为 50 ~ 100 年或更长时间）工程场地周围可能发生地震的地点、强度极其频度。区域范围大致是地震可能产生有工程意义影响的最大范围，震害资料和工程经验表明，场地地震危险性主要来自于 150km 范围内的地震影响，所以，区域范围通常取工程场地外延 150km，有时为了更加全面地认识地震活动的特征，也可取更大的范围。

工程场地地震安全性评价工作中，区域工作的重点是，分析区域地震活动特征和区域地震构造环境，评价区域地震活动与区域地震构造背景之间的关系，为区域发震构造鉴定、潜在震源区划分和地震活动性参数确定提供依据。

（1）区域地震活动性

区域地震活动性分析工作就是通过分析区域已有的地震活动，认识地震活动在时间、空间和强度上的基本特征，作为未来地震活动预测与评价的重要依据。

①地震资料收集与分析整理。

（a）地震目录编制。

地震资料的收集主要是从权威性的地震目录中筛选、收集区域范围内的地震事件及其相关的资料信息。地震事件包括区域破坏性地震（$M \geqslant 4.7$）和区域中小地震（$4.7 > M \geqslant 1.0$）。破坏性地震（$M \geqslant 4.7$），主要来源于《中国历史强震目录（公元前 23 世纪至公元 1911 年）》（国家地震局震害防御司编，1995）和《中国近代地震目录（公元 1912 年至 1990 年 $M_S \geqslant 4.7$）》（中国地震局震害防御司编，1999），但需要补充 1990 年以后的地震事件，可参考《中国地震年报》《中国数字地震台网观测报告》《中国地震详目》和《中国地震年鉴》。对于中小地震（$4.7 > M \geqslant 1.0$），主要根据《中国地震详目》以及各省、市、自治区区域地震台网目录收集。

在上述资料基础上编制区域破坏性地震（$M \geqslant 4.7$）目录和区域中小地震（$4.7 > M \geqslant 1.0$）目录。

（b）地震资料完整性与可靠性分析。

地震资料是地震活动性分析和统计的基础，地震资料是否完整可靠，影响到对地震活动特征认识的客观性和可靠性。历史地震资料是依据历史文献记载整理得到的，受各个历史时期的政治、经济、文化发展水平的限制，还可能受战乱影响，历史文献记载情况在不同地区、不同时期差别非常大。例如，我国历史地震资料最为丰富的华北地区，从明朝起（约公元 1500 年以来），6 级以上地震记载相对完整，而 5 级地震到 1900 年才能完整记载到。

　　区域性地震台网地震目录的完整程度和地震台的分布及仪器的灵敏程度有关，所以应当首先分析地震台网的监测能力，从而了解台网监测范围内不同时段、不同震级地震资料的可信程度。

　　②地震活动性分析。

　　（a）编制区域地震震中分布图。

　　编制区域地震震中分布图的目的是为了分析地震空间分布特征。应基于地震目录，分别编制区域破坏性地震（$M \geqslant 4.7$）震中分布图和区域中小地震（$4.7 > M \geqslant 1.0$）震中分布图。

　　（b）地震活动特征分析。

　　地震活动特征的分析，主要关注地震的空间分布特征、时间分布特征和未来地震活动水平、区域历史地震影响、区域现代构造应力场等。

　　分析地震空间分布特征的目的是寻找强震发生的可能地点和强度的信息，为划分潜在震源区、确定地震活动空间分布函数等提供依据。地震震中空间分布图能直观地反映地震发生地点的分布状况、强震发生的时间和强度，在一定程度上反映了构造活动的情况。

　　分析地震活动时间分布特征的主要目的是了解区域所涉及到的地震统计区（地震带）的地震活动起伏特征，为未来地震活动趋势判定提供依据。同时，也可以提供区域地震活动的起伏特点，为评价区域未来地震活动水平提供依据。

　　现代构造应力场是现代构造活动的动力来源，适应现代构造应力场的构造往往易于活动导致地震发生，与现代构造应力场不协调的构造，往往难以发生地震。因此，需要对区域的基本现代构造应力场状况进行分析和判断。地震震源机制解主应力轴产状的统计特征可以代表区域现代构造应力场。

　　工程场地遭遇历史地震影响的特征，代表了场地周围历史上地震危险性状况，可以大致反映出工程场地遭受地震影响的强度、频度和地震影响来源，为后续的地震危险性评价工作提供一定的依据和参照。

　　（2）区域地震构造

　　地震构造是指与地震孕育和发生有关的地质构造。区域地震构造评价的目的在于找出区域构造活动与地震活动的相互关系，为区域发震构造鉴定与潜在震源区划分提供重要的依据。区域地震构造评价应在充分收集、分析现有地质、地震和地球物理资料的基础上进行，一般不需要开展现场调查工作，仅当区域范围内存在对工程场地地震危险性有重大影响的断层，而现有资料又不足以满足评价要求时，才需要开展现场地震地质或物探调查，获取必要的资料。

①区域地震构造调查与评价。

（a）区域大地构造。

应广泛收集区域范围内大地构造单元划分的资料，分析确定区域大地构造单元划分，分析各大地构造单元的发育演化历史，以及各种类型构造、岩层地层生成历史，以了解区域地质构造背景及其形成和演化的情况。

（b）区域新构造特征。

新构造活动时期是与现今构造活动关系最为密切的地质构造运动时期，地震的发生与这一时期的构造活动规模、强度、方式相关性较强，因此，工程场地地震安全性评价工作需要分析区域新构造活动的表现、活动方式及强烈程度等特征，新构造活动的分区及其特征，区域新构造活动与地震活动的关系。

（c）区域地球物理场和地壳结构特征。

地震总发生在地下一定深度的地壳中，地质构造的深部状况对地震的孕育与发生起着控制性的作用。工程场地地震安全性评价工作中，通过分析区域地球物理场、地壳结构特征与地震活动的相关性，来总结、分析区域深部构造条件与地震的关系，为发震构造鉴定和潜在震源区划分提供依据。

（d）区域断裂活动性调查。

区域地震活动通常都与大型活动断裂相关，尤其是高震级地震。因此，在工程场地地震安全性评价工作中，对于资料中展现的大型区域性断裂都非常关注，要对其活动性和活动水平进行调查与评价。

②编制地震构造图。

区域地震构造图是工程场地地震安全性评价工作中最为重要的一张基础图件，它综合了地质构造背景、新构造特征、区域断裂活动性，以及区域破坏性地震活动等地震构造和地震活动性信息，展示了地震活动的地质构造背景，也展示了不同构造上地震活动特征，是区域地质构造调查和地震活动性调查成果的综合反映，是区域地震构造条件综合分析、发震构造鉴定以及潜在震源区划分等工作的基础依据。地震构造图中通常包含以下内容：第四纪以来活动的主要断层及其活动时代；活动断层的性质；第四纪以来活动的盆地及其性质；现代构造应力场方向；破坏性地震（$M \geqslant 4.7$）震中位置。

③地震构造条件的综合分析。

地震构造条件综合分析的目的，是为鉴别区域范围内的发震构造或划分潜在震源区提供判别指标和依据。通常需要通过对区域范围内已经发生过的地震震例的地震构造条件的总结与分析，以及与已有相关研究得到的各震级档地震构造条件的对比分析，确定区域范围内不同震级档的地震构造条件。

3.6.2.2 近场区地震活动性与地震构造评价

发震构造距离工程场地越近，对工程场地的影响越显著，场地近处高震级发震构造空间位置和发生地震的震级判断的细微变化，都可能对工程场地地震危险性的评价结果产生较大的影响。因此，近场区地震活动性和地震构造评价是工程场地地震安全性评价工作的重点环节。

一般情况下，工程场地及其外延 25km 为近场区范围，Ⅰ级工作中也称为近区域。

（1）近场区地震活动性

近场区地震活动性的调查与分析，重点在于了解近场区内地震活动的水平，更重要的是了解近场区地震活动与地震构造的相关性，为发震构造的鉴定提供地震活动性方面的依据。所以，近场区地震活动性的调查更加关注破坏性地震的可靠性和中小地震空间分布的可靠性。近场区地震活动性分析包括：

①编制近场区地震震中分布图。

依据近场区地震目录，编制近场区地震震中分布图。

②疑难地震的核查。

近场区内如果存在参数有疑问的破坏性地震，则必须进行资料核查和现场调查，在调查的基础上确定地震的震中位置和震级等关键性参数。

③小震精确定位工作。

这项工作只针对Ⅰ级工作开展。Ⅰ级工作中小震条带与断层的相关性是判别发震构造的依据之一，但常规地震目录的定位误差导致其无法用以判定震中位置与断层关系，需要更加精确的定位精度。小震精确定位，是通过重新校核地震台网记录数据、改进地震定位模型和算法，达到改善近区域内小震定位精度的目的。

④近场区地震活动与活动构造关系分析

分析地震的空间分布特征，应特别注意强地震与构造活动、中小地震震中分布的成带性和成丛性与构造活动的关系。

（2）近场区地震构造

近场地震构造评价的工作重点是对主要断层进行活动性鉴定。活动断层是指晚第四纪以来有活动的断层。

①近场区第四纪构造活动。

重点调查第四纪地层（时代、分布、厚度等）和地貌面（夷平面、剥蚀面、台地、阶地）的划分及其时代，重点关注与断层第四纪活动有关的地质地貌现象。

②主要断层活动性鉴定。

应对近场区内主要的断层进行详细的活动性鉴定，鉴定的内容包括：

（a）断层活动时代。应重点鉴别断层是晚更新世的活动断层，还是全新世的活动断层，这两类均属活动断层，但对未来地震危险性的贡献是有差异的。

（b）断层的活动性质。潜在震源区范围与边界的确定，与活动断层的产状密切相关，发震构造最大潜在地震震级，也与活动断层的性质相关，应通过野外现场调查查明活动断层的活动性质。

（c）断层分段性。断层的分段性是确定相应潜在震源区边界及其震级上限的主要依据。可以根据断层活动时代与活动性质的差别进行断层分段，还可根据断层破裂进行分段。

③编制近场区地震构造图。

近场区地震构造图是综合反映近场区地震活动与地震构造条件的图件，是近场区最为重要的一张基础图件。近场区地震构造图包括活动断层、第四系地层以及地震活动。

3.6.2.3 工程场地地震工程地质条件勘测

场地地震工程地质条件特指与场地地震反应和地震地质灾害相关的场地条件，涉及场地内及附近的工程地质、水文地质、地形地貌、地质构造等方面的条件。场地地震工程地质条件资料是确定场地设计地震动参数和评价场地地震地质灾害的基础。场地地震工程地质条件勘测的内容包括：在分析现有资料的基础上，进行场地钻探及场地土体物理与力学特性测试，编制相关的工程地质图、表，综合评价场地特性。

（1）场地工程地质条件调查

在收集、整理和分析工程场区及附近地区已有的工程地质勘查资料的基础上，开展场地工程地质条件调查，查明工程场地的地貌、地层、岩性、地质构造、水文地质条件、场地土类型和场地类别等基本情况。

（2）场地钻孔勘测

在调查的基础上，以控制地层结构和场地内工程地质单元分布为目标，布设钻孔，开展场地钻探。钻孔深度与土层反应计算中地震输入界面为基岩层顶面的要求是匹配的，应钻探至基岩层，或相当于基岩的坚硬岩土体层面。

对钻孔岩样进行测试，获得天然含水量、比重、天然密度、干密度、饱和度等物理指标。对于可能发生饱和土液化的场地，应给出地下水位、标准贯入锤击数、黏粒含量资料等。

（3）场地波速测量

场地波速测试，是在钻孔完成同时，进行钻孔分层岩土剪切波速的测量，给出场地钻孔剖面岩土分层剪切波速随深度的变化值。一般情况下仅测量剪切波速值，一些工程的抗震设计需要考虑结构的竖向地震反应，应取得分层土体纵波波速。

（4）场地土动力性能测试

在地震动作用下，土体变形反应与土体的动力学性能相关，在土层反应数值计算模型中，采用剪切模量比与剪应变关系曲线、阻尼比与剪应变关系曲线来表述土动力性能。

工程场地地震安全性评价工作中，要求在工程场地钻孔勘测的同时，采集场地典型土层的样本进行实验室的土动力试验，以获取土动力学参数。常见的土动力试验包括动三轴试验和共振柱试验两种。

（5）地震地质灾害场地勘查

场地地震地质灾害是由地震动或断层错动引起的可能影响场地上工程性能的场地失效。震害经验表明，具不良地质条件的场地，常诱发产生各种地质灾害。工程场地地震安全性评价工作中，主要关注的地震地质灾害类型有：地基土液化、软土震陷、崩塌、滑坡灾害。

场地地震地质灾害的勘查，要分为两个方面，一是对历史地震资料的调查，查看场地是否在历史上发生过某种类型的地震地质灾害，如果历史记载有发生过，说明工程场地具有发生该种地震地质灾害的条件；二是要对相关的场地工程地质条件和地形地貌进行勘查，勘查获得的数据将用于综合分析，评价在未来地震作用下场地是否具有发生地震地质灾害的可能性。

3.6.2.4　地震危险性分析

（1）地震动衰减关系

工程场地地震安全性评价工作中，需要先评价工程场地处基岩地震动参数，然后再考虑土层的影响，得到场地地表地震动参数。

地震动由地震源向外传播，距离地震源越远，地震动的强度就越弱，直到完全消失。地震动随着距离由强变弱的过程，称为地震动的衰减。为了解决地震动的预测问题，工程地震学家采用了简洁明了的经验预测模型，即通过对大量的强震记录数据的拟合，建立地震动参数随着震级和距离衰减变化的统计规律，也就是地震动参数衰减关系。利用地震动参数衰减关系，便可以预测给定震级地震在距离地震源不同距离处的地震动参数值。

①地震动参数衰减关系确定的方式。

我国工程场地地震安全性评价工作中，地震动参数衰减关系的确定，通常有两种方式：一种方式是通过拟合合适的强震动记录数据集建立地震动参数衰减关系，但这种方法很少采用，因为，一方面某一个地区地震动衰减关系应该较为稳定，地震安全性评价工作为获得可信的结果，应尽量采用已有的、经过实践检验的且具有一定权威性的地震动衰减关系，例如，全国地震动参数区划图采用的地震动参数衰减关系；另一方面拟合地震动参数衰减关系是技术难度较大的一项工作，对数据收集整理、拟合方法选择、拟合参数确定，甚至拟合工作的经验积累等都有较高的要求，并不适合针对某一项具体工程的地震安全性评价工作来完成。另一种方式，是选择已有的适宜的地震动参数衰减关系，这种方式是目前工程场地地震安全性评价工作中最广泛采用的一种方式。

②基岩地震动衰减关系。

基岩地震动参数衰减在建立时，采用了大量基岩场地上的强震动记录，所谓基岩场地，是指剪切波速达到或超过 500m/s 的场地。地震学理论和地震动强震记录反映出地震动的峰值以及反应谱的高频分量存在着近场大震饱和特征，即它们随震级增大的速度在近场小于远场，同时衰减关系曲线的形状应与震级相关。地震动衰减模型应该对上述特点有所体现。为此，当前我国工程场地地震安全性评价工作中最常使用的可反映近场大震饱和的地震动衰减关系模型采用如下形式：

$$\lg Y = C_1 + C_2 M + C_3 M^2 + C_4 \lg[R + R_0(M)] + C_7 R + \varepsilon$$

式中，$R_0(M) = C_5 \exp(C_6 M)$，Y 为地震动峰值或不同周期的反应谱值，M 为震级，R 为距离，系数 C_i $(i=1，2，\cdots，7)$ 为回归系数，当 Y 为反应谱时 C_i $(i=1，2，\cdots，7)$ 为周期的函数。式中的 $R_0(M)$，一方面反映了地震动幅值的近场距离饱和范围随震级 M 一同增大，这也决定了衰减曲线形状与震级相关，另一方面还在一定程度上反映了近场大震饱和特性。$C_3 M^2$ 项的引入更充分体现了地震动幅值的大震饱和特性。ε 为拟合标准差。

③地震动衰减关系的特殊要求。

在进行超高层建筑、长跨度桥梁、巨型储液罐等具有较长自振周期工程的地震危险性分析时，需要专门研究长周期地震动反应谱衰减关系。这是因为，用传统强震记录得到的地震动反应谱衰减关系在长周期段是不可靠的，而应使用具有可靠长周期地震动信息的地震观测资料，确定反应谱衰减关系的长周期部分。

此外，由于数据集的局限性，现有的衰减关系在中强震级段往往能够较好地与数据分布相匹配，衰减关系的稳定性也较好，但对于特大震级段或中小震级段，由于数据资料的缺失，衰减关系基本上是通过外推得到的，不同研究结果之间的不确定性相当大，结果的可靠性受到影响。因此，在工程场地地震安全性评价工作中，尤其是在Ⅰ级工作中，应注意衰减关系选择的适宜性。例如，对特大震级发震构造地震动参数的计算或对弥散地震地震动参数的计算。

（2）确定性地震危险性分析

只有在Ⅰ级工作中，如核电厂工程场地地震安全性评价，才采用地震危险性确定性分析方法。确定性方法主要是指地震构造法和历史地震法两种。

①地震构造法。

（a）发震构造与地震构造区。

地震构造法将区域的地震活动简单划分为发震构造控制的地震活动与弥散性地震活动两类，且将这两类地震活动的控制因素简单归于发震构造和地震构造区。弥散性地震活动应看作当前认识水平下，未表现出受构造控制且在较宽泛的范围内弥散分布的地震活动。

地震构造法要求评价各类地震构造对工程场地的最大影响，因此，对发震构造要评估其能够发生的最大潜在地震，对地震构造区也要评估其能够发生的最大潜在地震，也称为最大弥散地震。

（b）地震构造法计算。

地震构造法计算要求：将最大潜在地震置于发震构造距工程场地最近处；将最大弥散地震置于地震构造区边界上距工程场地最近处，当工程场地位于地震构造区内时，将最大弥散地震置于距离工程场地某一经调查论证确定的特定距离处，例如，当前实际工作中常用的5km；采用选定的基岩地震动参数衰减关系分别计算发震构造和地震构造区在工程场地产生的地震动参数；计算结果中的最大值即为地震构造法所确定的地震动参数。

②历史地震法。

历史地震法是一种考虑历史地震影响的方法，根据历史地震震级和震中位置及其宏观地震影响资料，确定其对工程场地的影响烈度值，转换得到地震动参数，所有历史地震在场地处地震动参数的最大值为最终结果。该方法的结果往往小于地震构造法，且烈度转换成其他地震动参数，尤其是反应谱面临极大的困难和不确定性，因此，当前已经很少使用。

（3）概率地震危险性分析

在目前的科学认识水平下，地震的发生及地震动特性都具有一定不可预见性，必须以概率方式评价和表达工程场地未来可能遭遇的地震影响，称为概率地震危险性分析（PSHA）。概率地震危险性分析方法将工程场地周围地震构造环境特征、地震活动性特征以及地震动衰减特征的调查分析结果，表达为相应的概率分布函数，并通过概率理论计算，最终获得对工程场地地震危险性的概率表达。

我国现行地震安全性评价工作中使用的地震危险性概率分析方法，是在经典概率地震危险性分析理论框架上，结合我国地震活动时空不均匀性的特点，经对一些关键环节的改进形成的，称为"考虑地震活动时空不均匀性的概率地震危险性分析方法"，简写成CPSHA。CPSHA方法是我国当前地震安全性评价工作中普遍使用的地震危险性概率分析方法，也是我国地震安全性评价规范规定的方法。该方法最突出的特点可以概括为：以考虑地震带未来地震活动水平趋势预测的地震活动性参数反映地震活动的时间不均匀性；以地震统计区及潜在震源区划分及其地震活动性的差异来反映地震活动的空间不均匀性。基本步骤如下。

①地震统计区划分。

我国地震活动性分区、分带特征非常显著，CPSHA方法中，以地震带为基础划分地震统计区作为地震活动性参数的统计单元。全国性地震区划工作的地震统计区划分方案，在工程场地地震安全性评价工作中广泛使用。

②潜在震源区划分。

潜在震源区定义为"未来可能发生破坏性地震的震源所在地区"。潜在震源区就是某一地震构造背景能够发生的各震级地震的震源在空间上可能分布的范围。潜在震源区应在地震带内，依据地震构造类比和地震活动重复这两条原则进行划分，反映了地震带内地震活动的次级空间不均匀性。

③地震活动性参数的确定。

对工程场地周围地震活动性特征的认识，最终表达为各个地震活动性参数。它们决定了描述工程场地周围地震环境的概率模型，构成概率地震危险性分析的输入。CPSHA 方法需要确定的地震活动性参数分为两个层次：地震统计区的地震活动性参数、潜在震源区的地震活动性参数。地震统计区地震活动性参数包括震级上限、震级下限、震级 – 频度关系、地震年平均发生率等。潜在震源区活动性参数包括：潜在震源区震级上限，各震级档空间分布函数。其中震级 – 频度关系的系数 b 值，地震年平均发生率 v，以及潜在震源区空间分布函数，是地震活动性参数确定中的主要工作，前两者通过对地震统计区中可信时段、可信震级段的地震资料的统计拟合确定，后者由于潜在震源区内资料的缺乏，主要通过对比各潜在震源区所具备的地震构造条件，以多因子综合评判的方法来确定。

（4）地震危险性分析计算。

依据全概率公式，综合工程场地区域范围涉及到的所有地震统计区、潜在震源区，及其所能发生的整个震级范围内各震级地震对工程场地的影响，还综合了地震动预测时地震动参数衰减关系的不确定性导致的地震动的概率分布，完成对工程场地地震危险性计算。工程场地地震危险性的计算结果，反映了不同地震动大小的超越概率水平，表示为地震动参数的超越概率曲线。

⑤结果表述。

概率地震危险性分析计算的地震动参数峰值结果应表示成不同年限（如 1 年、50 年、100 年）的超越概率曲线，取用的超越概率水准应满足地震安全性评价规范要求和工程抗震设计的需要。

3.6.2.5　场地地震动参数确定

场地地震动参数作为工程场地地震安全性评价工作的结果，为工程抗震设防提供依据。工程场地地震动参数包括基岩场地及非基岩场地地表地震动参数，针对非基岩场地上基础埋藏较深的地面结构工程（包括桩基结构工程）或地下工程抗震设计的需要，还包括工程基础或结构埋置深度处即工程结构设计所要求深度处的地震动参数。

（1）基岩场地地震动参数确定

Ⅰ级工作，场地地震动参数值应按确定性方法和概率方法的计算结果来综合确定。这些计算结果包括确定性方法和概率方法地震危险性分析计算给出的自由基岩场地的地震动参数值，如地震动峰值加速度、加速度反应谱和时程强度包络函数参数值等。通常取两种方法计算反应谱（包括地震动峰值）外包络谱参数值（以多折线形式给出）作为场地地震动参数值。

Ⅱ级和地震小区划工作，场地地震动参数值应按概率方法的计算结果来确定。概率方法地震危险性分析的计算结果为自由基岩场地地震动参数值，如地震动峰值加速度、加速度反应谱参数和时程强度包络函数参数值等，取自由基岩场地地震动反应谱计算值（包括地震动峰值）的均值拟合谱参数值作为场地地震动参数值。

（2）土层场地地震动参数确定

对于工程场地为覆盖土层场地的情况，存在工程场地土层条件对地震动影响的问题，对此应进行场地地震反应分析计算，基于计算确定场地地表及所要求深度处的地震动参数值。

①场地土层地震反应分析。

（a）基岩输入面确定。

土层反应设定地震动由土层下卧的基岩层中进入土层，因此需要确定基岩地震动输入界面，一般选择钻探确定出的基岩顶面，而在基岩埋深较大、钻探无法探到的场地，通常会选择一个坚硬程度相当于基岩的土层界面，例如，选择剪切波速不小于500m/s的层顶面。

（b）基岩输入地震动确定。

输入地震动参数指场地地震反应分析计算中地震输入界面处的入射地震波参数。通过地震危险性分析已经获得了工程场地基岩地震动峰值加速度、加速度反应谱（包括多阻尼谱）和时程强度包络函数等基岩地震动参数，为完成土层反应的数值计算分析，需要确定基岩地震动时程，作为土层地震反应分析计算的地震输入。一般是以基岩地震动峰值加速度、加速度反应谱和时程强度包络函数为目标参数值，采用迭代调整技术合成的人工地震动时程，它包含了基岩地震动幅值（加速度、速度、位移）、频谱特征（反应谱）及强震动持续时间等重要信息。

（c）建立场地力学模型。

场地力学模型是对场地土层结构的理想化表达模型，用于进行土层地震反应计算。在工程场地地面、土层界面及基岩面均较平坦的场地条件下，水平成层土层模型能合理地反映场地条件，可采用一维水平成层模型代表场地土层的结构。

场地力学模型建立还需要确定模型中各土体的物理力学性质，包括分层土的厚度、密度、波速（剪切波或纵波）及土体动力非线性关系，即剪切（或压缩）模量比与剪（或轴）应变关系曲线、阻尼比与剪（或轴）应变关系曲线。这些参数均可根据场地工程地质条件勘测与试验结果确定。

（d）地震反应计算。

当前，场地地震反应分析计算常用的方法是等效线性化波动法，也是规范中规定的方法。该方法要求对场地土层按波速相等的原则进行细分层，确保在足够小的土层厚度内各点剪应变幅值大体相等，以在计算中能够反映出较厚土层中不同深度位置土体的非线性程度的差别。

在基岩输入面上输入基岩地震动时程，通过建立的工程场地力学模型，采用等效线性化波动法记性数值计算，便可以获得场地地表（或不同深度处）地震反应的地震动时程，计算出地震动时程对应的场地相关反应谱。

由于场地力学模型是依据每个钻孔建立的，因此，土层地震反应计算的结果也就代表了钻孔位置处的地震动反应。当工程场地中有多个钻孔分别进行了土层地震反应计算，则应综合分析各个钻孔的计算结果，以得到关于整个场地的地震反应特征。

由于人工拟合地震动时程存在一定的随机性，可能会导致对基岩地震动特性反映的偏差，因此，实际工作中需要合成多组不相关的人工地震动时程，并分别作为基岩地震动输入完成场地土层的地震反应分析，对多组地震动时程的计算结果，也需要进行综合分析以得到更加合理的结果。

②土层场地地震动参数。

通过场地地震反应分析，得到场地地震动时程，由此，可以计算出场地相关地震动参数，包括场地地表及工程建设所要求深度处的地震动峰值加速度、加速度反应谱等。应分析多个钻孔场地力学模型和多个输入地震动时程样本组合情况下的土层地震反应分析计算结果，最终综合确定场地地震动参数，通常采用对计算地震动反应谱值的平均拟合方法或外包络拟合方法，一般情况下可采用平均拟合，对于核电站等十分重要的工程场地应采用外包络拟合。由于计算得到的场地地震动反应谱曲线形状较复杂，为便于结构地震反应分析计算使用，应将场地地震动反应谱规准化，以折线形式简化表示。

3.2.2.6 场地地震地质灾害评价

地震地质灾害评价是工程场地地震安全性评价的目标之一，其结果也为建设工程抗震设防提供依据。

场地地震地质灾害的评价应基于区域和近场区特别是场地及附近范围内的地震地质调查和评价结果、工程场地的地震动参数计算分析结果，结合场地工程地质条件勘测资料采用经验方法评估或理论计算方法计算分析，评定其可能性及影响范围与程度。

①饱和土液化的评价应基于地下水位、标准贯入锤击数、黏粒含量、可液化地层厚度、非液化地层厚度及剪切波速等调查和勘测资料，并结合场地地震动参数值（包括场地地震烈度值）。评价方法和要求可依据 GB 50011—2010《建筑抗震设计规范》的规定，评价内容包括是否存在液化的可能性，如有可能，则应进一步判定液化等级和液化深度。

②软土震陷是软厚覆盖土层场地的主要地震灾害之一，如上海、天津等地区。对于软厚覆盖土层场地应开展软土震陷判别与评价工作，判别与评价工作应基于淤泥、淤泥质土、冲填土、杂填土或其他高压缩性软土层的特性和分布勘测资料，评价方法和要求

可依据 JGJ 83—2011《软土地区岩土工程勘察规程》的规定。

③地震可能引起与地质构造直接相关的变形与破坏，如断层错动引起的地裂缝和地面变形等。这一类地震地质灾害的破坏力强，很难进行人工防御，一般采取避开建设的原则。

当场地及其附近范围存在活动断层或存在与已知活动断层有构造联系的断层时，应评价其产生地表错动与变形的可能性、可能分布范围与发育程度。在此基础上，评价对工程场地的影响。

当线状工程通过地表活动断层时，应给出工程通过处断层活动性质和活动速率，评价一次断错事件可能产生的最大位移量；当线状工程通过地表活动褶皱时，应评价活动褶皱水平缩短速率和最大垂直活动速率。

④场地地震地质灾害中，对于其他一些类型的地震地质灾害，如岩体开裂、崩塌与滑坡等，其评价方法复杂或尚无成熟和系统的方法。在实际评价工作中，应根据场地及其附近范围内的相关工程地质资料的收集、调查和勘测资料，结合当地已有的历史资料与历史记录采用适当的理论计算或经验方法，对这些地震地质灾害进行判定，评价其对工程场地的影响。

3.2.2.7 区域性地震区划与地震小区划

区域性地震区划和地震小区划工作，属于工程场地地震安全性评价的Ⅲ级工作，这两项工作均涉及较大面积或较长空间尺度的工程场地，与单点场地的重大建设工程的工程场地地震安全性评价工作相比，在设计地震动参数表达方式上有较大的差异。

（1）区域性地震区划

区域性地震区划是指针对特定地区或具有较长线路的重要工程场地的地震区划工作。如，特定行政辖区的地震区划工作，输油管线、输气管线、长距离输水工程、高速铁路等工程沿线场地的地震区划。

①区域性地震区划需求。

国家标准 GB 18306《中国地震动参数区划图》面向整个国土范围内一般建设工程的抗震设防要求，其概率水准为 50 年超越概率 10%，区划图的比例尺为 1:400 万。随着我国经济的快速发展，一些地区的发展速度较快，已经达到或正在超越小康社会阶段，向中等发达国家的水平靠近，这些地区为保证社会和经济的稳定、可持续发展，对一般建设工程地震安全提出了更高的要求，有编制与当地经济发展水平相适应的、采用更高抗震设防水准的区域性地震区划图，例如，上海市等已经编制完成了以 50 年超越概率 2% 为基准的区域性地震区划图。

随着我国经济社会的发展需求，以及工程建设能力的增长，大量的长线路工程开始规划和建设，例如，规模宏大的南水北调工程、西气东输工程、石油输送管线、高速铁路、高速公路，等等，这些工程的抗震设计，需要对工程沿线开展更加详细的地震调查与评价工作，同时也要求编制比全国地震区划图更高精度的地震区划图，以满足线路规划、设计需要。

②区域性地震区划工作内容。

（a）概率地震危险性分析。

区域性地震区划的工作主要是在区域、近场区地震活动性与地震构造调查及评价的基础上，完成针对工程场地的概率地震危险性分析。概率地震危险性分析结果为工程场地内的计算控制点上的特定超越概率水平的基岩地震动峰值加速度或峰值速度。与全国地震动参数区划图相比，针对特定行政辖区的区域性地震区划概率水准的选择可以更低，以提供更高的抗震设防要求。针对长线状工程的地震区划的概率水准一般为 50 年超越概率 10%。

（b）编制地震动参数区划图。

区域性地震区划图应标示平均场地地震动参数分区值，编制的步骤如下：

• 基于工程场地计算控制点概率地震危险性分析得到的基岩地震动参数，将基岩地震动参数转换为平均场地地震动参数，转换的原则宜参照《中国地震动参数区划图》的原则。

• 确定地震动参数分档，可以根据参数值表达精度的需要确定分档的范围及其代表值。

• 采用分区或等值线的方式表述地震动参数值的分布。

• 地震区划编图比例尺一般可采用 1∶500000。也可以根据地震区划目的、工程特性及重要性确定。

• 编写地震区划图说明，包括：编图技术思路和技术方法，所使用资料的来源、精度，清楚地说明区划结果的表示方式和内容、使用范围以及使用过程中应注意的事项等。

（2）地震小区划

地震小区划的目的是为城镇、厂矿企业、经济技术开发区等土地利用规划的制定提供基础资料，为城市和工程震害的预测和预防、救灾措施的制定提供基础资料，为地震小区划范围内的一般建设工程的抗震设计提供更加符合当地地震环境和场地条件的设计地震动参数。地震小区划与全国地震区划虽都是针对一般建设工程提供设计地震动参数，但地震小区划是对某一城镇、厂矿或开发区范围内的地震安全环境进行的划分，预测这一范围内可能遭遇的地震影响的分布，包括设计地震动参数的分布和地震地面破坏的分布。地震小区划必须针对具体场地做更加深入细致的工作，针对性更强、考虑的因素更多、精度要求更高。

地震小区划包括地震动小区划和地震地质灾害小区划。

①地震动小区划。

地震动小区划包括地震动峰值与反应谱小区划，为一般建设工程的抗震设计、加固提供设计地震动参数。

地震动小区划的工作重点是工程场地地震工程地质条件的勘查。大量的震害经验表明，地震破坏作用在几百米以至几十米以内也可能出现显著差异，这种差异主要是场地工程地质条件引起的。地震小区划的目的，就是要区分出局部场地条件的差异，提供与地震环境和场地条件密切相关的设计地震动参数。因此，在地震小区划工作中必须深入细致地进行场地地震工程地质条件勘测，以了解场地的地震工程地质条件。一般情况下，在小区划场地范围内，平均 1km² 要有一个控制性的勘查钻孔，在场地条件变化剧烈的地方还应加密控制。通过钻孔勘查和钻孔土样的静力学与动力学参数测试，建立钻孔的土力学模型，开展土层地震反应计算，从而得到场地地表地震动参数在小区划场地范围内的分布，基于此并结合地震工程地质条件的差异分布，确定地震动参数的分区及其代表性的场地设计地震动参数值。

土层地震反应的基岩地震动输入是根据针对工程场地的概率地震危险性分析结果确定的，具有不同的超越概率水平，因此，地震小区划结果也具有相应的概率水准。地震小区划的超越概率水准一般取为 50 年 63%、50 年 10% 和 50 年 2%。

地震动小区划的结果可以以两套小区划图及一些表格数据给出。一套图给出场地地震加速度峰值的分布，另一套图给出加速度反应谱的特征周期分布，表格给出与加速度反应的特征周期分布图相对应的放大系数反应谱平台高度值等。同时应编写地震动小区划图说明，介绍地震动小区划图编制的技术要求、技术思路和技术方法，编制过程中所使用资料的来源、资料的精度，清楚地说明地震动小区划结果的表示方式和内容、地震动小区划结果的使用范围以及使用过程中要注意的事项等。

②地震地质灾害小区划。

地震的破坏作用多种多样，极其复杂，不同地质条件的场地在不同地震作用下会产生不同程度及类型的地震地质灾害。为了对城市或厂矿等范围内不同场点的地震地质灾害评价结果进行综合表述，需要进行地震地质灾害小区划。在进行地震地质灾害小区划时，应结合小区划场地工程地质条件勘查资料，对某种或某几种类型的灾害做重点分析，并基于场地地震地质灾害评价结果，给出地震地质灾害小区划图，图中应勾画出各类地震地质灾害发生的范围，标注灾害的程度。

地震地质灾害小区划除了给出相关的图件外，还应认真编写地震地质灾害小区划图说明，介绍图件编制的技术思路和技术方法，编制过程中所使用资料的来源、资料的精度，说明地震地质灾害小区划的分区原则和依据，说明各分区内潜在地震地质灾害类型、程度及空间分布，并介绍地震地质灾害小区划结果的使用范围以及使用过程中要注意的事项等。

第4章 地震应急救援

"以预防为主、防御与救助相结合"是我国防震减灾的工作方针。自 1966 年邢台地震后，历经十余次破坏性大地震，及百余次对社会经济、民众生活有影响的地震，促使我国形成了"一案三制"，即法制、机制、体制及地震应急预案的地震应急救援工作体系。

4.1 我国地震应急救援工作的发展

1966 年 3 月 8 日和 3 月 22 日，我国邢台市宁晋县分别发生了 6.8 级和 7.2 级强烈地震，从那时起我国的地震应急工作在地震实践中不断学习、摸索、反思、总结，历经了大震中学习应急、总结反思研究地震应急对策、地震应急概念确立、地震应急工作体系化建设等四个阶段，形成了在政府统一领导下，各级地震主管部门综合协调，各相关部门分工负责，军警民共同参与的地震应急工作体制和运行机制，初步建立了以法律法规为保证、应急预案为基础、各级抗震救灾指挥部为核心、应急救援技术平台为支撑、应急救援队伍为保障的地震应急工作体系。

（1）从大震中学习地震应急思想和工作方法

1966 ~ 1976 年，我国处于地震活跃期，其间，先后发生了邢台、通海、海城、龙陵、唐山等大地震。在抢险救灾工作中，人们根据在战争中学习战争的思想，在大震中学习应急，不断创造、积累应急抢险救灾经验。这些经验，对于现今我国地震应急的理论和实践具有重要的意义。

（2）总结反思研究地震应急对策

从 1976 年河北唐山地震到 1988 年云南澜沧—耿马地震的 12 年间，我国地震活动处在相对平静阶段，在这期间，人们静下心来对上一个地震活跃期工作进行总结，认真反思，全面研究探索减轻地震灾害的对策，召开了"大震对策学术讨论会"、"地震对策国际学术讨论会"，编写了《地震对策》等。《地震对策》按照震前、震时、震后三个时序阶段，从预测预报、抗震、救灾、减轻地震灾害战略战术、地震社会学等几个方面总结研究，提出我国今后的地震对策。

（3）地震应急的法制化进程

1991 年，在国务院指导和有关省级政府的协助下，国家地震局总结各地经验，立足于全国普遍需求，编制了《国内破坏性地震应急反应预案》。至此，"地震应急"的概念被正式确立，地震应急工作作为防震减灾工作的重要环节予以重视。1995 年国务院颁布《破坏性地震应急条例》，1997 年颁布《中华人民共和国防震减灾法》，地震应急被列为防震减灾四个重要环节之一。《破坏性地震应急条例》和《中华人民共和国防震减灾法》的颁布和施行，使防震减灾工作有法可依，逐步走上了法治化道路。

（4）地震应急工作的"一案三制建设"

2000 年 2 月，国务院成立了国务院抗震救灾指挥部和国务院防震减灾工作联席会议制度，以加强平时和震时的应急工作统一领导和指挥调度。2000 年 5 月，国务院召开全国防震减灾工作会议，明确我国防震减灾工作的指导思想，确立防震减灾的"监测预报、震灾预防、紧急救援"三大工作体系，地震应急工作开始常备性的机制建设。主要工作包括加强国务院抗震救灾指挥部建设，提高地震应急反应和指挥能力，完善各级各类的地震应急预案，开展地震应急演练，培养地震应急意识和能力，建设地震应急与救援队伍建设，做好地震灾害现场的应急工作。

进入新世纪以来，地震应急救援事业得到长足发展，形成了党委领导、政府负责、部门协作、分级响应、属地管理、社会参与的地震应急救援管理体制，建立了国家地震应急救援法律法规体系和地震应急预案体系，建立了政府主导、部门合作、区域联动、军地协同和全社会共同参与的协调联动机制，组建了国家和地方地震灾害紧急救援队、地震现场应急队和其他专业队伍，志愿者队伍建设初具规模。建立了国家和省级地震应急指挥技术系统，建立了国家地震紧急救援训练基地，推动了大中城市地震应急避难场所建设，国家和地方地震应急救援能力逐步提高。2008 年和 2014 年，我国政府四次启动国家地震应急 I 级响应，科学实施了汶川 8.0 级、玉树 7.1 级、芦山 7.0 级、鲁甸 6.5 级 4 次重特大地震灾害的应急救援行动，全面检验了我国地震应急救援综合能力。此外我国政府多次派出中国国际救援队赴印度尼西亚、巴基斯坦、海地、新西兰、日本等国地震重灾区，实施地震紧急救援和国际人道主义救助，提高了我国的国际地位。

4.2　我国地震应急救援的体系建设

（1）加强地震应急法制建设，推动地震应急救援工作高效开展

1995 年，国务院颁布实施《破坏性地震应急条例》，第一次用法规的形式明确了各级政府在地震应急中的职能职责，规范了全社会的地震应急行为，也是我国第一部有关应急的法规。1997 年颁布的《中华人民共和国防震减灾法》更将地震应急提升到了法律层次，使地震应急工作上升到"有法可依，有法必依，执法必严，违法必究"的高度，从而推进了地震应急工作的快速发展。

（2）制定地震应急预案，开展应急演练和检查，高效应对地震灾难

地震灾害的发生突然，不像洪灾、瘟疫等灾害可以给人们以较充足的准备时间。因此，

编制地震应急预案,明确各级政府和相关部门的职责与任务,并组织开展应急检查和应急演练,落实人员、资金、物资、装备等各项准备措施,提高政府的地震应急指挥能力和群众的自救、互救能力,为应对地震灾害奠定了良好的基础,改变了过去被动救灾的盲目、混乱状况。目前我国基本形成了纵向到底、横向到边的地震应急预案体系。近年来,汶川地震、玉树地震等地震发生后,国家、各级政府、各部门不同层次、不同程度地启动了地震应急预案,保证了临震不乱,应急快速、高效、有序,抗震救灾措施得力,取得了明显的减灾实效。

(3)提高应急意识和应急反应能力,做好地震应急救援准备

地震的一大特点就是突发性强,以目前的预报水平,还不能准确知道在什么时候、什么地方、发生多大地震,这就要求必须分秒必争地应对地震造成的灾难。因此,必须强化应急意识,要有随时发生地震的思想准备、机制准备、技术准备、物资准备,要经常性地进行训练和演练,提高地震应急反应能力。

(4)坚持平震结合,以平备震

这是地震应急救援工作发展的基本准则。地震是小概率事件,但也是破坏性极强的突发事件。既要搞好震前预案修订、队伍训练、指挥系统运行、应急救灾数据库建设、技术装备维护等工作,也要在震后做好快速响应、抢救生命财产、稳定社会等工作。只有将震前的预防、准备与震后的快速响应、恢复有机结合起来,把应急管理的各项工作落实在日常管理之中,才能逐步提高地震应急工作水平。

4.2.1 我国地震应急救援工作体系

4.2.1.1 应急救援组织指挥系统

地震应急工作是一项复杂的社会系统工程,离不开政府各有关部门协调配合和社会各界的积极参与,需要建立强有力的组织和领导机构,统一指挥协调地震应急工作。2000年,国务院成立了国务院抗震救灾指挥部,建立了国务院防震减灾工作联席会议制度,震时统一领导、指挥和协调地震应急与救灾工作,平时统一领导、协调防震减灾工作。各省(自治区、直辖市)人民政府都已成立了抗震救灾指挥机构,地震重点监视防御区的县级以上政府均建立了"平震结合"的地震应急指挥机构,明确了指挥部各成员单位在抗震救灾中承担的职责和任务,各司其职,各负其责,密切配合,共同做好抗震救灾工作。各级地震部门作为抗震救灾指挥部的日常办事机构,完善各项工作制度,建立部门间协调联动机制,充分发挥参谋和助手作用。

4.2.1.2 应急预案管理系统

地震应急预案是实施地震应急救援的基础和措施依据。1988年,国家地震局开始推

进地震应急预案的制定工作。1991年国务院正式颁布《国家破坏性地震应急反应预案》，这是我国第一部灾害类应急预案，预案对中央政府实施地震应急指挥救援的组织体系、部门责任、行动方案等进行了详细规定。2006年国务院正式颁布《国家地震应急预案》，将地震应急划分为：Ⅰ级（特别重大）、Ⅱ级（重大）、Ⅲ级（较大）和Ⅳ级（一般）的四级响应工作机制，明确了不同应急响应等级下应急指挥组织机构的组成、各级政府和各部门工作内容和职责。目前我国以《国家地震应急预案》为核心，纵向到底、横向到边、条块结合、结构完整、管理相对规范的地震应急预案体系基本建立。应急预案已逐步深入到企业、乡镇、社区、学校、医院和家庭。通过地震应急预案的编制，各级政府、组织、机构、企事业单位和社区加深了对地震应急工作的了解，建立了相应的工作机制，制定了应急响应措施和行动方案，使地震应急救援各项工作得到落实，保证了临震不乱、应急快速、高效、有序，救灾及时。

为适应突发事件应急管理形势的发展变化，在充分吸取四川汶川8.0级地震、青海玉树7.1级地震抗震救灾经验的基础上，2012年国务院颁布了新修订的《国家地震应急预案》，新预案规范了地震灾害事件应急中各级政府、有关部门的地位、作用、责任与相互关系，进一步完善了地震灾害分级负责体制。按照实际发生灾害程度将地震灾害分为特别重大、重大、较大、一般四级，并将地震灾害应急响应分为Ⅰ级、Ⅱ级、Ⅲ级和Ⅳ级。应对特别重大地震灾害，启动Ⅰ级响应。由灾区所在省级抗震救灾指挥部领导灾区地震应急工作；国务院抗震救灾指挥机构负责统一领导、指挥和协调全国抗震救灾工作。应对重大、较大、一般地震灾害，相对应启动Ⅱ级、Ⅲ级、Ⅳ级响应，分别由灾区所在省级、市级、县级抗震救灾指挥部领导灾区地震应急工作。新预案规定了各有关地方和部门根据灾情和抗震救灾需要所采取的地震应急响应措施，并对各项应急措施的内容做出具体规定。新预案还对港澳台地区地震灾害、强有感地震事件、海域地震事件、火山灾害事件、国外地震及火山灾害事件的应急工作做出了规定。

4.2.1.3　应急救援技术平台

"第十个五年计划"期间综合利用自动监测、通信、计算机、遥感等高新技术手段，建立起技术先进的国家、省级、市级一体化、可视化的地震应急指挥技术系统，实现了震情、灾情、应急指挥决策的快速响应、灾害损失的快速评估与动态跟踪、震后余震趋势判断的快速反馈，可为各级政府在抗震救灾中进行合理调度、科学决策和准确指挥提供科学依据。国务院抗震救灾指挥部技术系统位于北京市，主要包括：应急指挥支撑平台、应急快速响应系统、应急指挥辅助决策系统、应急指挥命令系统、应急信息通告系统、应急指挥管理系统、应急基础数据库系统和应急灾情获取与遥感系统。"十五"期间，在北京西郊凤凰岭，建设了国家地震紧急救援训练基地，建设了模拟各种地震灾害模拟场景的倒塌建筑物以及地震灾害计算机仿真模拟平台，开展因地震引发的楼房坍塌、火灾等灾害的搜索、营救、紧急处置、指挥等内容的培训，是我国第一个以培训应急救援指挥员和专业搜救人员的现代化专业培训基地。

4.2.1.4　应急救援专业队伍体系

2001 年，经国务院、中央军委批准，国家地震灾害紧急救援队（中国国际救援队）正式组建，填补了我国没有专业地震救援力量的空白，配备了生命探测、破拆、医疗救护、通信、核生化侦检与防护等装备和搜索犬。2002 年以来，在各级政府、相关部门和解放军、武警、公安消防的大力支持下，各级地震专业救援队伍发展迅速。目前，已建成国家级省级地震专业救援队伍 81 支，超过 1.2 万人，每个省、区、市均建有 2 ~ 5 支省级地震专业救援队。据不完全统计，县级以上地震救援队人数达数十万人。同时，中国地震局和各省级地震局均建立了训练有素、准军事化的地震现场应急工作队伍。

4.2.1.5　社会应急救援工作

积极推动大中城市社区地震应急救援志愿者建设，提高群众的自救、互救能力，逐步建立起社会应急救援网络系统，充分发挥城市社区在救援行动中就近、及时的作用。推进全国地震灾情速报人员网络的建设，结合群测群防网点（地震宏观信息网点）的建设和发展，合理布局，完善地震灾情信息速报人员网络。推进地震应急避难场所建设纳入大中城市的整体规划中，按照科学、规范、平灾结合、多灾种综合防御的要求，建设城乡地震应急避难场所。

4.2.2　地震应急救援法律法规体系

地震应急救援法律法规体系是地震应急救援工作体系建设的重要方面，是有力有序有效开展地震应急救援工作的法治基础和保障。自 1995 年 4 月 1 日《破坏性地震应急条例》施行以来，经过十多年的实践探索和不断完善，我国已基本建立了地震应急救援专业法律法规和相关法律法规相协调的国家地震应急救援法律法规体系。

4.2.2.1　地震应急救援法规

地震应急救援法律法规由行政法规体系和地方性法规构成。专业地震应急救援行政法律法规主要有《破坏性地震应急条例》和《汶川地震灾后恢复重建条例》，1996 年《国家破坏性地震应急预案》印发并于 2012 年修订为《国家地震应急预案》施行。

2007 年《突发事件应对法》颁布施行后，自然灾害、事故灾难、公共卫生事件和社会安全事件等四类突发事件的行政法规不断健全，相继印发施行了《自然灾害救助条例》《军队参加抢险救灾条例》《地质灾害防治条例》《突发公共卫生事件应急条例》《重大动物疫情应急条例》《水库大坝安全管理条例》《建设工程安全生产管理条例》《道路交通安全法实施条例》《核电厂核事故应急管理条例》《国家突发公共事件总体应急预案》《国家自然灾害救助应急预案》《国家突发环境事件应急预案》《国家通信保障应急预案》《国家处置电网大面积停电事件应急预案》，和地震应急救援专业行政法规相协调与衔接，共同构成了国家地震应急救援行政法规体系。

4.2.2.2　地震应急救援规章和行政规范性文件

目前，在国务院部门规章和地方政府规章中涉及地震应急救援的专门规章和相关规章都较少，但各级政府及其所属部门和派出机关制定的规范性文件却覆盖了地震应急救援各环节的主要工作。特别是在汶川、玉树等特重大地震灾害的应急救援过程中，各级政府出台的许多规范性文件不仅有力保障了当时的地震应急救援工作高效开展，而且为震后制定、修订地震应急救援法律法规奠定了坚实基础。我国的地震应急救援规范性文件大致可分为以下几类。

（1）综合类

如《国务院关于进一步加强防震减灾工作的意见》《国务院关于加强应急管理工作的意见》《国务院办公厅关于加强基层应急管理工作的意见》《国务院办公厅转发地震局全国地震重点监视防御区（2006—2020年）判定结果和加强防震减灾工作意见的通知》《国家安全监管总局关于加强安全生产应急管理工作的意见》，中国地震局《地震现场工作管理规定》《中国石化区域应急联防管理规定》，《山东省地震应急与救援办法》等。

（2）预案管理类

如《国务院有关部门和单位制定和修订突发公共事件应急预案框架指南》《国务院办公厅关于印发突发事件应急预案管理办法的通知》《地震应急预案管理暂行办法》《中国人民银行突发事件应急预案管理办法》《生产经营单位安全生产事故应急预案编制导则》《危险化学品事故应急救援预案编制导则》《地震应急工作检查管理办法》《陕西省人民政府办公厅关于各专项应急预案演练的意见》《生产经营单位生产安全事故应急预案评审指南（试行）》《重庆市突发事件应急预案评估办法（试行）》等。

（3）地震应急救援准备类

各级政府出台了《救灾物资储备管理办法》《救灾物资调运管理办法》《突发事件公共卫生风险评估管理办法》《应急救援物资储备及使用管理办法》《应急救援战备物资管理办法》《国家安全生产监督管理局关于印发〈安全现状评估导则〉的通知》，广东及河北等省出台了《地震安全示范社区管理办法》《地震应急避难场所建设和管理办法》《新疆维吾尔自治区人民政府办公厅关于协助做好地震应急救灾基础数据库资料收集工作的通知》《南宁市人民政府关于建立健全自然灾害预警和应急机制的实施意见》等。

（4）队伍建设类

如《国务院办公厅关于加强基层应急队伍建设的意见》《卫生部办公厅关于印发〈全国卫生应急工作培训大纲（2011—2015 年）〉的通知》《黑龙江省人民政府办公厅关于印发〈黑龙江省应急救援队伍协调运行办法（试行）〉的通知》《重庆市综合应急救援队伍管理办法》《山西省地震应急救援规定》《长治市地震应急志愿者队伍实施办法》等。

（5）群众生活类

如《突发事件生活必需品应急管理暂行办法》《民政部　财政部　粮食局关于对汶川地震灾区困难群众实施临时生活救助有关问题的通知》《民政部关于印发〈汶川地震抗震救灾生活类物资分配办法〉的通知》《民政部　财政部　住房城乡建设部关于四川汶川大地震灾民临时住所安排工作指导意见》《民政部关于印发〈汶川大地震四川省"三孤"人员救助安置的意见〉的通知》《发展改革委关于加强地震灾区价格监管维护市场稳定的紧急通知》《人力资源社会保障部关于认真做好地震灾区救灾期间基本医疗保险和工伤保险工作的紧急通知》《卫生部　环保部　住房城乡建设部　水利部　农业部关于切实做好地震灾区饮用水安全工作的紧急通知》等。

（6）卫生防疫类

如《国务院办公厅关于进一步做好地震灾区医疗卫生防疫工作的意见》《灾害事故医疗救援工作管理办法》《卫生部关于印发〈四川汶川大地震灾区医院感染预防和防控指南〉的紧急通知》《卫生部关于印发〈紧急心理危机干预指导原则〉的通知》《卫生部　中国残联关于印发〈四川汶川地震伤员康复工作方案〉的通知》《卫生部　食品药品监管局　中医药局关于切实做好抗震救灾医疗卫生应急救援和食品药品监管工作的通知》《环境保护部关于印发〈灾后废墟清理及废物管理指南（试行）〉的通知》《农业部关于做好灾后重大动物疫病防控工作有关问题的紧急通知》等。

（7）恢复生产和灾后重建类

如《国务院关于做好汶川地震灾后恢复重建工作的指导意见》《国务院关于支持汶川地震灾后恢复重建工作的指导意见》《国务院办公厅关于印发汶川地震灾后恢复重建对口支援方案的通知》《民政部　发展改革委　财政部　国土资源部　地震局关于印发汶川地震灾害范围评估结果的通知》《工业和信化部关于当前四川震区通信恢复的工作方案》《财政部　海关总署　税务总局关于支持汶川地震灾后恢复重建有关税收政策问题的通知》《人民银行　银监会关于全力做好地震灾区金融服务工作的紧急通知》《电监会关于做好抗震救灾保电工作的紧急通知》《中保协关于印发〈保险业"5·12"地震医疗险理赔处理指导意见〉的通知》等。

（8）防范次生灾害类

如《公安部关于开展过渡安置房和帐篷防火性能专项检查的紧急通知》《国土资源部关于做好地震引发地质灾害防范工作的紧急通知》《环境保护部关于进一步加强地震灾区

环境监管工作的通知》《环境保护部关于防范和应对地震灾害次生环境污染事件的通知》《水利部关于确保震区出险水库水电站大坝安全的紧急通知》《安全监管总局关于切实做好防范灾区发生次生事故工作的紧急通知》等。

（9）捐赠款物管理类

如《国务院办公厅关于加强汶川地震抗震救灾捐赠款物管理使用的通知》《中共中央纪委　监察部　民政部　财政部　国家统计局关于印发〈汶川地震抗震救灾捐赠款物统计办法〉的通知》等。

（10）宣传和社会稳定类

如《国务院办公厅关于进一步做好地震灾区学生伤亡有关善后工作的通知》《中共中央宣传部关于印发〈关于做好四川等地抗震救灾宣传报道的方案〉的通知》《司法部关于做好抗震救灾法律援助工作的紧急通知》等。

4.2.3　地震应急救援组织体系

2000年2月国务院成立了国务院抗震救灾指挥部，建立了国务院防震救灾工作联席会议制度。各省、自治区、直辖市成立了抗震救灾指挥机构（防震减灾联席会议或防震减灾领导小组）。地震应急工作的组织体系见图4.2.1。

4.2.3.1　地震应急管理职能部门

按照《中华人民共和国防震减灾法》《破坏性地震应急条例》《国家地震应急预案》以及地震部门的"三定"方案规定，地震部门是政府主管地震应急工作的职能部门，其主要职责如下：

①根据有关法律法规和规章的规定，指导和监督全国和本行政区域内的地震应急工作。

②承担同级政府抗震救灾指挥部办事机构职能，负责震情和灾情速报，会同有关部门组织地震灾害调查与损失评估。

③会同有关部门建立地震紧急救援工作体系，承担同级政府防震减灾领导小组或者联席会议办事机构职能，会同有关部门制定破坏性地震应急预案。开展地震应急、救援技术和装备的研究与开发；在有条件的地震重点监视防御区，会同有关部门组建和培训地震紧急救援队伍；协助地方人民政府建立地震重点监视防御区的地震应急救援物资储备系统。

4.2.3.2　地震应急抢险救灾部门

民政、建设、电力、水利、铁路、航运、交通、邮电、电信、商业、物资、卫生、财政、公安、经贸、红十字会、银行、保险公司、审计部门等。这些部门和机构在严重破坏性

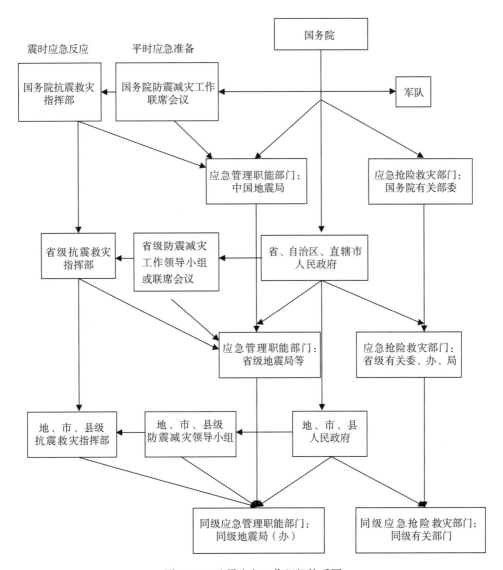

图 4.2.1 地震应急工作组织体系图

地震灾害中主要担负交通、航运、通信、工程抢险、抢修、物资供应、医疗救护、卫生防疫、接受国际援助、社会治安、提供救灾资金、贷款、实施保险理赔、对救灾款物的使用实施审计监督等任务和职能。这类部门主要在严重破坏性地震灾害的抢险救灾中实施该部门特有的专长和职能。中国人民解放军、中国人民武装警察部队是应急抢险救灾的主力军、突击队。

4.2.3.3 地震应急领导机构和办事机构

我国的地震应急领导机构分为震后应急反应和平时应急准备两类。震后应急反应领导机构通常称为抗震救灾指挥部，是一种决策指挥机构，为临时性地震应急机构，但平时就已成立，震后根据启动条件启动运作。平时应急准备领导机构通常称为防震减灾领导小组或者防震减灾联席会议，机构为常设机构，属于地震应急协调机构。

在抗震救灾指挥部和防震减灾领导小组、防震减灾联席会议之下，设立办事机构。办事机构通常设在地震部门。有的省、自治区、直辖市和地（市）、县办事机构设在政府指定部门，但通常由与地震有关的多个政府部门和军队、武警部队联合组成。

4.2.3.4 地震应急救援队伍

（1）现场地震工作队伍

主要任务是，大震发生后，紧急派赴地震现场，对灾区地震及前兆进行监测，并进行分析，提出今后地震趋势分析意见；对灾害损失，包括人员伤亡、房屋倒塌、生命线设施破坏、经济损失进行评估，并进行科学考察。该队伍主要由国家和省、自治区、直辖市地震部门组织。

（2）人员抢救队伍

主要任务是从废墟中将人员救出，并进行紧急处理。根据唐山等地震的实践，人员抢救队伍根据震后时间进程和工作的难度，通常必须有下列几支队伍：

①社区自救互救队伍。

主要是在震后短时间内组织家庭自救、邻里互救、邻村互救等社区抢救，把那些埋压在表层容易抢救的人员抢救出来。这是一种非常有成效的应急抢救队伍，该队伍主要由街道、村等为单位的社区组织。

②地震灾害紧急救援队伍。

主要用于比较坚固的倒塌体中被压埋人员的抢救，是一种灵活机动的救援队伍。震后应用机械化交通工具尽快到达现场，运用高科技技术工具，进行被埋人员的搜寻定位，采取切割、抬升、扩展等方法，将人员救出，并对伤员进行紧急处理。该队伍一般由国家和有条件的省、自治区、直辖市组织，通常设在军队、武警部队、消防部队等单位。

③大规模救援队伍。

该队伍拥有推土机、切割机、吊车等大型机械，采取倒塌体吊装清理与救生相结合的方法，抢救被压埋人员。这种队伍，对于城市来说，通常在市和区县两级机构上设置，通常由建筑部门来组织。一些军队、武警部队也设置有这样的救援队伍。

（3）专业抢险队伍

专业抢险队伍通常采取分级、专业对口、平战结合的原则组建。对于城市来说，通常在市和区县两级机构上设置，根据任务的特点由相关的行业部门组织。队伍要做到组织落实、训练有素、召之即来、来之能战。主要任务是，对伤员进行医疗、转运，对次生灾害进行防护和扑救，对生命线设施进行抢险抢修。专业抢险队伍通常有以下几支队伍：

①医疗防疫队伍。

主要任务是对伤员进行医疗、转运，采取措施，防治疫病，由医疗卫生部门组织。

②通信抢险队伍。

主要任务是尽快抢修被破坏的通信设施，采取措施保障应急抢险通信畅通，由电信部门组织。

③电力抢险队伍。

主要任务是尽快抢修被破坏的发、送、变、配电设施和恢复电力调度通信系统功能，由经贸部门组织。

④交通运输抢险队伍。

主要任务是尽快抢修被毁坏的公路、铁路、港口、空港和有关设施，采取措施保障应急运输需要，由交通、铁道、民航部门组织。

⑤工程抢险队伍。

主要任务是对各类建（构）筑物进行紧急防护加固和抢险抢修，一般由建设、市政、水利等部门组织。

⑥消防抢险队伍。

主要任务是采取有效措施防止火灾发生和火灾的扩大蔓延，由公安部门组织。

⑦治安交通抢险队伍。

主要任务是加强治安管理和安全保卫工作，打击违法犯罪活动，维护道路交通秩序，由公安、武警部门组织。

⑧特种抢险队伍。

主要任务是采取有效措施防止或扑救放射性物质、化学危险品、生物危险品的扩散、泄漏，避免发生灾害或灾害蔓延。由消防、环保、化工部门组织。

4.3　地震应急

4.3.1　地震应急的定义和重要性

地震应急指为应对突发地震事件而采取的震前应急准备、临震应急防范和震后应急救援等应急反应行动。在《中华人民共和国防震减灾法》中，地震应急同地震监测预报、地震灾害预防、震后恢复重建被列为防震减灾的四个环节，确认了地震应急的法律地位。

从地震应急时间顺序来划分，可分为应急准备、临震应急、震时应急、震后应急。从应急工作隶属组织性质来划分，可分为政府应急、部门（行业）应急和社区应急，另外还有岗位应急、家庭应急和个人应急等。从地震应急相应的地震事件类别来划分，可分为破坏性地震应急、临震应急、有感地震应急、平息地震谣言应急。

地震应急的重要性体现在地震应急工作是防震减灾的重要环节之一。地震应急工作是最直接的减灾行动，保证灾害发生后迅速有效开展应急救援活动，挽救人员生命，减少财产损失。地震应急在防震减灾环节中占有十分重要的地位，由于地震灾害突发性特点以及地震预报的难度和现实水平，加之我国经济实力有限，不可能把全部房屋建筑建成高抗震性能，所以防御和减少地震灾害在很大程度上取决与地震应急工作是否及时有效；城市化进程的加快决定了城市具有明显的易损性，一旦遭遇地震灾害，可能会造成大量的人员伤亡和财产损失，地震应急对于减轻城市地震灾害更为重要。

4.3.2　各类地震事件的应对

4.3.2.1　破坏性地震应急

破坏性地震应急主要内容为：迅速准确地掌握震情、灾情；派出地震现场工作队伍，开展震情监测、灾害调查和科学考察；果断地确定救援行动方案；紧急组织灾区人民开展自救互救，组织调动地震紧急救援队伍，全力抢救被压埋的人员、重要物资和设备；紧急组织扑救次生灾害，并对存在产生次生灾害危险的次生灾害源采取防护措施；紧急组织队伍开展生命线设施的抢险抢修或采取临时性措施，保证应急和救灾的需要；采取紧急措施，妥善解决灾民临时性生活问题；采取宣传、治安等措施，维护灾区的社会秩序。

4.3.2.2　临震应急

临震应急是指破坏性地震短期临震预报发布后的应急。临震应急既要考虑到震前的应急防御问题，又要考虑到震后应急救援和救灾问题。临震应急的主要内容是：加强震情监视和分析，根据震情变化的情况，及时做出判断；开展震害预测；根据震情发展和建筑物抗震能力以及周围工程设施情况，发布避震通知，必要时组织避震疏散；对通信、供水、供电、供气等设施和次生灾害源采取紧急防护措施；开展抢险救灾准备工作；平息地震谣言，保持社会稳定。

4.3.2.3　其他地震应急

强有感地震、平息地震谣言、震情、应急戒备等应急工作虽然形式不同，但其核心的任务是强化地震监测预报工作，及时对震情形势做出判断，提出紧急防御或安定社会的各项措施。强有感地震应急主要内容有：震情监测与跟踪、震情趋势判断、采取措施稳定社会秩序。平息地震谣言应急主要内容是采取平息措施，向公众做出解释和宣传。震情应急和应急戒备的主要内容是震情监测与跟踪、落实异常、判断地震趋势。

地震应急具体工作内容详见图4.3.1。

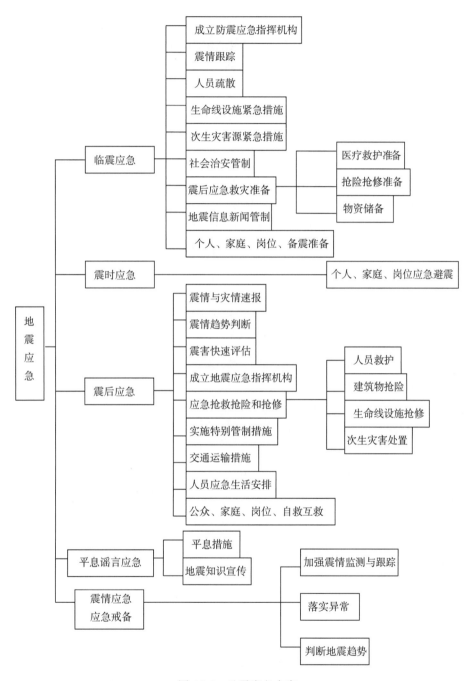

图 4.3.1 地震应急内容

4.3.2.4 政府地震应急

地震应急与救灾是政府的一项职能，政府领导和组织在地震应急与救灾工作中起着主导作用，政府应急工作决定减轻地震灾害的效果。

政府应急工作，在震后，表现为果断的决策、沉着的指挥和有序的组织。在平时准备，则主要表现为规划、计划的制定与贯彻，周密的组织与协调以及经常性的监督。

在地震应急工作中，政府主要领导，特别是一把手起着主导作用。为适应地震应急工作的突发性特点，主要领导应制定地震突发事件应急指挥要点，放在明处，以备紧急时应用。

4.3.2.5 部门（行业）应急

地震应急与救灾涉及社会的各个方面，必须由各部门、各行业共同参与，才能达到最大限度减轻灾害的效果。部门（行业）地震应急工作是整个地震应急工作的基础。

部门系指政府下属的职能部门。随着经济体制的改革，一些工业、建设、商业等经济部门已改为经济集团公司，一些部门被行业所代替。部门应急实际上已演变为部门应急和行业应急两种情况。

部门（行业）应急，在震后主要工作表现为：人员抢救、医疗救护、生命线设施抢险、抢修、抢通，以及交通运输、灾民的生活安置等的具体组织与指挥。在平时则表现为震后应急与救灾的思想、组织、物质的准备。

部门（行业）应急准备包括两个方面，一是部门（行业）自身的自防、自救应急准备；另一方面是按照部门职责或行业优势而承担的应急救援和保障任务的准备。部门（行业）地震应急，原则上按地震应急准备的六大要素进行。

除此之外，部门（行业）地震应急准备还需要开展以下三项准备。

（1）制订地震应急保障计划

按行业制订人员抢救、医疗救护、供电、供气、供水、道桥、消防、通信、运输、交通管理、物资供应、灾民安置、治安保卫、特种救援、宣传教育等地震应急保障计划，建立组织、明确职责和制定行动方案，把地震应急准备工作落到实处。

（2）开展人员密集场所的地震应急准备工作

人员密集场所指人口相对集中的公共场所，主要有大型商场、影剧院、车站、码头、机场、医院、体育馆、学校等。

在城市一旦发生强有感地震或一般破坏性地震，在人员密集场所，由于人们的恐慌容易产生外逃拥挤现象，造成不必要的伤亡。人员密集场所的地震应急工作目的是，在地震发生时采取应急措施，引导公众正确避震，有秩序地疏散，避免产生不必要的伤亡等安全事故。

人员密集场所的应急准备工作包括：制定应急疏导预案，建立组织指挥体系，设置安全避震区域和疏散通道，明确疏导人员职责和疏导秩序，进行演练等。

（3）开展重点目标地震应急准备工作

地震重点目标是指地震时易遭受严重灾害和震后保障人们正常生活与救灾需要的目标。重点目标分为三类：第一类是次生灾害类，包括生产、储存、易燃、易爆、有毒、有害物质的仓库或场所；第二类是生命线设施类，包括通信、电力、道路、燃气、给排水等系统的工程设施；第三类是救援保障类，包括救灾指挥、医疗、生活保障等场所，如指挥中心、医院、粮食仓库等。重点目标应急工作，对于防止灾害扩大、保障救灾顺利进行、保障灾区人民正常生活秩序起着巨大的作用。

重点目标应急准备包括以下内容：

①进行全面深入的调查统计，按统一标准分类分级，建立目标档案，明确责任单位；

②制定地震发生后重点目标的抢险抢修预案；

③根据目标的具体情况，查寻目标的关键部位和薄弱环节，有针对性地采取抗震加固，安装应急保护装置等防护措施；

④制定岗位应急预案；

⑤开展必要的培训、演练。

4.3.2.6　社区应急

社区，即区域性的社会。按照构成社区的地域、人口、区位、结构和社会心理五个要素的不同，社区可分为农村社区、集镇社区和城市社区三类。

社区应急，在城市宜放在街道社区和居委会社区两层次上，在农村宜放在村委会。其主要工作有以下几个方面：

①制定各类预案，包括社区应急基本预案、邻里自救互救预案、震后人员疏散预案、人员密集场所应急疏导预案、重要目标岗位应急预案、家庭预案，等等。

②利用街道、居委会、村委会借助政府权威开展工作的资格，建立指挥协调工作系统。通过指挥协调系统，使得政府地震应急的规划、计划和应急方案得以贯彻，变为全社会的行动。

③利用和发展街道、居委会、村委会现有的传播方式，建立宣传工作体系，进行地震灾害应急知识和技能的宣传教育。可以通过社区文化站这一社区设施进行地震灾害自防、自救、互救知识的宣传和教育，可以在学校、医院等重点地区开展地震应急自防、避震、疏散、自救互救等方面的演练。

④利用街道、居委会、村委会的组织结构建立地震应急和救灾的骨干队伍。明确社区负责教育和治安的副主任为法定的骨干队伍成员，由他们组织志愿者，进行培训，建立起一支非常规性的地震应急民众队伍，平时可以承担检查、发现、消除引发灾害源任务，灾时可能成为应急反应骨干力量。

4.3.2.7　地震应急中的组织与管理

（1）政府在地震应急管理中的作用和地位

政府在社会安全和防灾减灾领域具有不可推卸的管理职责。实践证明，政府在地震事件的处理中充当着决定性的力量，政府有义务承担减轻由地震引起的灾害损失的责任，同时，在社会原有秩序状态遭到破坏，社会处于失衡与混乱状态之时，也只有政府才具备地震应急管理的权力与能力。因此，政府应急管理能力的强弱，直接关系到地震事件处理效果和发展态势。

《中华人民共和国防震减灾法》规定，各级人民政府应当加强对防震减灾工作的领导，组织有关部门采取措施，做好防震减灾工作。这就明确了政府在包括地震应急在内的防震减灾工作中的基本法律地位，既享有依法加强对防震减灾工作领导的法定职权，也负有组织有关部门采取措施做好防震减灾工作的法定职责。

各级政府在地震应急中的主要职能是：

①决策：主持制定和负责审批本地区地震应急的目标和计划；制定规章制度；对工作中的重大问题确定对策，如发布地震预报，确定地震应急资金投入，决定强化地震应急宣传和演练，确定救灾部署，下达救灾任务，动用和调用救灾力量，紧急筹措救灾所需各种物资和装备器材，决定实行紧急应急措施等；决断下级请示的重要事项。

②组织：组织执行已经做出的决策，如建立地震应急工作体系，制定地震应急预案，建立并训练地震应急队伍，储备地震应急救灾物资和装备，开展应急培训和演练等。

③指挥：直接指挥临震应急和震后应急，并加强地震灾区现场应急指挥的指导。

④协调：协调各环节之间、各职能部门之间、上下级之间，以及相邻地区之间和与军队之间的关系。

⑤监督：监督职能部门和下级政府的有关工作，保证各项任务的完成。

（2）地震部门的地位和作用

地震部门是国家赋予防震减灾行政管理职能的事业部门，在地震应急中处于十分突出的地位，发挥着十分重要的作用。

①及时发布震情，快速评估灾情。

地震应急的"震情"通常包括三个部分，一是地震预报意见和地震趋势判断，二是已经发生地震的时间、地点和震级，三是已经发生地震的灾情。地震应急的实践表明，三项"震情"是地震应急的基础，是地震应急行动高效有序开展的前提条件。

地震灾情是解决派什么样的队伍，派多少队伍，援助什么样的物资和需多少物资的问题，对于正确指挥地震应急救灾具有十分重要的意义。地震灾情还是救灾以及震后经济补偿的重要依据。

②地震部门是政府地震应急的参谋部。

《国家破坏性地震应急预案》规定，造成特大损失的严重破坏性地震发生后，国务院抗震救灾指挥部开始运作，领导指挥和协调地震应急，中国地震局为指挥部办事机构。2000年国务院办公厅还明确：为了加强平时对防震减灾工作的统一领导和指挥调度，建立国务院防震减灾工作联席会议制度，联席会议办公室设在中国地震局。

《破坏性地震应急条例》规定，破坏性地震发生后，有关县级以上地方人民政府应当设立抗震救灾指挥部，对本行政区域内的地震应急实行集中领导，其办事机构放在本级人民政府防震减灾工作主管部门或者本级人民政府指定的其他部门。并规定，县级以上地方人民政府防震减灾工作主管部门指导和监督本行政区域内的地震应急。

上述法规和法规性文件表明，地震工作部门在震后承担政府抗震救灾指挥部办事机构的职责，在平时亦负责相应的工作。地震部门的地震应急在整个国家、省、自治区、直辖市的地震应急中占据重要地位，是政府统一领导地震应急的参谋。应当充分认识地震部门神圣而又艰巨的职责。

近年来，中国地震局作为国务院抗震救灾指挥部和国务院防震减灾工作联席会议的办事机构，在应急准备方面，协助组建抗震救灾指挥部及防震减灾工作联席会议，起草有关地震应急法律法规，起草国家破坏性地震应急预案，组建国家灾害紧急救援队，组织地震应急演练等工作；在应急反应方面，有关省、自治区、直辖市地震局协助政府开展地震应急指挥协调。

③地震部门是地震应急技术的推进者。

随着城市化和社会经济的发展，地震灾害将越来越复杂，地震救援的难度将越来越大，要实现高效、高速的地震应急救援，依赖于地震应急技术的现代化。因此，加强地震应急技术开发和研究，切实提高地震应急科技能力，是防震减灾工作的重要任务。地震部门作为政府地震应急的办事机构，组织和推广地震应急技术的开发研究、切实提高地震应急技术水平责无旁贷。近年来，我国地震系统相继建立了国家和地方应急指挥中心，引进了地震应急装备，还通过不同方式推进各项地震应急技术的研究和开发。

4.3.3　地震应急预案

4.3.3.1　地震应急预案的含义及作用

地震应急预案是地震应急准备的核心内容。地震应急预案是指在"预防为主，防御和救助相结合"的防震减灾工作方针指导下，事先制定的为政府和社会在地震可能发生前采取紧急防御措施和在地震发生之后采取应急抢险救灾行动的计划方案，是政府和社会抗震救灾工作的行动指南。

按照行政领导责任和行政管理的分级、分工、分类原则，《防震减灾法》提出制定政府及其部门三个层次灾害性地震应急预案，即：①国家地震应急预案；②国务院部门地震应急预案；③可能发生灾害性地震地区的县级以上地方人民政府其行政区域的地震应急预案。地震应急预案的主要内容，在新修订的《防震减灾法》第三十三条中规定，必须具备如下五项内容：①组织指挥体系及职责；②预警和预防机制；③应急响应；④后期处置；⑤保障措施。

地震应急预案是系统性和规范性的策略、措施与方法的文件。预案一旦批准，便成为法规性文件，具有行政约束力和强制力，因此预案是整个应急工作的重要基础。通过制定预案，建立和健全统一指挥、功能齐全、反应灵敏、运转高效的应急机制，一旦遇到灾情，启动预案，就能及时快速做出反应。预案是提高政府处理地震应急事件的效率，保障公众生命财产安全，维护国家安全和社会稳定，促进经济社会全面、协调、可持续发展的重要举措。

4.3.3.2　地震应急预案的内容和分类

从实施预案的主体来划分，可分为政府应急预案、部门（行业）应急预案和社会基层单位（如企事业单位、社区）应急预案、岗位应急预案等。从地震应急应对的地震事件对象划分，可分为破坏性地震应急预案、临震应急预案、有感地震应急预案、平息地震谣言应急预案、震情应急预案、应急戒备预案。

（1）政府地震应急预案

政府地震应急预案是同级人民政府进行地震应急准备和实施地震应急活动的总体方案；它规定了组织原则，设计了基本程序，设定了行为内容，提出了决心、目标和要求。它是政府实施地震应急工作的规章性文件。省（自治区、直辖市）地震应急预案相对于国家和市、县级政府的预案，起到承上启下的作用。

（2）部门地震应急预案

部门地震应急预案是同级政府预案的有机组成部分，是政府预案某些内容的具体化。部门预案的设计，要根据部门职能，履行各自的地震应急职责，满足政府预案的要求，其内容注重如何执行同级政府或者上级领导部门决策，还有依据部门职能和职责承担相应的应急事项；部门预案在本系统中，发挥承上启下的作用。

（3）社会企事业和基层社会单位（如社区）应急预案

社会企事业单位和社会基层组织地震应急预案是以政府或政府部门应急预案为指导依据，分别制定的。在前面地震应急内容中已经提到三种应急主体，一是人口密集场所，二是重点目标企事业单位，三是社区（农村型、城镇型和城区型）。这三种应急主体要根据各自的应急内容制定相应的预案。

①人员密集场所应急（疏导）预案。

在城市发生强有感地震或一般破坏性地震时，人员密集场所的应急疏导预案内容重点是：发生地震时如何采取措施，避免出现不必要的伤亡事故等，包括安全避震区域和疏散通道的设置，疏导人员职责和疏导秩序的明确等。

②重点目标企事业单位应急预案。

作为地震应急重点目标的企事业单位，要使应急抢救抢险达到快速启动、分工明确、责任落实、高效有序，尽量减轻地震灾害损失的目标，这三类单位应当制定具有自身专业特点的应急预案，包括重要的生产或者职守岗位（如生产调度、流程控制等岗位）应急预案。

③社区应急预案。

社区应急预案，以城市街道、居委会和村委会预案为主制定各类预案，包括社区应急基本预案、邻里自救互救预案、震后人员疏散预案、人员密集场所应急疏导预案、重要目标岗位应急预案、家庭预案等。现在，在有些城市中，在街道这一级组织之下由几个居委会组成一个"社区"，使得"社区"成为街道和居委会两级组织中间的新一级组织的特定名称，因此一些城市以这类社区为基本单元制定应急预案。

4.3.3.3 地震应急预案体系

从 2006 年《国家地震应急预案》颁布以来，从中央到地方，从各级地震局到各企事业单位，条块结合、管理规范的地震应急预案陆续颁布，包括政府预案序列、政府部门预案序列、企事业单位及基层社会组织预案序列，纵向到底、横向到边、条块结合、结构完整的地震应急预案体系基本形成（图 4.3.2）。

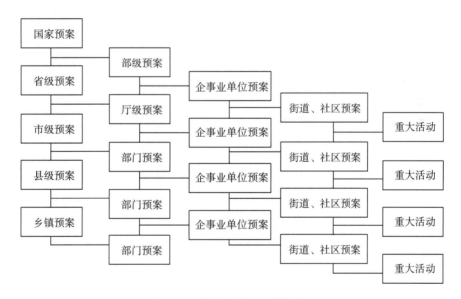

图 4.3.2　我国地震应急预案体系

纵向为五级政府，横向为五类主体

4.3.3.4　预案编制的原则

在编制或修订预案时，要贯彻《防震减灾法》的有关基本原则和基本法律制度，要把握编制与修订预案的指导思想，做好编制与修订预案的组织工作，安排好编制与修订预案的工作程序、注意工作方法。要注重科学性、可操作性，满足体系化要求。

（1）注重科学性

预案应当明确应急所要应对的对象是什么。应急对象的界定标准涉及 4 个因素：一要考虑地震强度规模差别；二要考虑某种强度规模地震在本区的自然与社会条件下造成灾害的程度差异；三是发生地震地区的应对能力大小；四是要顾及灾区及严重波及区本身的社会经济水平高低及影响程度。需要研究分析本地区（直接）灾害及其形成的规律性或者特点，尽可能地对其有所预测；也要估计不同气象、地理条件、不同规模灾害造成的直接、间接损失、导致的次生灾害以及灾害的社会影响；还要估计成灾之后应急资源和力量（特别是最初时间内能够动用的紧急救生救险力量）。

（2）注重可操作性

要增强预案的可操作性，必须注意以下三个方面：第一，要在考虑预案各项应急要求的前提下，充分运用和发挥行政组织体制之长处，对照职能确定预案中各种事项的承担机构、职责、人员、运行程序等，最终达到责任到人，人员到位的要求。第二，要确定应急任务的分工而且要确定负责（或牵头）部门，还要明确协调的职责和承担者。同时，更须注重从操作环节或者工作步骤上明确及时沟通信息的要求，以保障应急的及时、有序和高效。第三，预案的编制应当对现代技术手段运用给予充分重视。由于不同行政层次、不同行政地域的技术手段发展并不同步，所以在涉及上报、沟通、协调的有关规定要求时，在设计信息流程与通信保障的技术路线和指挥者的操作平台时，要考虑到上下级与左邻右舍之间这方面的差别并在设计和设置环节中留出足够的"宽容度"。

（3）满足体系化要求

全国范围内可能发生破坏性地震的地方，以各级政府的预案为主导，由中央到各级地方政府，从政府有关部门到社会各类单位，诸多份预案构成了有内在联系的预案体系。反过来讲，任何一份预案都具有体系化的特征或属性。就政府或者政府部门的预案而言，其体系化特征，至少体现于如下几方面。

①准确划分应急的领导与管理责任。

各级人民政府的地震应急行为在全社会地震应急中处于首要地位，政府应急预案要根据法规和有关的上级预案，按照分级负责的原则，将该级政府的领导和管理责任，确定得合理准确，表述得清楚且突出，使得中央与省级和地、县级政府在地震应急中的职权分明（表4.3.1）。

表4.3.1　对于若干应急情况各级政府的主要领导责任和管理分级

地震应急对象	中央政府行动或反应	有关省（自治区、直辖市）人民政府行动或反应	有关地、县级人民政府行动或反应
造成特大损失的严重破坏性地震	设立临时性抗震救灾指挥部，领导、指挥、协调地震应急工作	立即成立抗震救灾指挥部，组织、指挥灾区地震应急工作	立即自动采取紧急措施

续表

地震应急对象	中央政府行动或反应	有关省（自治区、直辖市）人民政府行动或反应	有关地、县级人民政府行动或反应
严重破坏性地震	根据灾情，组织、协调有关部门和单位对灾区进行紧急支援	领导本行政区内地震应急工作	立即自动采取紧急措施
一般破坏性地震	防震减灾主管部门及时上报震情、灾情，提出建议。国务院视情对灾区慰问	领导本行政区内地震应急工作	立即自动采取紧急措施
破坏性地震的临震预报发布后	密切关注，有关部门采取必要措施	省级政府发布预报后，即可宣布进入临震应急期	立即自动采取紧急措施。加强监视组织避震和防护，做好抢险准备，维护社会安定

②明确各级政府之间的联系，保障总体反应协调。

在应急的职权规定中明确上下级政府的有机联系，例如，当发生严重破坏性地震后，有关县级（及以上）人民政府立即采取紧急措施，有关省级政府担负领导应急工作的责任，中央政府则视震灾情况对各种紧急支援担负协调责任。设计或设定这些行动内容和要求时，应当相应地反映出上下级政府之间在应急职权上的上述有机联系。

③保障对信息的迫切需求。

要求迅速、及时地了解、报告、上报、通报、抄送情况，这是政府有效实施应急求得实效的基本前提。实施的首要关键是使得信息获取、处理和传播涉及的各级、各个方面的各个环节确实得到保障，为此，必须设定好可操作的必要程序规定、设计好可行的软件硬件操作运行的技术路线。有关情况的收集和上报，除地震工作部门外，更多地涉及有关地区的基层政权机构（直到行政村和居委会）和社会各单位。基层地方政府和公安、邮政、电信、金融、电力、公路、武警乃至铁路和驻军等部门或系统，各自下属分布较广、本身系统性和自行联络能力强。预案应明确要求这些部门或系统的领导：本着发现情况主动向下扩大了解和主动上报的原则，只要一得知本质性的信息或者初步弄清基本情况后便应迅速报告；下级政府要向上级政府和地震工作部门报告；部门或单位向当地政府、地震工作部门和上级报告，特殊情况还可越级上报。

4.4　地震应急救援队伍

4.4.1　现场地震工作队伍

4.4.1.1　现场地震工作队伍的重要作用

地震发生后，被压在瓦砾下的受灾者，唯一的希望就是能尽快得到救助脱离险境。

许多地震的救援工作表明，震后数小时到两三天内是救人的关键时段，如果有非常有效的地震应急指挥与调度系统进行及时响应、有迅速可靠的地震现场调查与科学考察和通信手段来及时掌握震情灾情，政府就可以积极有效地组织实施抢险救灾行动，使装备精良、训练有素的救灾人员迅速和有目的地进行抢险和抢救生命。

地震应急指挥与调度是各级政府和各级抗震救灾指挥部的任务，地震现场调查与科学考察是现场地震工作队伍的任务。现场地震工作队伍于震后迅速赶赴现场，开展地震现场流动监测、震情趋势判定、灾害调查评估、科学考察等工作。现场地震工作队伍获得的调查和科学考察资料既是地震应急指挥的依据，又为今后地震预报和地震科学研究工作提供极有价值的科研数据和资料。因此，现场地震工作队伍在地震应急工作中具有至关重要的作用。

4.4.1.2　现场地震工作队伍的分级

现场地震工作队伍，实行统一领导、分级分类组建管理。通常情况下现场地震工作队伍分为两级：中国地震局地震与火山现场工作队和省级现场地震工作队。

（1）中国地震局地震与火山现场工作队

由中国地震局组建管理，负责严重破坏性地震或造成特大损失的严重破坏性地震，以及有重要影响（或有研究价值）的地震现场调查与科学考察工作，指导并协助震区省级地震局的现场应急工作。中国地震局地震与火山现场工作队还承担在火山喷发或者出现重大火山异常现象后的现场应急工作，火山现场工作机制与地震现场工作机制相似。

（2）省级现场地震工作队

由省级地震局组建管理，负责一般破坏性地震并参与严重破坏性地震或造成特大损失的严重破坏性地震的现场调查与科学考察工作。

中国地震局现场地震工作队伍和省级现场地震工作队伍在队伍性质、任务方面基本一致。但国家队在人员组成、装备水平、机动性能等方面将优于省级工作队。特别是人员方面，国家队主要由高水平专家群体组成，工作经验和能力十分强大，可以完成在国内任何地点开展地震现场工作的要求，而省级队主要是完成所在省份的地震现场工作。

4.4.1.3　现场地震工作队伍的分组

现场地震工作队伍通常设立专业工作组，具体任务如下：

（1）地震灾害损失调查与评估组

调查人员伤亡情况；确定灾区范围，收集和核实灾区基础资料，划分评估区，对灾区进行抽样调查，确定破坏房屋建筑类型，统一破坏等级标准，计算灾害经济损失，并尽快上报抗震救灾指挥部和政府部门。

（2）地震现场建筑物安全鉴定组

对灾区的建筑物安全性能进行鉴定，并在建筑物上做出"安全"、"不安全"、"危险"等标记。保障灾区人民的生命和财产安全，尽快妥善安置灾民，恢复正常的社会秩序，维护社会的稳定。

（3）现场地震监测组

布设或恢复地震现场测震和前兆台站（网、点），捕捉近场强地面运动数据，增强震区的监测能力。为地震类型判定、震后地震趋势估计、后续地震的短临预报及有关工作提供及时、可靠、连续的观测资料。

（4）现场分析预报组

分析处理震区及相关地区的地震序列、前兆资料，核实与判断重大异常，收集宏观异常，经过充分会商，对震区地震类型、地震趋势、短临预报提出初步判定意见。

（5）地震现场科学考察组

对地震现场的烈度进行调查，确定地震烈度的空间分布；全面调查和详细记录地震地表破裂的几何形态、位移分布和破坏特征；调查和研究震区地震构造环境，确定发震构造；调查地震地质灾害、地震宏观异常现象、工程结构震害特征和地震社会影响等。

（6）火山监测、预测及灾害评估组

在原有火山测震台网的基础上，布设宽频带流动地震台网，进行火山地震加密监测；及时快速地对火山监测资料进行综合分析和评估，提出火山喷发的预测意见，并预测火山灾害涉及的范围；对火山灾害损失进行评估。

4.4.1.4 现场地震工作队伍的技术系统

现场地震工作队伍的技术系统是为完成地震现场调查科学考察工作任务提供技术支撑，主要由地震现场监测系统、地震现场通信系统、地震现场视频图像快速获取与传输系统、地震现场灾害评估与科学考察系统等组成。

（1）地震现场技术系统总体要求

技术系统和相应装备是开展地震现场工作的基础条件和重要保障，由于地震现场的使用环境比较恶劣，因此，技术系统和装备必须是基于高技术、高机动、高通信能力、高稳定性和全天候的现代化系统。关键设备均符合野外移动环境、具备工业标准级乃至国际军品级标准，能够在恶劣环境下稳定可靠地工作，保障通信的稳定性和全天候。系统所有仪器设备均提供供电保障，具有长效电池供电，并提供车载逆变电源、备份电池等保障手段。只有这样才能适应各级抗震救灾指挥部对地震现场工作提出的全新要求。

（2）地震现场技术系统实现的功能

通过配置，系统可实现以下功能：①产出并加工整理各项观测数据，为后续的分析预报和灾害预测提供必要的资料；②保障地震现场、地震现场与后方抗震救灾指挥部的通信联络，保障现场信息的及时传递；③地震现场各环节的协同工作和信息共享；④实时传输地震现场的灾害情况；⑤为快速的地震灾害损失评估和科学考察提供技术支撑，为震后恢复重建提供依据。

4.4.2 地震灾害紧急救援队伍

实施成功的地震救援，特别是在复杂环境下的城市地震救援涉及三个关键因素，一是结构合理、出动迅速的救援队伍，二是训练有素的救援人员，三是专业化的救援设备。一支能力恰当、岗位职责明确且符合地震救援现场需求、专业技术能力强、出动迅速的地震紧急救援队伍在有效应对地震等特大突发事件中的作用尤为重要。

4.4.2.1 地震灾害紧急救援队的任务

地震灾害紧急救援队的主要任务是对因地震或其他突发事件造成建（构）筑物倒塌而被压埋的人员实施搜索和营救。

联合国针对各国际救援队的管理、保障、搜索、营救和医疗救护等能力进行全面、深入、客观、规范的评估和核查，建立了联合国国际救援队分级测评（Insarag External Classification，简称 IEC）标准，并将城市搜索救援队按照能力划分为重型、中型、轻型三个级别。

（1）重型救援队

具备在钢筋混凝土建筑结构中开展生命搜索与营救的能力。能够同时在两个地点开展至少 24 小时的连续救援行动，并依靠自主后勤保障持续进行 10 天的救援工作。

（2）中型救援队

具备在混凝土建筑结构中开展生命搜索与营救的能力。能够确保在一个地点开展至少 24 小时的连续救援行动，并依靠自主后勤保障持续进行 7 天的救援工作。

（3）轻型救援队

具备在建筑结构表层开展生命搜索与营救的能力。能够确保在一个地点开展至少 12 小时的连续救援行动，并依靠自主后勤保障持续进行 3 天的救援工作。

4.4.2.2 组建原则和指导思想

救援队组建原则为：一队多用、专兼结合、军民结合、平战结合。救援队能力的要求为：装备精良、反应迅速、机动性高、突击力强，能随时执行地震紧急救援任务。

4.4.2.3 队伍功能

地震灾害紧急救援队伍应具备下列各项功能：

（1）管理功能

队伍日常管理；训练与考核；救援行动时的计划、组织、指挥、协调以及队伍的安全与信息管理。

（2）保障功能

日常装备器材维护保养；救援行动时的食宿、交通运输及装备保障；信息及通信支持。

（3）搜索功能

搜索定位受困者；绘制搜索标识。

（4）营救功能

创建营救通道，营救受困者；绘制营救标识。

（5）医疗功能

对救援队员、受困人员进行紧急救护和心理疏导；配备搜索犬的队伍应具备对犬的医疗处置能力。

（6）安全评估功能

工作场地建（构）筑物结构安全评估；工作场地及周边环境危险化学品识别和安全评估。

4.4.2.4 组织结构与岗位设置

地震灾害紧急救援队伍的组织结构可参照图4.4.1建立。其中管理组应设队长、副队长、计划官、安全官、信息官及联络官等岗位。行动组应设犬搜索组长、犬搜索队员、搜救队长、搜救队员、医疗队长及医疗队员等岗位。技术组应设地震专家、结构专家及

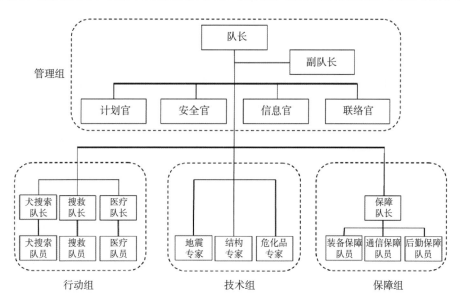

图4.4.1 地震灾害紧急救援队伍组织结构

危化品专家等岗位。保障组应设保障队长、装备保障队员、通信保障队员、后勤保障队员等岗位。

4.4.2.5　装备配置

（1）装备类型

地震灾害紧急救援队伍装备应包括侦检装备、搜索装备、营救装备、医疗装备、通信装备、评估与信息装备、后勤装备和救援车辆等（表4.4.1）。

（2）配置要求

①能够检测出灾害现场氧气浓度、可燃气体浓度、特定有毒气体浓度、易燃易爆物质及漏电情况。

②能够在灾害现场进行生命搜索和定位。

③满足在建（构）筑物废墟内开辟营救通道的需要。

④能够为救援队员、搜索犬、受困者提供医疗救治及洗消防疫服务。

⑤能够为救援行动提供现场联络、远程通信服务。

⑥满足结构专家开展技术服务的需要。

⑦能够在灾害现场为救援行动提供后勤保障。

⑧满足救援行动中人员、装备物资运输的需要。

⑨满足搭建救援队伍现场行动基地的需要。

4.4.2.6　队伍分级

地震灾害紧急救援队伍按照能力分为轻型、中型和重型三种。

（1）轻型队伍

应满足：①队伍规模一般不少于35人；②能够在土木、砖木、土（砖）石、砖混等多层建（构）筑物结构环境下，一个作业点上连续工作不少于12小时；③队伍自我保障时间不少于3天；④具有所属及相邻行政区域的机动能力。

（2）中型队伍

应满足：①队伍规模一般不少于60人；②能够在砖混、框架、框剪等结构的建（构）筑物环境下，同时在两个作业点上连续工作不少于24小时；③队伍自我保障时间不少于5天；④具有所属及相邻行政区域的机动能力。

（3）重型队伍

应满足：①队伍规模一般不少于120人；②能够在砖混、框架、框剪、金属构架等结构的建（构）筑物环境下，同时在两个地点、四个作业点上连续工作不少于24小时；③队伍自我保障时间不少于7天；④具有国内任何区域的机动能力。

表4.4.1 地震灾害紧急救援队伍装备配置类别及名称

装备			队伍级别		
类别	序号	装备名称	重型	中型	轻型
一、侦检装备	1	漏电检测仪	√	√	√
	2	可燃气体检测仪	√	√	√
	3	有毒气体探测仪	√	√	√
	4	军事毒剂侦检仪	√	√	—
	5	无线复合气体探测仪	√	—	—
	6	核辐射探测仪	√	—	—
二、搜索装备	7	光学探测仪	√	√	√
	8	声学探测仪	√	√	—
	9	雷达探测仪	√	√	—
	10	搜索犬	√	√	—
三、营救装备	11	液压剪切钳	√	√	√
	12	液压扩张钳	√	√	√
	13	电动剪扩组合	√	√	√
	14	液压万向剪切钳	√	√	—
	15	内燃机动切割链锯	√	√	√
	16	内燃无齿切割锯	√	√	√
	17	钢筋速断组合	√	√	√
	18	便携等离子切割器	√	√	√
	19	钢筋速断组合	√	√	√
	20	手动破拆组合	√	√	√
	21	户外救援组合	√	√	√
	22	凿岩机	√	√	√
	23	冲击钻	√	√	√
	24	绝缘剪断钳	√	√	√
	25	支撑组合	√	√	—
	26	支撑杆	—	—	√
	27	千斤顶	√	√	√
	28	气垫	√	√	√
	29	三角支架	√	√	√
	30	汽动救生抛投器	√	√	√

续表

装备			队伍级别		
类别	序号	装备名称	重型	中型	轻型
三、营救装备	31	救生软梯	√	√	√
	32	折合梯	√	√	√
	33	救援担架	√	√	√
	34	牵拉器	√	√	√
	35	救援绳	√	√	√
	36	汽动射钉枪	√	√	√
	37	大锤	√	√	√
	38	照明灯组	√	√	√
	39	发电机组	√	√	√
	40	强光搜索灯	√	√	√
	41	救生照明线	√	√	√
	42	照明灯组	√	√	√
	43	发光棒	√	√	√
	44	电缆绞盘	√	√	√
四、医疗装备	45	医疗急救包	√	√	√
	46	心肺复苏器	√	√	—
	47	颈托	√	√	√
	48	救援脊柱板	√	√	√
	49	关节夹板	√	√	√
	50	固定夹板	√	√	√
	51	固定担架	√	√	√
五、通信装备	52	无线上网卡	√	√	√
	53	超短波、对讲、集群终端	√	√	√
	54	无线短波电台、车载台	√	√	—
	55	单兵背负短波电台	√	√	—
	56	卫星静中通	√	√	—
	57	卫星动中通	√	√	—
	58	指挥通信车	√	√	—
六、评估与信息装备	59	地震预警报警仪	√	√	—

续表

装备			队伍级别		
类别	序号	装备名称	重型	中型	轻型
六、评估与信息装备	60	数码摄像机、照相机	√	√	√
	61	指南针	√	√	√
	62	望远镜	√	√	√
	63	计算机/PDA	√	√	√
七、后勤装备	64	救援头盔	√	√	√
	65	抢险救援服	√	√	√
	66	救援安全腰带	√	√	√
	67	防穿刺救援靴	√	√	√
	68	普通救援鞋	√	√	√
	69	防寒救援服	√	√	√
	70	防雨服	√	√	√
	71	雨靴	√	√	√
	72	羽绒睡袋	√	√	√
	73	防割手套、救援手套、训练手套	√	√	√
	74	防潮垫	√	√	√
	75	饭盒、水壶、勺子、刀叉、水袋	√	√	√
	76	单人毛毯	√	√	√
	77	毛巾被	√	√	√
	78	收音机、报警手电	√	√	√
	79	组合刀具	√	√	√
	80	大小背包	√	√	√
	81	净化水药片	√	√	√
	82	防化服	√	√	√
	83	防化手套	√	√	√
	84	呼吸器	√	√	√
	85	送风器	√	√	√
	86	防化胶靴	√	√	√
	87	堵漏工具组合	√	√	√
	88	洗消帐篷	√	√	√
	89	洗消喷淋器	√	√	√

续表

装备			队伍级别		
类别	序号	装备名称	重型	中型	轻型
七、后勤装备	90	防毒面具	√	√	√
八、救援车辆	91	多功能救援装备车	√	√	√
	92	运兵车	√	√	—
	93	生活、后勤保障车	√	√	√
	94	指挥车	√	√	—

4.5　地震应急救援培训和演练

地震应急救援培训是地震应急救援工作中一项十分重要的内容。地震应急救援培训的形式主要有专题培训、学术讲座、经验交流、研讨会以及培训基地的救援技能实际操作培训等形式。可利用视频课件、广播电视、远程教育等先进手段，辅以情景模拟、预案演练、案例分析等多种形式开展培训。其中地震废墟专业救援技术培训必须在专业的救援培训基地开展。

4.5.1　培训基地

以国家地震紧急救援训练基地（图4.5.1）为例，其位于北京市海淀区西郊凤凰岭，基地功能齐全、设施先进，是一个专门用于培训地震灾害应急、救援指挥官和搜救人员的模拟训练场所，包括地震现场救援虚拟仿真系统和可控地震废墟在内的不同类型废墟，能够模拟多种救灾环境和场所，可开展搜索、营救、紧急处置、指挥等内容的培训，还可向救援人员提供建筑物倒塌救援、次生灾害救援和反恐演练等综合实战训练。

基地的主要培训职能和任务是轮训国家地震灾害紧急救援队队员、省级和地区级救

图4.5.1　国家地震紧急救援训练基地

援队的业务骨干、各级政府应急管理人员、社区地震救援志愿者和承担国际地震应急救援培训交流任务；为各级救援和政府应急管理人员提供一套适应多种突发公共事件处置需要的具有较高科技含量的体验式培训和演练基地。

　　基地建有设施条件较为先进的教学综合楼、可控地震废墟（图 4.5.2）、虚拟仿真训练馆、体能训练场（室内、外）、搜索犬舍及活动场、救援训练装备库、仪器设备维修室及附属工程；年培训能力可达到 2000 ~ 3000 人次。

图 4.5.2　国家地震紧急救援培训基地——可控地震废墟

4.5.1.1　训练系统

　　国家地震紧急救援培训基地训练场总占地面积约 20000m²，其中地震训练废墟面积 6225m²。主体建筑包括教学综合楼、模拟地震废墟、虚拟仿真馆及附属配套工程。

　　教学综合楼按其使用功能主要分为 5 个区域，分别为体能训练区、教学办公区、学员宿舍区、教员公寓区以及虚拟仿真馆。体能训练区主要用作基地教官和学员的体能训练，有小球馆、棋牌室、多功能厅、篮球馆、健身馆、游泳馆等。健身馆内有各种健身器材，还兼设有攀岩训练设施。虚拟仿真馆用于地震虚拟仿真训练，用于播放模拟地震和救援的立体电影，可使学员对地震和地震救援有初步的感官认识。还设有小组训练室，主要用于组队后的救援小组进行地震局部现场的仿真模拟训练。另外还有能容纳 32 人的预案推演室，主要用于对各种地震应急救援预案进行集体会商、研讨。

　　室外模拟地震训练场地：建有包括顶升支护、开凿切割、管道、狭小空间、烟感、火灾救援、高空竖井救援、搜索犬舍等专项训练设施和实战综合训练废墟，可分为两大部分，第一部分为模拟地震后各种被损毁的管道、隧道和竖井等（图 4.5.3），第二部分为模拟地震后被损毁的建筑结构，主要是各种状况的危房和废墟（图 4.5.4）。另外，培训基地还有一个搜索犬犬舍。

图 4.5.3　管道、竖井训练场

图 4.5.4　废墟训练场

4.5.1.2　培训能力

国家地震紧急救援训练基地向搜救人员提供包括现场指挥训练、装备操作训练、应急预案推演以及志愿者培训在内的四大核心培训内容。

（1）地震现场救援指挥训练系统

该系统创建了一个酷似客观现场的仿真环境，通过一系列交互，受训者如身临其境，从而实现搜救小组间的协同作战与现场指挥的训练。

（2）装备操作训练

装备操作训练可以使受训者在教官的教导下，熟练学习、掌握使用破拆、剪切、升降、搬运（牵引）、支撑、绳索等救援工具，从而展开相应的救援工作。

（3）地震应急预案推演训练系统

该系统能够形象地对受训人员进行地震应急处置、地震现场救援应急指挥技能的培训。

（4）科普培训系统

通过等离子电视、触摸屏以及声光电展览系统，向社区志愿者及参观者普及地震应急救援知识和技能。

国家地震紧急救援训练基地自投入使用以来，已为国家救援队、省级救援队、中央党校、北京市志愿者队伍开展以地震应急救援为主的专业化培训多期，并接待了各界人士参观体验数万人次，基地已成为培养高水平地震应急救援人员的重要基地和地震部门面向社会的重要窗口。

4.5.2 地震应急培训和演练的概念

地震应急救援培训的形式和方法，主要包括理论教学、图上作业、实物操练、计算机模拟、实兵演习等。演练、演习，指业务或技能的实地练习。技能或某一方面业务的实地练习一般多称为演练，而综合性业务或技能实地练习多称为演习。上述图上作业、实物操练、计算机模拟通常属于演练，实兵演习属于演习。演练和演习实际上也是一种培训，演习是培训的高级阶段。地震应急的培训和演练是培养地震应急意识，提高应急人员和公众应急能力的根本途径，是地震应急准备的一项十分重要的工作。

4.5.3 培训主要对象及培训内容

培训和演练要有针对性，即面对不同的对象培训不同的内容，演练的侧重点也应有所区别。在地震应急中，应急指挥和地震专业队伍的抢险救援是减灾成败的决定因素，而社区（家）、生产岗位（单位）、人口密集场所等的应急处置和自救互救关系着是否成灾和成灾大小，因此应急指挥办事机构、地震应急救援队、社区、生产岗位、人口密集场所等5个方面的人员是地震应急培训和演练的主要对象。下面介绍各个对象培训演练的内容、形式和方法。

4.5.3.1 应急指挥、办事机构

应急工作组织、指挥的能力对减轻灾害的成效具有决定作用，对各级应急指挥和办事机构人员进行培训和演练在地震应急培训和演练中占有重要位置。培训内容主要有：地震应急相关法律法规、指挥决策理论和方法、指挥技术系统构成和使用方法等。演练通信工具使用、信息收集传递、指挥技术系统使用等。地震应急指挥的想定作业和综合实兵演习能真实地模拟应急指挥工作，对培养训练指挥意识、快速决策能力及各部门间的协同能力等具有重要作用，地震应急指挥的想定作业还具有简便易行的特点。总之，要有计划、有重点、有组织地训练各级指挥、办事人员的组织指挥能力和快速反应能力。

4.5.3.2　应急救援队伍

地震应急救援队伍是地震应急抢险救灾工作的基础力量，其反应能力直接关系着挽救生命、减轻灾害的程度，因此地震应急救援队伍是重点培训对象。前已述及，地震应急救援队伍包括现场地震工作队伍、人员抢救队伍（社区自救互救队、紧急救援队、大型救援队）、专业抢险队伍（如医疗防疫、通信、电力、交通运输、消防、治安交通等）。这些队伍专业性强，而且通常都附设在业务相关部门单位。其培训和演练应按照"平震结合"的原则，根据地震应急抢险救灾的具体任务，结合自身业务工作，有计划地培训演练相应的知识和技能，提高其应急救援能力。

4.5.3.3　社区

要把灾害降低到最低程度，除政府的帮助和外部救援以外，最重要的是灾区人民的自防、自救和互救。因此，社区，包括管理人员、广大居民也必须进行培训和演练。培训的内容主要是震前防震准备、震时避震、震后疏散、自救互救等相关知识与技能。选择适当时机开展应急避震、自救互救等方面的演练，同时注意避免引起社会秩序动荡。

4.5.3.4　人口密集场所

在人口密集场所，当地震发生时，由于恐慌，人们容易产生混乱、拥挤、外逃等现象，造成不必要的伤亡。因此，震时采取紧急措施，引导公众正确避震，有秩序地疏散就成为其减灾的关键对策。因此需要通过培训和演练，使这些场所相关管理人员具有对惊慌公众的组织引导能力，使他们明确疏导人员职责、熟悉疏导程序、安全避震区和疏散通道、路线，正确使用各种疏散工具，以期地震发生时能够及时正确地引导公众避震和疏散。

4.5.4　演练的组织与实施

为加强对地震应急演练工作的指导，促进演练工作规范、安全、节约、有序地开展，根据《中华人民共和国防震减灾法》《国家地震应急预案》《突发事件应急演练指南》等有关法规，制定本指南。

4.5.4.1　演练目的

（1）检验预案。查找地震应急预案及相关预案中存在的问题，完善预案，提高预案的针对性、实用性和可操作性。

（2）完善准备。检查应对地震事件所需应急救援队伍、物资、装备、技术等方面的准备情况，发现不足及时予以调整补充，做好应急准备工作。

（3）锻炼队伍。检查演练组织单位、参与单位和人员等对预案的熟悉程度，提高其应急处置能力。

（4）磨合机制。进一步明确相关单位和人员的职责任务，理顺工作关系，完善应急机制。

（5）科普宣教。普及地震应急知识，提高公众地震风险的防范意识、防震避险和自救互救等应对能力。

4.5.4.2 演练原则

（1）结合实际，合理定位。紧密结合地震应急管理工作实际，明确演练目的，根据资源条件确定演练方式和规模。

（2）着眼实战，讲求实效。着眼于提高地震应急指挥人员的指挥协调能力、应急救援队伍的实战能力、专业部门的处置能力和群众自救互救能力。重视演练效果及组织工作的总结和评估。

（3）精心组织，确保安全。围绕演练目的，精心策划演练内容，科学设计演练方案，周密组织演练活动。制定并严格遵守有关安全措施，确保演练安全和社会稳定。

（4）统筹规划，厉行节约。统筹规划演练活动，充分利用现有资源，努力提高演练效益。

4.5.4.3 演练分类

地震应急演练按组织单位划分，可分为政府演练、部门演练、企事业单位演练、基层组织演练；按演练形式划分，可分为桌面演练和实战演练；按演练内容划分，可分为单项演练和综合演练；按演练目的与作用划分，可分为检验性演练、示范性演练和研究性演练。

将不同形式、不同内容、不同目的与作用的演练相互组合，可以形成不同单位组织的单项桌面演练、综合桌面演练、单项实战演练、综合实战演练、示范性单项演练、示范性综合演练等。

4.5.4.4 演练规划

演练组织单位要根据相关法律法规和应急预案的规定，结合实际情况，制定应急演练规划，按照"先简单后复杂、循序渐进、时空有序"等原则，合理规划应急演练的目标、形式、内容、规模、频次、时间、地点，以及经费筹措渠道和保障措施等。

4.5.4.5 演练内容

演练组织单位可根据本地区、本单位的实际情况以及演练形式和目的作用的不同，参考以下内容组织演练。

（1）应急启动

主要包括：地震信息速报、灾情快速获取、灾害级别与响应级别研判、应急响应启动、先期通信交通保障、应急救援队伍调集等。

（2）应急指挥

主要包括：应急指挥机构运作、重大决策部署传达贯彻、抗震救灾工作部署、技术系统辅助决策、救援力量和物资装备调运、现场应急指挥协调、应急结束研判与发布等。

（3）灾情收集与报送

主要包括：灾情侦查与获取、灾情分析与评估、灾情汇集与上报、抗震救灾需求报告等。

（4）人员搜救

主要包括：现场调配抢险救援力量和装备、搜索与营救被困人员、紧急救治与运送伤员等。

（5）自救互救

主要包括：被困人员紧急避险和自救、互救，地震志愿者队伍开展救援行动等。

（6）疏散安置

主要包括：应急避难场所启用、帐篷和生活必需品调运、被困人员紧急疏散、转移和安置等。

（7）医疗救治和卫生防疫

主要包括：医学救援队伍组织调遣、医疗器械和药品调集、受伤人员救治和转移输送、饮用水源和食品监测、传染病监控和卫生防疫等。

（8）基础设施保障

主要包括：公路、桥梁、隧道等交通设施和供电、供水、供气、通信等设施抢修维护等。

（9）地震监测

主要包括：地震台网监测、现场流动观测、地震趋势判定、震情信息报送等。

（10）灾害调查评估

主要包括：地震烈度、灾区范围、建构筑物和基础设施破坏程度、人员伤亡数量、地震灾害损失评估、地震宏观异常现象、各种地震地质灾害、发震构造、工程结构震害特征、地震社会影响等调查，以及科学考察等。

（11）次生灾害防范与处置

主要包括：火灾、水灾、危化品、毒气、地质灾害监控与处置，以及水库和饮用水源安全保障、污染物防控、环境监控和核设施安全保障等。

（12）社会治安维护

主要包括：社会治安维护与打击违法犯罪活动、交通秩序维护、要害部门和重要场所警戒等。

（13）新闻及信息发布与宣传

主要包括：震情灾情信息发布、抗震救灾新闻宣传报道、国内外舆情收集、分析和引导、国外新闻媒体采访报道组织安排等。

（14）应急保障

主要包括：物资、装备、通信、电力、交通等抗震救灾保障。

4.5.4.6 演练准备

（1）成立演练组织机构

演练应在地震应急预案确定的应急领导机构或指挥机构领导下组织开展。演练之前，演练组织单位要成立由相关单位领导组成的演练领导小组，通常下设策划组、文案组、控制组、保障组和评估组。对于不同类型和规模的演练活动，其组织机构和职能可以适当调整。根据需要，可成立演练现场领导机构或指挥机构。

（2）制订演练计划

演练计划主要内容包括：

①确定演练目的，明确举办演练的原因、演练要解决的问题和期望达到的效果等。

②分析演练需求，在对事先设定地震事件的严重程度及应急预案进行认真分析的基础上，确定需演练的科目、需演练的人员、需锻炼的技能、需检验的设备、需完善的流程、需磨合的机制和需明确的职责等。

③确定演练范围，根据演练需求、经费、资源和时间等条件的限制，确定演练类型、等级、地域、参演单位及人数、演练方式等。

④安排演练准备与实施的日程计划，包括各种演练文件编写与审定的期限、物资器材准备的期限、演练实施的日期等。

⑤编制演练经费预算，明确演练参与单位的任务和经费。

（3）设计演练方案

演练方案主要内容包括：

①确定演练目标：演练目标是需完成的主要演练任务及其达到的效果，一般说明"由谁在什么条件下完成什么任务，依据什么标准，取得什么效果"。

②设计演练情景：演练情景要为演练活动提供初始条件，还要通过一系列的情景事件引导演练活动继续，直至演练完成。演练情景包括演练场景概述和演练场景清单。

（4）设计演练步骤

根据演练情景和内容（科目）设计，对演练过程中应急响应与处置各环节的实施步骤进行预先设定和描述。

（5）编写演练方案文件

演练方案文件是指导演练实施的详细工作文件。根据演练类别和规模的不同，演练方案可以编为一个或多个文件。编为多个文件时可包括演练人员手册、演练控制手册、演练脚本，以及演练宣传方案和演练保障方案等。

4.5.4.7　演练实施

实施一般包括演练启动、演练执行、演练结束与终止三个阶段。

（1）演练启动

演练正式启动前一般要举行简短仪式，由演练总指挥宣布演练开始并启动演练活动。

（2）演练执行

按照演练方案要求，应急指挥机构指挥各参演队伍和人员，开展对模拟演练事件的应急处置行动，完成各项演练活动。演练控制人员应充分掌握演练方案，按总策划的要求，熟练发布控制信息，协调参演人员完成各项演练任务。参演人员根据控制消息和指令，按照演练方案规定的程序开展应急处置行动，完成各项演练活动。模拟人员按照演练方案要求，根据未参加演练的单位或人员的行动，并做出信息反馈。

演练过程控制：总策划负责按演练方案控制演练过程。

（3）演练结束与终止

演练完毕，由总策划发出结束信号，演练总指挥宣布演练结束。演练结束后所有人员停止演练活动，按预定方案集合进行现场总结讲评或者组织疏散。保障部负责组织人员对演练场地进行清理和恢复。

4.5.4.8　演练评估与总结

所有应急演练活动都应进行演练评估。演练评估报告的主要内容一般包括演练执行情况、预案的合理性与可操作性、应急指挥人员的指挥协调能力、参演人员的处置能力、演练所用设备装备的适用性、演练目标的实现情况、演练的成本效益分析、对完善预案的建议等。

演练总结报告的内容包括：演练目的，时间和地点，参演单位和人员，演练方案概要，发现的问题与原因，经验和教训，以及改进有关工作的建议等。

4.5.4.9　地震应急救援演练范例

一、阳江市地震应急救援演练方案

（一）目的

1969年7月26日阳江市洋边海发生6.4级破坏性大地震，造成33人死亡，重伤238人，轻伤762人，损坏房屋十万余间。阳江市拟开展地震应急救援演练，检验《阳江市地震应急预案》的可操作性，使参演部门熟悉应急程序，及时找出薄弱环节，发现存在问题，增强阳江市抗震救灾指挥部的指挥决策能力，提高阳江市地震灾害救援各专业队伍应急救援能力，为阳江市社会经济持续快速发展提供可靠保证。

为保证地震应急救援演练顺利进行，在阳江1969年6.4级地震40周年纪念活动筹备委员会下设应急演练组负责落实演练具体工作。

（二）组织领导

主办：阳江市人民政府

　　　广东省地震局

协办：市应急办、市地震局

组织实施：省地震局应急救援处、市应急办、市地震局等相关单位

（三）演练主题

阳江市地震应急救援演练。

（四）演练时间、地点

时间：2009 年 12 月 15 ~ 16 日

地点：阳江市体育馆南门广场

（五）演练模拟背景

模拟在阳江市某地发生一次 5 级地震，地震发生后，市抗震救灾指挥部各成员立即到抗震救灾指挥部集合，对灾情进行快速判定，启动地震应急预案，发布震情信息。然后有关部门成立应急指挥部，启动部门应急预案，立即赶赴灾区。在模拟现场展开救援工作，包括：抢救被困人员、群众自救、互救、伤员急救运送、疏散安置群众、发放救灾物资、次生灾害、消防灭火、次生灾害卫生防疫、抢修水管、抢修煤气管、架设临时通信设备、架设临时供电线路、架设流动地震台、治安保卫、交通抢修等。

（六）演练内容和地点

演练分别在市抗震救灾指挥部（录像）、各参演部门指挥部（录像）、模拟现场、学校（录像）、社区（录像）五类地点分别进行。

1. 抗震救灾指挥部桌面模拟地震应急演练（播放录像）。

时间：2009 年 12 月 15 日上午 11：30

地点：阳江市抗震救灾指挥部

市防震抗震救灾工作领导小组成员到抗震救灾指挥部集中，在会议室进行桌面模拟地震应急演练。通过幻灯投影模拟我市某镇发生 5 级地震。

参加人数：约 40 人。

2. 根据地震信息，各参演单位启动部门应急预案、成立指挥部、核实信息、灾情判断、信息发布、召集应急救援队伍等模拟行动、即时指挥（播放录像）。

时间：2009 年 12 月 15 日下午 15：00

参加人数：各参演单位指挥部成员

3. 模拟现场进行地震应急救援演练（主会场）。

时间：2009 年 12 月 16 日上午 9:30 ~ 11:30

地点：阳江市体育馆南门广场

搭建"阳江市地震应急救援演练"主会场，架设主席台、指挥帐篷、安置灾民帐篷、

背景危楼、指示板、背景画、挂横幅、旗帜、划分待演区和撤离区等。

13个部门分别进行地震应急救援演练，包括：抢救被困人员、群众自救互救、伤员急救运送、疏散安置群众、发放救灾物资、次生灾害消防灭火、次生灾害卫生防疫、抢修水管、抢修煤气管、架设临时通信设备、架设临时供电线路、架设流动地震台、治安保卫、交通抢修等演练。

每个参演单位约30人。

（1）演练议程：

①开幕式（宣读来宾名单，领导致词，10分钟）。

②参加演练的13个部门队伍及车辆撤到待演区列队。

③实战演练（13个部门依次分别进行应急救援演练1小时）。

④闭幕式（领导讲话，10分钟）。

（2）实战演练内容：

①抢救被困人员、群众自救互救：由市地震灾害紧急救援队、市地震应急青年志愿者行动指导中心负责。

模拟场景：在一个被震坏的建筑物内，有一些人员（志愿者扮演）被困，发出求救信号，救援车立即赶到，利用云梯车、吊车、机械工具，抢救被压在倒塌房子下的人，用云梯解救被困在二楼的人员，被困在一楼的群众积极开展自救互救。

时间：15分钟。

②伤员急救运送、卫生防疫：由市卫生局负责。

模拟场景：数名群众（志愿者扮演）在逃离建筑物时，造成头部、四肢外伤，救护车立即赶到，医护人员现场进行包扎固定，一名休克的重伤员立即用救护车转送至附近医院治疗。

地震发生后，为预防疫情发生，组织卫生防疫人员在倒塌的房子和灾民安置点周围喷洒消毒药剂。

时间：15分钟。

③疏散安置群众、发放救灾物资、维护紧急避难场所的秩序：由市民政局负责，市地震应急青年志愿者行动指导中心协助。

模拟场景：在被震坏的建筑物周围，有一些群众（志愿者扮演），身处危险地区，通过广播指挥，志愿者用车辆将他们安全疏散到紧急避难场所，架设临时帐篷，安置灾民，派发救灾物资，志愿者协助做好相关工作及维护好秩序。

时间：15分钟。

④治安保卫：由市公安局、市武警支队负责。

模拟场景：震区现场秩序混乱，有不法分子趁机盗窃财物，民警迅速到现场，对现场实行管制，架设警戒线、临时指示牌，维护治安，确保社会稳定。

武警、公安、治安队加强震区及避难场所的治安巡逻。

时间：15分钟。

⑤消防灭火：由市公安消防局负责。

模拟场景：某个被震坏的建筑物发生火灾，消防队伍立即赶到现场，采取措施，控制火情，实施灭火。

时间：15分钟。

⑥架设临时通信设备：由广东电信有限公司阳江分公司、阳江移动通信公司负责。

模拟场景：地震造成通信线路中断或地震引起报警求助的电话剧增，造成通信线路（固话、手机）繁忙乃至阻塞，通信车赶到现场，通信专业队伍进行抢修，启用应急机动通信系统。

时间：15分钟。

⑦架设临时供电线路：由广东电网公司阳江供电局负责。

模拟场景：地震造成电线杆倒塌，导致部分地区停电，供电局出动应急发电车，对其进行保供电工作，同时抢修电线，及时恢复供电。

时间：20分钟。

⑧架设流动地震台：由省、市地震局负责。

模拟场景:省、市地震部门迅速赶到震中区，架设流动测震仪进行野外地震流动监测，密切跟踪地震变化，及时报告震情。

时间：10分钟。

⑨抢修水管：由市自来水公司负责。

模拟场景：某地区自来水管破裂，供水专业队伍立即赶到现场，迅速关闭阀门，实行抢修，管道接驳，及时恢复供水。

时间：15分钟。

⑩抢修煤气管道：由市煤气管道公司负责。

模拟场景：某地区煤气管道破裂、管道煤气泄漏、煤气管道专业维修队立即赶到现场抢修，及时恢复供气。

时间：15分钟。

⑪抢修交通要道：由市交通局负责。

模拟场景：某交通要道遭到破坏，交通系统派出专业队伍立即赶到现场实行抢修，及时恢复道路通车。

时间：15分钟。

4.学校地震应急避震演练（播放录像）。

时间：15分钟内完成。

地点：江城区某学校。

模拟场景：一所学校在上课时发生地震，学生立即采取避震措施，先在课桌下面或旁边蹲下，保护身体不被震落的东西砸到。等主震过后，以班为单位，以物件保护头部，有秩序地沿预定的路线疏散到空旷场地，防避余震发生。

学校地震应急避震演练由市教育局、市地震局负责。

5.社区地震应急避震演练（播放录像）。

时间：15分钟内完成。

地点：江城区某社区。

模拟场景：某一居民社区在地震发生时，群众在家中采取避震措施，先在家具、墙角、小跨度如厕所、厨房等房间蹲下，保护身体不被震落的东西砸到，等主震过后，有秩序地沿预定的路线疏散到空旷场地，防避余震发生。

社区地震应急避震演练由江城区、市地震局负责，市地震应急青年志愿者行动指导中心协助。

（七）出席演练单位及人员

1.领导。

2.阳江市抗震救灾指挥部成员单位：阳江军分区、市委宣传部、市发展改革局、市经贸局、市教育局、市科技局、市公安局、市民政局、市财政局、市国土资源局、市建设局、市交通局、市水利局、市农业局、市卫生局、市环保局、市规划局、市城市综合管理局、市广播电视台、市公路局、市公安消防局、市地震局、市武警支队、广东电网公司阳江供电局、市气象局、广东电信有限公司阳江分公司、阳江移动通信公司以及市应急办、市地震灾害应急救援队、市地震应急青年志愿者行动指导中心。

3.其他应邀出席的人员。

参加人员约400人。

4.救援装备展示：消防车、救援车（包括救援设备）、通信车、救护车、供电抢险车、供水抢险车、吊车等。

（八）演练协调机构

成立阳江市地震应急救援演练协调小组

组长：分管市领导

副组长：分管副秘书长

成员：市委宣传部、市公安局、市民政局、市卫生局、市交通局、市公安消防局、市教育局、市城市综合管理局、市体育局、团市委、市地震局、江城区及有关社区领导、市武警支队、广东电网公司阳江供电局、广东电信有限公司阳江分公司、阳江移动通信公司、市自来水公司、市煤气管道公司。

成员单位各派1名领导和1名工作人员专门负责此事。

协调小组日常工作由应急演练组负责，办公地点设在市应急办。主要负责演练方案的编制、模拟现场设置、协商解决遇到的问题和困难。

（九）有关保障

1.场地保障：应急救援演练场地由市体育局予以落实。模拟现场（主会场）的场景布置由应急演练组负责落实。

2.通信保障：现场通信由电信公司、移动公司解决。

3.经费保障。

①各参演单位产生的费用，由各单位自行解决。

②市地震应急救援演练除参演单位外的其他费用由应急演练组负责解决。

二、2010年湛江市地震应急救援综合演练方案

湛江市地处粤桂琼三省交界地区，是全国24个地震重点监视防御区之一。为进一步提高湛江市地震应急救援和应对处置能力，切实做好2010年全市地震应急救援综合演练工作，现制定如下工作方案。

（一）演练目的

针对湛江市潜在的地震威胁，通过开展地震应急救援综合演练，检验《湛江市破坏性地震应急预案》的可操作性，使参演部门熟练掌握地震灾害应急救援程序，及时发现存在问题和薄弱环节，增强湛江市抗震救灾的指挥决策能力，提高湛江市地震灾害救援队伍紧急救援能力，为湛江市经济社会持续发展提供可靠保证。

（二）组织机构

主办单位：市政府、省地震局

承办单位：市政府应急办、市地震局

成立市地震应急救援综合演练领导小组

市地震应急救援综合演练领导小组，由市委常委、常务副市长潘那生任组长，副市长梁志鹏、省地震局副局长梁干任副组长，市政府副秘书长韩统利、李卫，市委宣传部、团市委、市政府应急办、市地震局、市教育局、市公安局、市民政局、市卫生局、市广播电视台、南海舰队参演处室、武警湛江市支队、市公安消防局、湛江供电局、中国电信湛江分公司、中国移动湛江分公司、市自来水公司、湛江新奥燃气公司、雷州青年运河管理局各1名领导为成员。

领导小组下设四个工作组，分别为协调组、导演组、场景组和保障组，由领导小组明确职责分工。

（三）演练内容

1.时间和地点。

演练时间：拟定于2010年7月28日上午8时30分至12时。

演练地点：

（1）桌面模拟演练地点设在市政府一号会议室或海军陆战一旅麻章教导队。

（2）现场模拟演练地点设在海军陆战一旅麻章教导队。

2. 模拟背景。

模拟在市某一区域发生一次 5 级地震。地震发生后，市抗震救灾指挥部各成员立即集合到抗震救灾指挥部，快速判定灾情，启动地震应急预案，发布震情信息。有关部门立即赶赴灾区，在模拟现场开展应急救援工作。

3. 演练程序。

（1）桌面模拟演练。

①时间：7 月 28 日上午 8 时 30 分至 9 时。

②地点：市政府一号会议室或海军陆战一旅麻章教导队。

市防震抗震救灾工作领导小组成员到桌面演练地点集中，进行桌面模拟地震应急演练。通过多媒体投影，模拟我市某一区域发生 5 级地震，市防震抗震救灾工作领导小组成员单位针对发生地震后出现的情景，分别采取核实信息、灾情判断、信息发布、召集应急救援综合队伍等模拟行动，进行即时指挥。

（2）现场模拟演练。

①时间：7 月 28 日上午 9 时 30 分至 12 时。

②地点：海军陆战一旅麻章教导队。

在海军陆战一旅教导队训练场搭建演练主会场，架设主席台、指挥帐篷；背景危楼、油罐、倒塌损坏的电信、供电、供水、供气设施设备等；指示板、背景画；划分演练区、装备展示台、工作区、停车区，挂横幅、旗帜等。

③演练科目：市抗震救灾指挥部桌面演练；学校学生避震疏散；抢救被困人员、伤员急救运送；水库塌堤疏散群众；架设帐篷安置灾民；架设临时通信设备、架设临时供电线路；架设流动地震台；油罐消防灭火；有毒气体泄漏处置；抢修水管和燃气管等。

④参演单位：省地震局应急救援处、市地震局、市教育局、市公安局、市民政局、市卫生局、南海舰队参演有关处室、武警湛江市支队、市公安消防局、湛江供电局、中国电信湛江分公司、中国移动湛江分公司、市自来水公司、湛江新奥燃气公司、雷州青年运河管理局等。

⑤演练议程。

开幕式（宣读来宾名单，领导致词，10 分钟）。

检阅仪式（检阅参演队伍、展示救援装备，15 分钟）。

实战演练（参演单位分别进行救援演练，共 10 场次约 1 小时 45 分钟）。

闭幕式（领导讲话，10 分钟）。

（3）演练程序。

①市抗震救灾指挥部桌面演练。

通过摄像向主会场演示。

②学校学生避震疏散。

由市教育局负责（市第五中学参加）。

模拟场景：在学校老师统一指挥下，学生避震，然后安全疏散到指定地点。

③抢救被困人员与伤员急救运送。

由市公安消防局、市卫生局负责。

模拟场景：在一个被震坏的建筑物内，被困人员（志愿者扮演）发出求救信号，救援车和消防队员立即赶到，利用机械工具，抢救被压在倒塌柱子下的人员，通过云梯解救被困在二楼的人员。

数名群众在逃离建筑物时，造成头部、四肢外伤，救护车立即赶到，医护人员现场进行包扎固定，救护车将一名休克的重伤员转送到附近医院治疗。

④水库决堤疏散转移群众。

由雷州青年运河管理局负责。

通过录像向主会场演示模拟场景：水库决堤，立即组织人员抢险加固，疏散转移群众到安全区域。

⑤架设帐篷安置灾民。

由市民政局、武警湛江市支队负责。

模拟场景：市民政局专业队伍、武警湛江市支队救援队伍迅速赶到现场，架设临时帐篷，登记、安置灾民，派发矿泉水、饼干、衣服等救灾物资。

⑥架设临时通信设备、临时供电线路。

由中国电信湛江分公司、中国移动湛江分公司和湛江供电局负责。

模拟场景：地震引起报警和求助的电话剧增，造成通信线路（固话、手机）繁忙乃至阻塞，通信车赶到现场，通信专业队伍进行抢修，启用应急机动通信系统。

地震造成电线杆倒塌，导致灾区部分停电，湛江供电局出动应急发电车，对其进行保供电工作，及时恢复供电。

⑦架设流动地震台。

由省、市地震局负责。

模拟场景：省、市地震部门，迅速赶到震中区，架设流动测震仪，加强余震流动监测，密切跟踪震情变化。

⑧油罐消防灭火。

由市公安消防局负责。

模拟场景：某工厂被震坏的油罐发生火灾，消防救援队伍立即赶到现场，采取措施，控制火情，实施灭火。

⑨有毒气体泄漏处置。

由南海舰队有关处室负责。

模拟场景：某地区化工储备设备破裂，毒气泄漏，南海舰队救援队伍立即赶到现场，采取措施，迅速处置，防止毒气进一步扩散。

⑩抢修水管和燃气管

由市自来水公司、湛江新奥燃气公司负责。

模拟场景：某地区自来水管破裂，管道煤气泄漏，市自来水公司和湛江新奥燃气公司专业救援队伍立即赶到现场，迅速关闭阀门，实施抢救，管道接驳控制，及时恢复水、气供给。

（四）出席领导、嘉宾和参演人员

（1）领导：市委、市人大、市政府、市政协领导，拟邀请南海舰队和湛江军分区领导，省政府应急办、省地震局领导，约20人。

（2）嘉宾：21个地级以上市及海口市、北海市、玉林市应急办主任、地震局局长，约50人。

（3）市地震应急救援综合演练领导小组成员单位领导，约20人。

（4）市防震抗震救灾工作领导小组成员单位领导：市发展改革局、市科技局、市财政局、市住房城乡建设局、市交通运输局、市国土资源局、市城市规划局、市水务局、市农业局、市文广新局、市物价局、市安全监管局、市气象局、市邮政局各1名领导（与市地震应急救援综合演练领导小组成员重复的单位不另列出），约20人。

（5）市直和驻湛有关单位领导：市人力资源社会保障局、市经济和信息化局、市城市综合管理局、市人防办、市公路管理局、市公安局交警支队、市科协、市档案局、市妇联、湖光岩风景区管理局、湛江中心人民医院、湛江第一中医院、湛江金海粮油有限公司、市物资总公司等市直单位；湛江农垦局、市工商局、市质监局、民航湛江空管站、湛江机场公司、中海油南海西部公司、湛江东兴石油化工有限公司、中国人保财险湛江分公司、中国人寿保险湛江分公司、湛江航运集团有限公司、湛江中远物流有限公司、交通部南海救助局湛江基地等中央、省驻湛有关单位各1名领导，约100人。

（6）各县（市、区）及其他人员：各县（市、区）政府分管地震工作领导、地震（科技）局局长、应急办主任；《湛江日报》《湛江晚报》、市广播电视台（电视中心、广播中心）、碧海银沙网站记者及市档案局工作人员；有关志愿者队伍；约170人。

以上参加人员共约360人。

（五）工作步骤

（1）5月上旬，市政府应急办、市地震局向市政府提交市地震应急救援综合演练总体方案。经批准后，成立湛江市地震应急救援综合演练领导小组。

（2）5月中旬，召开演练筹备、协调会。市地震应急救援综合演练领导小组和各参演单位领导参加会议。落实各演练工作组（协调组、导演组、场景组和保障组）人员、职责和分工，布置参演单位演练任务。

（3）5月下旬，各参演单位提交具体的单科目演练方案（包括演练内容、场景设置、装备使用、人员安排、解说词等），经领导小组研究通过后，拟定市地震应急救援综合演练工作方案；各工作组按照职责分工，分别完成桌面模拟演练、现场模拟演练、主会场场景等方案设计初稿，以及演练活动交通保障、安全保障、医疗保障、接待保障等有关方案（预案）初稿。

（4）6月上旬，各参演单位根据市地震应急救援综合演练工作方案组织本科目的训练，市政府应急办、市地震局适时进行现场指导；各工作组修订和完善各分项方案（预案），筹备演练所需装备设备、经费和物资。

（5）6月下旬，完成各科目演练方案、解说词及其他分项方案（预案）的最后修订；基本确定参演人员。

（6）7月上旬，进行一次现场模拟演练综合彩排，请市地震应急救援综合演练领导小组领导参加并提出改进意见；完成录像科目任务。

（7）7月中旬，进行一次预演，并完成正式演练总动员，以及所需装备、器材、物资、有关演练资料和各项保障的准备工作。

（8）7月28日，正式演练。

（9）7月底，召开市地震应急救援综合演练工作总结会议。

（六）工作要求和相关保障

（1）本次演练是我市第一次开展针对地震应急救援课题的综合性演练活动，难度大、要求高、涉及面广，各单位必须高度重视，在市地震应急救援综合演练领导小组的统一领导下，各司其职、通力协作。各成员单位要提供有力的人员保障，指派一名领导和一名业务科长专门负责。

（2）各参演单位负责编写本科目的演练脚本和解说词，安排参演人员，准备参演装备、器材，组织演练科目训练等工作。定稿后的单科目演练方案，若要改动，须经市地震救援综合演练领导小组审核同意。

（3）演练主会场的安全和交通管制由市公安局负责，医疗保障由市卫生局负责，演练场地请海军陆战一旅提供并给予协助。

（4）对外宣传报道、向社会公众演示教育请市委宣传部负责；演练所需志愿者由团市委协调安排。

（5）现场通信由中国电信湛江分公司、中国移动湛江分公司予以保障。

（6）现场解说、摄像及信号传输保障由市广播电视台负责。

（7）本次演练经费由市地震应急救援综合演练领导小组统筹安排，各参演单位所需装备、设备、器材及有关费用，由各单位解决，市给予适当补贴；演练所需技术保障请市相关单位给予支持提供。

（8）演练结束后，各单位要总结经验，查漏补缺，及时修订本部门应急预案。

第5章 地震烈度速报与地震预警

5.1 地震烈度速报

什么是烈度速报呢？烈度速报是在大地震发生后快速地测定出地面震动的情况，一般来说，它是一个地图，这个地图上标注着由于地震引起的地面震动强度的分布点，因此也称为地震动分布图（Shakemap）。因此烈度速报就是在破坏性地震发生时快速产生的不同地区的烈度分布图。这个图可以快速估计地震造成的破坏分布，因此对应急救援工作非常重要。汶川特大地震发生后，尽管我国的地震速报系统在震后快速测定了震中参数，但是我国那时还没有建立常规运行的地震烈度速报系统，无法提供有效的地震烈度速报图，因此对于汶川地震的应急响应和紧急救援产生了巨大影响，地震烈度速报被提到日程上。这是因为当一次破坏性地震发生以后，地震速报能够在几分钟到十几分钟测定震级和震中位置。但是大地震不是发生在一个单纯的点上，一般都会在地下形成一个破裂带，造成地面破坏范围可能由震中到周围达几百千米之长。可是目前地震速报只告诉我们哪里发生了地震，并没有告诉我们在哪个地方的震动最强烈。而当破坏性地震发生后，政府部门亟需了解哪个地区地震动最强烈，破坏最严重，这就需要地震烈度速报。传统上地震烈度分布是通过烈度调查报告获得，这往往需要几天甚至几个月的时间，无法满足大地震应急救援的需要，只能作为了解大地震振动分布，为抗震烈度区划提供资料。地震烈度速报是建立在地震仪器观测到地震强度（加速度和速度）的基础上得出的地震烈度分布图，为了区分调查烈度分布图，也称其为仪器地震烈度速报（Instrumental intensity）。

21世纪初，我国地震烈度速报技术开始发展迅速。目前我国大地震的烈度速报主要有两种，一种称为计算或推算地震烈度速报，另一种就是仪器地震烈度速报或者观测地震烈度速报。第1章给出了我国制定的地震烈度表标准，该标准列出了仪器测定的峰值速度、加速度和地震烈度的对照参考值，根据近年来大地震的烈度评定经验，仪器测定的速度和加速度值已经成为评定烈度的重要参考值。近年来，美国和日本等国家已经很少在震后用考察方式评定地震烈度分布，而是越来越多地使用仪器地震烈度或者观测地震烈度来表述地震影响程度，这是因为由于各国抗震标准的加强和房屋建筑抗御地震能力的加强，使得调查评判地震烈度的难度增加，必须以仪器观测的速度和加速度值作为参考，才可以最终确定地震烈度。另一方面由于近些年地震预警技术的发展，使地震观测网不断加密，仪器观测的地震烈度已经可以反映地面影响程度强弱，同时还可以排除人为因素的影响。

5.1.1 以衰减关系推算的地震烈度速报

我国传统地震台网的地震台站布局比较稀疏，在大地震发生时往往无法获得地震近场的观测记录。为了快速得到烈度分布图，现阶段大地震发生后一般采用地震震级和地震动衰减关系推算的地震动分布的方法来获得地震烈度速报。

众所周知，大地震对建筑物可造成严重破坏，地震研究表明，地震对松软土层场地的破坏比对基岩场地的破坏要严重得多。地震波通过不同的岩石和土层，其传播特性也在发生不同的变化，也就是地震波具有不同的衰减关系。影响地震烈度速报的最重要因素是浅层地表物质对地震波传播的影响，称为场地条件。影响地震波传递的主要是地表覆盖层，特别是松软土层。近年来，国内外开展了许多研究来量化土层对地面运动的放大作用，基岩上的地震动参数值与考虑场地土层放大效应的参数值差别可达到250%。因此烈度速报（Shakemap）不仅需要考虑地震位置、震级和余震分布等因素，还必须考虑当地的场地效应对地震动参数的作用。

近年有许多研究已经证实了地貌指标、坡度、高程与地震波 S 剪切波速度具有较好的相关性的原理，根据地形数据得到了一维场地条件分类，应用到地震烈度速报上主要以地表地质状况与地形（坡度）的相似性为原则，将中国大陆地区分辨率30″ 的地形 DEM（数字高程模型）数据进行坡度计算后，量化地震动的场地放大系数。将由此建立的场地放大系数运用到烈度速报系统中，校正震后理论计算所得到的基岩地震动参数值，从而获得其地表土层的地震动参数分布。

基于衰减关系推算的地震烈度速报，在地震发生以后首先获得的是地震发生的震中位置和震级，再选择适宜的衰减关系，设定影响的区域。然后按30″ 间隔的网格，建立虚拟地震台，计算出基岩地震动参数值，考虑到场地放大系数的放大作用，可以将其转换到地表上来，得到地表的地震动参数值，从而得到地表上地震动参数的分布。这就是推算烈度速报。在得到震源信息和余震信息后，还需要进一步修订地震烈度分布图。

5.1.1.1 建立场地影响数据库

在使用推算法计算烈度时必须建立覆盖中国全境的场地影响数据库。如上所述使用的 DEM 地形数据，建立水平网格间隔为30″ 的网格数据库。综合考虑我国地形、板块运动、地震活动性及板内块体现代运动分区，将我国分为活动构造区和稳定地块区两类地区（图 5.1.1）。

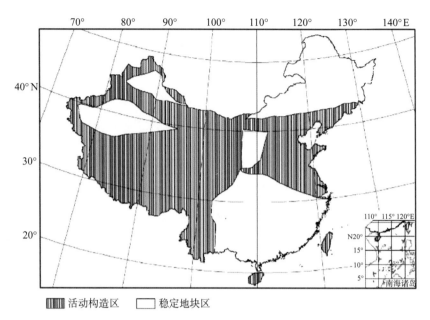

图 5.1.1 中国构造活跃区与稳定大陆地区的划分

借鉴美国国家减灾计划（NEHRP）场地分类划分的经验，为了提高分辨率，需要经过进一步相关计算。根据坡度的高程数据、我国构造活跃区与稳定大陆分区的对应关系形成我国大陆地区的 30m 土层地震波 S 波传播数据库。

为了获取土层的放大系数，使用了美国 Allen 等 2007 年计算的关系，见表 5.1.1。从表 5.1.1 可以看出，随着幅值的增加，同一类场地的放大系数逐渐减小，岩石场地放大不显著。同一档次的加速度输入档，放大系数随着场地波速的减小而增大。

表5.1.1　场地放大系数

场地分类 PGA*	$V^{30}/$ (m/s)	短周期(PGA)				中周期(PGA)			
		150	250	350		150	250	350	
B	686	1.00	1.00	1.00	1.00	1.00	1.00	1.00	1.00
C	464	1.15	1.10	1.04	0.98	1.29	1.26	1.23	1.19
D	301	1.33	1.23	1.09	0.96	1.71	1.64	1.55	1.45
E	163	1.65	1.43	1.15	0.93	2.55	2.37	2.14	1.91

注：PGA*是输入PGA的分界值。短周期是（0.1～0.5s）对应于本次研究的PGA；而中周期是（0.4～2s）对应于本次研究的PGV。

5.1.1.2 考虑场地效应的计算模型

破坏性地震发生后第一时间能够获得的主要参数是震级和震中位置，当地震震级在我国西部地区（以 105° E 为界）小于 6.0 级或在东部地区小于 5.0 级时，以中国东西部衰减关系平均轴的点圆模型计算虚拟台站的基岩地震动参数分布，如果地震震级在我国西部地区大于 6.0 级或在东部地区大于 5.0 级时，结合震中地区的地质、地震构造环境、可能发震断层的走向和规模以及历史地震的等震线分布情况等，以点椭圆或线源模型计算震区的基岩地震动参数分布。地震发生后，随着资料的增加，如震区的余震分布、断层破裂尺度、断层的破裂方向及震源机制解等，可以不断修正震源模型来计算基岩地震动参数的分布。虚拟台站采用 30″ 的间隔，采样间隔约 1km，主要是为了与场地放大数据库相匹配。再结合土层放大系数，就可以将基岩场地的地震动分布转换到地表土层上，最后用反距离权重法空间进行插值，就得到地震动参数在地表上的分布。

针对各种情况采用 4 种计算模型来推算烈度分布。模型 1 为点圆模型，主要针对西部 6.0 级、东部 5.0 级地震，在地震发生后较短时间内对震区地震动分布进行估计。模型 2 是点椭圆模型，主要针对中等大小的地震，该类地震一般具有明显的地质构造背景，并且能在震后较短时间内获取或推测出发震断层的走向等资料。模型 3 为线源模型，主要是因为地震震级足够大，足以造成一定尺度的断层破裂，用点圆或者点椭圆模型不足以满足对震区地震动参数分布的估计时采用。采用陈培善（1991）确定震级与破裂长度的经验关系。其中，震中可以位于破裂断层的中央、左边和右边。

$$L=\ln 0.5M-1.94 \tag{5.1.1}$$

式中，L 为断层破裂长度（km），M 为震级。

模型 4 是针对发震断层的地表破裂形迹，但往往不是规则的直线，大多数可能是弯曲的、分段的。对于这样的发震断层预估其地面的振动情况，以不规则断层的地表形迹为中心，用适当的衰减关系得到特定峰值加速度值的震中距，再利用 GIS 特有的缓冲区分析功能确定不同距离的缓冲区，由此得到不规则线源的等震线空间分布，然后将等震线的区间值赋值给震区各场点，经过土层放大处理后，得到场点在土层的峰值加速度值，最后经过一定的插值，得到土层上的 PGA 分布，再由 PGA 转换成为烈度分布图。实践证明，考虑地表面衰减关系的快速推算烈度方法在断层走向和余震分布明确的情况下，可以在震后快速得到比较准确的烈度速报（图 5.1.2）。

5.1.2　同震位移推算的地震烈度速报

同震位移推算地震烈度速报，也是在地震台站稀疏的情况下快速推算地震烈度的一种方法，并且在海地地震烈度速报中得到了验证。大地震时地震烈度与地表错动位移有直接的关系，在已知地震三要素和断层走向、倾向、滑动角的情况下，通过理论计算地震的同震形变来确定地震烈度分布。

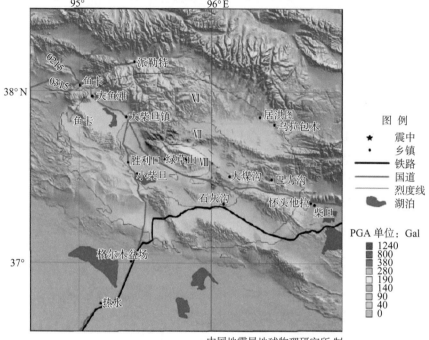

中国地震局地球物理研究所Shakemap青海省海西蒙古族藏族自治州 版本号：V2.0
2009年8月28日，09:52:00,震级：6.4,震中：95.8°E, 37.6°N。

中国地震局地球物理研究所 制

图 5.1.2　推算烈度速报图

5.1.2.1　同震位移分布计算

地震动的最大速度、总功率（持续时间）和位移等也是地震烈度推算中的一项主要因素。依靠这些因素在不同观测点的差异可以确定地震烈度的分布。事实上，计算结果和野外考察结果表明，大地震地表同震位移场的分布特征与该地震烈度分布的特征非常一致。

（1）计算同震位移的参数和模型

①地震三要素。

地震三要素可由中国地震台网中心第一时间发布的地震速报获取。如海地地震，据中国地震台网测定三要素：发震时刻为北京时间 2010-01-13-05:53，地点为 18.50° N，72.50° W，震级为 $M7.3$，震源深度约 10km。

②断裂总体走向、倾角、滑动角。

在无法快速获得断裂带参数的情况下，可通过下述途径获得：（a）利用地震矩张量解。（b）一般根据历史地震活动性、地质调查，特别是历史 5 级左右地震的统计获得。（c）据主震后余震分布获得。如海地地震，中国地震局地球物理研究所给出的震源机制解中，断层走向 254°，倾角 68°，滑动角 11°。

（2）对断层参数和滑动参数的估算

①断层长度（L）。

可根据前人的经验公式获得，并根据中国大陆浅源地震（5.0<M<7.9）的余震资料得出断层破裂长度 L（km）与震级的经验公式为：

$$\lg L = 0.51M - 1.78 \pm 0.09 \tag{5.1.2}$$

对于海地地震求得 L = 95km。由此公式计算不同震级对应的断层长度。

②断层宽度（W）。

断层宽度可由下述方法得到：（a）由震源深度（h）与断层倾角（dip）的关系获得；（b）由余震面积获得；（c）由断层长度与宽度的经验公式获得。根据方法（a）得到断层宽度为：

$$W = h / \sin(dip) \tag{5.1.3}$$

对于海地地震求得 W=11km。

③刚度系数（μ）。

刚度系数与密度和地震波有如下关系：

$$\mu = \rho V^2 s \tag{5.1.4}$$

式中，μ 为刚度系数，V 为剪切波波速，ρ 为岩石密度。计算得 μ=39GPa。

④断层错距。

断层错距俗称断层滑动距离，它与地震矩、震级、断层破裂面积、刚度系数有以下关系：

$$M_0 = \mu SD = 10^{(1.5*M_s + 9.1)} \tag{5.1.5}$$

式中，M_0 为地震矩，D 为断层错距均值，μ 为刚度系数，S 为破裂面积。

计算得海地地震断层的平均错距 D=2.75m。可用此公式计算不同震级产生的断层位移。

（3）地壳模型参数

地壳模型包含地壳分层参数、体波分层速度和地壳分层密度参数。速度模型参数可以通过以下途径获得：①各区域地震台网定位速度模型；② ISPEI 91 全球平均地壳模型，③由 Crust 2.0 程序快速获得；④由地震成晰成像的最新成果获得，但需要经常关注这方面的研究成果，及时修订现有模型；⑤历史地震活动性的分析成果中提取；⑥最新的地球物理勘探成果。

采取上述方法③来获得 P 波、S 波的速度和地壳弹性层平均密度，地壳模型采用弹性半无限空间模型。根据 Crust 2.0 模型，获得海地地区地壳模型，具体见表 5.1.2。

表5.1.2 海地地区地壳模型

分层	层厚/km	V_P/(km/s)	V_S/(km/s)	ρ/(kg/m)	注释
1	0.5950	1.5000	0.0000	1020	水
2	1.0000	2.2000	1.1000	2200	软沉积层

续表

分层	层厚/km	V_P/(km/s)	V_S/(km/s)	ρ/(kg/m)	注释
3	1.0000	3.2000	1.6000	2300	硬沉积层
4	5.7000	5.0000	2.5000	2600	上地壳
5	6.3000	6.6000	3.6500	2900	中地壳
6	6.5000	7.1000	3.9000	3050	下地壳
7	40.000	8.1500	4.6500	3350	Moho面

5.1.2.2　同震形变转换烈度计算

（1）烈度与震级和深度的对应关系

舍巴林根据全球大量深度小于80km的地震在地表的烈度衰减做了统计，得到

$$I_0 = 1.5M - 3.5 \lg h + 3.0 \quad (h \leqslant 80\text{km}) \quad (5.1.6)$$

式中，I_0为震中烈度，M为震级，h为地震震源深度（单位km）。由式（5.1.6）计算出不同烈度I_0对应的震级M。

（2）同震形变与烈度转换

①绝对同震位移的计算。

同震位移是矢量，取同震位移的模型，作为同震位移换算地震烈度的依据，计算U_x，U_y，U_z在空间合成的绝对值大小，这个绝对值称为绝对同震位移。在获得上述参数的基础上，建立滑动模型（表5.1.3），计算地震的同震形变（Co-Seismic deformation），获得不同点的U_x，U_y，U_z分布，定义绝对平均位移为：

$$|Co\overline{D}| = \sqrt{U_x^2 + U_y^2 + U_z^2} \quad (5.1.7)$$

表5.1.3　海地地震双断层滑动模型参数

断层数	坐标原点/(°)	断层埋深/km	长度/km	宽度/km	走向/(°)	倾角/(°)	滑动角/(°)	走向滑动量/m	倾向滑动量/m
1	18.5～72.5	-1.00	95	11	254	68	11	-2.6995	-0.5247

注：水平分量坐标向东为正，向西为负；垂直分量为"+"表示向下运动，"-"表示向上运动。

②烈度、震级、绝对同震位移的转换。

不同的烈度对应不同的震级区间，用式（5.1.6）计算出不同震中烈度I_0对应的震级区间$[M_1-M_2]$，由式（5.1.5）计算出M_1、M_2对应的平均断层错距$[D_1-D_2]$，分别把D_1、D_2代入同震形变计算程序进行计算，再由式（5.1.7）就得到同一烈度下不同的绝对同震位移$[Co\overline{D}_1, Co\overline{D}_2]$，结果见表5.1.4。将绝对同震位移（图5.1.3）转换的烈度分布（图5.1.4）

与海地地理信息叠加，就得到了海地地理信息的烈度分布（图5.1.5）。

表5.1.4　震级、断层错距、绝对同震位移与麦式烈度对照表

震级	绝对同震位移/m	震中烈度
＞8.35	≥3.5	XI
8.3 ~ 7.8	3.5 ~ 1.6	XI
7.7 ~ 7.5	1.5 ~ 0.65	X
7.4 ~ 7.1	0.55 ~ 0.20	IX
7.0 ~ 6.7	0.15 ~ 0.065	VII
6.7 ~ 6.2	$0.05 ~ 9.0 \times 10^{-3}$	VI
6.1 ~ 5.9	$6.0 \times 10^{-3} ~ 3.0 \times 10^{-3}$	VI
5.8 ~ 5.4	$2.0 \times 10^{-3} ~ 6.0 \times 10^{-4}$	V
5.3 ~ 4.9	$5.0 \times 10^{-4} ~ 9.0 \times 10^{-5}$	IV
4.8 ~ 4.3	$8.0 \times 10^{-5} ~ 1.0 \times 10^{-5}$	III
4.2 ~ 3.5	$9.0 \times 10^{-6} ~ 6.0 \times 10^{-7}$	II
3.4 ~ 2.5	$5.5 \times 10^{-7} ~ 1.0 \times 10^{-8}$	I

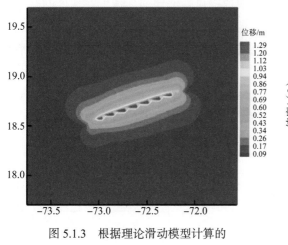

图 5.1.3　根据理论滑动模型计算的
绝对同震位移分布

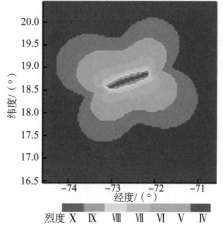

图 5.1.4　由绝对同震位移转换的烈度分布

　　由绝对同震位移计算的地震烈度分布与实际地震烈度有很好的一致性，特别是在极震区，对应效果更好。因此，利用已有的资料（地震三要素、地壳模型和断层参数）和技术，利用绝对同震位移与烈度的对应表，可快速生成烈度分布图。地震台站稀疏的地区和大地震短时间资料数据不能及时获取的情况下，同震位移推算烈度速报更具有一定的优势，可以快速和较准确产出地震烈度速报。

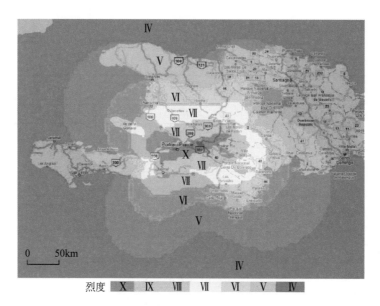

图 5.1.5　海地地图与图 5.1.4 结果叠加效果示意图

5.1.3　仪器和观测地震烈度速报（Shakemap）

美国自 1994 年北岭地震之后，开始对震动图（Shakemap）进行研究。在美国南加州台网，网内一次破坏性地震发生之后就能够快速提供峰值地面加速度、速度的空间分布图和仪器地震烈度分布图。由于我国现有的地震台网的台站密度不够，完成地震烈度速报就需要增加台站，工作中采用在实际台站之间增加"虚拟地震台"来"加密"地震台网，以获得地震后的地震动图。

我国仪器地震烈度速报的开发工作起步于 21 世纪初，2013 年在山西投入的山西动态地震烈度速报系统在地震烈度速报方面独具特色，可在地震发生的过程中实时动态产出 3D 地震动图（图 5.1.6），具有国内外地震烈度速报的最高水平。

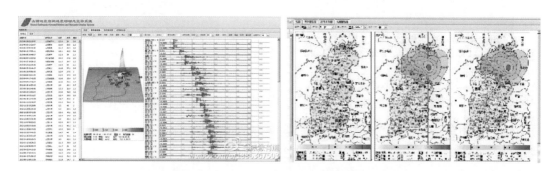

图 5.1.6　山西地震台网动态 3D 地震动图速报

震动图是基于地震台网在地震发生时观测到的地面震动数据，产生描绘了地震发生之后地震动的地理分布图形，它显示的是地震产生的地面震动分布和可能的地震烈度分布（图 5.1.7）。主要包括峰值地面加速度（Peak Ground Acceleration，PGA）等值图、峰值地面速度（Peak Ground Velocity，PGV）等值图，震动谱等值图（PSA）和仪器地震烈度值 I_{mm} 分布图。仪器地震烈度值 I_{mm} 源自 PGA 和 PGV 的一个简单回归关系。

5.1.3.1　地震动图生成主要原理

震动图覆盖区域（coverage area）应是一个具有测震、强震观测能力的区域地震台网，具备较丰富的 4 级以上历史震例的数字化记录和烈度调查记录信息。地震台网记录到事件信息，从事件数据包中提取出台站信息、峰值地面运动数据（PGA /PGV），将这些数据信息以文件形式触发后存放到数据库中。

地震动图生成的主要原理是，首先根据台站实时记录到的振幅数据确定强震震级和位置，根据强震动确定质心位置。然后进行场地校正：根据地质条件，将各个台站记录到的峰值地面运动数据校正到基岩上。在没有台站记录地面运动的区域，选择一些点作为虚拟台站，利用衰减关系估计出该虚拟台站点上的地面运动数据，增加地面"观测点"数据，使震动图更加真实地反映当地的地面振动情况。完成上述工作后，根据记录和估计出的峰值地面加速度或速度，采用插值方法，绘制等值线（PGA Contouring Map），再叠加上 GIS 图层。

根据峰值地面加速度值或峰值地面速度值与仪器地震烈度值之间的简单回归关系，换算出仪器地震烈度值，绘制出仪器地震烈度分布图，并叠加上 GIS 图层，用颜色渐变的方式表示地震烈度值的大小。

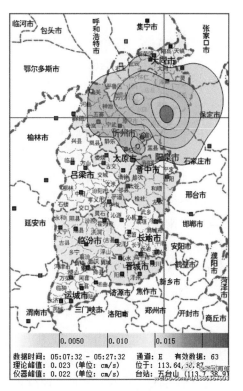

图 5.1.7　山西地震台网的观测地震烈度速报

5.1.3.2　PGA 等值图

峰值地面加速度等值图和峰值地面速度等值图是震动图最重要的组成部分，不光是因为 PGA、PGV 这两个参数与地震破坏性和观测到的地震烈度相关性很好，更重要的是这两个参数具有实际的物理意义。PGA 等值图和 PGV 及震动谱 PSA 等值图的实现过程是一样的。在这里以 PGA 等值图的实现过程为例说明 PGA 等值图的绘制过程，具体步骤如下：①收集台站记录到的峰值地面运动参数（一般需要编制数据获取程序）；②将台站记录的地面运动振幅校正到基岩上，进行场地校正；③确定强震动质心、地震震级和位置。强震动质心非常重要，它帮助我们确定地震动烈度的中心位置；④选择虚拟地震台的插点台站，利用地球模拟器的方法使用衰减关系估计，计算这些地区的地面运动；⑤将实际记录的地面运动数据和估计的地面运动数据在一个精细的网格中插值处理；⑥绘制 PGA 等值线，叠加不同类型的 GIS 图层。

（1）进行场地校正

由于不同的地质条件对地面运动有不同的放大作用，在一个区域上做等值线，需要将各个台站记录到的地面运动值校正到统一参考面基岩上，这样绘制的等值线更能准确反映出地面运动，利于有效识别破坏最严重的地区。

仪器地震烈度速报也需要场地校正，这里采用美国 Park and Ellrick 提出的一个简单地质分类来实现区域范围内的场地校正，将地质图层简单分为第四纪、第三纪和中生代，对应于土壤、软岩石和硬岩石情况。给每个台站指定其地质类别，换句话说台站位置是与分类相联系的，而不是相互独立的。表 5.1.5 是根据南加州地质条件给出的台站场地对地面运动的放大因子。

将场地校正模型作为一个模块，可以针对不同区域台网台站的场地条件，扩充这个模块。该模块一共由三个对象组成：①台站（Station）：台站名称、代码、经纬度、仪器放大倍数等。②地质分类网格（QTM grid）：读取网格内各个台站的地质单元：第三纪、中生代、第四纪。③场地校正（Site Correct）：读取场地校正给出的场地放大因子表。

表5.1.5　场地放大因子

Site Type($V_s \cdot$m/s)	Corrections for Specified Input PGA			
	<15%g	15% ~ 25%g	25% ~ 35%g	>35%g
Mesozoic (589m/s)				
0.1 ~ 0.5sec.　period	1.0	1.0	1.0	1.0
0.5 ~ 2.0sec.　period	1.0	1.0	1.0	1.0
Tertiary(406m/s)				
0.1 ~ 0.5sec.　period	1.14	1.10	1.04	0.98
0.5 ~ 2.0sec.　period	1.27	1.25	1.22	1.18
Quatemary(333m/s)				
0.1 ~ 0.5sec.　period	1.22	1.15	1.06	0.97
0.5 ~ 2.0sec.　period	1.45	1.41	1.35	1.29

（2）确定强震动质心

1993 年，日本金森博雄（Hiroo Kanamori）认为振幅随震中的距离衰减，假设有一组振幅数据和记录位置，就有可能从这组数据中找出震中位置，Kanamori 将其定义为强震动质心（Strong Motion Centriod，SMC）。震动质心在小地震时和震中位置几乎一致，在大地震时则可能是震动最强区域的中心。Kanamori 将 PGA 作为振幅参数，将 Joyner 和 Boore（1981）提出的衰减模型，拟合如下：

$$lgA = -1.02 + 0.249M - lg(d^2 + 7.3^2)^{1/2}$$
$$-0.00255(d^2 + 7.3^2)^{1/2}$$

（5.1.8）

式中，A 是 PGA 值，单位 Gal；M 是震级；d 定义成强震动质心到台站之间的距离，单位为 km。提取出台网里所有记录台站的 PGA 值、台站经纬度，检验是否每个台站有效，将所有数据校正到基岩上，然后用 Kanamori 质心方法即可计算得到地震震级和位置。

（3）对台站稀疏地区估计地面运动值

在台站稀疏的地区，通常有限的台站点上的地面运动并不能完全代表该区域的地面运动，这时候通常需要选择一些虚拟台站点，通过到强震动质心的距离与强震动的地面运动之间的衰减关系来估计这些虚拟台站点上的地面运动信息，增加数据密度，这样绘制出的等值线才能显示空间的连续变化。

在一个较稀疏的、平均距离为 30km 的"虚拟台站网格"图中，在每一网格点上用 Joyner 和 Boore（1997）提出的岩石场地上"距离衰减关系"来赋予峰值地面运动值，以及离强震动质心的距离。Joyner 和 Boore1981 的回归关系为：

$$lnY = b_1 + b_2(M-6) + b_3(M-7)^2 - b_3 lnR$$

（5.1.9）

式中，Y 为 PGA 或 PSA，单位 Gal；M 为震级；b、b_1、b_2、b_3 由仪器决定；$R = (R_j b^2 + h^2)^{1/2}$，称为"Joyner-Boore"距离，距断层破裂的垂直投影的最短水平距离。在这个模型中，假设断层为浅源断层，忽略了深度参数的 2D 断层模型。

（4）绘制 PGA 等值图

实际台站记录的和估计出的峰值地面加速度数据在二维空间的分布一般是不均匀的，在绘制等值线图之前，需要对观测数据网格化。所谓数据网格化，是指根据已知离散点列上的值来估计网格点上的值，主要通过各种插值方法实现。目前使用四种插值方法，三角平面插值、距离平方反比加权插值、按方位角取点加权插值、加权最小二乘曲面拟合。利用等值线绘制程序（包括网格化模块、等值线点寻找、跟踪、连接、平滑、标注等模块，提供添加、删除等值线数据功能）来绘制 PGA 等值线图（图 5.1.8）。

5.1.3.3　仪器地震烈度分布图

美国通过对加利福尼亚 8 个重大地震的峰值地面运动和观测地震烈度之间的关系进行比较，发现了麦氏修正地震烈度值 I_{mm}（Modified Mercalli intensity）与 PGA、PGV 之间的回归关系，这样通过 PGA、PGV 就能得到仪器地震烈度值，在震动图中显示仪器地

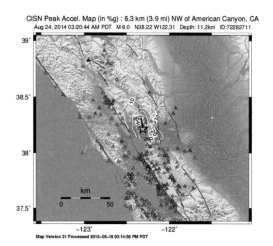
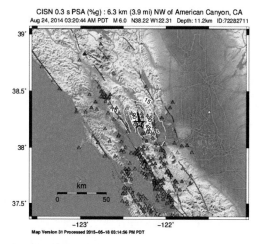
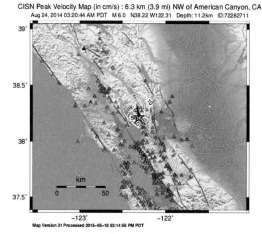

图 5.1.8　PGA、PSA、PGV 等值线图

震烈度的分布情况，公众和媒体更容易了解地震的破坏情况。

对于修正的麦氏震级烈度在 $V \leqslant I_{mm} \leqslant \text{Ⅷ}$ 的有限范围内，发现 PGA 与烈度之间的关系为

$$I_{mm} = 3.66 \lg (\text{PGA}) - 1.66$$
$$V \leqslant I_{mm} \leqslant \text{Ⅷ}, \ (\sigma = 1.08)$$

（5.1.10）

并且对 $V \leqslant I_{mm} \leqslant \text{Ⅸ}$ 的范围内，峰值速度和烈度之间的关系为

$$I_{mm} = 3.47 \lg (\text{PGV}) + 2.35$$
$$V < I_{mm} < \text{Ⅸ} \ (\sigma = 0.98)$$

（5.1.11）

但是对于更低的烈度值，由于现在历史地震的数据并不能提供对低烈度值的约束关系，因此对 PGA 和 I_{mm} 之间赋予如下的关系：

$$I_{mm} = 2.20 \lg (\text{PGA}) + 1.00$$

（5.1.12）

$$I_{mm} = 2.\,10\lg(\,PGV\,) + 3.40 \qquad\qquad (5.1.13)$$

$I_{mm} <$ Ⅶ时使用峰值加速度、$I_{mm} >$ Ⅶ使用峰值速度的情况下，效果较好。在实际应用中，首先利用 I_{mm} 对应 PGA 的关系（式 5.1.10 和式 5.1.12）来计算 I_{mm}，如果由峰值加速度决定的烈度值大于等于Ⅶ，就使用 I_{mm} 与 PGV 的关系（式 5.1.11）来计算 I_{mm}。如果由 PGA 计算的 I_{mm} 值在 Ⅴ 和Ⅶ之间，我们在 PGA 和 PGV 之间加权，PGA 在 I_{mm} 为Ⅴ时权重为 1.0，而在 I_{mm} 为Ⅶ时权重为 0.0。

在我国使用仪器地震烈度关系时还应参照中国地震烈度表（见第 1 章）。图 5.1.9 是仪器地震烈度速报图。震动图的快速产出，能够及时给应急响应部门提供破坏性地震的地面运动数据、仪器地震烈度信息，有利于快速应急响应和紧急救援。但是它和调查的烈度是不一样的，如前所述它是观测地震烈度，可以反映地震时地震波传播和地震引起的破裂造成地表面振动的过程和程度；它对研究地震过程中地表面的破坏具有重要的作用；它的精度和准确度主要取决于台站的布局和密度。地震发生之后几分钟之内产生的震动图仅仅是初步的，要随着来自地面运动波及区域记录的数据增加而时时更新和不断完善。如果台站布局稀疏的话，实际记录地面运动的台站距离太大，数据间隙（Data Gaps）是不可避免的，通过插值做出的地面运动等值分布图会有一些误差。

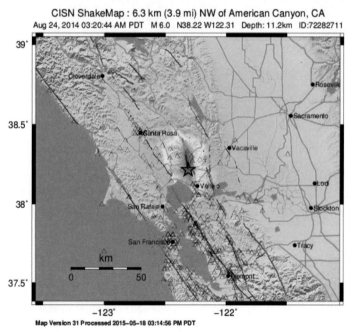

图 5.1.9　2014 年美国旧金山纳帕 6.0 级地震烈度速报图

5.1.4　密集地震观测网烈度速报

密集地震观测网首先在日本实现。日本是个多地震的国家，非常重视对地震的监测，并快速向公众发布地震的信息。由于烈度速报比地震三要素的参数速报在处理上简单，速度快，公众容易理解，所以日本的地震速报就是烈度速报，一般一次地震发生后的 1 ~ 2 分钟内信息就可发布。烈度速报的及时发布需要建立有效的密集地震监测网，日本在 1995 年阪神地震之后，在全国建立了具有 1000 多个地震台的 Hi-net，这使日本在烈度速报上非常迅速，Hi-net 目前已经发展到 3000 个台站。因此日本是最早利用密集地震台网实现烈度速报的国家，突破了传统的以地震三要素测定的地震速报。

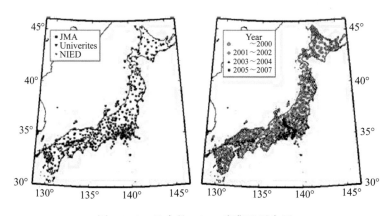

图 5.1.10　日本的 Hi-net 密集地震台网

密集地震台网发展到今天，已经突破了传统地震台网的概念。由于地震烈度速报，特别是地震预警的需要以及互联网和新型机电传感器技术的发展，使密集地震观测网发展迅速。密集地震台网的烈度速报非常简捷和迅速，由于台站密集，基本上只需在地图上显示观测点观测到的烈度数值即可：地震波扫过地震台网，烈度直接显示。高密度的台站可以快速测定台站的速度、加速度及位移，直接标出台站的振动数值，就是很好的烈度速报图，所以可以称为观测地震烈度速报。其产出速度就是地震掠过台网的速度，这对地震应急响应和紧急救援具有至关重要的作用。图 5.1.11 是日本千叶近海地震的烈度速报，它是每一个地震台站实际观测的烈度显示，由于台站足够密，地震烈度非常清晰，无需插值和建立虚拟地震台。这个地震烈度速报使用了 800 多个观测点，其中绝大部分是社会和民间建立的和地震预警报警器在一起的观测点，其平均台站间距大约为 2.5km。

5.1.5　仪器地震烈度计算方法

上述地震烈度速报都涉及仪器地震烈度的计算，每种方法计算仪器地震烈度都不同，为了使我国仪器地震烈度计算一致，中国地震局 2015 年发布了《仪器计算烈度暂行规程》，因此在上述烈度速报方法中都应采用这个规程的相关规定。

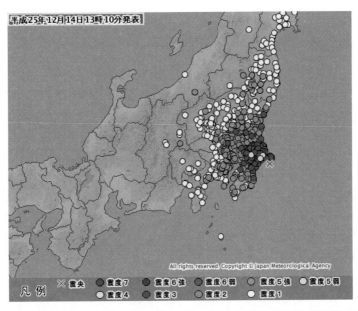

图 5.1.11　2013 年 12 月 14 日 12 时 06 分日本千叶近海 5.5 级地震烈度速报图

使用了 800 多个台站，震后 3 分多钟发布

5.1.5.1　计算公式

应用加速度峰值计算仪器地震烈度，将计算得到的 PGA 代入式（5.1.14）中计算：

$$I_{PGA} = \begin{cases} 3.17\lg(PGA) + 6.59 & \text{三方向合成PGA} \\ 3.20\lg(PGA) + 6.59 & \text{两水平方向合成PGA} \\ 3.20\lg(PGA) + 6.82 & \text{单水平方向PGA} \end{cases} \qquad (5.1.14)$$

应用速度峰值计算仪器地震烈度，将计算得到的 PGV 代入式（5.1.15）中计算：

$$I_{PGV} = \begin{cases} 3.00\lg(PGV) + 9.77 & \text{三方向合成PGV} \\ 2.96\lg(PGV) + 9.78 & \text{两水平方向合成PGV} \\ 3.11\lg(PGV) + 10.21 & \text{单水平方向PGV} \end{cases} \qquad (5.1.15)$$

仪器地震烈度取值，如 I_{PGA} 和 I_{PGV} 均大于等于 6.0，则仪器地震烈度 I 取 I_{PGV}，其余取 I_{PGA} 和 I_{PGV} 的算术平均，如 I 值小于 1.0 时取 1.0，如 I 值大于 12.0 时取 12.0。

$$I = \begin{cases} I_{PGV} & I_{PGV} \geq 6.0 \text{且} I_{PGV} \geq 6.0 \\ (I_{PGA} + I_{PGV})/2 & I_{PGA} < 6.0 \text{或} I_{PGAV} < 6.0 \end{cases} \qquad (5.1.6)$$

5.1.5.2　仪器地震烈度等级划分

仪器地震烈度分为 12 个等级，分别用阿拉伯数字 1，2，…，11，12 表示。仪器地震烈度值可取小数点后一位有效数字。仪器地震烈度与地震动加速度峰值对应关系见表 5.1.7，仪器地震烈度与地震动速度峰值对应关系见表 5.1.8。

表5.1.7　仪器地震烈度与地震动加速度峰值对应关系

仪器地震烈度值	峰值加速度数值及范围/（m/s²）		
	三方向合成	两水平方向合成	单水平方向
1	1.80×10^{-2} （$<2.57 \times 10^{-2}$）	1.80×10^{-2} （$<2.57 \times 10^{-2}$）	1.57×10^{-2} （$<2.24 \times 10^{-2}$）
2	3.69×10^{-2} （$2.58 \times 10^{-2} \sim 5.28 \times 10^{-2}$）	3.69×10^{-2} （$2.58 \times 10^{-2} \sim 5.28 \times 10^{-2}$）	3.20×10^{-2} （$2.25 \times 10^{-2} \sim 4.58 \times 10^{-2}$）
3	7.57×10^{-2} （$5.29 \times 10^{-2} \sim 1.08 \times 10^{-2}$）	7.57×10^{-2} （$5.29 \times 10^{-2} \sim 1.08 \times 10^{-2}$）	6.54×10^{-2} （$4.59 \times 10^{-2} \sim 9.34 \times 10^{-2}$）
4	1.55×10^{-2} （$1.09 \times 10^{-1} \sim 2.22 \times 10^{-2}$）	1.55×10^{-2} （$1.09 \times 10^{-1} \sim 2.22 \times 10^{-1}$）	1.33×10^{-1} （$9.35 \times 10^{-2} \sim 1.91 \times 10^{-1}$）
5	3.19×10^{-1} （$2.23 \times 10^{-1} \sim 4.56 \times 10^{-1}$）	3.19×10^{-1} （$2.23 \times 10^{-1} \sim 4.56 \times 10^{-1}$）	2.72×10^{-1} （$1.95 \times 10^{-1} \sim 3.89 \times 10^{-1}$）
6	6.53×10^{-1} （$4.57 \times 10^{-1} \sim 9.36 \times 10^{-1}$）	6.53×10^{-1} （$4.57 \times 10^{-1} \sim 9.36 \times 10^{-1}$）	5.56×10^{-1} （$3.90 \times 10^{-1} \sim 7.94 \times 10^{-1}$）
7	1.35 （$9.37 \times 10^{-1} \sim 1.94$）	1.34 （$9.37 \times 10^{-1} \sim 1.92$）	1.13 （$7.95 \times 10^{-1} \sim 1.62$）
8	2.79 （$19.5 \sim 1.94$）	2.75 （$1.93 \sim 1.94$）	2.31 （$1.63 \sim 3.31$）
9	5.77 （$4.02 \sim 8.30$）	5.64 （$3.95 \sim 8.08$）	4.72 （$3.32 \sim 6.75$）
10	1.19×10^{1} （$8.31 \sim 1.72 \times 10^{1}$）	1.16×10^{1} （$8.09 \sim 1.66 \times 10^{1}$）	9.64 （$6.76 \sim 1.38 \times 10^{1}$）
11	2.47×10^{1} （$1.73 \times 10^{1} \sim 3.55 \times 10^{1}$）	2.38×10^{1} （$1.67 \times 10^{1} \sim 3.40 \times 10^{1}$）	1.97×10^{1} （$1.39 \times 10^{1} \sim 2.81 \times 10^{1}$）
12	$>3.55 \times 10^{1}$	$>3.40 \times 10^{1}$	$>2.81 \times 10^{1}$

注：表中给出的值为式5.1.14计算值，括号内给出的是变动范围，可供仅有PGA时参考。

表5.1.8　仪器地震烈度与地震动速度峰值对应关系

仪器地震烈度值	峰值加速度数值及范围/（m/s）		
	三方向合成	两水平方向合成	单水平方向
1	1.21×10^{-3} （$<1.77 \times 10^{-3}$）	1.10×10^{-3} （$<1.60 \times 10^{-3}$）	1.10×10^{-3} （$<1.59 \times 10^{-3}$）
2	2.59×10^{-3} （$1.78 \times 10^{-3} \sim 3.81 \times 10^{-3}$）	2.37×10^{-3} （$1.61 \times 10^{-3} \sim 3.49 \times 10^{-3}$）	2.30×10^{-3} （$1.60 \times 10^{-3} \sim 3.33 \times 10^{-3}$）

续表

仪器地震烈度值	峰值加速度数值及范围/（m/s）		
	三方向合成	两水平方向合成	单水平方向
3	5.58×10^{-3} （$3.82 \times 10^{-3} \sim 8.19 \times 10^{-3}$）	5.15×10^{-3} （$3.50 \times 10^{-3} \sim 7.59 \times 10^{-3}$）	4.82×10^{-3} （$3.34 \times 10^{-3} \sim 6.97 \times 10^{-3}$）
4	1.20×10^{-2} （$8.20 \times 10^{-3} \sim 1.76 \times 10^{-2}$）	1.12×10^{-2} （$7.80 \times 10^{-3} \sim 1.65 \times 10^{-2}$）	1.01×10^{-2} （$6.98 \times 10^{-3} \sim 1.46 \times 10^{-2}$）
5	2.59×10^{-2} （$1.77 \times 10^{-2} \sim 3.80 \times 10^{-2}$）	2.43×10^{-2} （$1.66 \times 10^{-2} \sim 3.59 \times 10^{-2}$）	2.12×10^{-2} （$1.47 \times 10^{-3} \sim 3.07 \times 10^{-2}$）
6	5.57×10^{-2} （$3.81 \times 10^{-2} \sim 8.17 \times 10^{-2}$）	5.29×10^{-2} （$3.60 \times 10^{-2} \sim 7.81 \times 10^{-2}$）	4.44×10^{-2} （$3.80 \times 10^{-2} \sim 6.43 \times 10^{-2}$）
7	1.20×10^{-1} （$8.18 \times 10^{-2} \sim 1.76 \times 10^{-1}$）	1.15×10^{-1} （$7.82 \times 10^{-2} \sim 1.70 \times 10^{-1}$）	9.31×10^{-2} （$6.44 \times 10^{-2} \sim 1.35 \times 10^{-2}$）
8	2.58×10^{-1} （$1.77 \times 10^{1} \sim 3.78 \times 10^{-1}$）	2.50×10^{-1} （$1.71 \times 10^{-1} \sim 3.69 \times 10^{-1}$）	1.95×10^{-1} （$1.36 \times 10^{-1} \sim 2.835 \times 10^{-1}$）
9	5.55×10^{-1} （$3.79 \times 10^{1} \sim 8.14 \times 10^{-1}$）	5.44×10^{-1} （$3.70 \times 10^{1} \sim 8.03 \times 10^{-1}$）	4.09×10^{-1} （$2.84 \times 10^{1} \sim 5.92 \times 10^{-1}$）
10	1.19 （$8.15 \times 10^{1} \sim 1.75$）	1.18 （$8.04 \times 10^{1} \sim 1.75$）	8.58×10^{-1} （$5.93 \times 10^{1} \sim 1.24$）
11	2.57 （$1.76 \sim 3.77$）	2.57 （$1.76 \sim 3.77$）	1.80 （$1.24 \sim 2.60$）
12	>3.77	>3.77	>2.60

注：表中给出的值为式5.1.15计算值，括号内给出的是变动范围，可供仅有PGV时参考。

5.2　地震预警

5.2.1　什么是地震预警

地震预警是在强地震发生后，地震台收到地震信号后快速判断出地震，向远处发出强烈地震已经发生的警报，使远处的人们在地震波，特别是造成破坏的元凶横波（S波）未到达之前，得到警报得以逃生和采取紧急处置措施的技术，所以地震预警又称为强震预警。地震预警是在汶川地震之后，才被越来越多的人提及，实际上早在100多年前美国人 Cooper（1868）就提出了地震报警的设想，见图 5.2.1。

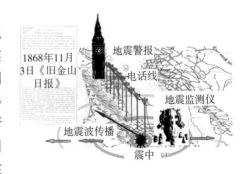

图 5.2.1　1868 年《旧金山日报》提出的地震预警原理示意图

很多人把地震预警和地震预报混淆，就是因为汉字里"预"字有预先之意，其实这是翻译造成的问题。地震预警这个词是从英文"Earthquake Early Warning"翻译过来的，应译为"地震报警或地震警报"，而不应翻译成"地震预警"。日本叫"地震紧急速报"（图 5.2.2），美国在西海岸建立的地震预警试验系统叫作"Shake Alert"系统，即震动报警系统，在英语上确切地表述了这个系统。广东地震局开发的"超快地震速报"也比较准切地表达了地震预警的真正含义。因此目前所说的地震预警，实际上就是地震警报系统。

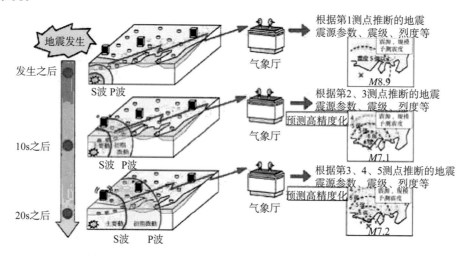

图 5.2.2　日本"紧急地震速报"系统（藤绳幸雄，2008）

由于地震波的速度只有每秒几千米，相对电磁波的每秒 30 万千米要慢得多，人们就将地震发生的消息用电磁波手段（电话、广播、电视、网络、手机）迅速地传给远方，在离地震发生比较远的地方，收到警报时地震波还未到达，这时采取紧急措施，逃生和关闭电、气、水等生命线设施，地铁、高铁减速，等等，可以减少损失，避免次生灾害。

5.2.1.1　地震预警技术原理

如前所述，地震预警是一种报警技术，它是在现代地震观测技术和信息技术基础上发展起来的新技术。实际上地震预警技术的主要原理有三种，一是利用地震波传播速度比电磁波慢，在地震发生后，发出地震警报，通知远处的人们采取避险措施，在英语中为"Front Warning"即远方报警。另一种是利用地震波纵波（P 波）和横波（S 波）之差发出报警，由于 P 波速度一般约为 6km/s，S 波速度约为 3.5km/s，在 P 波到达后发出报警，S 波也很快到达，只能用于地震震中现场附近报警，称为"On-Site Warning"，即现场报警或当地报警。还有一种警报，是在地震波（一般指破坏力较大的 S 波）达到一定阈值时发出警报，这种警报是大地震警报，作为地震紧急处置使用，比如关闭水电气的阀门、列车紧急制动等。

地震预警技术和传统的地震速报处理技术有很大差别，传统的快速测定地震参数，主要依靠 P 波和 S 波到时差来确定震中距离。如果是地震台网，还可利用每个地震台的 P 波到时差来计算出震中位置，利用 S 波的幅值来计算震级。然而地震预警则不同，它需要在地震波到达台站后几秒钟就要处理出：①是否是地震；②是否是大地震；③地震的位置或者距离；④地震的强度。因此地震预警的处理被称为"秒级处理技术"，目前一般通用的是使用 P 波的前 3s 数据。和传统的处理地震参数不一样的是，这 3s 的数据能够提供的主要依据是 P 波的频谱，以此来判断是否大地震（τ_c 法）。图 5.2.3 是一个典型的地震波形和它的频谱，图 5.2.4 是实际记录的大地震和小地震波形 P 波前 3s 记录，可以看出大地震和小地震的频谱是不一样的，大地震频率低，小地震频率高。另外还利用 P 波前 3s 的地动位移来估计地震规模和地震距离（P_d 法）。

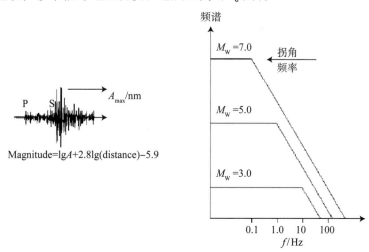

图 5.2.3　地震震级和地震波形记录频谱的关系（Lay and Wallace，1995）

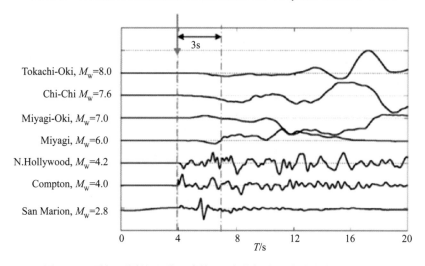

图 5.2.4　震级不同的地震 P 波前 3s 波形实际记录（吴逸民，2011）

这些方法主要来源于统计规律，往往有很大误差。图 5.2.5 和图 5.2.6 是 τ_c、P_d 和大地震关系的统计结果，可以看到，这个结果误差较大，也比较分散。但是利用 τ_c、P_d 方法是可以大致判断地震的大小的。

实际上，τ_c 和 P_d 还具有明显的区域特征，因为不同地区地下地质构造和岩石物性不同，对于不同周期的地震波传播特性也会不同。另外，震源深度及地震类型对 τ_c 和 P_d 的影响还需要深入研究。

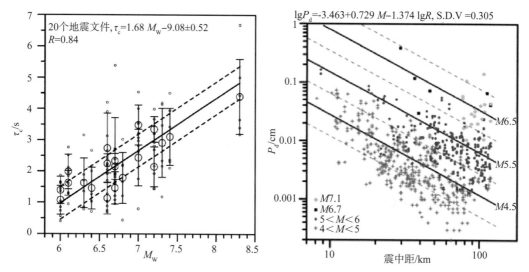

图 5.2.5　大地震震级和 τ_c 的关系（吴逸民，2011）　　图 5.2.6　P_d 和地震震级的关系（吴逸民，2011）

5.2.1.2　预警盲区的概念

地震预警技术从原理上就存在"预警盲区"。如前所述，地震预警是在强地震发生后，向远处发出强地震警报。从强地震发生到警报的发出，是需要时间的。这个时间是地震波从震源到达地震台的时间和地震台判定地震需要处理的时间总和。换句话说，地震发生了，并不能立刻拉警报，需要地震台（网）收到地震信号，并且确定是强地震后，才能拉警报。在这段时间地震波照样传播，由于 S 波是造成破坏的元凶，这段时间对应的 S 波传播的距离，我们称之为盲区。即地震警报到达该地区时，地震波已经到达或已经过去。换句话说，警报收到时，具有最大破坏力的 S 波已经扫过了。

为什么会有这样的现象出现呢？这里有两个原因：①地震是有深度的，一般来说强地震、浅源地震多发生在 10～20km 深，地震发生后地震波向各个方向传播，到达地面的地震台站需要时间。②地震台站接收到地震信号后要进行处理，确认是强地震才发出警报，这也需要时间。图 5.2.7 是一个地震台接收到地震波后最理想的盲区示意图。最理想的状况就是地震台正好在一个强地震的上方，也就是在震中位置。如果地震发生在 12km 深，地震纵波传到地面地震台约需 2s，地震台收到地震波进行判定处理，如前所述，是"秒级处理"技术，目前最高水平需要使用前 3s 地震波，这样 5s 后才发出地震警报。因为多 1s 地震纵波就走了 6km，S 波走了将近 4km，5s 后的地震纵波已经走了 30km 左右，地震横波也已经走了将近 20km，这就是纵波和横波的预警（警报）盲区，或称 P 波和 S 波预警（警报）盲区。

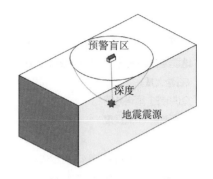

如前所述，S 波是大地震破坏的元凶，预警盲区实际是 S 波预警盲区。上述的预警盲区是一个理想或者极端的例子，假设了地震发生在 12km 左右深，台站就在震中，判别地震只用了 3s（据说是当前最高水平），

图 5.2.7　单台地震预警理想盲区示意图（陈会忠、张晃军，2012）

可以看出地震预警盲区就是 20km 左右。这意味着，地震预警技术本身在原理上就有一个不可避免的盲区，在预警盲区地震报警基本上是没有什么效果的，因为在盲区内的人们收到预警（警报）时地震波已经过去了！实际上预警技术非常复杂，往往不是一个地震台就可以准确判断的，需要一个密度足够的地震台网。在处理方法上，如上所述，仅用地震波初始的几秒钟来判断是否地震，还很不成熟。实际处理时间就会更长，预警盲区就会更大。图 5.2.7 从技术系统角度描绘了盲区的客观存在。实际上，预警盲区要比理论大一些，因为人在接收报警后做出反应还有一个时间过程，地震的破坏仍在继续发生。因此理论上在预警盲区内的预警效果差，距离预警盲区越近，获益时间越少，这将在后面分析。

5.2.1.3　地震警报速度和准确度

根据上两节的分析可知，地震预警的盲区范围越小越好。而盲区要小，就需要地震后发出警报要快。警报发出得快，需要的是信息处理快。可是处理得越快，误差越大，尤其是地震强度（烈度和震级）往往会出现较大的误差。因此各国地震预警系统的地震报警，都是采用连续多报方式进行。例如 2011 年 3 月 11 日日本东部海域 9.0 级大地震发了 15 次警报，目的是既快速发出报警，又在后续的报警中不断修正地震的参数，使它越来越准确。第一报是在离震中最近的石卷大瓜地震台收到地震初动信号的 5.4s 后发出的，震级为 4.3，烈度为 1 度以上（表 5.2.1）。

因此，目前的地震预警在时间上和准确性上有很大的矛盾。特别是前几报，实际地震震级的误差相当大。如果要求准确，处理的时间就长了，必然盲区半径就增大。为了解决这个矛盾，各国都在技术上寻找解决的出路，目前看来最有效的方法是需找到快速准确测量 P_d 的办法。不久之前有人在大地震时采用 GPS 快速测量 P 波前 3s 同震位移，取得比速度仪更为精确的 P_d，似乎可以取得较好的效果。

表5.2.1　日本"3·11"地震的地震预警

预警时间以P波到达离地震最近的石卷大瓜地震台为准

地震波検知時刻 14 時46 分40.2 秒

(石巻大瓜)

提供時刻 経過時間

震源要素 予測震度

	提供時刻 経過時間	震央地名	北緯	東経	深さ	M	予測震度
第1 報	14 時46 分45.6 秒 5.4	宮城県沖	38.2	142.7	10km	4.3	最大震度 1 程度以上と推定
第2 報	14 時46 分46.7 秒 6.5	宮城県沖	38.2	142.7	10km	5.9	最大震度 3 程度以上と推定
第3 報	14 時46 分47.7 秒 7.5	宮城県沖	38.2	142.7	10km	6.8	※1
第4 報	14 時46 分48.8 秒 8.6	宮城県沖	38.2	142.7	10km	7.2	※2
第5 報	14 時46 分49.8 秒 9.6	宮城県沖	38.2	142.7	10km	6.3	※3
第6 報	14 時46 分50.9 秒 10.7	宮城県沖	38.2	142.7	10km	6.6	※4
第7 報	14 時46 分51.2 秒 11.0	宮城県沖	38.2	142.7	10km	6.6	※5
第8 報	14 時46 分56.1 秒 15.9	三陸沖	38.1	142.9	10km	7.2	※6
第9 報	14 時47 分02.4 秒 22.2	三陸沖	38.1	142.9	10km	7.6	※7
第10 報	14 時47 分10.2 秒 30.0	三陸沖	38.1	142.9	10km	7.7	※8
第11 報	14 時47 分25.2 秒 45.0	三陸沖	38.1	142.9	10km	7.7	※9
第12 報	14 時47 分45.3 秒 65.1	三陸沖	38.1	142.9	10km	7.9	※10
第13 報	14 時48 分05.2 秒 85.0	三陸沖	38.1	142.9	10km	8.0	※11
第14 報	14 時48 分25.2 秒 105.0	三陸沖	38.1	142.9	10km	8.1	※12
第15 報	14 時48 分37.0 秒 116.8	三陸沖	38.1	142.9	10km	8.1	※13

※1 震度4 程度 宮城県中部、宮城県北部、岩手県沿岸南部、岩手県内陸南部、岩手県沿岸

北部、宮城県南部、福島県浜通り

※2 震度4 から5 弱程度 宮城県中部

震度4 程度 宮城県北部、岩手県沿岸南部、岩手県内陸南部、岩手県沿岸北部、宮城県

南部、福島県浜通り、福島県中通り

　　在具体实践中，大部分地震预警系统仍然非常重视快速发出报警第一报，目的是缩小盲区半径，而将地震强度的误差放在次要地位。这已经不是技术问题，而是社会对地震预警的容忍度问题。这样处理，在技术上也是正确的。对于警报系统，尽最大努力缩小盲区半径在技术上也是重要的，目的是在大地震发生时，最大限度挽救生命和减少财产损失。但是有一个前提，那就是必须确定真正是地震发生了，这点在技术上必须予以保证。

5.2.2　地震报警（预警）模式

　　根据地震预警的基本原理和报警对象，地震预警系统实际工作的模式是不同的。首先我们必须明确地震预警的技术定义，从技术角度上说，地震预警就是地震发生之后，

在地震最强烈的振动到达之前发出的警报。如前所述，一般来说，大地震发生时，在震中区域振动最强烈的是 S 波，也就是说 S 波是造成地震灾害的主要元凶。当然，在一定的距离上地震面波会造成更加严重的破坏，但面波的速度比 S 波还要慢。

根据接收地震警报的对象不同，地震报警模式可以分为当地报警（On-Site Alarm，或 On-Site Warning）和异地报警（Front Alarm，或 Regional Warning）（图 5.2.8）。根据地震报警系统发出警报的目的，报警模式又可分为守备式报警和台网式报警。还有一种报警称为阈值报警，就是当振动达到一定强度幅度时发出警报，这个警报很可能是最强烈振动已经到达了，或者即将到达，警报提前量极小，比如仅有零点几秒或不到 1s。

5.2.2.1　当地报警

当地报警，也有人称为现地报警、原地报警。它是指地震预警（报警）的监测台站或者监测系统和接受报警的对象就在一起。换句话说，监测和发出报警的仪器设备就在本地。可想而知，这种预警模式就是利用地震 P 波速度比 S 波速度快，在 S 波没有到达之前发出警报。地震产生的 P 波速度为 6km/s，S 波速度为 3 ～ 4km/s，因此当地报警相对于 S 波到达时间的提前

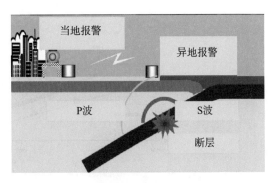

图 5.2.8　地震报警的模式（吴逸民，2011）

量，取决于地震发生在多远的地方以及报警系统处理和发出警报所需的时间。

计算地震和监测点的距离可以使用虚波速度来计算，那么当地预警时间如式（5.2.1）。

$$T_r = D/V_v - T_c \tag{5.2.1}$$

式中，T_r 为预警或报警时间；D 为震中距；V_v 为虚波速度，一般取 8km/s；T_c 为处理地震所需时间。

可以看出，地震越远，获取的报警时间提前量就越多。如地震监测系统使用 P 波前 3s 数据可以发出警报，假如地震在 80km 以外，则可以获得 7s 的报警时间提前量。

5.2.2.2　异地报警——守备式报警

异地报警是从英文 Front Alarm 或 Regional Warning 意译过来的，它是指警报接收目标对象和发出报警的地震预警设备与系统不在一个地方，例如当一次地震发生后地震预警系统迅速测定地震的强度和位置并发出警报，此时这个警报产生的地震台站和接收警报的地点具有一定的距离，警报是利用电磁波传播速度极快的特性发给远方的，也就是说它是利用电磁波比地震波传播速度快得多的性质发出的警报。

异地预警有两种方式，一种称为守备式报警，这种报警首先应用在墨西哥地震预警系统中（图 5.2.9）。由于墨西哥地震主要发生在墨西哥西部太平洋沿岸的俯冲板块上，墨西哥就在海岸布设了一些地震台，组成一个所谓的 Front detection 地震监测台网，也被称为前方监测。当沿岸俯冲带发生地震后，沿俯冲带布设的地震台网首先监测到地震，发出警报，通知远离俯冲带的墨西哥城等内地城市和居民区，起到了很好的地震报警作用。

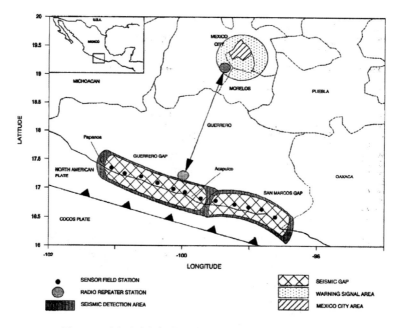

图 5.2.9　墨西哥守备式地震报警系统（郑斯华，2013）

我国"十一五"期间实施的地震社会服务工程——在北京和兰州建设的两个地震预警示范工程，采用的都是守备式地震警报这种原理，在北京和兰州外围建立一圈地震报警使用的监测地震台，对北京和兰州实行"保卫"，当北京或兰州守备圈外发生地震时，地震波被守备的监测地震台和台网监测到，并向被守备的地区发出警报。

守备式报警系统建设的基础和原则是大地震发生在守备地区以外，也就是接收警报的地区以外，这需要根据历史地震和地震带的分布及地质构造等一系列分析来得出结论。如果在守备区内发生大地震，其预警的效果将会大大减小。

5.2.2.3　异地报警——台网式报警

目前在全球使用最为广泛的是台网式地震报警方式，台网式地震报警系统由日本最先开发，尽管日本地震主要发生在日本以东的海里，但是日本岛内也经常发生强烈地震。如前所述，阪神大地震以后为了加强对地震的观测，日本斥巨资在全国建立了所谓高灵敏度地震观测台网 Hi-net，目前已经发展到大约 3000 个台站。而且所有台站已经和日本强震观测台网整合为一体，每个台站均安装有微震速度计和强震加速度计，其台网中心在筑波的日本防灾研究所。这个台网的密度已经达到台站间距离 10km 以下（图 5.1.10）。

初期这样一个密集的地震台网主要进行烈度速报，使日本对于大地震的快速响应居世界前列。同时这样一个台网为日本发展地震预警系统奠定了良好基础。阪神地震后日本开始研究地震预警，到 2005 年已经完成利用 Hi-net 进行地震预警实验，并于 2007 年宣布日本地震预警系统正式投入使用。

台网式预警系统实际是地震预警技术的集成，它既可以完成当地报警，也可以完成异地报警，当地震发生在台网内部，在震中区附近它实际承担着当地报警的功能，甚至承担 S 波报警的任务。对于离开震中区域，地震预警盲区以外的地区，它提供的就是异地报警功能。由于台网式预警技术具有明显的优势，各国都纷纷研究和建立台网式地震报警系统，台网式地震报警技术发展得也最快。

如前所述，正是因为日本具有 Hi-net 这样的密集地震观测网，才首先发展了地震报警技术，所以密集的地震观测网是地震预警的基础。

5.2.3　地震预警的能力

5.2.3.1　预警盲区分析

根据地震预警技术的原理可以看出，地震预警存在盲区，因此地震预警能力的评估就非常重要。地震预警能力一般是指在一定运行模式下，在破坏性地震波到达之前，地震预警系统对盲区范围以外产生破坏的烈度区域提供人员逃生、生命线工程、交通高铁等采取紧急处置的时间长短的能力。因此盲区的大小直接影响了预警效果，它完全取决于地震预警系统快速发出警报的能力。

提高地震预警能力的实质就是有效缩小预警盲区，获得更多的预警时间。盲区的大小既与台网密度有关，也与地震参数快速判测系统处理数据速度、结果准确性、警报信息快速发布系统以及预警信息接受终端接收信息速度有关。必须指出，成熟的警报信息快速发布系统和预警信息接受终端的快速响应能力也会缩小预警盲区的范围，为预警获得更多的时间。

假设地震是单侧破裂，$h=10km$，$V_p=6.0km/s$，$V_s=3.5km/s$，单台预警有效，预警盲区半径 R_0 由下式决定：

$$R_0 = \sqrt{[V_s(\Delta t_1 + \Delta t_2 + \Delta t_3)]^2 - h^2} \qquad (5.2.2)$$

理想情况下台站在震源上方，即震中位置，这时 $\Delta t_1=1.67s$；P 波截取记录时间长度，取 $\Delta t_2=3s$；处理、发布及信息接收等累计用时，$\Delta t_3=2s$，这时最小盲区半径 R_{0min} 为 23.08km，相当于震源深度 10km 处发生地震造成的盲区。

如前所述，地震预警时间由以下几个部分组成：

Δt_1：P波到达台站的时间 T_P，与台网密度有关；因此，密集地震台网对地震预警有很大作用，除提升地震定位精度和更快给出预警结果外，对第一报震级的准确计算至关重要，将极大地促进观测地震学的发展。

Δt_2：P波截取记录时间长度，取 Δt_2=3s，与预警模式和现阶段P波处理技术有关。

Δt_3：处理、发布及警报接收等累计用时2s，是地震参数的快速产出时间，与自动处理发布技术有关。

地震预警的实质就是要在S波到达之前做出快速响应，是与S波赛跑，因此，能否快速产出准确的地震参数是决定预警系统是否有效的关键判定指标。

地震自动处理技术和预警模式对盲区大小有影响。在实际工作中，地震预警的时间往往要大于理论预警时间，一是地震不在台站下方，单台预警往往难以实现，常采用3台以上地震台站处理结果；二是自动处理结果产出地震参数需多次修改，渐进式完善，从我国福建和台湾地区的预警结果来看，比较准确的警报往往是数报以后，时间在20s左右，这时预警盲区半径达到36km。这大约相当于6.5～7.0级地震的破裂长度，也就是地震破坏最大的区域。图5.2.10显示了地震极震区半径和震级的关系。

因此，有效减小地震预警盲区的唯一途径是缩短预警警报发出的时间，Δt_1 取决于地震的深度，理论上放置深部传感器，可以缩短这个时间，但是这将耗资巨大。缩短 Δt_2 和 Δt_3 的有效方法是自动处理技术和信息发布技术的提高。

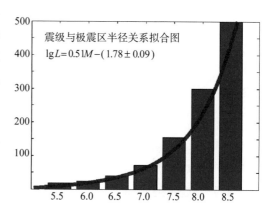

图5.2.10　震级与极震区半径关系拟合图

由预警原理可以看出：①震级越大，极震区越大，可获得的预警时间越多，预警效果越好；②首台接收P波到时越长，盲区范围越大，预警效能下降，所以要有足够密度的台网；③盲区范围增大，预警震级下限提高。因此，减小盲区范围，获得更多预警时间有赖于台网密度的改善、高效的自动处理系统、地震参数的精确确定。

另外，地震的破裂方式对盲区也有一定影响。实际地震预警效果除与台网密度、自动处理系统、数据传输模式、发布系统等因素有关外，还与地震破裂性质有关。单侧破裂时，由于地震朝一个方向破裂，盲区以外高烈度较大，预警效果较好。而双侧破裂，有效预警区域会缩小。

此外，目前的预警模式和设计思路都是基于地震是点源模型来预警的，而实际上，地震的破裂是线性破裂或矩形破裂，是一个带的破裂。盲区范围要比点源模式大得多，预警时间要晚于理论设计值。但是，如果地震监测台网密度大，可以采取多台预警模式，提高地震报警的参数精度和准确度（主要是第一报的震级），也有利于提高地震预警能力。

5.2.3.2　地震预警无效区

我们首先定义地震预警的无效区、受益区或有效区的概念。由地震烈度表可知，破坏性地震烈度的下限约为Ⅵ度，对低于Ⅵ度区域的预警意义不大，即使不预警也不会产生较大灾害。这样的地区我们称之为地震预警的无效区（图 5.2.11）。所以地震预警的无效区，是以形成灾害的烈度来确定的。

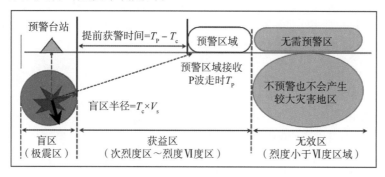

图 5.2.11　地震预警盲区、获益区、无效预警区示意图

T_c 是从接收 P 波、计算地震三要素到信息发布的整个时间过程，称为处理地震时间；
T_p 是 P 波走时；V_s 是 S 波速度

5.2.3.3　地震预警受益区

地震预警受益区是指盲区以外至无效区之间的区域。一般指盲区以外烈度大于Ⅵ度的地区，地震预警的效能体现在扩大受益区（客观上讲，如前所述，即使在盲区，迟到的预警信息也具有重要价值）。而要扩大受益区，必须减小盲区，减小盲区的主要办法是加密地震观测网、减少地震预警处理时间和发布时间，因此快速处理地震参数技术和快速发布技术就成了扩大地震预警效益的关键。

5.2.3.4　地震预警反应时间

地震预警反应时间是指在接到地震预警信息后，快速做出规避风险动作的时间。地震预警反应时间因人、因时间和空间不同而异。健康的人一般对信息的感应和反应要超过同龄的非健康群体，而人在睡梦中的反应较白天差许多；在正常情况下，年轻人的反应要比老年人敏感；经历过地震发生的人，要比没经历过地震发生的人敏感；具备逃生知识的人，要比没经过训练的人敏感。当处于和外界很少沟通的空间，可能预警反应时间更是存在许多差异。所以，地震预警的经常演练有助于人们提高地震预警反应时间。日本的经验告诉我们，具备防震减灾意识的人更容易躲过地震的浩劫。可见，地震预警是一项社会工程，需要每个人的参与。

5.2.3.5 盲区内地震预警作用

这里还提出一个问题，如果地震在预警盲区内，地震预警的警报还是否需要。其实是需要的。这应该是原地警报的一种。即使警报拉响时震动最强烈的 S 波或面波已经到达和过去，警报的作用依然存在。

（1）有很多文章称这种预警模式为阈值报警、S 波警报或者 S 波紧急处置报警。其实这就像有人在自己家里倒立一个瓶子，瓶子一倒，发出了警报，赶快逃出房间。日本早期地震预警广泛采用 7 个不同坡度的滚球烈度计，就是这个道理。

（2）台湾地震预警实践发现，一般在震中地区地动位移达到 0.35cm 比 PGA 达到 80Gal 要提前，可用这个提前量作为在震中区和盲区的原地地震报警。在台湾建设的密集地震预警网的设备，当 P_d 超过 0.35cm，或者 PGA 超过 80Gal 时，系统具备同时发出警报的功能（Wu et al.，2011）。大部分台站在大地震发生时这两个参数之间有 1 ~ 2s 的提前量，这个提前量可以用来逃生和启动应急处置。

（3）盲区地震预警的警报对主震后的余震区相当有意义。在余震区，采用阈值预警技术进行报警，可以提醒盲区和极震区的快速响应。

另外一个非常重要的问题是，凡是大地震，其断层破裂都是有一个过程的，地震破裂过程的速度其实远小于地震波传播的速度。因此当地震最前列的 S 波到达时，并不一定是破坏最大的时刻。还有，凡是大地震，震动的破坏往往不是破坏最厉害的，大地震往往造成和引发重大次生灾害，例如汶川大地震引起了巨大山体滑坡、日本"3·11"地震引起巨大海啸、日本京都大地震引起火灾等，这些次生灾害造成的损失可能比震动要大得多。次生灾害其发生时间往往滞后于地震的强大震动。即使地震造成的振动和地基液化引起的房屋破坏与倒塌，也要滞后于地震波到达。

因此 S 波报警，或阈值报警，即使是在地震预警盲区内，也会发挥一定的作用。地震预警的警报，对于实际破坏还有一定的时间提前量，这对于避险和水电气等生命线设施的紧急处置还是有很大作用的。

当然，大地震还会造成地震的烈度异常区域现象，例如唐山大地震时的天津宁河、北京通州，这些地区地震灾害也很严重。烈度异常区域往往距震中区域有一定距离。这种情况下，地震阈值报警对于这些地区紧急避险也还是有相当作用的。

5.2.3.6 小地震警报的作用

小地震在地震预警中也有不可忽视的作用。首先，对小地震报警可以积累地震预警经验，检验地震预警各环节的有效性和地震预警系统的稳定性，为大地震时地震预警提供技术储备。第二，通过小地震的报警有助于开发新的预警技术，为地震预警系统的合理部署以及改善地震发布信息的方式、群体接收信息的有效性提供参考。第三，对小地震报警有助于提高不同社会群体对地震预警反应时间，增强人们防震减灾意识，起到地震预警的社会普及宣传作用。

5.2.3.7 预警第一报的重要性

如前所述，目前地震预警技术还不可能做到一次警报就非常准确，都是采用逐步多报的方式发布地震报警，后面的警报虽然越来越准确，但是地震的盲区越来越大，受益区越来越小。因此第一报对于地震预警有极其重要的作用，各国都在研究如何提高预警第一报的准确性，同时也在研究第一报的处理策略。

（1）进行统计学分析

大地震初动周期大，仅P波峰值抬升时间也比小地震偏长，因此需在更多震例中对有助于准确估算地震三要素的P波信息进行统计分析，如一些学者认为走滑地震、逆冲地震、正断地震初动周期存在差异；不同深度的地震，地震初动周期、P波抬升时间有所不同。

（2）台站加密

预警第一报的不准确往往是由于在处理最初P波3s信息时，P波强度信息不足，造成地震震级有较大误差。在震源区，如果台网足够密集，还可能很快接收到S波信息，则地震预警的第一报准确度将有较大提高。

（3）地震预警机器学习

将所有地区记录到的地震信息存入数据库，当地震发生时，采用机器学习的方法，识别是否是地震的参数。我国幅员广阔，各地地震特征不同，这需要建立地震大数据库，加强机器学习，从而缩短地震预警快速处理时间和第一报的准确度。

（4）采用高采样GPS数据获得比较准确的P_d数据，提高地震大小判断的准确性

尽管各国都在地震预警第一报上下功夫，但是目前各国实践表明，地震预警系统第一报在快和准之间存在较大差距，对于如何对待和使用第一报信息上不同。在日本，第一报不管如何都向相关企业先报警，而对一般公众则需等预警到一定强度才发警报。"3·11"地震对公众的地震警报，是第一个地震台收到P波后8.6s，第四报才发警报。在台湾，一般要使用密集预警网8个台站数据处理后才会发警报，大约在地震发生后20s以上（这时盲区半径可能为80km，意味着大约为7.5级以上地震）。我国成都减灾所的地震预警实验网采取的是双台处理，大约在5～10s发出第一报就向志愿者报警。第一报不准确，但又非常重要，这就需要根据用户的容忍度来采取不同的策略。

5.2.4 地震预警的社会容忍度

5.2.4.1 容忍度的概念

地震预警是复杂的社会工程，它绝不是只依靠地震预警（报警）技术系统发出地震警报就可以了。要使地震预警真正发挥减灾效益，必须针对不同预警的对象，采取不同

的预警模式和方式。由于地震预警从原理上就存在盲区、有效区和无效区，尽量地减小盲区，扩大有效区，就成了技术上的追求。地震发生后，从震源到达地震预警的监测台站的 P 波走速是人们无法控制的，缩小盲区就意味着地震预警监测地震台网要尽量缩短处理时间。

但是，如前所述，快速处理依靠的是地震 P 波的前几秒信息，这包括对于地震的确认、地震的大小、地震的位置、发震的时刻等一系列参数。目前这些参数的确定基本是依靠统计规律，有很大的误差和不确定性，而且是越快可能的误差就越大。随着时间的推移，收到的地震数据越多，处理的结果就越准确，但这也就意味着盲区半径越来越大，有效区越来越小。

2011 年日本"3·11"地震预警发出了 15 次警报（表 5.2.1）。从地震预警的实例来看，目前地震预警存在的最大技术问题就是发出警报越快，估计地震大小的误差就越大，因此地震预警最重要的第一报，误差是最大的。但是随着时间的推移，后续的的警报误差就越来越小。

在技术上无法解决的时候，地震预警的报警策略就被提出来了，也就是如何拉警报，什么时候发出警报是合适的。于是提出了地震预警的社会容忍度概念。地震预警社会容忍度是根据我国和国际上各国地震预警的实践提出来的，也就是根据不同地震预警的对象对地震预警的要求不同而提出来的。简单地说，地震预警的社会容忍度是对地震预警的警报接受和容忍的程度。

地震预警发出的地震警报是一种对公众的服务，因此容忍度是建立在对于某种服务接受基础上的一个概念，例如公众对于银行排队现象，等待时间如果超过 10 分钟，顾客情绪开始变得紧张，滋生焦躁不安；超过 20 分钟，产生厌烦心理；超过 40 分钟，往往会放弃等待愤然离开。行为科学家发现让客户等 10 分钟将要造成20%～30%的客户流失。研究发现，顾客容忍的等待时间在 10 分钟以内的数量占比高达 85.4%，若等待时间超过 10 分钟，该比例急剧下降到 6.9%。

图 5.2.12 是容忍度的三种状态，它显示对一种服务的容忍度是由多种因素所决定的。在研究了地震预警报警各种因素的前提下，地震预警的容忍度基本模型如图 5.2.13。

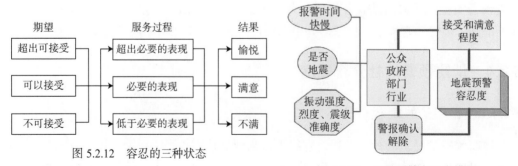

图 5.2.12　容忍的三种状态

图 5.2.13　地震预警容忍度模型

地震预警容忍度因素同样复杂，第一因素是预警对象对于报警时间 T_r、是否地震 E_a、振动强度或震级 M 这三个预警参数的接受或期望值；第二个因素是预警对象本身属性对预警的要求，例如一般公众只关心预警快慢，而不关心地震多大，正在手术中的医生最关心的是地震多大，他需不需要中断手术；第三个因素是警报的解除和确认，这是警报系统特殊的一个因素。当一个警报发出后，需要在一定时间里确认警报或解除警报，否则将像银行排队一样会使预警对象容忍度下降。

地震预警的容忍度 To 如式（5.2.3）

$$To = \{ \sum (To_1 \times Pro，To_2 \times Pro，To_3 \times Pro) /3 \} \times C \qquad （5.2.3）$$

式中，To_1 是预警对象对预警时间的接受程度；To_2 是预警对象对预警地震的接受程度；To_3 是预警对象对预警地震强度的接受程度；Pro 是预警对象属性对预警要求；C 是警报确认和解除的接受程度。

To_1、To_2、To_3 和 Pro 按照接受程度分为三种状态，即超出接受、可以接受、不接受。而 C 也分为三种状态，即超出必要表现、必要表现、低于必要表现。

经过对地震预警对象的初步分析，假设 To_1，也就是预警对象对预警时间的要求超出接受为大于 10s，即有充足时间逃生和采取措施；可以接受为大于 3s，即有逃生时间和采取措施时间就行；不能接受为小于 0s。

对于 To_2，超出接受为"不管是不是地震"；可以接受为"是地震"；不能接受为"错报，不是地震"。

对于 To_3，超出接受为不要求地震强度，可以接受为给出地震强度就行；不能接受为给出的强度误差大于 10%。

上述地震预警对象对于预警参数的接受程度，假设赋值为：超出接受为 0.8，可以接受为 0.5，不能接受为 0.1。

对于行业属性的接受程度，假设赋值为：1；0.7；0.2。

对于 C，假设 10 分钟发出确认或解除警报信号为超出必要表现，2 分钟为必要表现，>10 分钟为低于必要表现。也分别赋值为：1；0.7；0.5。

我们分别对于典型的预警对象进行分析。

5.2.4.2　一般公众的容忍度

根据日本预警的经验，一般公众对地震预警具有很高的容忍度，所以日本对于一般公众的预警警报只发布有地震的警报和已到数秒形式的最大振动到达的时间差，不报告振动强度和震级。

我们用式（5.3.2）来分析公众的容忍度，例如一般公众对于地震预警的警报要求是，有地震发警报就可以了，但是要快，对多大地震不关心，只要有逃生时间就满意。

因此一般公众对 To_1，To_2，To_3 均为超出接受，赋值为 0.8，0.8，0.8。在行业要求上也均为 1 。对于解除警报和确认警报他们也表现相当容忍，10 分钟内已经相当满意，赋值为 1。

代入式（5.3.2）：

$$To（公众）= \{（0.8 \times 1+0.8 \times 1+0.8 \times 1）/3\} \times 1=0.8$$

5.2.4.3　高铁和轨道交通的容忍度

高铁和轨道交通的地震预警是重要的地震预警问题。日本的高铁预警系统开发早于对公众服务的预警，由于日本是多地震的国家，也是高速铁路建设最早的国家之一，而且日本大地震多发生在太平洋海里，日本的高铁地震预警早期都采用 S 波警报和紧急处置。而后日本高铁发展异地守备式预警和所谓 P 波原地预警，且有 P 波预警取得地震预警效益的成功先例。欧洲的铁路也非常发达，同样非常重视地震预警，目前主要采用 S 波警报或者阈值警报，采取紧急处置。我国高铁地震预警目前也是采取 S 波和阈值预警，中国铁路总公司正和中国地震局合作，研究和开发 P 波异地和当地预警的高铁地震预警体系。

各国对于高铁和轨道交通地震预警，采取的措施和要求不同，目前大多数是振动达到一定阈值，采取紧急制动。根据高铁属性和运行，以及目前地震预警的现状，高铁要求大致如下：地震警报要快，第一报的震级和地震大小允许误差可以达到 50% ~ 70%，但是警报的确定和解除应该在 2 ~ 10 分钟内发布。

为什么这样要求，据我们了解，目前对待预警警报的措施是接到报警后先减速，得到确认是大地震，再采取制动；如果是小地震，警报确认和解除了警报，立刻投入正常运行。因此高铁和轨道交通的容忍度如下：

$To_1 = 0.5$ ，$To_2 = 0.5$ ，$To_3 = 0.8$ ；

Pro 为 0.7，0.7，1 ；

C 为 1 ；

$To（高铁）= \{（0.5 \times 0.7+0.5 \times 0.7+0.8 \times 1）/3\} \times 1=0.5$。

5.2.4.4　工业设施的容忍度

工业设施的地震预警要求比较复杂，分为一般企业、重要企业和极重要企业三类。日本一般企业在地震警报发出到一定阈值，一般是警报烈度为 5 度（日本地震烈度值）时，企业就可以断电停工。所以一般企业要求不仅要快而且地震动大小要准确，根据目前预警的水平，一般地震预警的警报振动大小要接近实际水平大致需要 4 ~ 5 报。显然，盲区半径增大了。同样重要企业和极重要企业对于地震大小要求得更加苛刻。

例如核电站，一旦由于地震警报造成核电厂停止工作，将造成重大损失，而且恢复生产要花费很长时间。因此这样的工业设施对地震预警的容忍度是最低的。

这样的企业 $To_1 = 0.8$，$To_2 = 0.1$，$To_3 = 0.1$；

Pro 为 0.2，0.2，0.2；

C 为 0.5；

因此 To（极重要工业设施）$= \{ (0.8 \times 0.2 + 0.1 \times 0.2 + 0.1 \times 0.2) / 3 \} \times 0.5 = 0.034$。

5.2.4.5　特殊行业的容忍度

特殊行业是指一些对地震预警的警报要求非常苛刻的行业，比如正在手术的医生，他的要求就是必须准确地告诉他什么时候、有多大的振动（烈度）到达他那里。如果数据不准确，将会影响生命的抢救。如果按式（5.3.2）计算，To 将为 0.01，这样的行业对目前地震预警的状态，特别是第一报，几乎是零容忍（图 5.2.14）。

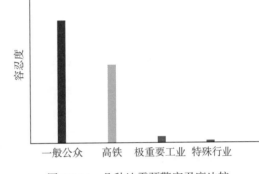

图 5.2.14　几种地震预警容忍度比较

上述对地震预警容忍度的分析只是初步的和定性的，基本上是以地震预警的第一报为基础来分析的。地震预警在我国刚刚起步，还需更多的实践数据来验证。在实际应用中，地震预警是非常复杂的，对地震预警的容忍度也是不同的，而且对地震预警容忍度的差异也很悬殊，从很高的容忍度到几乎是零容忍。因此在地震预警的实际应用中，不仅要考虑容忍度，还要分析造成容忍度不同的原因，并据此采取不同的策略。例如日本地震预警针对公众的警报就是只发地震警报，而不报震级和强度。相反对于工业企业则是从第一报到最后一报都真实地发给企业，让企业自己决定采取的对策。同时一些非常重要的企业和特殊行业根据需要可以采用不同的地震预警模式，例如采用守备式预警方式。

5.2.5　地震预警的效益和风险

5.2.5.1　地震预警是复杂的社会工程

地震预警和其他科学工程不同，它是一个复杂的社会工程。这是因为它不像其他地震技术工程建成以后就可以发挥效益，地震预警观测网络的技术系统建成后仅仅具有发布地震警报的功能，但是这一点并不能保证产生地震预警的目的和效益。这是因为地震警报产生效益不仅取决于技术系统的产出，还要取决于社会的接受程度、获得警报方式、预警对象采取的处置和措施是否得当等几方面因素。这意味着地震预警系统不仅存在技术风险，还存在社会风险。

我们在前几节分析了地震预警在技术上存在盲区、有效区、无效区的概念，还分析了地震预警的容忍度概念，这是从技术上和社会上分析了地震预警系统的复杂性。

各国面对地震预警的复杂性，采取了不同的处理方式，到目前为止，最多的是技术系统的建立和研究开发，大多是在技术上建立一个地震预警发布警报的系统，很少有如何处理社会问题的论述。日本应该说是处理地震预警社会效应做得较为完善的国家。他们在地震预警系统建设、地震预警服务和终端设备的市场化、地震预警的立法、地震预警的社会培训与宣传等方面的成果值得借鉴。而其他国家基本上停留在技术上建立系统，或者采取征求志愿者的方式进行学术试验研究。距离真正发挥地震预警系统的作用还有很大差距。

5.2.5.2　地震预警网的减灾效益

地震预警系统主要的目的就是在大地震发生后，快速发出地震警报，减轻地震灾害，挽救生命。目前社会上有很多关于地震预警减灾效益的计算，最典型的就是关于汶川地震，如果有预警，则会减少多少人员伤亡，这些都是理论的推导，并不足以为据。但是毋庸置疑，地震预警的警报的确会产生减灾的效益。具体减灾效益是多大，这要看具体情况，过高的估计会使社会期望值过高，反而可能给地震预警系统带来非议。客观地宣传地震预警的作用，特别是向公众和政府说明地震预警的原理，地震预警在技术上存在的问题，特别是地震预警存在盲区这一事实，宣传如何应对地震警报，才能保证在大地震发生的时候，发挥地震预警的效果。

另外目前还有一种观点，认为地震预警是成熟的技术，建设地震预警系统非常容易。实际上如前几节所述，地震预警是一个正在发展的高新技术，在地震预警台网的布局、组网方式、地震预警和接收终端设备、地震参数的快速处理、地震警报的发出方式、地震预警对象的接收方式、地震预警的容忍度等一系列技术问题层面，还需要不断地研究开发和创新，才能使地震预警技术不断完善，进而更有效地发挥地震预警的作用。

5.2.5.3　地震预警的风险

研究地震预警容忍度，其实就是研究地震预警的风险。由于地震预警的对象不同，对地震预警的要求和容忍度是不同的。日本在研究地震预警风险时就提出，发出警报时风险较小，控制生产线时风险就较大。这和我们研究的地震预警容忍度的结果是一样的。日本将预警对象分为一般用户和高端用户，一般用户是指对预警特征并不十分了解的公众，高端用户是指对地

图 5.2.15　日本电视台对一般公众的
地震警报并不报告震级

震预警特征了解较好的用户。当预测地震的震中烈度达到5度弱（日本地震烈度）以上时，对预测地震烈度达4度（日本地震烈度）以上的地区通过电视和广播向一般公众发布地震动警报，但是对于一般公众发布的地震警报并不报告地震的震级和强度（图5.2.15）。当预测震级达3.5级以上，或预测震中地震烈度达3度（日本地震烈度）以上时，向高端（特殊行业）用户发布地震动警报。

我国还没有正式的地震预警系统，目前建立的地震预警试验系统已经表明，地震预警对象的容忍度有很大差距，这是一个必须进一步研究的问题。中国铁路总公司目前也在大西、福厦和成灌线等高铁进行地震预警的试验，检验地震预警技术系统和风险控制。

地震预警的最大风险在于误报，日本预警系统正式运行以来，据统计发布了320次警报，其中约有20次误报，关于地震预警的误报标准有很大的争议。另一种说法是误触发，就是实际没有地震发生，系统产生误报有地震。但是，如果是个小地震，预警系统当成大地震发出了警报，也会造成损失和社会混乱，这是需要认真研究的问题。另一方面是预警对象在收到警报后的过度反应造成的损失，包括人员跳楼、拥挤踩踏，以及停工停产等。日本采用的办法是对高端用户基本上是从第一、二报警起就发送警报，如何采取措施处置由企业自己决定。我们认为对容忍度低的行业和企业以及特殊行业，应该提供从第一报到最后一报的全部警报，各个企业和行业根据自己的容忍度来设定采取预防措施的规则和标准。

5.2.5.4 地震预警需要法律支持

地震预警是复杂的社会工程，需要法律的支持。地震预警的地震警报发布可能成为影响社会安定的重要环节，建立相关法律制度和技术标准，十分必要。

日本地震预警系统正式运行之前，修订了《日本气象法》，明确了地震预警的法律责任。我国和美国等许多国家目前都在建设地震预警的试验系统，为了保障试验进行，并没有启动地震预警的立法程序，目前均以一些技术标准和规范来约束地震预警的试验。

我国《突发事件应对法》的第四十三条规定"可以预警的自然灾害、事故灾难或者公共卫生事件即将发生或者发生的可能性增大时，县级以上地方各级人民政府应当根据有关法律、行政法规和国务院规定的权限和程序，发布相应级别的警报，决定并宣布有关地区进入预警期"。

这个规定为地震预警信息发布提供了法律基础，但是对于地震预警这个具有明显特征的地震警报系统，还需要明确的法律支持，保障地震预警取得减灾效益。我国《防震减灾法》中也应明确地震预警的法律责任和义务。

日本的地震预警法律责任，最重要的有两点。一是规定了地震预警的地震警报的社会发布主体是日本气象厅，其他拥有地震预警系统的地方和企业可以建立地震预警观测网，但不能擅自向社会发布地震警报。二是地震预警的免责，气象厅向社会发布的地震预警不承担由于地震警报造成损失的法律责任。

这两点非常重要，从法律上规定了地震预警的地震警报发布主体，保证了地震预警发布秩序不会造成社会混乱。而免责条款则保证对地震这样的巨大自然灾害的报警得以实施，以尽量发挥其减灾的效果。

我国的国土面积大，不同地区地震活动性和危险性差距很大，而地震预警又是复杂的社会工程，牵扯到社会方方面面，如何根据我国国情从法律上保证地震预警发挥效益是必须认真研究的。福建省修订地方防震减灾条例时，明确了地震预警的职责权限，对于保证地震预警系统的建设具有积极的意义。

地震预警除应从法律层面予以支持以外，还需要一系列技术标准来保证地震预警的建设和运行。

5.3 地震烈度速报预警观测网

5.3.1 密集地震观测网

5.3.1.1 用于地震预警的观测网

地震烈度速报以及地震预警的关键问题是地震发生后，地震警报发出要快，换句话说，地震发生以后报警的时间越快，预警的盲区就越小，预警的效果就越好。这是挽救生命的生死时速，它是以秒来计算的，也就是通常所说的"地震预警是秒级处理技术"。要达到这样的速度，有两个前提，一是高密度的地震台网，二是快速地震参数处理技术。

第一个原因最明显，如果地震发生在地震台脚下，那地震波到达台站的时间最快，如果预警参数处理也很快，这将是最快的报

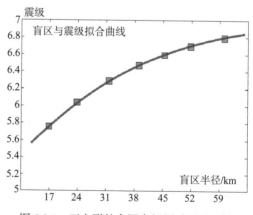

图 5.3.1 正方形的台网台间距对地震预警时间的影响

警。从这个角度说，用于地震预警的地震台网要高密度。到底需要多高的密度，有各种各样的评估算法。

根据科技部科技支撑项目研究的结果（张晁军，2013），以正方形台网为例来讨论密度或台间距对预警的影响（图 5.3.1）。

根据对地震预警盲区的分析，可以得知地震发生后，P 波从震源到达台站的时间是造成盲区的主要因素之一，即台网的密度决定了这一时间。

图 5.3.2 是在这种情况下计算的地震预警时间和台网密度的关系，可以看出台间距为 10km 时，大约可以在地震后 6s 发出地震预警第一报。

根据中国不同区域获得的预警时间，对台网密度和报警时间关系进行统计，得到台站密度与获得预警时间关系式（5.3.1）：

$$\lg\rho = -0.255t + 3.867 \quad (t \geqslant 5s) \tag{5.3.1}$$

根据这个公式绘出的图 5.3.3 表明，每万 km^2 有 100 个台站的情况下，在使用 4 个地震台进行预警时，首报发出时刻大约需要 6s 以上。

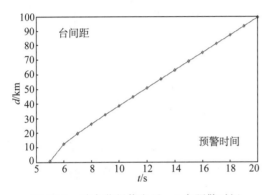

图 5.3.2　首台获得信息后，3 台预警时间
与台间距关系图
假设地震台在震源上方，即当地预警模式

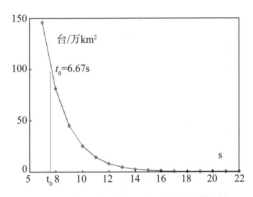

图 5.3.3　台网密度与地震后最短预警时间
拟合图

当然，更密集的地震预警观测网还会为地震预警获得更快的预警时间。如果采用 2 台方式，则也会获得更快的报警时间。因此地震预警的基本需要是密集的地震观测网，换句话说，地震预警催生了密集地震观测网。

5.3.1.2　突破了传统地震观测网的概念

传统的地震台（网）一般台站间距在 100 ~ 200km，为了保证台网的监控能力，需要仔细勘选台址、建设台站，以保证一个台站可以监测到周围几百千米的微小地震。但是地震密集地震预警台网对台站环境已经不需要那么高的要求，也不需要专门建设。

日本是世界上第一个建设密集地震观测网的国家，也是世界上第一个使用密集地震观测网进行烈度速报和地震预警的国家。当时日本是按照传统地震台网的方式建设的密集地震台网。实际上世界上很多国家和地区都在向这个方向发展。

我国台湾称之为 Palert 的地震预警网，经过 4 年的建设在 2014 年达到 500 个台站，实现 $50km^2$ 1 个台站（图 5.3.4）。日本最近几年已经将各个地方建设的地震预警和烈度速报台站（包括一些所谓家庭地震预警台站）连在一起。仅首都圈地区，一次 5 级地震就有 800 多个地震台站参与了地震烈度速报，其密度达到 $2.5km^2$ 1 个台站。美国在加州洛杉矶建设的地震预警网（ShakeAlert），采用的是加州集成地震台网（CISN），将各所大学、研究所等所有在加州的地震台网联合在一起，其主要地区台网密度也基本达到 10 ～ 15km 的台距（图 5.3.5）。

如果采用传统地震台网的做法，建设密集台网一定需要巨额的资金和人力。但是现代信息科学技术给我们带来了地震观测网的新技术，那就是 MEMS 传感器技术以及新型传感器技术和传感器网络技术。

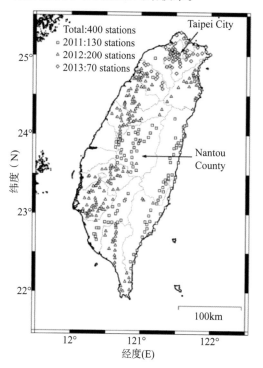

图 5.3.4　台湾 Palert 密集地震预警网

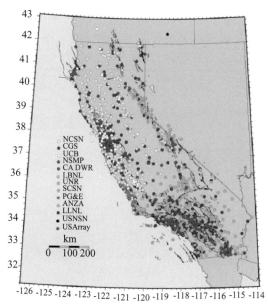

图 5.3.5　美国加州的地震动报警 ShakeAlert 网

发表在 2013 年 10 月美国 BSSA 上一篇题为 *Suitability of low-cost three-axis MEMS accelerometers in strong-motion seismology: tests on the LIS331DLH iPhone accelerometer* 的文章中提到，科学家检验了安装在 iPhone 手机中 LIS331DLH MEMS 加速计（图 5.3.6），并和传统的 EpiSensor 力平衡加速计（force - balance accelerometer，FBA）ES-T 进行了比较。得出的结论是，微机电 MEMS（micro - electro - mechanical system）传感器可以提供一种新的方式用来大量地提高观测点的数量。

图 5.3.6　苹果手机里的 MEMS 加速度传感器

密集地震观测网在概念上已经突破了传统地震台网的概念：

（1）由于密集，不需要非常严格的地震台站的台址和环境条件；

（2）由于密集，不需要非常灵敏的地震仪和传感器，因此价格便宜；

（3）由于密集，不需要专门建设台站，只需简单安装；

（4）由于密集，台站数量大，仪器设备需要智能化和高可靠性，基本可以做到免维护。

密集地震观测网在其监测的区域里对微小地震的监控能力并不会下降，地震台站的数量和密度在某种程度上代替了量少、稀疏、高灵敏的传统地震台网。

因此密集地震观测网发展得非常迅速，特别是适用于地震烈度和地震预警的密集网。无疑高新技术为建设密集的地震预警和烈度速报地震台网不仅提供了技术，而且提供了廉价基础设施。这就是近几年我们一直提到的高新信息技术为地震观测和地震学带来的变革或"革命"。

5.3.2　移动互联网地震组网技术

5.3.2.1　MEMS 烈度计

近年来移动互联网技术发展迅速，智能手机、PAD 等一系列移动互联网终端设备已经在相当的应用上代替了计算机。移动互联网从技术层面的定义，以宽带 IP 为技术核心，可以同时提供语音、数据、多媒体等业务的开放式基础电信网络。从终端的定义，用户使用智能手机和 PAD 等移动终端，通过移动网络获取移动通信网络服务和互联网服务。

移动互联网一般是指用户用手机等无线终端，通过 4G、3G、2G 或者 WLAN 等速率较高的移动网络接入互联网，可以在移动状态下（如在地铁、公交车上等）使用互联网的网络资源。无线互联网概念更加狭隘一些，指通过无线方式进行互联网接入和数据传输。

由于移动终端具有小巧轻便、随身携带两个特点，决定了移动互联网具有接入移动性，移动终端的便携性使得用户可以在任意场合接入网络，移动互联网的使用场景是动态变化的。移动终端被用户随身携带具有唯一号码，但终端是多样的：手机各自不同的操作系统和底层硬件终端类型多样等，而和传统互联网不同。最重要的是移动互联网的商业竞争使智能手机等移动终端功能不断加强，应用不断增加，不仅涉及生活通信，而且涉及电商及各行各业的服务和应用。

中国地震局在发改委支持下，在新一代互联网地震应用的开发项目中，开发了一系列移动互联网应用技术，为移动互联网密集观测网组网技术打下了基础。以智能手机为基础结合 MEMS 技术开发了地震烈度计 S1–1 和动态地震烈度网技术（图 5.3.7）。

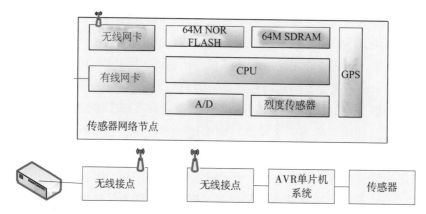

图 5.3.7　利用无线移动互联网传递的烈度计

图 5.3.8 是适于移动互联网使用的地震预警台站设备。该设备采用 MEMS 加速度传感器，使用智能 CPU 芯片和移动互联网技术，可以通过移动互联网密集布设获得一个地区实时地震动烈度图，是我国最早利用 MEMS 传感器技术进行地震观测的设备。

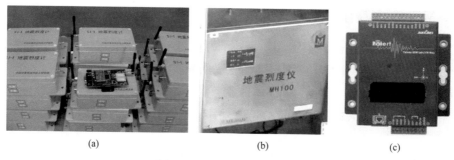

(a)　　　　　　　　　(b)　　　　　　　　　(c)

图 5.3.8　地震预警台站设备

(a)S1-1 烈度计；(b) 四川地震预警实验室烈度计；(c) 台湾 Palert 烈度计

5.3.2.2　移动互联网组网

利用移动互联网技术可以方便地进行密集地震观测网的组网，无须专门架设和租用电信运营商的专线，只需向电信运营商申请一定互联网手机数据网业务，或者移动物联网业务，获得联网的 UIM 或 SIM 卡即可完成无线接入互联网传送地震数据的应用。

密集地震观测网的工作和运行方式也和传统地震观测网不同，为了保证地震警报的及时发出和烈度速报的自动发布，它是以传感器网络为基础的方式组网和运行的。它是网状网，每个智能传感器称为节点，都可以互联；它有一个和多个入网认证中心和数据中

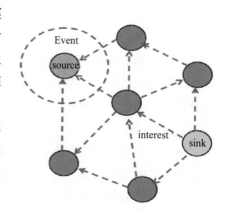

图 5.3.9　传感器网络工作方式

心，称为 sink 节点，它是传感器网络管理中心和原始数据、结果数据中心。传感器网络智能发现"事件"，对于"事件"的快速反应和处理比传统的网络更准、更快（图 5.3.9）。

密集地震观测网的组网可以在地震行业网基础上进行，也可以依托互联网单独组网。实际上利用移动互联网组网，sink 点就像移动蜂窝电话基站一样，可称为地震蜂窝基站。

在组网的布局上，基站 sink 基本设在大中城市，它实际上是这一地区的管理注册服务器，任何一个台站的接入和工作状态都由它自动管理，它按照一定的协议和规定好的地震密集观测网的管理标准，对它管辖的台站运行和事件处理及时向总中心报告。这个基站不仅可以依照协议管理地震台站，还可以管理密集前兆台站，以及防震减灾的行业移动互联网和手机专业 APP 应用（图 5.3.10）。

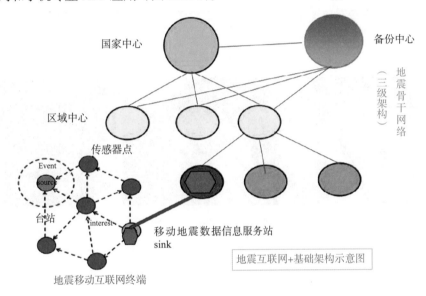

图 5.3.10 密集地震观测网的组网架构

5.3.2.3 地震预警发布技术

地震预警和其他地震业务工程不同，它需要针对不同服务对象对地震预警容忍度的不同，向公众提供服务。它有一个非常重要的环节，就是采用不同的发布技术把地震警报送达到服务对象，从这个角度讲地震预警更是复杂的社会工程。

地震预警的发布关系到生死时速，因此地震预警需要在警报发出后，以最短的时间送达到服务对象。那么地震预警的服务对象如前所述分为公众、高速铁路、工业设施、特殊行业等几大类。不管是哪一类对象，都需要采取最有效的信息推送方式（图 5.3.11）。

实际上，地震预警的警报发布目前主要采取互联网方式发布，针对个人公众的主要有手机短信、智能手机"地震预警"APP、地震微博、地震微信。为了更好地为广大公众服务，目前预警发布还与重要新媒体平台合作，例如微博、微信利用他们强大的推送平台，对于一定强度（例如烈度Ⅲ度以上），在震中一定范围（例如 300km），向手机注册用户推送地震警报（图 5.3.12）。

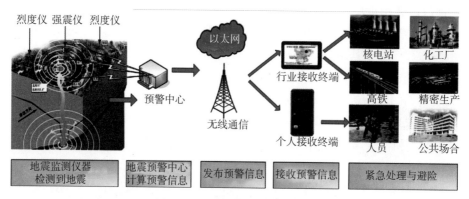

图 5.3.11　地震警报的发布原理

图 5.3.12　手机地震报警应用

　　面向个体公众或家庭的另一个技术就是报警器，报警器具有接收广播互联网、移动互联网地震预警警报的能力，报警器内部有报警信息接收、处理计算、发出警报等几个部分，其中报警的阈值等参数是可以调节的（图 5.3.13，图 5.3.14），一般地震报警器均具有声音警报和预告最大震动 S 波倒数秒的功能。

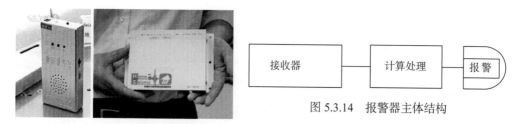

图 5.3.14　报警器主体结构

图 5.3.13　地震报警器计算

　　目前一般地震报警器均带有加速度传感器，一方面接受地震预警网的警报信息，另一方面可以进行当地（现地）预警。还可以将当地震动的数据传至地震预警中心，这就是日本一个烈度速报可以使用那么多地震台的原因，这些监测点大部分来自这些民间报警接收器的 MEMS 加速度计。

地震警报另一种方式就是广播电视报警,目前用的最多的是电视报警,广播电视系统主要是通过国家应急广播系统获取地震警报,然后经广播电视中心的地震预警服务系统计算处理以声音和图像形式发出的报警,或及时插播在电视节目中(图 5.3.15)。面向个体公众的地震警报一般都不会报告可能要发生的地震强度,只是发出地震警报和以倒数秒的方式报告最大震动到达的时间。在学校和广大农村还有一种专门的地震广播警报。为了保证在 1s 之内使报警声音到达接收对象,广播的喇叭应小于 600m 间隔(图 5.3.16)。

图 5.3.15　电视地震报警　　　　　　　　图 5.3.16　地震警报广播

对于工业设施和特殊行业,则应根据它们对地震警报的容忍度建立专用的地震预警报警系统,再由它们自己设定可以接受的振动阈值设置,这样既保证生产,又可以在大地震时使工作人员得到警报。图 5.3.17 是设在彭州石化的地震预警中心,地震预警系统的地震警报从第一报就传送至企业地震预警中心,企业预警中心根据他们的需要设置在一定强度地震下的报警阈值。日本企业一般规定在预测地震烈度达到 5 度(日本地震烈度)时,工人可以立即停止工作到外面躲避。

图 5.3.17　彭州石化地震预警中心

至于高速铁路则和企业一样,地震警报从第一报就发送给铁路调度中心,由它们根据高铁具体情况决定报警措施。当然,根据现在的认识,在地震发生过后应该对地震及时确认和解除警报。

5.3.3　密集地震观测网推动了创新

如前所述,地震烈度和预警催生了密集地震观测网,在某种意义上它是一种新的地震观测网，是地震预警及烈度速报结合高新技术发展的产物。地震学的发展历史表明，地震学的发展和信息高新技术进步的推动密不可分。密集地震观测网必将推动地震学，特别是地震观测学向实时动态地震学、应急地震学发展。

5.3.3.1 地震烈度速报直接产出

密集地震台网带来的第一个突破，就是仪器地震烈度速报直接产出，日本是最早利用密集地震台网实现烈度速报的国家，突破了传统的以地震三要素测定的地震速报，使地震烈度信息在 1 ~ 2min 就可以快速发布。密集地震预警网可以快速测定台站的速度、加速度及位移，由于台站是高密度的，直接标出台站的振动数值就是很好的烈度速报图。日本的地震烈度速报就是这么做的，其产出速度就是地震掠过台网的速度，在震后很快就可产出，这对地震应急响应和紧急救援具有至关重要的作用。

随着这种高密度台网的建设，可以获得更为精密和准实时的观测震动图，可以更为详细地描述地面震动传播（图 5.3.18）。

图 5.3.19 是景谷地震推算烈度速报开始出现了烈度分布方向的错误，而密集观测网的观测地震烈度和余震方向是一致的。

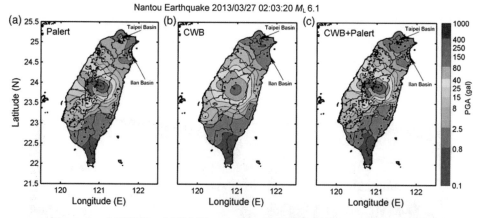

图 5.3.18　台湾密集 P 报警台网 2013 年 3 月 27 日南投 M_L 6.1 地震的震动图
(a)P 报警；(b) CWB 报警；(c) CWB+P 报警

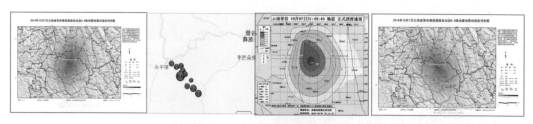

图 5.3.19　景谷地震烈度速报的比较
左起：方向错误的推算烈度图、余震分布、密集网观测地震烈度、改正后的推算烈度图

5.3.3.2　地震预警取得了实际应用

密集地震观测网的第二个突破就是实现了地震预警。毋庸置疑，高密度地震观测网为我们带来的是地震预警（报警）的实现。日本地震预警系统自 2007 年正式运行以来，已经有数十次成功地震预警的实践，包括成功预警使高速铁路采取措施而减轻损失。

2014 年 3 月 28 日洛杉矶发生 5.1 级地震，美国 2011 年建设的 Shake Alert 试验系统提前 4s 对洛杉矶发出了警报。紧接着 2014 年 8 月 24 日旧金山纳帕（Napa）发生了 6.0 级地震。加州理工学院地震专家郝克森（Aegill Hauksson）表示，在这场深度为 7 英里的地震中，地震预警提前 10s 发出了警报。尽管据说有 150 名自愿者参与，但纳帕地震发生后只有 1 名自愿者收到了警报。

5.3.3.3　更快测定地震参数

密集地震台网带来的第三个突破，就是可以更快地测定地震参数。高密度台网测定地震参数方式有了很大改变。实际上首先观测到地震的台站位置，已比传统的地震台网定位要精确。我国台湾地区使用首先收到地震的几个台站的中心点或前 8 个台站定位，可以在 20s 之内速报出震中和发震时刻及深度，传统的地震台网已经无法比拟。

至于地震震级也必将由密集地震台网的出现而突破，M_W 震级是公认的比较理想的震级标度，由金森博雄（Kanamori）提出。M_W 实际上是由地震断裂来决定的，它具有不饱和的特点。由于密集地震台网观测得到的最大 PGA 或 PGV 级 P_d 覆盖区的面积和 M_W

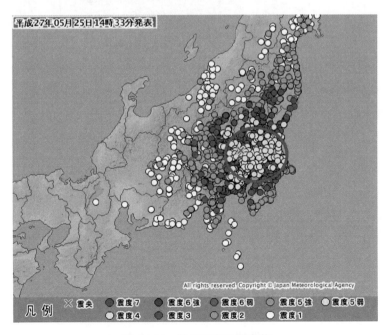

图 5.3.20　快速测定地震参数

具有线性关系，这样利用密集地震台网观测到的最大振动面积，就立即可以测定出 M_W，其速度已经远远超过传统的远台测定 M_W 的方法，而且要准确得多（图 5.3.20）。

当然，传统地震台网对于地震深度无法测定准确的问题，由于密集地震观测网的台间距比较小，地震深度参数的测定，也比传统地震台网要精确和快得多。由此看来，密集地震台网在测定地震参数上的主要优势也是对地震观测技术发展的新贡献。

5.3.3.4　近场快速跟踪地震破裂过程

第四个突破是跟踪地震破裂过程。由于地震台网不够密集，现在还无法使用震中附近的台站观测数据来反演地震破裂过程，这是因为近台记录地震波形的复杂，使反演地震破裂过程很难实现。传统的地震台网只能用远台的有限面波资料来反演地震破裂过程，实际上带来很多不确定性，一次大地震会出现不同的结果。密集的地震台网将改变这一状况，它可以跟踪大地震的破裂方向和过程，使地震破裂过程产出丰富的直接观测数据，使地震破裂过程的结果可以快速得以直接判断，观测到地震的震后过程，还可以据此研究和模拟地震孕育发生和产生的全过程，使人们更加深入了解地震。何加勇采用最基本的惠更斯理论，使用近场地震台站记录反演破裂源，迅速追踪了地震破裂过程（图 5.3.21）。

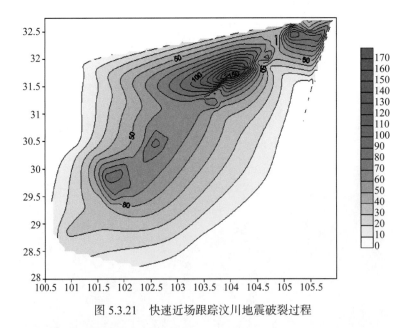

图 5.3.21　快速近场跟踪汶川地震破裂过程

5.3.3.5　动态监视地下结构

第五个突破是监视动态地下结构的变化。这样一个密集地震台网，将会记录到非常多的中小地震，这些中小地震就像地球物理探测的震源一样，可以用来探测地下结构，动态监视地下的变化。同时还可以实时成像，成为所谓的动态"地下云图"，为探索地震预测提供可视化资料，这是稀疏台网无法做到的。比如，成都市通过密集台网，一年时间就监测到 2.5 级以上地震达 500 多次（图 5.3.22）。

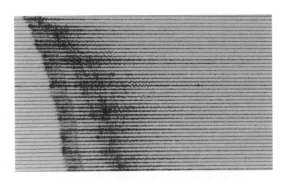

图 5.3.22　成都密集地震台网小地震记录

密集地震台网同时也为地脉动噪声地下成像带来了新的前景，开展密集地震观测网动态噪声地下反演方法和应用，研究不同频带的密集台网对动态噪声地下成像的影响势在必行。同时密集地震台网还为主动探测地下变化奠定基础，密集地震观测网也会给主动震源探测地下变化带来丰富的、海量的地下反射资料，无论是可控主动震源还是像呼图壁主动震源科学实验观测站那样的水下气枪的震源，密集地震台网都会带来分辨率更高和更加精密的像"地下雷达"一样的动态探测结果，同样为地震科学研究创新提供重要丰富的资源。和高新信息技术结合的密集地震观测网将为"地下云图"和"深部探测雷达"提供更多和更丰富的探测数据。

图 5.3.23 是新疆呼图壁主动震源科学实验站的探测资料。左图为人工激发池，直径 100m，深度 18m，池中的浮台固定 6 支气枪，气枪每支重 200kg，放在约 11m 深的水中，电脑控制气枪定时放气，产生的振动通过水波传到地下，人工产生地震波，附近的地震监测台就会监测到，通过观测地震波速度的变化探测地下变化。

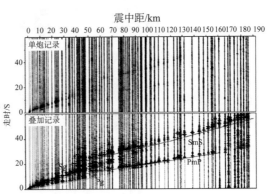

图 5.3.23　呼图壁主动震源科学实验观测站

5.3.4　密集地震观测网和大数据

5.3.4.1　大数据时代

美国政府在 2012 年 3 月 21 日宣布大数据时代计划，"Big Data is a Big Deal" http://

www.whitehouse.gov/blog/2012/03/29/big-data-big-deal，地质调查局（USGS）承担了重要任务。这是美国政府第二次宣布信息技术计划，第一次是在 1994 年宣布信息高速公路计划，此后互联网的发展几乎改变了世界。

USGS 的约翰·韦斯利·鲍威尔的"分析与集成中心"启动了 8 个新的研究项目，将地球科学理论的大数据集转变成为科学发现。其中包括"地震复发率及最大震级地震全球统计模型"的研究，美国认为近期全球发生的一系列地震事件再次证明，即使是最好的地震监测网络也无法实现对有连续历史记录以来的最高级别地震的预测，这意味着人类预测地震能力之有限。计划的目标是重新评估发生在所有主要板块边界和板块内部环境的地震等级、发生频率和震级分布及最大震级，以改进地震预警（测）模型，并使美国的灾害评估建立在更为强大的全球数据及其分析基础之上。

现在人类面对巨量数据的挑战，什么是大数据，人们并未形成统一的认识，一般而言，它是指规模远远超过传统数据库软件处理能力的海量数据集合。这一概念首要是针对信息化社会数据"爆炸式"增长、体量巨大而提出的。

大数据就是巨量数据，巨量数据是怎么产生的？巨量数据的产生一定是：传感器和设备从精密到简单、从笨重到智能、从昂贵到低廉、从量少到量大。当前还可以说是移动互联网时代，互联网到移动互联网，从台式计算、机笔记本计算机到手机，从成千上万的 APP 应用到物联网，从 MEMS 传感器到可穿戴设备，大数据就是在这个背景下产生的（图 5.3.24）。

来自"大人群"泛互联网数据

来自大量传感器的机器数据

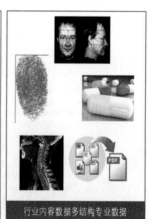
行业内容数据多结构专业数据

图 5.3.24　大数据的来源

近几年，我们进入了移动互联网时代！移动互联网使 PC 机变成了智能手机。成千上万的 APP，几乎所有人都会用。大容量存储从网络存储 NAS 和 SAN 到现在服务器集群存储再到云存储都是一样的从笨重到智能、从昂贵到低廉、从量少到量大的结果（图5.3.25）。

图 5.3.25　从昂贵到低廉、从简单到智能、从量少到量大的存储器

5.3.4.2　密集地震观测网将地震带进大数据

如上所述，密集地震观测网完全遵循这个规律：从传统的精密昂贵的地震台站到密集地震观测网，从精密的传统地震仪到简单的 MEMS 烈度计，从高精度设备到智能化的仪器，有人说这样地震台网就变成了地震物联网。所以可以说密集地震观测网将会把地震学带进大数据时代。

密集地震观测网不仅仅是地震（测震）观测网，而且还包括"密集地震前兆网"。我们搞了几十年地震前兆的观测，总结和发现了一系列前兆观测的效能，但是大地震的前兆现象为什么往往捕捉不到，这是地震前兆观测的尴尬。前兆观测点太少，是小数据。现在看来无论是空间还是时间的采样，都无法适应大地震前兆的发现。如果我们建设密集的温度网，将价格为百元的、灵敏度为小数点后两位的地温计密集布设；密集的气体网，将极便宜的气体探测器密集布设；密集的地磁网，将一般的地磁仪密集布设；密集的压力网，密集布设应力应变仪。密集地震观测网将会产生巨量数据，使地震进入大数据时代，才有可能探索密集观测网的大数据和地震的关联。

5.3.4.3　密集大数据找关联

小数据时代信息的匮乏会使我们趋向于采用因果关系范式去理解问题并做出决策，因为数据少，希望能从这些少量的数据中找出因果，如果处理出问题，可能因果关系并不存在。

但是大数据，假如各种地震观测手段都是密集观测网产生的海量数据，依照传统角度来看，这些数据量大、纷杂、混乱、无法使用、无法处理，甚至根本和地震"无关"，但是这就是所谓的"全量数据"，也就是大数据。数据的纷繁杂乱才是数据的真正状态，呈现出世界的复杂性和不确定性特征。大数据时代对于数据的研究不再拘泥于对因果关系的探究，而是探寻关联。在商业上发现"啤酒＋尿布"有关联成了大数据技术应用的经典案例。在地震大数据应用上，中国地震台网中心张崇立的前兆异常度的案例说明了大数据的应用前景。案例很简单，就是将汶川地震前每周会上提出的前兆数据异常数和在划分的二级块体里台站的比例称为前兆异常度，结果发现它们有很好的关联性，而用其他划分方法找不到相关性（图 5.3.26）。

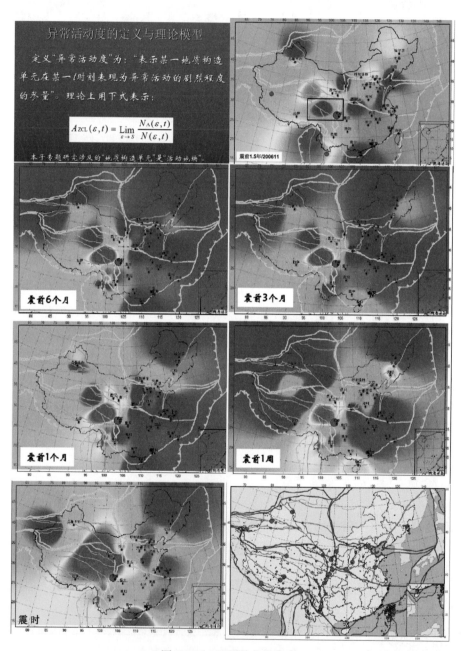

图 5.3.26　地震前兆异常度

地震前兆异常度的研究表明，地震前兆是和构造体有关的，它们是相关联的。汶川地震前前兆异常度的变化和巴颜喀拉块体有关联，这和各方面研究成果是一致的。

5.3.4.4   数据处理从复杂到简单

传统的小数据时代，在数据的限制无法突破的情形下，数据处理算法的研究越来越深入，发明的算法越来越复杂。比如地震参数的算法就是这样，对地震的定位使用了数十种方法，越来越复杂，速度也越来越慢，需要的计算机能力越来越高。如前所述，当数据量以指数级扩张时，原来在小数据中表现很差的简单算法，准确率会大幅提高。大数据的简单算法比小数据的复杂算法更有效。密集地震台网的定位基本就是最先到达台站的平均间隔，这可能比传统台网定位准确。而震级的计算根本不需要再量取震相赋值，而是计算密集地震台网地震波扫过后最大震动的面积直接推算，处理简单而准确（图5.3.27）。

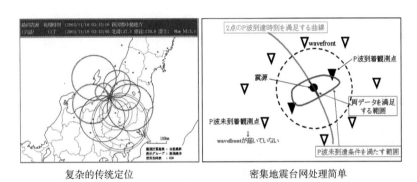

图 5.3.27   处理从复杂到简单

5.3.4.5   审慎决策到快速决策

传统地震台网处理和决策都非常慎重，通过收集和分析数据来验证这种假设；如果有一些数据有问题，就影响原有假设，决策与行动是审慎的。当前的地震速报可以较快地进行自动速报，但是处理复杂，要多中心审慎决策，特别是终报更需要审慎决策。密集地震台网的大数据不再受限于传统的方式，在密集的大数据里可以简单而准确得到地震位置和震级，无须一而再的检查和复核，足以做出快速决定，地震预警的警报可以在数秒发出，地震烈度速报可以在几分钟就发出。这对于减轻大地震灾害和挽救生命无疑具有重要的意义。

从地震烈度速报和预警到密集地震观测网络，从密集地震观测网络再到地震大数据，我们可以看出，地震烈度速报和地震预警技术给地震观测技术乃至地震学带来的变革，但更重要的是改变观念和思维。

第6章 防震减灾宣传教育

6.1 防震减灾宣传教育的目的和意义

6.1.1 我国防震减灾宣传工作的总体思路

我国防震减灾宣传工作的总体思路是：以科学发展观为指导，深入落实中央关于宣传思想文化工作和防震减灾工作的总体部署，按照及时准确、公开透明、有序开放、有效管理、正确引导的方针，贯彻最大限度减轻地震灾害损失的根本宗旨，坚持主动、稳妥、科学、有效的原则，倡导抗震救灾精神，弘扬防震减灾文化，普及防震减灾知识，逐步使公众普遍具备防震减灾意识、知识和技能，形成全社会共同防御和应对地震灾害的良好氛围和强大合力，全面提升防震减灾能力，促进经济社会科学发展。

6.1.2 我国防震减灾宣传教育的目的和意义

6.1.2.1 提高全民族的科学素质

防震减灾宣传教育工作是提高公民科学素质的重要一环，其根本任务是把人类认识自然，同地震灾害做斗争中积累的科学认识和经验以及从科学实践中升华出来的科学思想、科学方法和科学精神，通过各种方式和途径向公众普及。通过传播和普及科学知识，倡导和弘扬科学精神。在进行防震减灾宣教的同时，贯彻《全民科学素质行动计划纲要》，为建设创新型国家和构建安全和谐社会服务，提升全民族的整体素质。

6.1.2.2 增强社会的防震减灾意识

我国是一个多地震国家，地震灾害具有突发性强、破坏性大、成灾性强、防御难度大等特点。我国一系列地震灾害的沉痛教训表明，我国公众的防震减灾意识仍很薄弱。由于缺乏防灾意识，又缺乏地震应急知识和自救互救能力，从而严重影响震前有效准备、震时正确应对和震后自救互救行动。没有意识，就没有行动和准备，也就谈不上主动的防御，容易造成小震大灾、大震巨灾，甚至无震也成灾的现象，严重地威胁着我国社会的发展和安全。因此，增强公众防震减灾意识，是减轻地震灾害影响的重要和有效途径。

社会防震减灾意识是衡量国家文明程度的重要标志之一，也是一个民族科学文化素质的具体体现。防震减灾意识的高低，对实施"以人为本"的理念和可持续发展战略、实现我国 2050 年基本实现现代化的战略目标是至关重要的。只有全社会的防震减灾意识得到加强，我国的防震减灾能力建设才能得到根本的保障。因此，增强社会防震减灾意识，是加强防震减灾能力的关键环节和重要保障。

6.1.2.3 提高社会应对地震灾害的能力

我国防震减灾的工作方针是"以预防为主，防御与救助相结合"，而在防御中，"地下清楚、地上结实、公众明白"是重要的三个方面。增强公众防震减灾意识，是减轻地震灾害影响的重要和有效途径。

保障我国社会经济发展成果的安全，保证社会的均衡发展，提高全社会的防震减灾意识，加强城市对地震灾害的抵御能力，提高社会公众辨别地震谣言、在地震灾害中的自救互救能力，是各级政府的重要职责，符合国家可持续发展战略要求，是减轻地震灾害影响的重要和有效途径。目前的科学水平和科技手段还不能准确地预测地震，只能通过建筑物抗震设防、对公众进行防震减灾知识普及教育、应急避险和自救互救训练等方法来减轻地震灾害对人民生命财产的危害。

为了应对严峻的地震灾害形势，提高公众防震减灾意识和应对灾害的能力，最终减轻地震灾害所造成的伤亡和损失，就必须大力加强防震减灾宣传教育的力度。

6.1.2.4 对防震减灾工作的支撑作用

防震减灾宣传工作是防震减灾公共服务的重要组成部分，在防震减灾事业发展中具有举足轻重的地位。

当地震突发事件发生后，及时有效的新闻宣传在第一时间占领舆论高地发声，对于防止谣言的产生，消除社会公众的误解，掌握防震减灾工作的主动权和主导权具有至关重要的作用。通过防震减灾事业和工作的宣传以及防震减灾法律法规的宣传，使社会公众知晓我国有关防震减灾方面的法律法规，让全社会了解、关心、支持防震减灾行业的工作，宣传、塑造、树立防震减灾部门的良好形象。通过宣传，可以动员全社会广泛、自觉地依法参与防震减灾实践，使防震减灾工作真正成为全社会的主动自觉的行为，切实提升全社会防震减灾综合能力和最大限度地减轻地震灾害损失具有十分重要的意义。

6.2 国外防震减灾宣传教育概况

6.2.1 美国的防灾教育情况

6.2.1.1 国家层面的防灾教育

作为一个联邦制国家，美国的防灾教育虽然主要由各州负责实施，但国家层面的防灾教育体系在提升全社会的防震减灾能力方面也发挥着重要作用，其中联邦危机培训中心（National Emergency Training Center）就承担着具体培训的任务。联邦危机培训中心位于美国的马里兰州，下辖防灾管理所（Emergency Management Institute）、国家消防院（National Fire Academy）和国家消防局（United States Fire Administration）三家机构。该中心具有防灾教育的丰富资源，不仅开展各类防灾培训项目，还负责开发防灾培训课程，提供给全美使用。其中，防灾管理所负责向政府工作人员和一般市民提供防灾教育；国家消防局负责面向市民提供消防和防灾教育；国家消防院负责向消防系统工作人员提供业务培训和防灾教育。

在联邦危机培训中心，防灾管理所是负责进行防灾教育的主要机构。该机构以维持和改善全美的防灾及危机管理能力为宗旨，面向联邦、州政府和地方政府的各级政府工作人员、志愿者团体、公共或私人团体及其他各类人群，实施防灾教育项目的开发和培训。

作为防灾教育项目的开发和提供机构，防灾管理所从国家层面入手，准备了多种培训项目。同时，只要是美国公民，就有参加培训的资格。对于完成一系列课程培训的人员，颁发结业证书，证明其已达到专业水平。防灾管理所提供的培训课程有如下四类。

（1）全职专业培训课程（Resident Course）

全职专业培训课程是利用防灾管理所开发出的防灾教育课程，在国家危机培训中心进行全职培训的课程。该课程的每年参加人数大约在 5000 人。该培训课程的领域包括：减灾、灾害准备 / 规划和技术（关于放射线灾害）、专业能力的提升（以培训实施人员为对象）、灾害发生时的应对和灾后恢复、系统危机管理。在这些培训中，对如何在国家层面进行防灾活动、灾害发生时各地方政府之间如何协作以及其他作为单独的地方政府难以实施的项目给予了特别重视。由于这类课程的主要实施对象是政府防灾相关部门人员和各地方政府的领导者，这些学员能够在完成培训后，回到其所辖区域进行防灾活动的指导，达到在全美普及防灾教育的目的。

（2）分散型地区培训课程（Non-resident Course）

分散型地区培训课程是使用防灾管理所开发的教材，由各地方政府同联邦紧急事态管理局合作，代替防灾管理所在全美各地实施培训的课程。参加该课程的人员一般每年有 10 万人左右。课程内容领域包括：减灾、灾害准备和技术，化学灾害防灾准备，专业能力的提高，灾害发生时的应对和灾后重建，系统危机管理。在课程设置上，这类课程同全职培训课程虽有很多共同之处，但由于是州和各地方政府负责实施，在内容设计上特别留意对地震、洪水和飓风等具体灾害进行区分，以使课程内容更加符合培训当地的实际需求。

（3）独立学习课程（Independent Course）

独立学习课程是一种通过网络获取教材，个人自我进行学习的课程。这类课程所准备的教材一般可以在 10 ～ 12 小时之内完成，无论是谁都可以进行学习。相对于上述两种以专业人员为对象的培训课程，这类课程主要涉及的是家庭内部的防灾和住宅改造等方面的知识，其对象为一般市民。同时，教材当中还设置了最终测验。这样可以通过测验结果的方式形成对所学内容的检验，使得课程不仅仅是一个学习活动，而成为正式教育培训方式的一类。

（4）远程教育培训

远程教育培训是通过卫星通信的方式，面向全国各州和各地方政府的防灾相关人员提供教育的培训模式。这种模式从 1981 年开始实施，随着卫星通信技术的进步，目前达到每周开展一次的程度。这种模式在各地方政府和消防机构的培训中广为使用，其内容涉及最新的防灾信息和全职培训型课程的内容等。

从上述美国国家层面的防灾教育体系的实践中，我们不难看出，这种教育在面对公众提供不同教育培训的同时，很注重防灾减灾专业人才的培养，而防灾减灾专业人士在灾害发生时则起着非常重要的作用。通过大规模培养防震减灾专家的模式，美国全社会的防震减灾能力得到了大幅提升。

6.2.1.2　教学研究机构层面

（1）美国地质调查局旧金山门罗帕克分部

该部约有 600 人，有西部矿产资源中心、地震科学中心等部门，主要从事与海洋、地质矿产、地震研究有关的地质调查和研究。在主楼的大厅一侧有访客接待中心，实际上是一个科普展厅，面积不大，约有 100 多平方米，有加州的主要断层圣安德烈斯断层的基本情况以及美国西部地震的发生和分布情况，有简单的地球模型以及模拟地震仪的展示，布置得简约、重点突出。访客中心还有供来访者索取的宣传材料。

（2）南加州大学的南加州地震中心

该中心由 60 多所大学和研究中心组成，如哈佛大学、斯坦福大学、美国地质调查局以及欧州、日本、我国台湾地区等地的机构，主要内容是研究地震预报的可能性。由于著名的圣安德烈斯大断层从南到北贯穿整个加州，因此，地震灾害始终像达摩斯之剑高悬在加州人民头顶之上，同时，地震学家们也把美国西海岸当作天然的地震实验室。针对有可能在 30 年之内发生的大地震，加州各有关方面都在为此做准备。首先，他们依据断层破裂长度以及震动时间，绘制出了南加州各个地点的震动区划图，要求开发商和房屋建造者依据区划图来建设房屋，并要求基础设施的建设严格按照抗震规范进行。其次，传授给公众地震基本知识，提高公众的防震减灾意识也是他们的重要工作。宣传资料的内容主要有三个方面，第一类是地震基本知识，如地震震级和烈度的区别，地震震级是如何量算的；什么是余震，为什么余震能持续很长一段时间；什么是活动断层，断层的活动速率是如何确定的。第二类是纠错类的，订正一些流传的错误说法，如：大地震时，地表会裂开大口子，人和牲畜掉进去后又会合上；大地震总是发生在黎明时分；地震总是与干旱炎热的气候有关，等等。第三类是地震发生后怎么办。他们总结出公众应对地震的 7 个步骤：检查居家中的危险地点和物品并采取措施使之安全；制定家庭防灾预案；准备应急包；检查建筑的抗震薄弱点并使之加固；如何在地震动时保护自己；震后检查伤亡和破坏情况；灾后第一日至数星期之内的注意事项和生活。

在以上的基础上，南加州还举行大规模的演练，他们演练的名称叫"shake out"。他们不主张地震时乱跑，主张"震时在外面就在外面，震时在里面就在里面（if outside stay outside，if inside stay inside）"。演练的主要内容就是"drop，cover，hold on"，意思是在地震来临时要"蹲伏，躲到结实的桌下，抓紧桌腿等候地震过去"。他们的演练是自由开放的，意思是人人均可参加，只要在专门设定的网页上登记就行。他们的演练定在每年10 月的第 3 个星期四。2008 年 547 万人参加，2009 年 690 万人，2010 年 790 万人，登记参加的人逐年增加。美国南加州地区宣传和演练的目的非常明确，就是着眼于 30 年内以 70% 的可能性发生在圣安德烈斯断层南端的 7 级地震，因为目的明确，信息公开，所以没有副作用。

他们的宣传教育材料编写特点是，科普资料虽然形式单一，文字不多，但内容有深度，且浅显易懂，是有相当水平的人下了功夫编写的，属"高档"产品。

6.2.1.3 社会层面

（1）好莱坞环球影城

该影城建于洛杉矶郊外，与迪斯尼乐园一样，它是发端于电影的娱乐产业，完全由商业运作，由许多著名好莱坞电影制作的外景重新集中搭建而成，尤其是再现了许多电影的经典场面和灾难现场。比如说《人猿泰山》中的金刚大战《侏罗纪公园》的恐龙，颇有点关公战秦琼的意思，还有虚拟过山车，惊险真实的地震灾害现场，野外的山洪场面，飞机失事现场，真人秀表演，虚拟的和半虚拟的场景都给人留下了深刻的印象。但这些项目都以娱乐为主，追求惊险刺激，科学知识内容并不多。

（2）商业机构

南加州地震中心编制的宣传资料的发放都是商业运作，由商业机构来印制，比如，房地产商来印制宣传材料，有利于提高他们的信誉，也增加了商业利益。有一个案例显示，有一家商业机构赞助 10 万美元搞防震减灾宣传，结果采购其产品的超市增加，2008 年的销售收入比上年增加 261%。

6.2.2 日本的防灾教育情况

日本防灾教育主要是由各地方政府和各具体相关领域的人员负责实施。但作为一个地震多发国家，众多的灾害和经验教训使日本认识到，使民众具有较高的防灾意识和正确的知识，对于减轻地震灾害带来的损失，全面提升防震减灾基础能力非常重要。因此，日本采用了很多制度化的形式对防震减灾进行宣传普及。

6.2.2.1 学校的防灾教育

一直以来，学校是日本开展防灾教育的一个重要场所。1995 年阪神大地震发生以后，日本更加重视此项工作，当时的文部省号召各地中小学都要开展防灾教育，并组织编写防灾教材，分发给各所学校。2000 年编写了一套面向小学低年级学生的教材，名为《思考我们的生命和安全》。2011 年日本"3·11"大地震之后，文部科学省又根据此次地震和随后发生的海啸的教训，于 2012 年 3 月制作了《学校防灾手册（地震海啸灾害）制作指南》，指导全国各地学校根据自己的具体情况编制新的学校防灾手册。

以阪神大地震的重灾区兵库县为例，兵库县每所学校都指定一名教师专门负责学校的防灾教育。该教师的职责是，编制学校的应急管理手册，协调组织学校的灾害风险管理和应急疏散演练，制订本校防灾教育的年度计划并组织本校教师的培训。学校积极参与社会上的有关应急演练，如应急食物供给、紧急救护等。学校的应急疏散演练分为几种：有课间休息的演练，有不事先通知学生的演练，有不事先通知教师的演练和在紧急情况下把学生送交家长的演练，后者要求必须有学生家长参与。学校安全教材的编制一般分为四级：小学低年级（1～3 年级，6～9 岁）、小学高年级（4～6 年级，10～12 岁）、初中（13～15 岁）、高中（16～18 岁）。各等级教材的内容由浅入深、由简单到复杂。如小学低年级的教材就教孩子们遇到灾害时如何保护自己，而到了高中就涉及到了灾害的原理，以地震为例，如讲到了地震造成砂土液化、地基失效的原理，在讲到防灾措施时，甚至详细地讲解了建筑物的抗震结构。

除此之外，日本对学校建筑安全性非常重视，将建筑物安全分为结构性安全和非结构性安全，结构性安全主要是对学校建筑的翻新和加固；非结构性安全主要指对家具一类的固牢，如存衣柜、电视之类的固定锚紧，以免地震时倾翻伤人。另外，每所学校都有灾害应急食物和毛毯的储备。通过诸如此类在学校的实际减灾行为，使学生们耳濡目染，在潜意识中提高防灾减灾意识。

6.2.2.2 居民自主防灾组织的活动

截至 2012 年，日本的自主防灾组织达到 150512 个，其活动范围覆盖了全国 77.4% 的区域。这些自主防灾组织平时开展防灾训练、防灾知识普及、防灾巡逻等活动，发生灾害时进行初期消防、引导居民进行避难、救助伤员、搜集和传递信息、分发食物和饮用水等活动。阪神大地震后，日本提倡"自救、共救、公救"的原则。即灾害发生后首先是居民的"自救"，然后是邻里和社区的"共救"，最后是政府的"公救"。截至 2012 年，日本全国所有的市区町村当中，相互之间签署了支援协议的比例达到了 94.4%。居民自主防灾组织的日常活动对于提高居民的自救能力发挥了非常重要的作用。当灾害发生后，居民自主防灾组织更成为日本开展共救活动的重要主体。

6.2.2.3 众多的宣传活动日

1982 年 5 月，日本内阁府做出决定，将每年的 9 月 1 日定为"防灾日"，8 月 30 日到 9 月 5 日为"防灾周"，在此期间举行各种宣传教育活动。除此之外，每年还有两次的"全国火灾预防运动"（3 月 1 日和 11 月 9 日）、"水防月"（5 月或 6 月）、"危险品安全周"（6 月第二周）、"雪崩防灾周"（12 月 1 ~ 7 日），等等。在这些活动日（周）时，往往采取展览、媒体宣传、标语、讲演会、模拟体验等多种活动形式进行宣传。

6.2.2.4 多样化的防灾训练

除了上述的宣传教育活动外，每年日本各地都会根据当地的具体情况（多发灾种），开展多种形式的防灾训练。如 2011 年，日本全国的市区町村开展的防灾训练总共达到 6268 次。其中，以地震和海啸为假想灾害的为 4603 次。正是日常生活中这种接近常态化的防灾训练，使得日本的居民普遍具备防灾知识。

6.2.2.5 简单易懂的宣传材料

在日本，无论是消防厅的地震宣传材料，还是文部科学省制作的面向中小学生的防灾训练手册，其共同的特点就是内容简单易懂。一般而言，这些材料上都会配以漫画，生动形象地将震灾发生时的危险和各种情境下的应对措施清晰地传达给读者。以这种方式进行的教育培训，往往能达到事半功倍的效果。

6.2.2.6 防灾教育场馆

日本防灾教育的最重要场所就是遍布各地的防灾教育场馆。日本广泛使用地震动模拟振动平台构建模拟家庭环境，训练公众尤其是青少年的自我保护和避震逃生的技能。在东京，各个区都有各具特色的教育场馆，常年对公众开放，有的场馆与社区的防灾中心合成一体，馆内设有多种教育手段，包括模拟地震动的振动台，配合影像、声、光等现代化技术，再现地震现场的情景，使参观者体验地震时的感受，训练正确的应急反应。还有各类其他展示和模拟训练方式。阪神地震以后，日本在许多城市建起防灾知识馆。在京都防灾馆里，专门设有地震体验室、台风体验室、灭火体验室，及风暴雷雨心理体验室。特别是地震体验室，每次进入4个人，讲解员会告诉体验者你在地震发生时应该首先躲在桌子下面，在震动减轻时，应该分工关掉煤气和电闸，震动再强时，立即躲在桌子下面。地震体会烈度从3度到日本的最高烈度7度。大阪市立阿倍野防灾中心的地震体验室，参观者可在一个容纳15～20人左右的振动台上体验3次地震，振动台在振动的同时，大屏幕上打出字幕和与振动同步的地震波曲线。包括著名的阪神地震和他们认为未来30年肯定要发生的日本东海8.4级地震。该中心设置有"户外"残垣断壁的街道，并通过模拟坠落物掉落来提醒人们在逃生过程中随时注意可能产生的危险。位于神户市的阪神和淡路大震灾纪念馆中防灾未来馆的影视片逼真地模拟了阪神地震的震撼和惨烈，给观众以强烈的震撼感。大展厅展示了阪神大震灾从发生到恢复的全过程，在展厅中可通过简易模型的操作展示砂土液化、房屋建筑抗震等知识，用不同体积的球体表示发生在日本的不同地震释放的不同能量之间的关系，等等。

通过以上对美国和日本具体做法的介绍，我们不难发现，虽然同为防震减灾教育的先进国家，但美国和日本在具体做法上存在着本质上的不同。在美国，更多依靠专业人员的培训，以达到提升整个区域的灾害管理能力。而日本则更多是将防震减灾根植到社会的最底层，通过社会中居民个体防震减灾意识的提高和知识技能的获得，达到提升整个社会防震减灾能力的目的。

6.3 防震减灾宣传活动的组织

鉴于地震的小概率性和地震灾害的突发性，开展防震减灾宣传的遵循原则应为"张弛有度"，即结合地区的地震环境和地震活动大背景，利用有利的时机和时间节点，有重点、分层次地进行宣传。张弛有度的含义有三个，第一是根据震情和地区，选择合适的时机和时间点；二是合理利用不同宣传平台的特点，如报刊和科普教育基地的特点不同，因而宣传策略就不同；三是在介绍灾区灾情时应把握好度，不能进行恐怖式的渲染。在地震应急期和地震重点监视区，在需要防震减灾科普的第一时间，要出现在该出现的地方，做到"报上有字、广播有声、电视有影"，常常称之为应急宣传、新闻宣传。在平常时期，特别是少震区，就不能"村村点火，天天冒烟"，但这不意味着宣传工作可以放松，只是从公众的角度出发来安排防震减灾宣传工作，适时地进行，以免引起公众的厌烦。

6.3.1　日常宣传活动

6.3.1.1　防震减灾科普教育"六进"活动

开展防震减灾科普教育"六进"活动指的是：在学校、社区、家庭、农村、企业、机关中针对各自的特点开展一系列的防震减灾宣传教育活动，借以普及防震减灾科学知识、提高公众应对地震灾害的技能，进而提高全社会的防震减灾意识和抵御地震灾害的水平。

进学校。中小学校中最有效的防震减灾宣传教育活动就是将防震减灾知识编入教材、列入课程教育，进行应急避险演练。其次为进行科普讲座，组建兴趣小组、开展主题班会、社会调查、参观地震台站。另外，还可以办壁报、知识竞赛、开专题图书角等。

进社区。在城乡街道和社区开展形式各异的宣传活动，充分利用现有条件，如城市社区的流动媒体、街道的宣传栏、画廊、张贴宣传画和宣传材料，编印宣传传单和折页散发，设置宣传台宣传讲解、接受公众咨询，制作展板进行巡回展出，制作光盘在合适的地点和时机播放，等等。

进家庭。除了常规活动之外，还可利用各种场合举行亲子活动，使得家长和孩子同时接受教育和训练，并相互促进和监督，既增进了家庭和睦，调节了家庭气氛，又增加了防震减灾知识，深受家长们的欢迎。

进农村。结合农村还是比较传统的社会的特点，利用民俗节日、赶集日、庙会等发放宣传品、有线广播、播放视频等。内容除应急避险知识点之外应重点介绍农村民居抗震设防的知识内容。

进企业。针对企业的防震减灾宣传，特别是那些涉及有可能发生次生灾害的生命线工程单位、易燃易爆的化工企业将起到非常有效的作用，如果结合针对企业性质的演练活动效果更佳。

进机关。在行政机关、党校、行政学院等开展报告会、讲座、演练等。对象都是公务员或肩负领导责任的干部。作为领导者，需要掌握应急指挥和决策的技能，作为决策者，对一个团队、一个地区或者行业，有着举足轻重的影响力。防震减灾宣传教育进机关，可以起到教育一个人，影响一群人，促进一个地区的带动作用。

6.3.1.2　与防震减灾中心工作结合的宣传教育活动

防震减灾宣传教育也可以和防震减灾中心工作结合起来进行。而且结合起来互相促进、互相协调效果更好。社会单位进行地震应急预案的编写和修订，既是一个对防震减灾工作程序和环节熟悉的过程，也是接受宣传和教育的过程。比如"三网一员"的组建中本身就有宣传教育网，另外防震减灾助理员的培训过程也是宣传教育的过程。在建设应急避难场所时，除了结合场地所需的硬件设施建设外，可在场地建设宣传栏、雕塑甚至展厅等。在建设防震减灾科普示范校、地震安全社区中，其中防震减灾宣传的硬件和活动都是重要的标准。应急演练更是进行防震减灾宣传的绝佳机会和场合。地震救援队和志愿者队伍建设中，防震减灾的宣传教育是不可或缺的重要环节。

6.3.2 大型主题宣传活动

比较适宜举行大型防震减灾主题宣传日的主要时段有：全国防灾减灾日、国际减灾日、"7·28"唐山地震纪念日以及历史上发生的对当地影响很大的地震纪念日等。

6.3.2.1 策划与组织

一次好的防震减灾宣传主题活动，对促进防震减灾工作和调动社会公众的防震减灾热情和积极性会起到很大的作用。宣传活动的策划和组织主要考虑以下因素。

——确定组织活动的目的和意义。

——确定本次活动的主题。

——明确活动的受众。

——采取什么形式的活动。

——什么样的公众人物将为活动站台助兴。公众人物可能是较高级别的领导、著名科学家、文艺或体育明星、著名主持人、网络名人等。

——有无媒体参与或报道这次活动。

——有无社会公益组织或志愿者参与活动。

——有无相关厂家或广告商对这次活动感兴趣、提供一定的资助。

——是否要设计确立这次活动的标识或吉祥物。

——确定这次活动的主办、承办和协办单位或部门，以及合作伙伴。

——确定这次活动的技术支持部门。

——所需经费及筹措方式。

活动前要成立组织或协调机构，内部分工和责任需清晰明确。经组织机构的讨论后，确定策划方案，报主管部门批准执行。活动后要及时总结经验，查找不足，为以后积累经验。

6.3.2.2 我国主要的防震减灾大型主题宣传活动

（1）"平安中国"大型防震减灾公益活动

"平安中国"防灾宣导系列公益活动品牌，是由中国地震局和中国灾害防御协会主办的"平安中国"防灾宣导系列公益活动，支持单位 2013 年有国家减灾委、教育部、科技部、国家新闻出版广电总局、国务院新闻办、中国科协、共青团中央等 7 家，2014 年又新增国家民委、全国妇联、中国残联 3 家。活动内容由最初地震部门主导的三项增加到多部委多部门共同合作的项目十余项。活动的核心内容"千城大行动"的参与城市逐年增多，受众达 2 亿多人次。几年来，"平安中国"防灾宣导系列公益活动，吸引力、辐射力、影响力逐年增大，正逐渐成为防震减灾宣传教育战线上的品牌活动、示范活动。

（2）全国科技周活动

自 2001 年起，国务院确定我国每年 5 月的第三周为"科技活动周"。科技活动周期间，在全国范围内开展群众性科学技术活动。具体工作由科技部商有关部门组织实施。经科普工作联席会议商定作为我国群众性科技活动盛会的全国科技活动周，在各地各部门共同努力下，已经成功举办了 15 届。每年的科技活动周都有一个主题，如 2014 年的主题是"科学生活、创新圆梦"，2015 年的主题是"创新创业、科技惠民"。

根据每年全国科技活动周的主题，选择相关性的防震减灾内容，借船出海，把提高公众防震减灾意识和自救互救能力作为提高公民科学素养的重要组成部分。如在 2015 年科技活动周科技列车丹东行系列活动中，云南省地震局的专家为丹东辽东学院建筑系的师生们做了建（构）筑物减隔震技术的报告。

（3）全国科普演讲大赛

为"大力普及科学知识，弘扬科学精神，提高全民科学素养"，科技部、中共中央宣传部、中国科协自 2014 年起举办全国科普讲解大赛，它是全国科技活动周重大示范活动，也是目前全国范围最大、水平最高、代表性最强的科普讲解比赛。参赛选手来自全国各地及中央直属单位和部队的代表队，参加比赛的既有专业解说员，也有兼职选手。通过大赛促进在全社会普及科学知识，弘扬科学精神，传播科学思想，倡导科学方法，为全国科技人员、科普传播、讲解和科普志愿人员搭建学习交流的平台，提升科普传播能力，推动科普事业的发展。

6.4　防震减灾宣传教育中内容的把握

防震减灾宣教内容很多，什么时候宣传什么内容，针对不同群体宣传什么内容，都应该有科学的分析和掌握。内容针对性强、把握得好，宣传效果则事半功倍，否则，事倍功半甚至适得其反。那么，如何把握宣传内容呢？

6.4.1　掌握地震社会心理

防震减灾宣传教育是一种传播活动。而社会心理是传播活动的基础，影响和制约着人们的传播活动。

社会心理环境与社会互动有关，社会互动以信息传播为基础。对防震减灾宣传的影响和制约因素来自两个方面：一是传播者，传播者对信息内容的选择和加工以及传播者自身因素都会影响信息传递。另一个是受传者，受传者对媒介内容的接触选择与其社会背景、社会需求和心理需求有关。同时，媒介在受传者心中的印象、地位、威信等，也直接影响着信息的接受度。

以往的防震减灾宣传是一种单向直线模式，其活动过程是宣传的一方是主动的，而另一方是被动的。在这种模式中，不仅忽略了受宣传者的社会心理，以及他们对宣传者所能产生的心理互动和影响，而且还忽略了社会文化等要素，即场地对宣传传播过程的影响。

防震减灾宣传工作发展方向应遵循大众传播过程模式，这个模式体现了大众社会的传播特点，即传播是在一定的场域中进行的，而且是双向的、互动的、彼此相互关联、作用的。注意到地震社会心理是影响传播活动的重要因素。

6.4.1.1　关注有关舆情和社情

关注舆情，可以知道当下社会公众最关心什么问题，最渴望了解防震减灾方面的哪些内容和信息，宣传时才能有针对性，使宣传取得最大的效果。舆情的了解和掌控主要通过网络来进行，但网络舆情主要反映的是网民的态度倾向性，它并不反映社会各阶层和所有大众的情况。

另外就是采取社会学的调查方法。而最主要的社会学调查方法就是社会调查问卷，只要组织得科学合理，它基本上能涵盖社会各个群体的情况，是我们了解社会公众态度取向的一个重要手段。

6.4.1.2　调节地震社会心理

社会公众的地震安全期望值是"一高一缺一不变"，即对地震预报的期望值过高，对建筑物安全性能不了解或信心缺乏，完全依靠政府的传统心理没有改变。

对地震预报期望值过高，把减轻地震灾害的责任完全放在地震预报部门是不客观、不科学的，也不利于全社会投入到防震减灾工作中来。

随着我国经济的发展和社会进步，我国特别是城市地区建筑物的抗震水平得到了极大的提升，因此提高公众对这部分建筑安全的信心，有助于稳定社会。对建筑物安全的信心不足直接影响到对地震灾害的恐惧感，也是地震谣传得以流传的因素之一，不利于平常时期的社会稳定。

而对政府的过分依赖，则使社会公众缺乏积极投身于防震减灾事业的热情，使防震减灾事业失去群众基础，也失去了社会公众对防震减灾工作的监督和鞭策，使提高全社会的防震减灾能力成为不可能。

因此，防震减灾宣传的一项重要任务就是根据客观实际和防震减灾目标调节好公众地震安全心理期望值。

6.4.2　针对不同受众

6.4.2.1　原则

针对不同受众主要是考虑社会文化因素对地震社会心理的影响。我国社会的人口构成在文化水平与科学素养方面明显地存在着高、中、低三个层次。它直接影响人的心理反应水平。文化水平低的人，心理反应更带有朴素的性格，更直接、更实用些，遇事反应大多是条件反射式的，从输入的信息及事态到他们本身的行为比较公式化；而文化程度高的人，遇事则要思考，进行选择。对这部分人来说，科学意识渗透到了日常生活，较为偏重理性作用。因此，针对不同文化水平和素养，我们的宣传对象人群大致可分为：朴素从众性、理性思考型和研究探索性三个主要类型。

6.4.2.2　领导干部

领导干部属于理性思考型的类型。领导干部除了要掌握一般公众所要掌握的防震减灾基本知识外，还要有一些特定的内容，以利于他们在接触到防震减灾方面的工作内容时有很好的参考作用。对领导干部的报告要点要宏观，专业性不宜太强；不要纯理论的东西；信息量要大，要有一定的灾害史实，重点是政府在防震减灾工作中的法律责任和主导作用、地震预案制定与实施、地震应急、次生灾害、灾后恢复及重建、地震谣言的辨析及处理等内容。

6.4.2.3　青少年

青少年是祖国的未来，也寄托着家人的希望，保证青少年的安全不仅是家长的期盼、学校的责任，也是党和政府以及全社会关注的重点。青少年生理上正处于生长发育阶段，思想上处于学习知识、塑造人生观和思想观的成型阶段，具有好奇心强、经验缺乏、有时有逆反心理、易冲动等特点，他们大致处于朴素从众型和理性思考型之间。

学校是人员密集的公共场所，因此，青少年极易在灾害和事故中遭受伤害，甚至出现群死群伤的安全事故和灾难。学校不仅要塑造青少年的思想品德、传授科学文化知识，而且还要使他们掌握防灾减灾和安全的知识与技能，培养良好的安全习惯和行为。通过增强防灾减灾和安全意识，提高自我保护能力，使青少年科学地应对突发安全事故和灾难，很多伤害是可以避免和减轻的。

对青少年的安全教育是一项长期的事业，防灾减灾从学校和青少年做起是根本之道。正是基于此目的，对青少年的宣传重点应在地震灾害科普知识、应急避险和自救互救上，力求科学、全面，既结合实际，又图文并茂、通俗易懂，尽量做到贴近课堂和学校实际、适合青少年的特点。内容中除了基本的减灾和安全知识外，为了拓展知识面，根据不同年龄段青少年的认知程度和理解能力，可设置不同的拓展内容，可供有兴趣的同学动手实践和继续深入学习。同时，通过思考和实践力求让同学们学有所思，习有所得，深入思考安全和灾害问题，并能通过实践来巩固知识和提高能力。

通过对青少年的宣传教育，让他们树立"珍爱生命、安全第一"的观念，未雨绸缪，保证安全、远离伤害，从点滴做起、从细节入手，并通过他们向父母和家庭扩散，把防震减灾和安全意识传播到全社会，让全社会都关心和重视青少年的安全与成长环境，为构建安全和谐的社会做出积极贡献。

6.4.2.4　白领和知识分子

属于研究探索型人群，知识层次较高。此类人群的特点是不相信权威，善于自己观察、思考和探索而得出结论。因此，对这类人群，在宣传时应讲清来龙去脉和原理，给他们留下充分的思考空间，最好是让他们自己得出宣传者所期望的结论。

6.4.2.5　一般公众

一般公众是除上述之外的人群，他们构成了社会的最主要群体。相对而言，他们比较相信专家和权威，从众心理比较强，他们既容易成为谣言流传的载体，也是稳定社会的基石。在宣传策略的制定上，一定要考虑他们的特点。一般应选择较权威的人物和平台，平铺直叙、直接给出答案和结论。

6.4.3　针对不同时段

6.4.3.1　平常时期（无地震时）

宜采用和风细雨、春雨润物的方式进行。按部就班、全面介绍，提高应对地震灾害的能力和识别、平息地震谣传的能力。

应恰当地介绍地震灾害情况。既要使公众认识到地震灾害的危害性，也不过度渲染，以免增加社会的恐惧心理。

要注意划分不同层次的对象，研究他们的心理需求，选择安排不同的宣传形式和宣传材料。

利用特殊时段，大力开展防震减灾科普活动。

平常时期也是积累期、蓄势期，做好准备，关键时能拿出精品。

此时如果内容把握不当，会引起公众的猜疑和误解，轻则导致公众恐慌，严重时会影响社会稳定。

6.4.3.2　谣言流传期

我们在面对危机的时候，经常会遇到一些谣言。

谣言的产生和流传有两个重要基础：重要性和模糊性。

对地震而言，重要性是指生存环境特别是其安全性对于人们来说是至关重要的，因此人们会主动地认知环境中一切与生存和安全相关的信息。模糊性是指人们时常不能够及时、准确地获得对其生存环境威胁中的真实信息，不得不想方设法通过各种渠道去探求信息，无论信息是否真实、可靠。

而地震消息恰恰符合谣言的这两个重要基础，地震灾害能对人类生存环境产生严重的威胁，使人们总怀畏惧之心；而地震预报的特点和水平，使社会公众不能或很难通过正规渠道了解到他们所希望知道的有关地震的消息。

谣言有什么特点呢？谣言等于重要性乘以不清晰，如果重要性是10，不清晰是10，那么谣言就会满天飞。如果降低它的重要性，或者降低它的不清晰，就不会有谣言了。如果不能降低重要性，就要想办法提高清晰度。这就是为什么要在第一时间通告全社会，避免造成更大伤害谣言的原因。

增强公众的心理免疫力以应对地震谣言。

尽可能增加防震减灾工作的透明度。随着公众防震减灾意识和科学文明素质的提高，增加透明度反而能稳定社会心理，防范地震谣言的产生。

在谣言流传时期，着重讲解当今地震预报水平和地震预报发布程序，谨慎介绍宏观前兆和自救互救知识，以免给公众造成"此地无银三百两"的感觉。

6.4.3.3 地震突发期

地震突发，已形成灾害，就要增强自救互救知识以及防止发生次生灾害方面的知识，还要着重介绍心肺复苏、外伤包扎固定等医疗救护知识。

如有足够的资料，要尽可能让公众对本地区的地震环境、历史地震情况等知识有所了解。与地震监测预报部门密切配合，介绍后续震情发展有关的知识。

准备应对新闻媒体的相关科普资料。

此时已不宜介绍地震前兆以及应急避险知识。

6.4.3.4 恢复重建期

此时期地震灾害黄金72小时已经过去，抗震救灾工作重点已经由应急救援和人员搜救向灾民心理疗伤和安置、卫生防疫、灾区重建转移。因此，此时期的宣传工作就应有针对性地重点介绍抗震设防知识、心理卫生知识、卫生防疫知识以及有关抗震救灾方面的法律法规常识等。

6.4.3.5 注重科学性

所谓科学，反映的是事物内在的本质的联系，是事物发展的客观规律。科学性是防震减灾科普工作中的灵魂,是科普工作应该恪守的底线。所谓科学性,一是指传播的内容是否科学,一是传播形式是否满足科学性的要求。

6.4.3.6 应注意的问题

在防震减灾宣传内容的把握中应注意以下几个问题：

不要把地震灾害中的偶然现象或个别现象当作规律来介绍。如在科普教育中对宏观异常不恰当的宣传。表现形式为在各个层次的科普材料中都介绍宏观异常,尤其是动物异常。这样做的副作用是将地震预报这个复杂的科学问题简单化,不利于社会公众科学精神的培养,而且容易引起地震恐慌和地震谣言的流传,影响社会稳定。

资料引用要严谨、要认真仔细求证,特别是引用网络资料时,不加求证和检查就会出问题。即使是知名度很高的网站也可能会有大量的错误存在。

解决好观赏性、互动性、娱乐性与科学性的统一,在与科学性出现矛盾时,应把科学性放在首位。特别是科普场馆的互动展品、网络游戏作品、观赏性的动漫作品,尤其要注意这一点。

6.5 防震减灾科普场馆

随着社会的发展和科学技术手段的进步,作为受众的公众的眼界越来越开阔,欣赏力不断提高,一般的教育展示手段已经很难满足人们日益增长的文化需求,要想起到更好的科普教育作用,就必须对传统的手段进行彻底创新,以满足公众特别是广大青少年对高科技和互动的心理诉求,提升防震减灾科普教育的品质。

2004年7月中国地震局下发了《关于印发〈国家防震减灾科普教育基地申报和认定管理办法〉的通知》(中震发防〔2004〕122号),开启了以防震减灾科普场馆为主体的科普教育基地创建的新篇章。据统计,截至2013年,全国共建成各级防震减灾科普教育基地369处,其中由中国地震局授牌的国家级防震减灾科普教育基地96处。有专兼职讲解员464人,投资总额达8亿元以上,观众年接待能力达千万人次以上。拥有国家级防震减灾科普教育基地的省份有26个,全国平均每省拥有国家级防震减灾教育基地3个。

目前,我国防震减灾科普场馆已形成大、中、小结合的格局,在防震减灾科普宣传教育方面起到了重要的支点作用。但从质量而言,仍有很大的提升空间,在内容的精细度和深度方面还要提高。

6.5.1 我国防震减灾科普场馆形式

6.5.1.1 博物馆（科技馆）模式

这是最常见的一种模式。其形式正规、规模较大,有专业团队管理和运作。防震减灾科普教育内容往往是综合性科技馆内容的一部分。如河北省科技馆、沈阳科学宫等。在一般的科技馆中，涉及地震部分的展项主要是振动台和放映地震灾害片的 4D 影院。

6.5.1.2 地质公园模式

地质公园一般具有典型的地质特征和科学意义，具有一定的分布规模和范围，具有可观赏性的地质景观，同时又是观光旅游和度假休闲的场所。地震本身就是地质构造运动的结果，因此，有些地质公园内往往有地震遗迹或由地震形成的景观。

6.5.1.3 地震遗址模式

利用地震破坏的废墟遗址或地震地表破坏遗址建立的场馆。遗址可分为现代地震遗址与古代地震遗址。现代地震遗址例如唐山地震遗址纪念公园、汶川地震遗址等。古代地震遗址如重庆綦江的小南海地震遗址、山东枣庄郯庐大地震熊耳山地震遗址等。

6.5.1.4 名人故里模式

在历史名人故里建立的科普场馆。这类名人通常与地震或地学有关。如河南南阳张衡博物馆、湖北黄冈李四光纪念馆等。

6.5.1.5 办公场所模式

以地震部门为基础的展馆（办公大楼、台站、实验室），如建在广东省地震局机关大楼的广东省地震科普教育馆。

6.5.1.6 培训中心模式

此类为专业化或半专业化的培训机构，如北京凤凰岭国家地震紧急救援训练基地、广州市中学生劳动技术学校防震减灾科普馆等。

6.5.1.7 公园和公共休憩空间模式

利用公园或其他休憩场地对游人进行减灾科普，如建在北京市海淀区曙光花园内的海淀防灾教育公园。

6.5.1.8 与旅游相结合的开发模式

如山东烟台的烟台市地震科普教育基地、山东潍坊防震减灾科普馆、建在北京周口店猿人遗址公园内的北京房山区防震减灾科普教育基地等。

6.5.1.9　大专院校模式

利用大专院校的实验室或实习基地建立的科普场所。这类场所一般具有先进实验设备和雄厚的师资，具有相当的示范作用，如建在防灾科技学院的灾害模拟实验室。

6.5.1.10　与其他资源相结合的模式

与其他可利用或共享的资源相结合，如建在北京奥运工程建设馆内的北京地震与建筑科学馆。

6.5.1.11　虚拟模式

利用场景再现、虚拟现实技术，以及计算机和网络技术，构建在线虚拟地震科普馆。优点是方便、展品可无限扩充和及时更新，不受地域和时间的限制，特别适合于青少年群体。

6.5.2　防震减灾科普场馆的设计要求

防震减灾科普场馆的设计和建设应满足以下条件。

6.5.2.1　提高公众应急避险和自救互救技能的要求

根据马斯洛的理论，当人们的基本生活需求满足之后，人们就会关注自身的生存条件和安全。满足公众面临灾害时迫切需求的求生技能的传授和培训，应该是防震减灾科普场馆的宗旨之一。

6.5.2.2　满足社会公众对防震减灾科普教育的需求

进入 21 世纪后，全球严重的地震灾害频发，给人类社会带来了巨大的破坏和损失。在这种背景和环境下，极大地激发了社会公众对地震灾害知识和减轻地震灾害的科学技术知识的渴求，迫切期待有关部门提供相应的社会服务和产品。而防震减灾科普场馆正是这两方面需求的契合点。

6.5.2.3　将科学精神贯穿始终

科普场馆，传授实用性的求生技能固然重要，但它是科学教育的场所，因此，培养观众的科学精神、提高公众的整体素质是科普教育基地更为重要的使命。场馆不仅要讲清每个灾害现象的科学原理，还要给观众特别是青少年观众留下思考和想象的空间，以培养他们的科学探索精神。

6.5.2.4 展线要有连贯性

艺术作品如电影、小说等都有故事情节，有一根主线贯穿始终，烘托主题。防灾教育场馆的布展，也最好一脉相承，这样才有利于给观众以环环相扣、一气呵成、贯穿始终的感觉，避免让观众感觉疲乏和凌乱。如在表现汶川大地震时，可以以本次大地震的破坏为主线，将各种破坏现象串接起来，既表现了大地震的灾害现象，又根据不同的现象引出各种科学原理和问题，可一线到底。若不以一次大地震为主线，则可进行模块式布局，将内容分块叙述，但彼此之间应有连贯性（如以震前、震时、震后等的时间顺序）。或用人文线索贯穿，如一个灾害亲历者的讲述、一个受灾家庭的经历等。或用一个卡通人物或吉祥物来引领始终等。

6.5.2.5 达到艺术和科学和谐统一

科学本身就充满着美，而发现科学真理的过程也是追求美的征程。比如地震波的振动是造成地震灾害的元凶，但从科学上看，不同地震波通过质点的振动来传播又具有一种运动的美感。许多美学原理与科学原理之间有着共同的规律。最典型的莫过于黄金分割率，它不仅是条美学原则，同时它也制约着很多的科学现象。

展陈设计，它既是科学的，又是艺术的，同时还是人文的。既要贯穿科学精神，又要审美创意，还要有文化底蕴。要服膺健康向上、尚善尚美的美学理念，带给观众积极有益的思想启迪和人性蕴蓄。在强化外在形式精美好看的同时，更加重视灾难中人文关怀、人格建设、人性提升的精神层面。让灾难中逝去的生命获得永恒和超越时空的慰藉。要接近现实世界，获得观众情感上的支持，产生感情上、思想上的共鸣。万不可只注重外在形式美感而忽视内容的人文意蕴。或只为营造视觉奇观和追求感官刺激而置观众价值判断和道德于不顾。要克服那种轻内容、重形式，轻人文、重技术，轻科学、重娱乐的设计观念。

艺术性上要像一部电影或戏剧一样有高潮的迭现，线索要有起伏，这样才能吸引观众，使其不至于疲劳怠倦。这个高潮可以是展项，如震动台、三D影片等，或特殊的展室等。

6.5.2.6 体现人文精神

在以现代大地震灾害为背景的展馆中，要注意尊重逝者，要顾及伤残者的感情，在展览内容结束时，要给观众以心灵的抚慰，要提升他们的防灾减灾意识，但不能使他们成为惊弓之鸟、杞人忧天，或被血腥场面所刺激，心情沉重和压抑地离开场馆。

6.5.2.7 娱乐和教育相结合

科普工作看似简单，实际是一件非常难做的工作。它要求深入浅出、通俗易懂。只有真正把握、全面理解科学内容，才能做好相关方面的科普工作。科普展厅布展需要编制大量的多媒体剧本、脚本，又要求兼顾科学性与通俗性为一体，为此，组织多领域的知名专家，编制多个脚本，反复讨论研究是必需的。

6.5.2.8 保证展陈的持续性

要适时更新，地震经常发生，尤其是灾难性的大地震发生后，不仅地震史料要更改，地震灾害中发生的新情况、地震科研的新发现等都要及时地补充到展陈资料中去。

如不是属于主管部门产权的场馆，从经济上考虑，就要考虑将来撤除、移动搬迁的因素，展陈设计尽量不要与建筑一体化，多设计独立、可搬迁的内容和展品。

6.5.3 防震减灾科普展馆的建设

6.5.3.1 目标的确立

建设防震减灾科普场馆，首先要明确建设目标。建设目标包括建设的目的是什么，建设一个什么样的场馆，场馆的主要受众是什么人群，等等。

场馆建设的总目标是提高全社会的防震减灾意识，在这个总的目标下有不同的侧重点。如提高社会公众的应急避险、自救互救能力；提高公众对地震科学的了解，借此提高社会公众的科学素养；或宣传防震减灾工作及其成就，增加社会公众对防震减灾工作的理解和支持，等等。大的场馆可能几项兼顾，小的场馆由于受到资金和面积的限制，就必须重点突出。另外，场馆所处不同地点和环境对目标的取舍和侧重也起到决定作用，如处在地震遗址的场馆，可能最重要的目标就是保护好地震遗址，在此基础上再考虑其他。

目标的确立还应包括建设什么风格的场馆。是建设以灾难警示为主，还是以寓教于乐为主，是以"声、光、电"的高技术手段为主的互动项目为主，还是以传统的博物展陈形式为主，这不仅取决于资金、场地因素，还要考虑环境和地点等诸多因素。如建在严重地震灾害发生地的场馆，过于娱乐化可能起到一些负面效应。

6.5.3.2 考察与调研

"他山之石，可以攻玉。"考察与调研在场馆建设中起着极其重要的作用。在考察与调研中可以借鉴其他场馆理念，学到他们的经验，将自己的立意建立在他们的基础之上，避免简单的重复，考察与调研是建设高水平场馆的重要步骤。同时，在考察本行业的科普场馆之时，也要考察其他行业的科普展馆，借鉴其他行业或国外先进的经验，创作出自己的产品。

一般人认为，考察就是参考其他场馆的布展形式和展陈设计，取长补短，再形成自己的产品。其实这并不全面，还有重要的一项工作，就是调研和了解防震减灾的最新科学成果和技术进步，把最新的科学技术融进展馆内容之中，将最新的科技成果和理念移植到展项中，这样才会建成一个技术先进、国内领先的场馆。

6.5.3.3　创意和策划

创意和策划是建设的关键一步。好的创意和策划，决定了所建场馆的高水平。好的展陈设计，既是一项科研工作，又是一种艺术创作，是对创作团队综合素质的考验。要把数据的科学性、知识的专业性、逻辑的严谨性相融合。在风格上整体协调、材料上节能环保、手段上技术创新。因此，这与甲方和乙方团队的组成，参与策划和设计的多方合作默契的程度都有很大的关系。

6.5.3.4　方案的征集和甄选

有了目标，进行了大量的调研和考察，有了甲方的思路和策划方案，就要向社会征集具体的设计方案。在征集过程中，首先要向设计方介绍防震减灾科普展馆建设的目标、欲表现的内容，乙方的设计思路和策划。请设计方完全了解了乙方的意图后，再根据自己的创作能力和技术力量，创造性地实现和发挥出来，形成自己的布展技术方案。在这些方案的基础上，乙方再组织专家团队进行甄选。

6.5.3.5　建设的监管和检查

在投入建设后，建设管理单位作为甲方应随时跟踪工程的进展，监督施工方按照设计方案施工，同时，应保持与专家团队的联系，准备随时解决施工中出现的问题，特别是出现在设计时未曾考虑到的问题和准确的科学表达问题。

6.5.3.6　验收

展馆建设工作完成后，应进行验收。验收的主要作用是最终确认最后成果是否真正体现了设计思想和技术方案。如果未达到或还有一些差距，就要明确提出，要求改进甚至推倒重来。验收时要成立验收专家组。建设方要做好验收材料的准备，进行仔细认真的汇报。验收前管理方要与验收专家进行充分的沟通，使验收专家充分了解各种环节和过程。最后验收专家组应给出符合客观实际的验收意见。验收后，建设方还要根据验收意见进行整改，管理方要督察整改的落实情况。

6.5.4　防震减灾科普展馆的运维和管理

防震减灾科普展馆的建成与开放，仅仅是个开始，要使其充分发挥增强全社会的防震减灾意识，提高公众面对地震灾害的应对能力，就要使其长期高效运转和具有良好的工作状态，真正做到建成后大馆不冷清、小馆不关门，实现展馆的可持续发展。

要做到这些，就必须做好以下几方面的工作。

6.5.4.1 建章立制

制定有效的管理规章和制度，从运作方式、岗位职责、工作制度等方面明确规范分工和责任。用制度保障展馆的顺利运行和防震减灾科普教育的正常开展。

6.5.4.2 健全领导班子

要有健全的领导班子，职责明确、分工协作非常重要，特别对多方合作建设和经营的场馆来说，这是关键的环节。

6.5.4.3 资金保证

保证有连续的运维资金的投入是防震减灾科普展馆健康发展的物质保障。

6.5.4.4 运维技术支撑

要有定期维护和更新展馆运维的技术支撑条件。特别是现代高科技展品，维护成本高，技术保障要求条件苛刻，同时，面向青少年的互动展品易损易坏，要经常修理。同时，展出内容也要随着地震灾情和环境的变化实时更新。

6.5.4.5 专业团队

具有一支好的建设和运维专业团队是保证防震减灾科普场馆可持续发展的保障条件。创作和策划者无疑是科技场馆的业务骨干和中坚，他们的知识和建议在相关业务领域中举足轻重，他们不仅是研究者，同时也是策划者、诠释者，以及建设和运维的实施者。他们还是与本领域其他专家的纽带和桥梁，从而保证展项内容的科学性和先进性。

6.5.5 防震减灾科普场馆的社会服务

社会服务是防震减灾科普场馆发挥效能和影响力的重要因素。社会服务主要是场馆能给予观众和游客的便利，这不仅体现在展示功能的延伸上，还体现在对观众和游客的人文关怀方面。在体现便利的同时，还要兼顾场馆的经济效益和商业利益。

6.5.5.1 商业服务项目

在防震减灾科普场馆中还可设立纪念品柜台、防灾用品柜台、科普书籍售卖处等设施。如设计制作主题纪念品，在纪念品柜台中出售具有本地特色和本场馆特色或行业特色的纪念品。

6.5.5.2　观众综合服务

以观众为本,满足观众的多样性需求;寓教育于服务之中,发掘服务设施的教育功能;营造舒适轻松、赏心悦目的环境氛围。

观众综合服务主要包括的服务设施和项目有参观导览(售检票、标识导览、信息查询等系统),导览手册和导引图,提供移动电子智能解说器服务等。导览手册和导引图上不仅有场馆介绍,参观路线标记,还要有观众服务设施如游客休息区、洗手间、大件物品存放处等位置的标注。

场馆中应具备观众服务设施,如观众休息区、洗手间、物件存放处等必备设施。除此之外,还应该对残疾人、儿童、老年人等特殊人群提供相应的针对性设施。还要提供一定的餐饮购物(餐厅、科普书店、纪念品商店)等条件。

6.6　防震减灾科普讲座

防震减灾科普讲座是防震减灾宣传中最经常使用的形式。它的优点是易组织、所需经费少、周期短、省时间,形式可以灵活多样,面对面接触公众互动性强、针对性强,是防震减灾宣传"六进"活动最常采用的形式。讲座的不足是覆盖面小、听众范围和规模有限;讲座的效果因主讲人学识、经验和演讲技巧而异。

6.6.1　讲座的准备

讲座要给听众解惑答疑,使他们觉得听有所值,没有浪费时间。

要满足以上要求,主讲者就必须关注以下几个问题:公众想听什么? 需要向公众告诉什么? 当前社会热点是什么?

关注这三个"什么",目的就是要进行有针对性的准备。教师在上课前要备课、要有教案,对演讲者而言也是如此。主讲者根据三个"什么"来有机地组织大纲和构思整个讲座的脉络,然后撰写文字稿,撰写文字稿不是为了照本宣科,而是使内容烂熟于心,俗话说,眼过十遍不如手过一遍。有了大纲和文字稿就可以准备课件了,准备课件的过程也是一个继续熟悉的过程。因此,不是特殊情况,一般要求演讲者自己制作课件。

6.6.2　演讲者的表达

6.6.2.1　信息的传递

有研究认为,在以演讲为形式的信息传递过程中,言语只占信息传输量的7%,语音(语气)则占到了信息量的38%,而肢体语言(眼神、表情和手势)竟占信息传递的55%。

演讲时重要的是气场。气场是什么？是主讲者对场面的影响力和感染力。气场实际上就是主讲者对场面气氛的控制和掌握，那么如何增强气场？

（1）充满自信。要显得非常有信心，要有一股舍我其谁的气势。克服一些"哼哼哈哈"的口头禅，更不能吞吞吐吐。眼睛不看课件时要直视观众，进行眼神交换，不要游离于场所之外。切忌眼神飘忽闪烁，神情游离不定，语言吞吞吐吐，语气含含糊糊，显得不自信、不坚定，这样的表情和行为，都是没有自信心的表现，很难让听众相信此时主讲人是在说真话或对情况有着透彻的了解。声音洪亮、吐字清晰，表达坚决果断，就容易让人信服，否则，声若蚊蝇，语气吞吞吐吐、犹犹豫豫，就很可能令人怀疑你说的话连你自己都可能不相信。

（2）语言表达。言语实际上就是你口中说出来的话语，反映了你组织语言的能力。声音要洪亮、语气要坚定、吐字要清楚，重点突出、避免平铺直叙，语言组织要抑扬顿挫、有节奏感。切忌说话含糊、吐字不清，或带有浓重口音，让人听不懂。

（3）肢体语言。眼睛看课件的时间不要超过总时长的一半。眼睛是心灵的窗户，眼神要照顾到整个会场。姿势一定要端庄，身体挺拔舒展，必要时身体可适当前倾，表示倾心相诉姿态。以适当的手势来加强表达和语气。不能抓耳挠腮，做小动作，有一些习惯性表情和动作要改正，如说话时不自觉地挤眉弄眼或眨眼，习惯性努嘴或咂嘴，或时不时耸肩、抖腿。

（4）局面的掌控。演讲时注意场上观众的反应，必要时切换话题并及时做出反应和调整。

（5）围绕主题，以讲为主。讲座讲座，以讲为主。讲座最忌讳照本宣科，切忌照稿念，因此要求演讲者对内容烂熟于心。

6.6.2.2　着装

要注意自己的形象和仪容仪表。俗话说"人靠衣裳马靠鞍"。人们常常依人的外表打扮来获取第一印象，来判断其素质、气质和品位。因此，主讲人的着装在第一时间就决定了听众的信任程度。着装要符合主讲者的身份和气质，既不能太过随便和邋遢，也不能过于奢华。女性可以着具有性别特征的服装，但要符合讲座场面和环境的要求。

6.6.3　技巧性

在讲座中，如能借助各种表达手法，可使讲座深入浅出、生动活泼、抓住观众，从而起到良好的效果。

6.6.3.1　深入浅出，多用比喻

在讲座中，一些科学概念和术语对于一般听众而言，可能一下子不好理解，难以接受，

此时，用一些生活中的例子或听众所熟悉的东西进行比喻可收到事半功倍，甚至举一反三的效果。如地震的发生、断裂带的破裂、板块的动力机制、板块的移动速度、砂土液化等都可以用生活中的例子进行比喻。

6.6.3.2 多用案例

要说明自己的观点，举出实例最能说服人，因此，要多收集案例，以事实服人。如在介绍动物异常与地震发生的关系时，既可以介绍正面的例子，也可以介绍反面的例子，使观众对动物异常的现象有科学全面的认识。

6.6.3.3 以子之矛，攻子之盾

"自相矛盾"，这是揭穿谎言最好的办法。这对于一些伪科学的说法和地震谣言的揭露和戳穿是最好的方法。

6.6.3.4 时间的掌握

讲座的时间一般是事先约定好的，但也可以根据对象和场上的情况酌情调整。对于中小学生一般以1个小时左右为宜，大多数情况下，不要超过2小时。

6.6.3.5 保持自我

保持自我的意思是，每个人都有自己的性格特点，要根据自己的性格特点形成自己的风格，或幽默风趣、或娓娓道来、或慷慨激昂，只要不违背总的原则，就不要忽略自己所拥有的独特性，切忌"装腔作势"或"故弄玄虚"。在听众面前做一个自然的人，反而会更受尊重。

6.6.3.6 与听众的互动

对于讲座的互动环节，主讲者在演讲时可预先埋下伏笔，在合适的时机向听众提问，这样做可以了解听众掌握的程度和讲座的效果。或者，也可以让听众随机提问，借以了解主讲者不曾预料到的听众的其他问题和想法。

指定听众提问时切忌用手指，而只能五指并拢，以请的姿势表示。

互动时评判听众回答时应特别注意用词和态度，不要用伤自尊的评判语言，特别是对于中小学生。互动时也可以发放小奖品，此环节特别适合于听众是中小学生、社区大爷、大妈等群体。

6.6.3.7 演练

不打无准备之仗。讲座前的演练非常重要，尤其对缺乏经验者。通过演练，对内容

的熟悉、重点的掌握、时长的控制、轻重缓急都会有进一步的把握。

6.6.4　课件的制作

6.6.4.1　准备文字稿

初次讲座时一定要准备大纲和文字稿，根据大纲和文字稿准备课件。通常一个最小的标题为课件的一页。

6.6.4.2　熟悉课件

主讲者要做到对课件非常熟悉。如果有能力的话最好自己制作课件。自己制作课件的好处是，制作的过程也是一个整理思路和熟悉的过程，特别是有链接功能的课件。同时，在整理过程中可以不断地修改和补充完善内容，还会有新想法和思路产生。

6.6.4.3　页面的设计

（1）文字。每幅画面的的字数不宜过多，以提纲为主，辅之以少量的文字。因为听众不愿看密密麻麻的文字，文字过多会影响到听讲者对演讲者语音和表情的注意力。

（2）图片。配合文字，多用说明主题的照片，如果有辅助效果的卡通、flash 也不错，能增强演讲的效果。

（3）图表。对于一些数字和对比，最好用图形和表格表示，这样可以把繁杂的事物和数字高度概括，能使抽象的概念具体化和形象化，也便于听众一目了然，使他们易于理解和对比。

（4）动画和视频。课件中适当插用动画和视频则效果更好，但要注意不要使用时间过长、过频，否则影响听讲效果。

（5）字体。大小以一般视力、最后的听众看清为宜，粗细和字形以投影仪达到墙上或幕布上听众能看见为标准。

（6）布局。整个课件画面的布局要疏密有致，简繁得当。

（7）色彩搭配。要符合一定的审美原则。课件美学风格可以是浓郁型的、艳丽型的、清爽型的、黑白片。注意课件不要用太浓重的色彩，否则会减轻文字的分量。

（8）课件的调整。注意美学的装饰要适度，不能喧宾夺主，影响主要内容的表达，特别要注意不要有太多的小动画，以免听众转移注意力。要给课件留下一定的调整余地，以备不同讲座中使用。

6.7 防震减灾宣传产品的制作

6.7.1 宣传品的形式

防震减灾宣传品形式种类可以有不同的区分。此处以体裁和题材来区分作品。

6.7.1.1 以体裁区分

如果从传统的体裁上分，防震减灾科普作品可以有以下形式：民谣、游戏作品（如扇子、扑克、跳棋等）、科普书籍、能够提高公民减灾意识的文学作品、漫画、招贴画、动漫作品、影视作品、科教展品、电脑和网络作品，讲座课件，大到科普馆、科普教育基地的布展，小到微博和微信。

如果从反映内容方面来分，大致可分为，直接阐述科学内容的可称之为直白式的，如将晦涩难懂的科学原理用通俗易懂的语言文字表述出来，也可称作翻译式的，如纪录片、科学原理片、报纸杂志上的科普文章等。如果借助于某种体裁，将科普知识融于其中的，我们可称之为镶嵌式的（或隐含式的），如动漫科幻片、童话科普片，它们特别适合于 3D 影院等寓教于乐的场合。还有就是文学性的作品，它们可能不直接地阐述科学知识，但可提高全社会提高对灾害的关注度，增加社会公众的防震减灾意识。

6.7.1.2 以题材区分

目前的防震减灾科普作品主要阐述地震是如何发生的，常用地震名词术语的解释、地震发生时如何应急避险为最多，近几年也增加了农居抗震设防的作品。

还有以防震减灾法制宣传、地震灾害应急知识内容，以及防震减灾事业发展和工作成绩介绍的内容。

6.7.2 宣传品的制作

6.7.2.1 基本要求

（1）展板设计

展板设计一般以文字和图片为主，特点是可以使观众仔细品味，慢慢琢磨，如果没看懂，还可以回过头来反复看，其要求为经得住看、耐看。因此，设计要求为文字要通顺、流畅，图片通俗易懂，卡通画最受青少年喜爱，可多使用。内容适宜反映原理较为复杂，需观众慢慢品味和理解的科普知识。但不宜用过多的文字，以免引起观众的劳累和不耐烦。

（2）多媒体设计

多媒体以画面和语音传递信息。多媒体的语音信息设计要求是让观众第一时间内听得懂、记得住，易听易记，解说词应多用通俗化和口语化的语言。

多媒体视频画面要以画面为主，配音为辅，文字内容只起提示作用，画面和配音要搭配得当。配音语速适中，通俗易懂，言简意赅。

（3）互动展教品的设计

互动展教品需要充分反映所涉及的主题或科学原理，而且要简明易懂，容易操作，同时坚固、耐用是互动展品和教具的基本要求，还要有安全的标准和要求。

6.7.2.2 设计和创意

（1）借鉴

从借鉴开始，让别人的灵感带着你出发。借鉴其他行业或国外的东西，创作出自己的产品。如国内比较成功的杂志《读者》和《中国国家地理》，就是借鉴了美国的《读者文摘》和《国家地理》而获得成功的。电视中的科普节目很多，比如北京卫视的《养生堂》就是普及健康科学知识的节目，其中很多手法值得我们模仿和学习。

（2）移植

就是将最新的科技成果和理念移植到作品中。要把我国防震减灾科技的最新研究成果和技术移植到作品中。

（3）结合

科普作品的生命是科学理念，而躯体是表现手段，科普精品是科技与艺术的结合、只有二者完美的结合才能产生完美的作品，二者不可或缺。结合要自然、巧妙，防止有生拉硬拽之感。作为创作者，要扩展自己的文化视野和科技视野。只有具备广阔的视野，才能搜寻到更多的艺术和科学的契合点，才能将最新科技与表现手法和展示手段结合起来。

（4）策划和创意

好的策划是创新的源头。创作团队头脑风暴式的或侃大山式的策划和创意，往往有出其不意的结果。漫无边际的遐想捕获灵感，与艺术创作方漫谈可以互相启发，从中寻找思路。

（5）合作

宣传作品有时是一个人创作，称之为一方创作，但大部分的情况下都是不同创作者共同合作的结果，如简单的画册，至少也是文字作者和绘画者的合作成果，我们称为二方创作，还有的是三方创作（如动漫、游戏等）甚至多方创作（如科普展厅）。越是大型的作品或产品参与方越多，国际化的科普成果往往还是中外结合的合作成果。

（6）简洁勾勒，突出重点

这是漫画和素描常用的手法，在简易宣传品中使用会有很好的效果。

（7）不断学习是创新的活力

知识大爆炸时代，如果不学习，就很快跟不上时代的步伐，落伍的人遑论创作出有时代感的作品。

（8）区分层次，有针对性地创作

针对不同的社会需求，创作不同层次的作品，既要有下里巴人，也要有阳春白雪。创作就是要"量体裁衣"、"看人下菜"。通常一个作品不可能面面俱到，把浅显的道理和带有哲理性思考的东西放到一起。

（9）找准契合点

要有敏锐的眼光，去发现地震灾害知识与艺术的契合点。二者的结合要自然、巧妙，防止生硬，才能达到艺术科学的完美结合。如《吉祥宝贝斗震魔》动画片中，震魔大震金刚分身为纵波怪和横波怪，既符合神话故事中妖魔的特征，又巧妙地将地震波的知识结合起来，非常自然合理。

（10）要有宽广的视野

在当今全球一体化的年代，只有站在国际制高点，才能一览众山小，创作出具有国际水平的作品，因此需要创作者具备国际视野。要站在巨人的肩膀上，才能比巨人高。以往我们的作品之所以总是低水平重复，就是眼界不够开阔，不知国内水平现状，也不了解国际先进水平。

（11）注意积累，厚积薄发

不积跬步，无以至千里；不积小流，无以成江河。只有平常注意点点滴滴的积累，才能一蹴而就。就如同作家创作要有深厚的生活经验和对社会细致入微的观察积累一样。创作防震减灾科普宣传品，既要有较深厚的防震减灾知识的积累，也要有艺术的长期修炼。

（12）利用社会资源

目前，随着政策引导、政府的大力扶持以及其广阔市场的发展前景，我国文化创意产业发展迅速。文化创新能力进一步提高，数字化、网络化技术的应用水平和装备水平显著提升，科技对文化创意成果产业化的支撑作用更加明显。设计创意、动漫游戏、数字内容等战略新兴文化产业得到大力发展；文化产品和服务更加丰富多彩，人民群众对多层次、多样化的文化消费有着更大需求。文化产业的巨大发展空间为搞好减灾科普事业提供了广阔的发展前景，就看我们自己是否能抓住机遇，充分地内营外联，在资金、人才、市场前景等诸多方面充分利用社会的资源和有利条件，创作出有影响力的好作品。

充分利用社会资源并不是只掏钱让社会力量自己关起门来做，而是要以社会需求为主导，对他们提供指导和技术支持，但又不能过多干涉，束缚社会力量的手脚，限制他们的创作力。

6.7.2.3 作品创新的要素

把社会需求作为根本理念，这是防震减灾宣传作品创新最重要的目标。满足社会需求是防震减灾宣传作品的第一要素。除此之外，作为一种精良的宣传品，它必须满足以下几点。

（1）艺术性

防震减灾宣传作品是一种艺术品，它应具备趣味性和可观赏性，互动作品还要具备娱乐性。

（2）科学性

要有科学性，使受众在欣赏之余接受科学知识，提高科学素养和防震减灾意识。科普精品要尽量反映最新的科技成果。

（3）独创性

既要符合大众的口味、公众喜闻乐见，其表现形式也要出其不意、意料之外、情理之中。做到人无我有、人有我精。

（4）社会性

最关键的是社会的认可和市场的认可，它们才是是否是精品的试金石。社会的认可就是社会效益，市场的认可就是经济效益。

（5）历史性

精品就是禁得起时间考验、耐得住岁月的磨蚀，依然熠熠发光的东西。

6.8 互联网时代的防震减灾宣传工作

现代科学技术发展日新月异，作为科学技术发展基础的科普工作，无论从改变科普的内涵还是提升公民的科学素质，都面临着极大的挑战。随着信息技术和"互联网＋"时代的到来，对防震减灾科普工作提出了更高、更新的要求，只有面对挑战，防震减灾科普工作才能走在时代的前列。防震减灾科普工作者必须把握时代的脉搏，抓住机遇，始终以创新的思维和敢为天下先的态度，将科普创新和信息化深度融合，不断开拓新的道路和途径，才能在百舸争流的大潮中独占鳌头。

6.8.1 在信息时代掌握创新主动权

以互联网为代表的信息技术正在改变着世界，引领着未来。信息化加速向互联网化、移动化、智慧化方向演进。以信息经济、智能工业、网络社会、在线政府、数字生活为主要特征的高度信息化社会将引领我国迈入转型发展的新时代。

当今世界，互联网无所不在、无所不能。有人形象地将互联网技术比喻为继蒸汽机的发明、电的发现之后的第三次工业革命。在我国，互联网技术更是将我国的后发优势显现无遗。至 2014 年 6 月，我国网民为 6.32 亿，网络普及率达 46.9%。而移动互联网的发展，我国则走在了世界前列。在我国的 6.32 亿网民中，手机互联网用户就达 5.57 亿，渗透率达 85.8%，而同期世界平均渗透率只有 58%。据统计，我国网民手机上网时长每天超过 4 小时的占手机网民的 36.4%，每天多次用手机上网的占 66.1%，多在居所手机上网的占 88.2%，在职业场所手机上网的占 49.7%。

10 年前，马云说互联网将改变世界，被许多人认为是骗子。而 2014 年，当马云凭借互联网商务，在美国纳斯达克上市后，他的身价达 285 亿美元，成为亚洲首富。

2015 年信息技术创新应用快速深化，"互联网 +"的创新模式不断涌现。"互联网 + 政务"通过大数据等新一代信息技术，建立起开放、透明、服务型的政府，实现政府治理能力现代化。截至 2014 年底，各级政府已经在微信上建立近 2 万个公众账号，面向社会提供各类服务。"互联网 + 金融"帮助中小微企业、工薪阶层、自由职业者、务工人员等普通大众获得便捷的金融服务。而"互联网 + 医疗"可以解决"看病挂号难，看病等待时间长，医生诊疗时间短"等顽疾。"互联网 + 媒体"不仅仅是网络媒体、微信公众号等传播渠道的改变，二者的融合还将为传统媒体带来各种全新的与公众互动的方式。如：2015 年春晚微信"摇一摇"送出 5 亿元红包，全球 185 个国家的用户摇了 110 亿次，最高峰时 1 分钟有 8.1 亿次"摇一摇"互动。互联网的普及，社会舆情传播渠道急剧扩张，自媒体的兴起，使得社会舆情达到前所未有的外显程度。公众主动利用新媒体进行表达，已成为普遍的观念和意识。

如上所述，不管是哪个行业，只要掌握了互联网的特点和相关技术，并能充分利用起来，那就能引领行业的方向。在防震减灾事业的宣传中，无论是信息发布还是科普，有了创新的思维和战略，就能掌握事业发展的主动权。

目前，中国地震局系统正在努力适应信息技术和互联网的发展，提升自己的执政能力，打造好自己的官网、官方微博、官方微信。各个直属单位和省市地震局和相当一部分的市县地震局都不同程度地利用互联网进行信息发布和科普宣传。微博的开通比较普遍，微信也在积极探索。在地震行业官网上开辟了科普宣传的网页或专栏。有些省局微博经常开展线上线下活动，与粉丝们开展互动。有些省局还开设了防震减灾科普的微信公众账号，建立了微信群。其中，中国国际救援队、中国地震台网中心、地震三点通、河北省地震局、北京市地震局官方微博粉丝数名列前茅。

地震新媒体被评为"十佳中央国家机关政务新媒体"。《2014 年全国政务新媒体综合影响力报告》涵盖 2014 年 1 月 1 日至 2014 年 11 月 30 日的全国各级单位政务微博、微信运营数据。根据该报告的统计数据，"中国地震台网速报"为排名前十的中央国家机关政务新媒体之一。同时，中国地震台网与新浪网展开合作，2012 年 5 月 28 日起中国地震台网中心的官方微博（@ 中国地震台网速报）正式运行，通过技术研发实现了地震速报的自动发布，并通过微博粉丝服务平台实时提醒全体粉丝。目前，为了服务于更多的社会公众，中国地震台网中心通过和微博平台深入合作，实现了最新地震速报消息的区域定向推送，只需数秒钟就能推送到震中所在地所有微博用户的手机上，使得地震速报能优先服务于震中附近的人们。该项服务将通过微博公共信息服务平台完成，这是中国地震台网中心和微博平台的一次重要尝试，将提升地震台网的公共服务能力。另外，中国地震台网中心将和新浪微博合作，建设面向全社会的地震速报数据开放平台，把地震部门研发的地震速报产品、数据、图件等资料，通过这一平台向社会发布，并鼓励开发者把这些资料融入到各种应用场景中，更好地服务于社会公众。

中国国际救援队的微博，由于多次参加国内外地震灾害的救援工作，颇受广大网民的关注，粉丝数居高不下。尤其在重大地震灾害期间，通过微博这个新媒体平台，国际救援队充分传播着防震减灾工作的正能量。

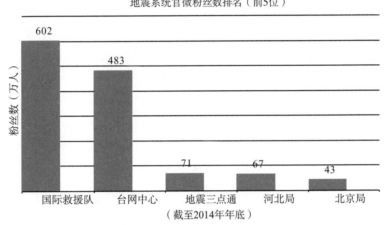

地震系统官微粉丝数排名（前5位）

（截至2014年年底）

对于微博和微信两大平台，它们的特点是无所不在，随时可得，灵活多样。但二者又有显著的区别。微博的优势在发布和传播：传播范围大、反应速度快。碎片化或"零食"性的信息直奔主题。尤其是官微和名人的微博，权威性强、可信度高。微信的优势在社交：它拉近了人与人之间的距离，在朋友圈里可以畅所欲言，利用亲情化的语言，使人容易接受。但微信容易受到虚假信息的影响，而且微信目前的传播范围还比不上微博，力度欠缺。因此，就科学普及和传播而言，二者可以互为补充。

近年来，微电影、微视频逐渐在网络上火起来。防震减灾科普也不失时机，北京、上海等地的行业部门拍了一些微电影，在几分钟的时间内，针对某个特定题材进行刻画和渲染，不仅涉及有关防震减灾的科普内容，开拓了人们的视野，还宣传了防震减灾行业精神，使公众特别是网民了解防震减灾工作，消除误解，树立了防震减灾行业部门的正面形象，有利于动员全社会投入到防震减灾工作中来。

同时，动漫、动画片这些艺术形式比较适应网络的传播，防震减灾科普宣传部门与专业性的视频网站建立合作关系，资源共享，优势互补，合作共赢，充分利用优势起到很好的效果。

充分利用网络进行科普工作，既要适应社会发展的要求，也要满足社会公众的心理需求和情趣。防震减灾科普工作要向这个方向不断探索创新。

6.8.2　与门户网站深化合作，为创新提速

　　门户网站一般指大型的综合类网站，这类网站一般信息量大，功能强，影响力广。利用门户网站的强大功能和影响力，是防震减灾科普创新的主要渠道和出口。如与大型门户网站全面展开合作，建立战略合作关系，及时将地震科普信息向社会发布，聘请有关专家开设博客、微博等进行科普和微科普。可在门户网站搭建固定的"防灾减灾"宣传平台，以专栏、板块以及新媒体传播形式（微信、微博等）等开展科普知识宣传，并开展专家在线讲座、答疑等，充分体现网络信息的服务性、知识性、互动性。同时，以网站为依托进校园，向老师、学生普及防灾减灾知识。合作举办网络防灾减灾知识竞赛，并邀请传统媒体对大赛做前期宣传及系列宣传报道，形成专题、新闻报道等线上线下全方位的活动。与社会新媒体合作，资源共享，搭船出海。借助平台进行丰富的防震减灾科普活动。同时，利用网络的便捷和深入性，进行网络问卷调查，了解社会公众对防震减灾的科普需求，调查防震减灾科普的程度和深度，做到科普工作有的放矢。

　　充分利用互联网，避免了那种传统的板着脸孔说话、居高临下的教训式的语言，使得科普有时代感、高科技感强、容易贴近青少年，取得好的效果。互联网科普，用动漫、游戏等寓教于乐，趣味性强、互动性强。网民可依兴趣关注不同的主题和内容，阅读自己感兴趣和有意思的内容。运用线上线下活动，以及与其他机构合作开展活动等方式，以生动有趣的手段向大众传播科学，让科学变得妙趣横生、简单实用，同时也为科学人才的培养开发了很好的平台。

6.8.3　融合信息技术，为科普形式更新换代

　　科普资源是科普工作的"饮水之源"，科普资源可分为"原生态"的和"加工提纯"后的"成品"，"原生态"的是原材料，如何将原材料用科学方法和科学手段反哺给大众，其"加工提纯"后的成品科技含量直接影响到科普成效的好坏。现代科学技术日新月异，传统方法和形式的作用越来越有限，吸引公众的能力越来越弱，而将信息技术与传统科普资源有机融合起来，是解危破局的突破口。

　　在防震减灾科普展厅中的展示手段上采用的信息化高科技手段是重要的方面。比如说，北京市地震局研发的数字地震体验厅就是基于"数字地球"三维地理信息系统为主要信息平台，承载地震元素作为核心的展示项目，可让观众真实地"看到、听到、感受到"地震的发生和地震波的传播。"数字地球"技术成熟、内容充实，以海量多源、多分辨率航空航天遥感影像和数字高程数据，构建全球框架下的地形三维模型，实现全球构造板块、全球地震带和随时可更新的地震分布、中国活动构造和地震活动，并结合地震监测台站分布、应急避难场所分布，应急救援路线分布等，解决了地震波传播数据与地形地貌要素融合难题，做到了遥感影像与烈度信息的结合，观赏性强、趣味性浓，能充

分展示现代信息技术水平,同时包容性强,可不断更新,与地震系统和应急指挥系统接驳,可涵盖防震减灾科普知识和防震减灾工作各方面。正是应用了信息技术,使得该项目成为"先进、独特、国内领先"的一个展项。

信息技术在科普场馆中的应用,还有将地震监测实时信号引入到场馆,观众可实时观看体验地震监测工作。在场馆中大量使用虚拟现实技术和增强现实技术,"让古人说话,让木乃伊跳舞",大大增加科普展厅的趣味性。克服以往展板展项呆板、老旧的形象。

利用信息技术建设防震减灾数字科技馆,使科技馆克服时间和空间的限制,通过互联网走到网民眼前,随时随地不受限制地参观和互动。

充分利用移动互联网技术开发手机防震减灾 APP 软件,使网民用智能手机或 iPad 等移动终端设备就可学习和互动,随时随地可以汲取科技信息,学习和掌握有关知识和技能,非常方便。比如一本普通的画册,观众通过扫描画册上的二维码,画册的内容自动转成动画或视频,在移动终端播放。此外,观众如认为展板上的解说词"不解渴",可扫描展板上的二维码,更深度和全面的解说词或者视频和动画将展现在移动终端上,无论追溯历史还是展望未来,都将给观众一种前所未有的满足感。

科普工作的信息化,最重要的一点是克服了传统科普宣传上街"赶大集、摆地摊、大拨轰"似的形式,使得长效化、深入化、科技化成为可能。科普信息化的手段本身就体现了科普的科学性。

物联网是继计算机、互联网和移动通信之后的又一次信息产业的革命性发展。物联网代表着人们生活方式的转变。比如物联网可以用于对象的智能控制。物联网基于云计算平台和智能网络,可以依据传感器网络用获取的数据进行决策,改变对象的行为进行控制和反馈。例如根据光线的强弱调整路灯的亮度,根据车辆的流量自动调整红绿灯间隔等。在防震减灾科普教育展厅,可以将物联网技术运用于展项,使展项自动根据不同观众人群和层次调整内容,特别是用于屏幕展示的内容,打造像智能家居一样的智能化展厅。这样可以节约展厅面积,开展更具针对性的教育。如果展厅迎来的是中小学生,场馆可以将电子屏幕、展品内容、讲解方式等,通过物联网技术转换成针对学生的内容;如果来的是领导干部和公务员,展示内容直接调整成符合他们特点的形式。还可以利用3D 打印技术,为观众打印相关的纪念品,可大大丰富科普馆的手段和内容。

6.8.4　搭建信息化平台,做到资源融合和共享

网络是把双刃剑,我们在利用其进行科普宣传的同时,谣言和谬误也可借其大行其道。如何用正确的信息纠正有害的错误信息,如何建立一种针对有害信息的快速反应机制,如何让网民正确甄别彼此不一致甚至矛盾的网络信息,如何及时更新过时的信息,这都需要我们搭建一个各行业可互融互通、安全有效和权威的平台。如地震局的地震信息和防震减灾科普知识比较专业,红十字会的医疗急救知识权威,卫生防疫部门的灾后防疫知识可信

度高，民政部门考虑的是灾民的安置和救济、救灾物资的发放……所有这些权威准确的知识汇集到一个大平台上，任何个人和机构可随意下载了解和学习，相信那些不实的消息和谣言的空间就会被大大挤压，从而营造一个安全可靠的科普宣传网络环境。

另外，可以搭建多功能的复合式发布平台，如双微对接，将微博和微信结合起来，充分发挥各渠道的优势，微博以信息发布、政策宣传为主，微信注重服务，提供便民查询及智能问答服务，而APP提供信息、知识检索、办事指南、知识性的游戏等，丰富公众的移动生活。还有，开发手机的随身拍功能，使用图片、文字和定位功能，网民可随时随地将其所见所闻拍的照片和评论传回到发布平台，丰富平台的信息内容。此功能在地震知识普及、地震宏观异常信息收集、地震灾害烈度调查、灾害损失评估以及地震谣言应对等方面的发展前景非常广阔。

6.8.5 弥补短板，为科普信息化服务增添内力

目前，就防震减灾科普工作来说，我国信息化的技术手段和形式与国际先进水平并无大的差距，但是就整个信息化服务而言，我们的不足之处在于提供内容的深度和广度还远远不够，信息化技术仅仅是一对翅膀，而这对翅膀托举的躯体是否丰满，就要看我们的基础工作做得是否扎实和细致。因此，我们在重视信息化的技术手段应用的同时，更应该重视内容的开发和打造。比如，在互联网上，人人都是发布者的有利的一面是资源共享、资源来源多元化，但同时，由于网络言论和发表的随意性，也造成鱼目混珠，信息的真实度参差不齐，缺乏专业性，很多谬误也打着科普的名义大行其道，甚至形成谣言，给社会带来危害。地震部门官网上的科普知识虽然较权威、较正式，可以提供一些靠谱的答案，但由于反应速度迟缓，内容更新慢，没有针对性，互动少，基本上无"专业"科普团队的维护和支持，不易于广大网民接受。

在这方面，美国地质调查局（USGS）的网站内容设计和安排可以给我们有益的启示。其网站就有大量的、针对不同年龄段网民的科普内容，既生动活泼，又不乏科学内涵和深度，而这些内容是一个科学家团队支持的结果。另外，我们的科普信息服务还应加强震后对灾区针对性的科普宣传，如：卫生防疫、心理安慰、灾民在灾区环境如何生活等特定性内容。

总而言之，防震减灾科普的信息化是防震减灾科普工作的发展方向，能不能搭上"互联网＋"这趟信息化"高铁"，使得"互联网＋防震减灾科普"成为防震减灾科普工作的创新手段，是新常态下检验防震减灾科普工作质量和成果最重要的标准。

参考文献

1. 陈颙，史培军.自然灾害（第四版）[M].北京：北京师范大学出版社，2014.

2. 中国防震减灾百科全书总编辑委员会《地震工程学》编辑委员会.中国防震减灾百科全书·地震工程学[M].北京：地震出版社，2014.

3. 袁一凡，田启文.工程地震学[M].北京：地震出版社，2012.

4. 胡聿贤.地震工程学（第二版）[M].北京：地震出版社，2006.

5. 张敏政.地震工程的概念和应用[M].北京：地震出版社，2015.

6. 黄润秋.汶川地震地质灾害研究[M].北京：科学出版社，2009.

7. 中国地震局监测预报司.测震学原理与方法.北京：地震出版社，2017.

8. 徐文耀.地球电磁现象物理学.合肥：中国科学技术大学出版社，2009.

9. 中国地震局监测预报司.地震电磁数字观测技术.北京：地震出版社，2002.

10. 中华人民共和国地震行业标准《地震地电观测方法低频电磁扰动》（DB/T 35—2009）.

11. 中华人民共和国国家标准《地震台站观测环境技术要求　第2部分：电磁观测》（GB/T 19531.2—2004）.

12. 赵家骝，王兰炜，张世中，等.电磁扰动观测试验研究.地震，2006，27（增刊）：59～70.

13. 王兰炜，赵家骝，张世中，等.DCRD-1型电磁扰动接收机研究.地震，2006，27（增刊）：88～95.

14. 中国地震局监测预报司.地震电磁学理论基础与观测技术（全国地震台站观测岗位资格培训系列教材）.北京：地震出版社：2010.

15. 北京大学地球物理系，武汉测绘学院大地测量系，中国科学技术大学地球物理教研室.重力与固体潮教程.北京：地震出版社，1982.

16. 国家地震局科技监测司.地震地形变观测技术，北京：地震出版社，1995.

17. P.梅尔基奥尔著，杜品仁等译，行星地球的固体潮，北京：科学出版社，1984.

18. 李克.地震地下流体理论基础与观测技术丛书.北京：地震出版社，2007.

19. 中国地震局监测预报司.地下流体数字观测技术.北京：地震出版社，2002.

20. 刘耀炜.面向21世纪的地震地下流体科学问题与发展.国际地震动态，2005，10，145～150.

21. 陈章立，李志雄.地震预报的科学原理与逻辑思维.北京：地震出版社，2013.

22. 张国民，傅征祥，桂燮泰.地震预报引论.北京：科学出版社，2001.

23. 梅世蓉，冯德益，张国民，朱岳清，高旭，张肇诚.中国地震预报概论.北京：地震出版社，1993.

24. 陈虹.突发事件应急救援标准及地震应急救援标准建设.北京：地震出版社，2014.

25. 徐德诗、孙雄、陈虹、苗崇刚、侯建盛.中国地震应急救援工作综述。国际地震动态，2004（6）:1～7.

26. 中国地震局震灾应急救援司.地震应急.北京：地震出版社，2004.

27. 陈虹等.地震应急救援标准体系及其关键标准研究.中国安全科学学报，2012，22(7)：164～170.

28. 申文庄.我国地震应急救援法律法规体系初步研究.中国应急救援，2014(02)：13～15.

29. 陈鲲、俞言祥、高孟潭.考虑场地效应的Shake Map系统研究.中国地震.2010.

30. 泽仁志玛，陈会忠，何加勇，代光辉，胡彬.震动图快速生成系统研究.地球物理学进展，2006，

21(3)：809～813.

31. 中华人民共和国地震行业标准.地震观测仪器进网技术要求——地震烈度仪 DB/T 59—2015..北京：标准出版社，2015

32. 张晃军，陈会忠，等.地震预警工程的若干问题探讨.工程研究——跨学科视野中的工程，2014，6(4)：344～370.

33.Alessandro A. D，Anna G. D. Suitability of Low-Cost Three-Axis MEMS Accelerometers in Strong-Motion Seismology: Tests on the LIS331DLH (iPhone) Accelerometer. USA：BSSA，2013.

34.Wu Y M，Chen D Y，Lin T L，et al. A High-Density Seismic Network for Earthquake Early Warning in Taiwan Based on Low Cost Sensors. USA：Seismological Research Letters，2013.

35. 何加勇 .地震动参数速报技术研究.国际地震动态 2010（2）：36～37.

36. 邹文卫 .防震减灾科普教育场馆建设与发展.北京：地震出版社，2015.

37. 王民，史海珍，张英.国外的公众灾害教育途径.城市与减灾，2011（4）.

38. 邹文卫，洪银屏，翁武明，等.北京市社会公众防震减灾科普认知、需求调查研究.国际地震动态，2011（6）：15～31.

39. 邹文卫.地震社会心理与防震减灾宣传.灾害学，2006，21(3)：114～119.